U0736218

"十二五"职业教育国家规划教材
经全国职业教育教材审定委员会审定

住房城乡建设部土建类学科专业"十三五"规划教材
全国住房和城乡建设职业教育教学指导委员会
工程管理类专业指导委员会规划推荐教材

建筑与装饰工程工程量清单计价

（第二版）

周慧玲　谢莹春　主　编
程　莉　陆丽奎　副主编
莫良善　文桂萍　主　审

中国建筑工业出版社

图书在版编目(CIP)数据

建筑与装饰工程工程量清单计价 / 周慧玲，谢莹春主编. — 2版. — 北京：中国建筑工业出版社，2020.11（2024.2重印）

“十二五”职业教育国家规划教材：经全国职业教育教材审定委员会审定 住房城乡建设部土建类学科专业“十三五”规划教材 全国住房和城乡建设职业教育教学指导委员会工程管理类专业指导委员会规划推荐教材

ISBN 978-7-112-25543-6

Ⅰ. ①建… Ⅱ. ①周… ②谢… Ⅲ. ①建筑工程－工程造价－高等学校－教材②建筑装饰－工程造价－高等学校－教材 Ⅳ. ①TU723.3

中国版本图书馆CIP数据核字(2020)第185894号

本教材依据“十三五”期间《工程造价专业教学基本要求》编写。教材按照教育部最新要求，编写为工作手册式活页教材，以工作任务为导向，突出理实一体。

教材主要内容如下：工程量清单计价综述、工程量清单编制实务、工程量清单计价实务、成果文件。教材中本着“助教、助学、够用”的原则编排了部分数字资源，合计17处，用于支持教师教学和学生学习。

为更好地支持本课程的教学，我们向选用本教材的教师提供教学课件，有需要者请发送邮件至 cabpkejian@126.com 免费索取。

责任编辑：吴越恺 张 晶

责任校对：张 颖

“十二五”职业教育国家规划教材
经全国职业教育教材审定委员会审定
住房城乡建设部土建类学科专业“十三五”规划教材
全国住房和城乡建设职业教育教学指导委员会
工程管理类专业指导委员会规划推荐教材

建筑与装饰工程工程量清单计价（第二版）

周慧玲 谢莹春 主 编
程 莉 陆丽奎 副主编
莫良善 文桂萍 主 审

*

中国建筑工业出版社出版、发行（北京海淀三里河路9号）
各地新华书店、建筑书店经销
北京红光制版公司制版
北京市密东印刷有限公司印刷

*

开本：787毫米×1092毫米 1/16 印张：26 字数：646千字
2020年12月第二版 2024年2月第十三次印刷
定价：**79.00**元（赠教师课件）
ISBN 978-7-112-25543-6
(36538)

教材编审委员会名单

主　任：胡兴福

副主任：黄志良　贺海宏　银　花　郭　鸿

秘　书：袁建新

委　员：（按姓氏笔画排序）

王　斌　王立霞　文桂萍　田恒久　华　均

刘小庆　齐景华　孙　刚　吴耀伟　何隆权

陈安生　陈俊峰　郑惠虹　胡六星　侯洪涛

夏清东　郭起剑　黄春蕾　程　媛

序　言

全国住房和城乡建设职业教育教学指导委员会工程管理类专业指导委员会（以下简称工程管理专指委），是受教育部委托，由住房城乡建设部组建和管理的专家组织。其主要工作职责是在教育部、住房城乡建设部、全国住房和城乡建设职业教育教学指导委员会的领导下，负责工程管理类专业的研究、指导、咨询和服务工作。按照培养高素质技术技能人才的要求，研究和开发高职高专工程管理类专业教学标准，持续开发“工学结合”及理论与实践紧密结合的特色教材。

高职高专工程管理类各专业教材自2001年开发以来，经过“示范性高职院校建设”“骨干院校建设”等标志性的专业建设历程和普通高等教育“十一五”国家级规划教材、“十二五”国家级规划教材、教育部普通高等教育精品教材的建设经历，已经形成了有特色的教材体系。

根据住房和城乡建设部人事司《全国住房和城乡职业教育教学指导委员会关于召开高等职业教育土木建筑大类专业“十三五”规划教材选题评审会议的通知》（建人专函［2016］3号）的要求，2016年7月，工程管理专指委组织专家组对规划教材进行了细致地研讨和遴选。2017年7月，工程管理专指委组织召开住房城乡建设部土建类学科专业“十三五”规划教材主编工作会议，专指委主任、委员、各位主编教师和中国建筑工业出版社编辑参会，共同研讨并优化了教材编写大纲、配套数字化教学资源建设等方面内容。这次会议为“十三五”规划教材建设打下了坚实的基础。

近年来，随着国家推广建筑产业信息化、推广装配式建筑等政策出台，工程管理类专业的人才培养、知识结构等都需要更新和补充。工程管理专指委制定完成的教学基本要求，为本系列教材的编写提供了指导和依据，使工程管理类专业教材在培养高素质人才的过程中更加具有针对性和实用性。

本系列教材内容根据行业最新法律法规和相关规范标准编写，在保证内容先进性的同时，也配套了部分数字化教学资源，方便教师教学和学生学习。本轮教材的编写，继承了工程管理专指委一贯坚持的“给学生最新的理论知识、指导学生按最新的方法完成实践任务”的指导思想，让该系列教材为我国的高职工程管理类专业的人才培养贡献我们的智慧和力量。

全国住房和城乡建设职业教育教学指导委员会
工程管理类专业指导委员会
2017年8月

第二版前言

本教材根据全国住房和城乡建设职业教育教学指导委员会编制的《高等职业教育工程造价专业教学基本要求》相关内容，结合编者多年从事工程造价专业技术工作及一体化教学实践经验的基础上，校企合作编著成工作手册式活页教材。

本书涉及的现行规范有《建设工程工程量清单计价规范》GB 50500—2013、《房屋建筑与装饰工程工程量计算规范》GB 50854—2013、《GB 50500—2013 建设工程工程量清单计价规范广西壮族自治区实施细则》、《GB 50854—2013 房屋建筑与装饰工程工程量计算规范广西壮族自治区实施细则（修订本）》、2013 版《广西壮族自治区建筑装饰装修工程消耗量定额》、2016 版《广西壮族自治区建设工程费用定额》及相关计价文件。

本教材根据高职学生学习的认知规律，创造性地以“做什么→怎么做→做成什么样”为编写主线。教材内容主要包括四大部分：第一部分为工程量清单计价综述，即“做什么”；第二、第三部分为工程量清单计价实际工作过程中的两大任务，包括招标工程量清单编制实务和招标控制价编制实务，即“怎么做”；第四部分为成果文件，即“做成什么样”。教材内容重点突出实际应用，通俗易懂，有助于学生理解、掌握与实务操作。

本教材主编为广西建设职业技术学院管理工程系周慧玲老师，周慧玲老师曾就职于广西建工集团从事一线技术业务 18 年，从事高职教育工作 12 年，被广西教育厅评定为“高级双师”，熟悉职业教育教学规律和学生身心发展特点，对本学科有比较深入的研究，熟悉行业企业发展过程的用人需求，具有丰富的教学、科研和企业工作经验。周慧玲负责撰写与整理文字部分，并统稿全书。

本教材另一位主编谢莹春就职于广西盛元华工程造价咨询有限公司，参编冼雪飞就职于建银工程咨询有限责任公司，两位专家均为国家注册一级造价工程师。两位专家与程莉、刘异、阎梦晴共同完成实务部分的编写。周慧玲、程莉、莫智莉、李柳负责编写案例；周慧玲、陆丽奎、黄海波、莫自庆负责编制实例工程的招标工程量清单及招标控制价；秦荷成负责 CAD 图纸的整理。本教材由广西建设工程造价管理总站莫良善、广西建设职业技术学院文桂萍主审。

本教材的内容以分册活页的形式呈现，能够满足多元化生源的不同从业经历、技术技能基础的差异化学习诉求，既可作为高职院校工程造价专业及相关专业的课程教材，也可作为函授和自学辅导用书或供相关专业人员学习参考之用。

本教材中的工程量计算与工程量清单、工程量清单计价文件编制的具体做法和实例，仅代表编者对规范、定额和相关宣贯材料的理解，由于作者水平有限，时间仓促，不妥和错漏之处在所难免，恳请广大读者批评指正。

编　者

2020 年 6 月

第一版前言

本书根据高职高专教育土建类专业教学指导委员会工程管理类专业分指导委员会制定的《工程造价专业教学基本要求》，结合笔者多年从事工程造价专业技术工作及一体化教学实践经验的基础上编著。

本书涉及的现行规范有《建设工程工程量清单计价规范》GB 50500—2013、《房屋建筑与装饰工程工程量计算规范》GB 50854—2013、《GB 50500—2013 建设工程工程量清单计价规范广西壮族自治区实施细则》、《GB 50854—2013 房屋建筑与装饰工程工程量计算规范广西壮族自治区实施细则》、2013 版《广西壮族自治区建筑装饰装修工程消耗量定额》、2013 版《广西壮族自治区建筑装饰装修工程费用定额》。

本书内容包括：工程量清单计价基础知识、工程量清单编制实务及工程量清单计价实务三大部分。本书基础知识简单明了，以够用为度，便于学生理解和掌握相关知识。全书侧重实务，以广西地区为例，以真实的施工项目图纸为载体，讲解清单列项、工程量计算、定额套价，进而计算各项费用、计算工程总造价等方面的知识。重点突出实际应用，通俗易懂，有助于读者理解、掌握与动手操作。

本教材主要作为高职院校工程造价专业及相关专业的教材，也可作为函授和自学辅导用书或供相关专业人员学习参考之用。

本书主要由广西建设职业技术学院管理工程系周慧玲主编。周慧玲负责撰写与整理文字部分；周慧玲、程莉负责编写案例题；周慧玲、唐菊香、陆丽奎负责编制实例工程的招标工程量清单及招标控制价；周慧玲、陶月平负责整理计价计量规范的文字；秦荷成负责CAD 图纸的整理。本书由广西建设工程造价管理总站莫良善、广西建设职业技术学院文桂萍主审。全书由周慧玲统稿。

书中的工程量计算与工程量清单、工程量清单计价文件编制的具体做法和实例，仅代表编者个人对规范、定额和相关解释材料的理解。由于作者水平有限，时间仓促，不妥和错漏之处在所难免，恳请读者批评指正。

教　学　建　议

本活页式教材以“书脊处半固定+活页扣”的形式整本装订出版，以册为单位进行活页设计。教学过程可根据不同专业（专业方向）的课程设置、教学进度、行业发展新理论新技术新规范等具体情况，按分册或单页进行拆分、撤换，使教材内容与行业发展同步，并满足多元的“教、学、做”要求。

为了使学生对相关内容有更深入的理解和掌握，并在课程内容的基础上有所拓展，本教材在相应的学习单元设计了二维码，将规范、文件、图片、照片、视频等转化为数字资源，便于查阅，以期提高学习效果。

本教材参考学时（推荐）见下表，供选用本教材的教师、学生参阅：

<table>
<tr><th>分册</th><th colspan="3">内容</th><th>学时</th></tr>
<tr><td rowspan="5">第 1 册</td><td rowspan="5">第 1 篇
工程量清单计价综述</td><td>单元 1</td><td>工程量清单计价概述</td><td>1</td></tr>
<tr><td>单元 2</td><td>工程量清单计价与计量规范</td><td>1</td></tr>
<tr><td>单元 3</td><td>工程量清单编制</td><td>2</td></tr>
<tr><td>单元 4</td><td>工程量清单计价</td><td>1</td></tr>
<tr><td>单元 5</td><td>工程量清单计价文件的审查</td><td>1</td></tr>
<tr><td>第 2 册</td><td rowspan="5">第 2 篇
工程量清单编制实务</td><td>单元 6</td><td>房屋建筑工程工程量清单编制</td><td>21</td></tr>
<tr><td>第 3 册</td><td>单元 7</td><td>装饰工程工程量清单编制</td><td>18</td></tr>
<tr><td rowspan="3">第 4 册</td><td>单元 8</td><td>措施项目工程量清单编制</td><td>18</td></tr>
<tr><td>单元 9</td><td>税前项目工程量清单编制</td><td>6</td></tr>
<tr><td>单元 10</td><td>其他项目、规费、税金工程量清单编制</td><td>3</td></tr>
<tr><td rowspan="4">第 5 册</td><td rowspan="4">第 3 篇
工程量清单计价实务</td><td>单元 11</td><td>分部分项工程和单价措施项目计价</td><td>12</td></tr>
<tr><td>单元 12</td><td>总价措施项目工程量清单计价</td><td>2</td></tr>
<tr><td>单元 13</td><td>税前项目工程量清单编制</td><td>2</td></tr>
<tr><td>单元 14</td><td>其他项目、规费、税金工程量清单计价</td><td>2</td></tr>
<tr><td>第 6 册</td><td rowspan="4">第 4 篇
成果文件</td><td>单元 15</td><td>某食堂工程招标工程量清单实例</td><td rowspan="4">随堂实训</td></tr>
<tr><td>第 7 册</td><td>单元 16</td><td>某食堂工程招标控制价实例</td></tr>
<tr><td>第 8 册</td><td>单元 17</td><td>某食堂工程工程量计算表</td></tr>
<tr><td>第 9 册</td><td>单元 18</td><td>某食堂工程施工图纸</td></tr>
<tr><td colspan="4">合计</td><td>90</td></tr>
</table>

本教材建议实施“教、学、做”一体化教学模式，学时计划表中“第 4 篇 成果文件”为课程实训内容，融入第 2 篇、第 3 篇的教学过程，以课堂实训或课后实训的形式完成相应的学习任务。

编　者

2020 年 6 月

目　　录

第 1 篇　工程量清单计价综述

了解工程量清单计价规范的历史沿革；熟悉工程量清单计价模式与工料单价计价模式的区别，熟悉 2013 规范体系的组成、计价计量规范地方实施细则（本教材以广西为例）、工程量清单计价文件的审查；掌握建筑与装饰工程费用组成、工程量清单编制相关规定、工程总造价计价程序、工程量清单综合单价计算程序，能根据工程背景进行工程量清单列项、计算工程总造价、计算工程量清单综合单价。

<table>
<tr><th>能力目标</th><th>知识要点</th><th>相关知识</th></tr>
<tr><td>能熟练完成工程量清单列项</td><td>工程量清单五要件</td><td>项目编码、项目名称、项目特征、计量单位、工程量</td></tr>
<tr><td>能熟练计算工程总造价</td><td>工程总造价计算程序</td><td rowspan="2">建筑与装饰工程费用组成、地方现行取费费率及适用范围、招标控制价与投标报价的编制规定</td></tr>
<tr><td>能熟练计算工程量清单综合单价</td><td>工程量清单综合单价计算程序</td></tr>
</table>

单元1　工程量清单计价概述

任务1.1　工程量清单计价的相关概念

1.1.1　工程量清单计价

为了适应我国建设工程管理体制改革及建设市场发展的需要，规范建设工程各方的计价行为，进一步深化工程造价管理模式的改革，按照“政府宏观调控、企业自主报价、市场形成价格、加强市场监管”的改革思路，我国于2003年7月1日开始实施工程量清单计价。

工程量清单计价是我国现行的工程预结算工作中的两种计价方法之一，是指招标投标阶段由投标人按照招标人提供的招标工程量清单，逐一填报单价，并计算出建设项目所需的全部费用，包括分部分项工程费、措施项目费、其他项目费、规费、税前项目费和税金等，工程结算时必须以承包人完成合同工程应予以计量的工程量确定工程造价的这一过程，就称为工程量清单计价。

工程量清单计价应采用“综合单价”计价。综合单价是指完成规定清单项目所需的人工费、材料费和工程设备费、施工机具使用费和企业管理费、利润，并考虑了风险因素的一种单价。

1.1.2　工程量

工程量即工程的实物数量，是以物理计量单位或自然计量单位所表示的各个分项或子项工程和构配件的数量。物理计量单位，是指以法定计量单位表示的长度、面积、体积、质量等。如建筑物的建筑面积、屋面面积（m^2）；基础砌筑、墙体砌筑的体积（m^3）；钢屋架、钢支撑、钢平台制作安装的质量（t）等。自然计量单位是指以物体的自然组成形态表示的计量单位，如通风机、空调器安装以“台”为单位，风口及百叶窗安装以“个”为单位，消火栓安装以“套”为单位，大便器安装以“组”为单位，散热器安装以“片”为单位。

1.1.3　招标工程量清单

工程量清单是载明建设工程分部分项工程项目、措施项目、其他项目、税前项目的名称和相应数量以及规费、税金项目等内容的明细清单。工程量清单体现的核心内容为清单项目名称及其相应数量。

招标工程量清单是招标人依据国家标准、招标文件、设计文件以及施工现场实际情况编制的，随招标文发布供投标报价的工程量清单，包括其说明和表格。

分部分项工程量清单表明了拟建工程的全部分项实体工程的名称和相应的工程数量，例如某工程泵送商品混凝土C25混凝土矩形柱，98.07m^3；现浇混凝土钢筋Φ10以内，115.63t。

措施项目清单表明了为完成拟建工程项目施工，发生于该工程施工准备和施工过程中的技术、生活、安全、环境保护等方面的项目，措施项目清单根据计价程序的不同，分为单价措施项目、总价措施项目。

单价措施项目为可以根据工程图纸和相关计量规范中的工程量计算规则进行计量的项目，例如，混凝土独立基础模板，115.57m^2；1m^3液压挖掘机进退场 1 台次。

总价措施项目为在相关计量规范中无工程量计算规则，无法根据工程图纸计算其工程量的清单项目，例如安全文明施工费、冬雨季施工费等。

招标工程量清单必须作为招标文件的组成部分，其准确性和完整性由招标人负责。招标工程量清单是编制招标控制价、投标报价、计算或调整工程量、索赔等的依据之一。

1.1.4 工程量清单综合单价

综合单价是指完成一个规定清单项目所需的人工费、材料费和工程设备费、施工机械使用费、企业管理费、利润以及一定范围内的风险费用。

1.1.5 计价规范

规范是一种标准。所谓“计价规范”，就是应用于规范建设工程计价行为的国家标准。具体地讲，就是工程造价工作者对确定建筑产品价格的分部分项工程名称、项目特征、工作内容、项目编码、工程量计算规则、计量单位、费用项目组成与划分、费用项目计算方法与程序等作出的全国统一规定标准。

我国现行的计价规范是《建设工程工程量清单计价规范》GB 50500—2013 及九个专业工程量计算规范（简称“13 版规范”）。

“13 版规范”是我国国家级标准，其中部分条款为强制性条文，用黑体字标志，必须严格执行。计价规范的发布实施，是我国工程造价工作向逐步实现“政府宏观调控、企业自主报价、市场形成价格”的基础。

任务 1.2 工程量清单计价模式

1.2.1 采用工程量清单计价的工程范围

使用国有资金投资的建设工程发承包，必须采用工程量清单计价。国有资金投资的工程建设项目包括使用国有资金投资和国家融资投资的工程建设项目。

1. 使用国有资金投资项目的范围包括：

（1）使用各级财政预算资金的项目。

（2）使用纳入财政管理的各种政府性专项建设基金的项目。

（3）使用国有企事业单位自有资金，并且国有资产投资者实际拥有控制权的项目。

2. 国家融资项目的范围包括：

（1）使用国家发行债券所筹资金的项目。

（2）使用国家对外借款或者担保所筹资金的项目。

（3）使用国家政策性贷款的项目。

（4）国家授权投资主体融资的项目。

（5）国家特许的融资项目。

非国有资金投资的工程建设项目，可采用工程量清单计价，也可采用工料单价法计价。

1.2.2　工程量清单计价主要程序

以我国地方为例，广西壮族自治区现行的计价模式主要有工程量清单计价模式和工料单价法计价模式两种，其中工料单价法在我国其他地区也称定额计价法。实行工程量清单计价的工程，应采用单价合同。

1. 招标人编制工程量清单

招标投标阶段，由招标人或受其委托的造价咨询人根据招标文件要求、工程图纸、计价与计量规范、计价办法及常规施工方案等资料列出拟建工程项目所有的清单项目，分部分项工程和单价措施项目还需计算出相应工程量，编制成工程量清单作为招标文件的一部分发给所有投标人。

2. 招标人编制招标控制价

招标投标阶段，由招标人或受其委托的造价咨询人以公平、公正为原则，根据招标文件要求、工程量清单、建设主管部门颁发的计价定额、计价的有关规定及常规施工方案等资料合理确定工程总造价。

3. 投标人编制投标报价

招标投标阶段，投标人按照招标文件所提供的工程量清单、施工现场的实际情况及拟定的施工方案、施工组织设计，按企业定额或建设行政主管部门发布的计价定额以及市场价格，结合市场竞争情况，充分考虑风险，自主报价。

4. 以承包人完成合同工程应予以计量的工程量确定工程结算价

工程完工后，发承包双方办理竣工结算时，以承包人完成合同工程应予以计量的工程量、合同约定的综合单价为基础计算工程结算价格。

1.2.3　实行工程量清单计价的意义

工程量清单计价由招标人编制工程量清单、投标人根据自身实际情况自主报价，发承包双方按实际完成计算工程量、按合同约定计算综合单价进行结算，通过市场竞争形成价格，合理地分担了风险，促进了中国特色建设市场有序竞争和企业健康发展。

建设工程造价实行工程量清单计价的意义主要有以下几点：

（1）有利于市场机制决定工程造价的实现，促进我国工程造价管理政府职能的转变。

（2）有利于业主获得合理的工程造价。

（3）有利于促进施工企业改善经营管理，提高竞争能力。

（4）有利于提高工程造价人员业务素质，使其成为懂技术、懂经济、懂管理的复合型人才。

（5）有利于我国企业参与国际市场的竞争。

1.2.4　工程量清单计价与工料单价法计价的区别

工程量清单计价模式是一种符合建筑市场竞争规则、经济发展需要和国际惯例的计价办法，是工程计价的趋势。工料单价法计价模式（也称定额计价模式）在我国已使用多年，具有一定的实用性。未来，工程量清单计价和工料单价法计价两种模式将并存，形成以工程量清单计价模式为主导，工料单价法计价模式为补充方式的计价局面。两种计价模式的区别主要有以下几点：

（1）适用范围不同

使用国有资金投资建设工程项目必须采用工程量清单计价。除此以外的建设工程，可以采用工程量清单计价模式，也可采用工料单价法计价模式。

(2) 项目划分不同

工料单价法计价的项目是按定额子目来划分的，所含内容相对单一，一个项目包括一个定额子目的工作内容；而工程量清单项目，基本以一个“综合实体”考虑，一个项目既可能包括一个定额子目的工作内容，也可能包括多个定额子目的工作内容。例如，清单项目中“混凝土独立基础”，工作内容包括混凝土制作、浇捣；而工料单价法计时采用的定额子目“混凝土基础”仅包含混凝土浇捣，混凝土制作需另列项目计算。

(3) 计价依据不同

工料单价法计价模式主要是依据建设行政主管部门发布的计价定额计算工程造价，具有地域的局限性；工程量清单计价模式的主要计价依据是《建设工程工程量清单计价规范》GB 50500—2013 和九个专业工程量计算规范，实行全国统一。

(4) 编制工程量的主体不同

采用工料单价法计价模式，建设工程的工程量、工程价格均由投标人自行计算；而采用工程量清单计价模式，工程量由招标人或委托有关工程造价咨询单位统一计算，各投标人根据招标人提供的工程量清单，根据自身的技术装备、施工经验、企业成本、企业定额、管理水平等进行报价。

(5) 风险分担不同

工程量清单由招标人提供，招标人承担工程量计算风险，投标人则承担单价风险；而工料单价法计价模式下的招投标工程，工程数量由各投标人自行计算，工程量计算风险和单价风险均由投标人承担。

(6) 计量与计价的单位不同

工料单价法计价模式计量与计价的单位为定额单位，定额单位一般为扩大单位，如“$10m^3$、$1000m^3$、$100m^2$”等。工程量清单计价模式计量与计价的单位为标准单位，如“m、m^3、m^2”等。

任务 1.3　建筑与装饰工程费用组成

2016广西《建设工程费用定额》封面

1.3.1　按构成要素划分的费用组成

建筑与装饰工程费用组成按构成要素分，见表 1-1。

建设工程费用组成表（按构成要素分）　　**表 1-1**

建设工程费	直接费	人工费	计时工资（或计价工资）
			津贴、补贴
			特殊情况下支付的工资
		材料费	材料原价
			运杂费
			运输损耗费
			采购及保管费
		机械费	折旧费
			大修理费
			经常修理费
			安拆费及场外运费
			人工费
			燃料动力费
			税费
	间接费	企业管理费	管理人员工资
			办公费
			差旅交通费
			固定资产使用费
			工具用具使用费
			劳动保险和职工福利费
			劳动保护费
			工会经费
			职工教育经费
			财产保险费
			财务费
			税金
			其他
		规费	社会保险费
			住房公积金
			工程排污费
	利润		
	增值税		

1.3.2 按工程造价形成划分的费用组成

建筑与装饰工程费用组成按工程造价形成分，见表 1-2。以我国地方为例，广西壮族自治区现行规定，工程计价成果文件的报表内容主要按工程造价形成分。

建设工程费用组成表（按工程造价形成分）　　**表 1-2**

<table>
<tr><td rowspan="21">建设工程费</td><td colspan="3">分部分项工程费</td><td rowspan="16">1. 人工费
2. 材料费
3. 机械费
4. 管理费
5. 利润</td></tr>
<tr><td rowspan="11">措施项目费</td><td rowspan="5">单价措施费</td><td>二次搬运费</td></tr>
<tr><td>大型机械进出场及安拆费</td></tr>
<tr><td>夜间施工增加费</td></tr>
<tr><td>已完工程保护费</td></tr>
<tr><td>……</td></tr>
<tr><td rowspan="6">总价措施费</td><td>安全文明施工费</td></tr>
<tr><td>检验试验配合费</td></tr>
<tr><td>雨季施工增加费</td></tr>
<tr><td>优良工程增加费</td></tr>
<tr><td>提前竣工（赶工补偿）费</td></tr>
<tr><td>……</td></tr>
<tr><td rowspan="4">其他项目费</td><td colspan="2">暂列金额</td></tr>
<tr><td colspan="2">暂估价（材料暂估价、专业工程暂估价）</td></tr>
<tr><td colspan="2">计日工</td></tr>
<tr><td colspan="2">总承包服务费</td></tr>
<tr><td rowspan="3">规费</td><td colspan="3">社会保险费</td></tr>
<tr><td colspan="3">住房公积金</td></tr>
<tr><td colspan="3">工程排污费</td></tr>
<tr><td colspan="4">税前项目费</td></tr>
<tr><td colspan="4">增值税</td></tr>
</table>

思考题与习题

1. 我国现行工程造价管理改革的思路是什么？
2. 什么是工程量清单计价？
3. 什么是工程量清单？什么是招标工程量清单？
4. 什么是工程量清单综合单价？
5. 必须采用工程量清单计价的工程范围包括哪些？
6. 工程量清单计价模式与工料单价法计价模式的区别是什么？
7. 简述建设工程费用组成内容（按构成要素划分）。
8. 简述建设工程费用组成内容（按工程造价形成划分）。

单元 2　工程量清单计价与计量规范

《建设工程工程量清单计价规范》GB 50500—2003 封面

任务 2.1　工程量清单计价规范的历史沿革

2.1.1　《建设工程工程量清单计价规范》GB 50500—2003

1. “03 版规范”简介

2003 年 2 月 17 日，建设部以第 119 号公告发布了国家标准《建设工程工程量清单计价规范》GB 50500—2003（简称“03 版规范”），自 2003 年 7 月 1 日开始实施。

“03 版规范”的实施，为推行工程量清单计价，建立市场形成工程造价的机制奠定了基础。

“03 版规范”主要侧重于规范工程招投标阶段的工程量清单计价行为，对工程合同签订、工程计量与价款支付、合同价款调整、索赔和竣工结算等方面缺乏相应的规定。

2. “03 版规范”组成内容

“03 版规范”共包括 5 章和 5 个附录，条文数量共 45 条，其中强制性条文 6 条，强制性条文为黑色字体标志，必须严格执行。其组成内容见表 2-1。

“03 版规范”组成内容　　**表 2-1**

序号	章节	名称	条文数	说明
1	第 1 章	总则	6	
2	第 2 章	术语	9	
3	第 3 章	工程量清单编制	14	
4	第 4 章	工程量清单计价	10	
5	第 5 章	工程量清单及其计价格式	6	
6	附录 A	建筑工程工程量清单项目及计算规则		
7	附录 B	装饰装修工程工程量清单项目及计算规则		
8	附录 C	安装工程工程量清单项目及计算规则		
9	附录 D	市政工程工程量清单项目及计算规则		
10	附录 E	园林工程工程量清单项目及计算规则		

2.1.2　《建设工程工程量清单计价规范》GB 50500—2008

1. “08 版规范”简介

2008 年 7 月 9 日，住房和城乡建设部以第 63 号公告，发布了《建设工程工程量清单计价规范》GB 50500—2008（简称“08 版规范”），自 2008 年 12 月 1 日开始实施。“08 版规范”适用于建设工程工程量清单计价活动。

《建设工程工程量清单计价规范》GB 50500—2008 封面

“08 版规范”具有以下特点：

（1）内容涵盖了工程施工阶段从招标投标开始到工程竣工结算办理的全过程，并增加了条文说明。

（2）体现了工程造价计价各阶段的要求，使规范工程计价行为形成有机整体。

（3）充分考虑到我国建设市场的实际情况，在安全文明施工费、规费等计取上，规定了不允许竞价；在应对物价波动对工程造价的影响上，较为公平地提出了发、承包双方共担风险的规定，更有利于建立公开、公平、公正的市场竞争秩序。

2. “08 版规范”组成内容

“08 版规范”共包括 5 章和 6 个附录，增加了“附录 E 矿山工程工程量清单项目及计算规则”。条文数量共 137 条，其中强制性条文 15 条，强制性条文为黑色字体标志，必须严格执行。其组成内容见表 2-2。

“08 版规范”组成内容　　**表 2-2**

序号	章节	名称	条文数	说明
1	第 1 章	总则	8	
2	第 2 章	术语	23	
3	第 3 章	工程量清单编制	21	
4	第 4 章	工程量清单计价	72	
5	4.1	一般规定		
6	4.2	招标控制价		
7	4.3	投标价		
8	4.4	工程合同价款的确定		
9	4.5	工程计量与价款支付		
10	4.6	索赔与现场签证		
11	4.7	工程价款调整		
12	4.8	竣工结算		
13	4.9	工程计价争议处理		
14	第 5 章	工程量清单计价表格	13	
15	附录 A	建筑工程工程量清单项目及计算规则		
16	附录 B	装饰装修工程工程量清单项目及计算规则		
17	附录 C	安装工程工程量清单项目及计算规则		
18	附录 D	市政工程工程量清单项目及计算规则		
19	附录 E	园林工程工程量清单项目及计算规则		
20	附录 F	矿山工程工程量清单项目及计算规则		

“08 版规范”实施后，对规范工程实施阶段的计价行为起到了良好的作用，但由于附录无法实时修订，还存在有待完善之处。

2.1.3　“13 版规范”

《建设工程工程量清单计价规范》GB 50500—2013 封面

1. “13 版规范”简介

2012 年 12 月 25 日，住房和城乡建设部以 10 个公告，发布了《建设工程工程量清单计价规范》GB 50500—2013 和九个专业工程量计算规范（简称“13 版规范”），计价与计量规范共 10 本，自 2013 年 7 月 1 日开始实施。“13 版规范”适用于建设工程发承包及实施阶段的计价活动。

“13 版规范”是以《建设工程工程量清单计价规范》为母规范，各专业工程工程量计算规范与其配套使用的工程计价、计量标准体系。该标准体系将为深入推行工程量清单计价，建立市场形成工程造价机制奠定坚实基础，并对维护建设市场秩序，规范建设工程发承包双方的计价行为，促进建设市场健康发展发挥重要作用。

2. “13 版规范”体系

“13 版规范”体系见表 2-3。

“13 版规范”体系　　**表 2-3**

序号	标准	名称	说明
1	GB 50500—2013	建设工程工程量清单计价规范	
2	GB 50854—2013	房屋建筑与装饰工程工程量计算规范	
3	GB 50855—2013	仿古建筑工程工程量计算规范	
4	GB 50856—2013	通用安装工程工程量计算规范	
5	GB 50857—2013	市政工程工程量计算规范	
6	GB 50858—2013	园林绿化工程工程量计算规范	
7	GB 50859—2013	矿山工程工程量计算规范	
8	GB 50860—2013	构筑物工程工程量计算规范	
9	GB 50861—2013	城市轨道交通工程工程量计算规范	
10	GB 50862—2013	爆破工程工程量计算规范	

本教材主要针对《建设工程工程量清单计价规范》GB 50500—2013、《房屋建筑与装饰工程工程量计算规范》GB 50854—2013 进行编写。

3. “13 版规范”特点

(1) 确立了工程计价标准体系

对于计价而言，无论什么专业都应该是一致的；而计量，随着专业的不同存在不一样的规定，原清单计价规范将其作为附录处理，不方便操作和管理，也不利于不同专业计量规范的修订和增补。为此，计价、计量规范体系表现形式的改变是很有必要的。

“13 版规范”共发布 10 本工程计价、计量规范，特别是九个专业工程计量规范的出台，使整个工程计价标准体系清晰明了，为下一步工程计价标准的制定打下了坚实的基础。

（2）与当前国家相关法律、法规和政策性的变化规定相适应

《中华人民共和国社会保险法》的实施；《中华人民共和国建筑法》关于实行工伤保险，鼓励企业为从事危险作业的职工办理意外伤害保险的修订；国家发展改革委、财政部关于取消工程定额测定费的规定；财政部开征地方教育附加等规费方面的变化；《建筑市场管理条例》的起草，《建筑工程施工发承包计价管理办法》的修订，均为“08 版规范”的修改提供了基础。

（3）注重与施工合同的衔接

“13 版规范”明确定义为适用于工程施工发承包及实施阶段，因此，在术语、条文设置上尽可能与施工合同相衔接，既重视规范的指引和指导作用，又充分尊重发承包双方的意愿，为造价管理与合同管理相统一搭建了平台。

（4）保持了规范的先进性

“13 版规范”增补了建筑市场新技术、新工艺、新材料的项目，删去了技术落后及被淘汰的项目。对土石分类重新进行了定义，实现了与现行国家标准的衔接。

4. 规范中的用词说明

（1）为便于执行本规范条文时区别对待，对要求严重程度不同的用词说明如下：

1）表示很严格，非这样做不可的用词：正面词采用“必须”，反面词采用“严禁”。

2）表示严格，在正常情况下均应这样做的用词：正面词采用“应该”，反面词采用“不应”或“不得”。

3）表示允许稍有选择，在条件许可时首先应这样做的用词：正面词采用“宜”，反面词采用“不宜”；表示有选择，在一定条件下可以这样做的用词，采用“可”。

（2）本规范中指明应按其他有关标准、规范执行的写法为“应符合……的规定”或“应按……执行”。

任务2.2 建设工程工程量清单计价规范GB 50500—2013

2.2.1 编制原则

1. 依法原则

建设工程计价活动受《中华人民共和国合同法》等多部法律、法规的管辖。因此，“13版规范”对规范条文做到依法设援。例如，有关招标控制价的设置，遵循了《政府采购法》相关规定，以有效遏制哄抬标价的行为；有关招标控制价投诉的设置，遵循了《招标投标法》的相关规定，既维护了当事人的合法权益，又保证了招标活动的顺利进行；有关合理工期的设置，遵循了《建设工程质量管理条例》的相关规定，以促使施工作业有序进行，确保工程质量和安全；有关工程结算的设置，遵循了《合同法》以及相关司法解释的相关规定。

2. 权责对等原则

在建设工程施工活动中，不论发包人或承包人，有权利就必然有责任。“13版规范”仍然坚持这一原则，杜绝只有权利没有责任的条款。如关于工程量清单编制质量的责任由招标人承担的规定，有效遏制了招标人以强势地位设置工程量偏差由投标人承担的做法。

3. 公平交易原则

建设工程计价从本质上讲，就是发包人与承包人之间的交易价格，在社会主义市场经济条件下应做到公平进行。“08版规范”关于计价风险合理分担的条文及其在条文说明中对于计价风险的分类和风险幅度的指导意见，就得到了工程建设各方的认同，因此，“13版规范”将其正式条文化。

4. 可操作性原则

“13版规范”尽量避免条文点到就止，重视条文的可操作性。例如招标控制价的投诉问题，对投诉时限、投诉内容、受理条件、复查结论等作了较为详细的规定。

5. 从约原则

建设工程计价活动是发承包双方在法律框架下签约、履约的活动。因此，遵从合同约定，履行合同义务是双方的应尽之责。“13版规范”在条文上坚持“按合同约定”的规定，但在合同约定不明或没有约定的情况下，发承包双方发生争议时不能协商一致，规范的规定就会在处理争议处理方面发挥积极作用。

2.2.2 “13版计价规范”组成内容

“13版计价规范”由正文和附录两部分组成，共包括16章和11个附录，分58节共有条文数量为329条，其中强制性条文14条，强制性条文为黑色字体标志，必须严格执行。其组成内容见表2-4。

“13版计量规范”组成内容 **表2-4**

序号	章节	名称	节数	条文数	说明
1	第1章	总则	1	7	
2	第2章	术语	1	52	
3	第3章	一般规定	4	19	

续表

序号	章节	名称	节数	条文数	说明
4	第 4 章	工程量清单编制	6	19	
5	第 5 章	招标控制价	3	21	
6	第 6 章	投标报价	2	13	
7	第 7 章	合同价款约定	2	5	
8	第 8 章	工程计量	3	15	
9	第 9 章	合同价款调整	15	58	
10	第 10 章	合同价款中期支付	3	24	
11	第 11 章	竣工结算支付	6	35	
12	第 12 章	合同解除的价款结算与支付	1	4	
13	第 13 章	合同价款争议的解决	5	19	
14	第 14 章	工程造价鉴定	3	19	
15	第 15 章	工程计价资料与档案	2	13	
16	第 16 章	工程计价表格	1	6	
17	附录 A	物价变化合同价款调整方法			
18	附录 B	工程计价文件封面			
19	附录 C	工程计价文件扉页			
20	附录 D	工程计价总说明			
21	附录 E	工程计价汇总表			
22	附录 F	分部分项工程的措施项目计价表			
23	附录 G	其他项目计价表			
24	附录 H	规费、税金项目计价表			
25	附录 J	工程计量申请（核准）表			
26	附录 K	合同价款支付申请（核准）表			
27	附录 L	主要材料、工程设备一览表			
合计			58	329	

任务 2.3　房屋建筑与装饰工程工程量计算规范 GB 50854—2013

2.3.1　编制原则

1. 项目编码唯一性原则

“13 版规范”将 9 个专业工程修编为 9 个计量规范，项目编码的设置方式保持不变。前两位定义为每本计量规范的代码，使每个项目清单的编码都是唯一的，没有重复。

2. 项目设置简明适用原则

“13 版计量规范”在项目设置上以符合工程实际、满足计价需要为前提，力求增加新技术、新工艺、新材料的项目，删除技术规范已经淘汰的项目。

3. 项目特征满足组价原则

“13 版计量规范”在项目特征上，对凡是体现项目自身价值的都作出规定，即使工作内容已列有的内容，在项目特征中仍作出要求。

（1）对工程计价无实质影响的内容不作规定，如现浇混凝土梁底面标高等。

（2）对应由投标人根据施工方案自行确定的不作规定，如预裂爆破的单孔深度及装药量等。

（3）对应出投标人根据当地材料供应及构件配料决定的不作规定，如混凝土拌合料的石子种类及粒径、砂的种类等。

（4）对应由施工措施解决并充分体现竞争要求的，注明了特征描述时不同的处理方式，如弃土运距等。

4. 计量单位方便计量原则

计量单位应以方便计量为前提，注意与现行工程定额的规定衔接。如有两个或两个以上计量单位均可满足某一工程项目计量要求的，均予以标注，由招标人根据工程实际情况选用。

5. 工程量计算规则统一原则

“13 版计量规范”不使用“估算”之类的词语；同对使用两个或两个以上计量单位的，分别规定了不同计量单位的工程量计算规则；对易引起争议的，用文字说明，如钢筋的搭接如何计量等。

2.3.2　“13 版计量规范”组成内容

《房屋建筑与装饰工程工程量计算规范》GB 50854—2013 由正文和附录两部分组成，二者具有同等效力，缺一不可。其组成内容见表 2-5。

“13 版计量规范”组成内容　　**表 2-5**

序号	章节	名称	条文数	项目数	说明
1	第 1 章	总则	4		
2	第 2 章	术语	4		
3	第 3 章	工程计量	6		
4	第 4 章	工程量清单编制	15		

续表

序号	章节	名称	条文数	项目数	说明
5	附录 A	土石方工程		13	
6	附录 B	地基处理与边坡支护工程		28	
7	附录 C	桩基工程		11	
8	附录 D	砌筑工程		27	
9	附录 E	混凝土及钢筋混凝土工程		76	
10	附录 F	金属结构工程		31	
11	附录 G	木结构工程		8	
12	附录 H	门窗工程		55	
13	附录 J	屋面及防水工程		21	
14	附录 K	保温、隔热、防腐工程		16	
15	附录 L	楼地面装饰工程		43	
16	附录 M	墙、柱面装饰与隔断、幕墙工程		35	
17	附录 N	天棚工程		10	
18	附录 P	油漆、涂料、裱糊工程		36	
19	附录 Q	其他装饰工程		62	
20	附录 R	拆除工程		37	
21	附录 S	措施项目		52	
合计			29	561	

1. 正文

正文有 4 章，条文数量共 29 条，其中强制性条文 8 条，强制性条文为黑色字体标志，必须严格执行。正文包括总则、术语、工程计量、工程量清单编制等内容，分别就该规范的适用范围、遵循的原则（进行工程计量活动、编制工程量清单的原则）和工程量清单作了明确的规定。

2. 附录

附录包含 17 部分，清单项目共 561 项。附录中主要内容包括有：项目编码、项目名称、项目特征、计量单位、工程量计算规则和工作内容等。其中项目编码、项目名称、项目特征、计量单位、工程量计算规则作为工程量清单“五要件”内容，要求编制工程量清单时必须执行。

3. 附录的表现形式

附录中的详细内容是以表格形式表现的，其格式见表 2-6。

清单项目表　　表 2-6

项目编码	项目名称	项目特征	计量单位	工程量计算规则	工作内容
010101004	挖基坑土方	1. 土壤类别 2. 挖土深度 3. 弃土运距	m^3	按设计图示尺寸，以基础垫层底面积乘挖土深度计算	1. 排地表水 2. 土方开挖 3. 围护（挡土板）及拆除 4. 基底钎探 5. 运输
010501003	独立基础	1. 混凝土种类 2. 混凝土强度等级	m^3	按设计图示尺寸以体积计算，不扣除伸入承台基础的桩头所占体积	1. 模板及支撑制作、安装、拆除、堆放、运输及清单模内杂物、刷隔离剂等 2. 混凝土制作、运输、浇筑、振捣、养护

（1）项目编码。项目编码是分部分项工程和单价措施项目清单项目名称的数字标识，是构成工程量清单的 5 个要件之一。项目编码共设 12 位数字。“13 版计量规范”统一到前 9 位，10 至 12 位应根据拟建工程的工程量清单项目名称设置，同一招标工程的项目编码不得有重码。例如，同一个标段（或合同段）的一份工程量清单中含有 3 个单位工程，每一单位工程中都有项目特征相同的“实心砖墙砌体”，在工程量清单中又需反映 3 个不同单位工程的实心砖墙砌体工程量时，工程量清单应以单位工程为编制对象，则第一个单位工程实心砖墙项目编码应为 010401003001，第二个单位工程实心砖墙项目编码应为 010401003002，第三个单位工程实心砖墙项目编码为 010401003003，并分别列出其工程量。

（2）项目名称。项目的设置或划分是以形成工程实体为原则，所以项目名称均以工程实体命名。所谓实体是指形成生产或工艺作用的主要实体部分，对附属或次要部分均不设置项目，如实心砖墙、砌块墙、木楼梯、钢屋架等项目。项目名称是构成分部分项工程量清单的第二个要件。

（3）项目特征。项目特征是指构成分部分项工程量清单项目、措施项目自身价值的本质特征，是用来表述项目名称的，它直接影响实体自身价值（或价格），如材质、规格等。在设置清单项目时，要按具体的名称设置，并表述其特征，如砌筑砖墙项目需要表述的特征有：墙体的类型、墙体厚度、墙体高度、砂浆强度等级及种类等，不同墙体的类型（外墙、内墙、围墙）、不同墙体厚度、不同砂浆强度等级，在完成相同工程数量的情况下，因项目特征的不同，其价格不同，因而对项目特征的具体表述是不可缺少的。项目特征是构成分部分项工程量清单的第三个要件。

（4）计量单位。附录中的计量单位均采用基本单位计量，如 m^3、m^2、m、t 等，编制清单或报价时一定要按附录规定的计量单位计算，计量单位是构成分部分项工程量清单的第四个要件。

（5）工程量计算规则。附录中每一个清单项目都有一个相应的工程量计算规则，“13 版计量规范”中清单项目的工程量计算规则与《全国统一建筑工程预算工程量计算规则》中的计算规则既有区别又有联系。“13 版计量规范”大部分清单项目的工程量计算规则同《全国统一建筑工程预算工程量计算规则》，以便于计价工作的开展。

但部分清单项目的计算规则可以由各省、自治区、直辖市或行业建设主管部门的规定实施。如土方工程中的开挖因工作面和放坡增加的工程量是否并入各土方工程量中，应按各地规定实施。

（6）工作内容。工作内容是完成项目实体所需的所有施工工序，如砌筑砖墙中的砂浆制作、运输、砌砖、刮缝、材料运输等都是完成“墙”不可缺少的施工工序。完成项目实体的工作内容或多或少都会影响到投标人报价的高低。由于受各种因素的影响，同一个分项工程可能设计不同，由此所含工作内容可能会发生差异，附录中“工作内容”栏所列的工作内容没有区别不同设计而逐一列出，就某一个具体工程项目而言，确定综合单价时，附录中的工作内容仅供参考。

任务 2.4　“13 版规范”广西壮族自治区实施细则

2.4.1　广西壮族自治区实施细则概述

1. 广西壮族自治区实施细则（简称“广西实施细则”）简介

为规范广西壮族自治区建设工程造价计价与计量行为，按照政府宏观调控、企业自主报价、竞争形成价格、监管行之有效的工程造价管理和形成机制，结合《广西壮族自治区建设工程造价管理办法》（广西壮族自治区人民政府令第 43 号）等法规规章规定，结合广西实际，制定计价、计量广西实施细则。

根据国家计价规范，制定《建设工程工程量清单计价规范（GB 50500—2013）广西壮族自治区实施细则》。

根据国家 9 个专业工程量计算规范，制定《建设工程工程量计算规范（GB 50854～50862—2013）广西壮族自治区实施细则》，并于 2015 年 10 月制定《建设工程工程量计算规范（GB 50854～50862—2013）广西壮族自治区实施细则（修订本）》（图 2-1）。

《JIAN SHE GONG CHENG GONG CHENG LIANG QING DAN JI JIA GUI FAN》
GUANG XI ZHUANG ZU ZI ZHI QU SHI SHI XI ZE

GB 50500-2013

《建设工程工程量清单计价规范》
广西壮族自治区实施细则

广西壮族自治区住房和城乡建设厅
二〇一三年十二月

图 2-1 计价、计量规范广西壮族自治区实施细则封面

2. 广西壮族自治区实施细则编制情况

（1）广西壮族自治区实施细则是在国家计算规范的基础上，结合广西实际计价和计量情况进行了调整。

（2）广西壮族自治区实施细则把 2013 版国家《建设工程施工合同示范文本》和广西壮族自治区现行《招标文件示范文本》中关于工程计价与计量的条款进行融合。

（3）根据广西壮族自治区的实际情况对部分工程计价表格进行了调整。

（4）结合广西壮族自治区实际情况，各专业均调整了部分清单项目，增补的清单项目既有新增项目，也有取代国家计量规范清单项目的情况。

2.4.2 广西壮族自治区实施细则适用范围

广西壮族自治区实施细则（后简称广西实施细则）适用于广西壮族自治区行政区域内的建设工程发承包及实施阶段的计价活动。

建设工程包括：房屋建筑与装饰工程、仿古建筑工程、通用安装工程、市政工程、园林绿化工程、构筑物工程、城市轨道交通工程、爆破工程等。

发承包及实施阶段的计价活动包括：工程量清单编制、招标控制价编制、投标报价编制、合同价款的约定、工程计量、合同价款调整、合同价款期中支付、竣工结算与支付、合同解除的价款结算与支付、合同价款争议的解决、工程造价鉴定等活动。

2.4.3 广西实施细则规定工程造价的组成

广西实施细则规定建设工程发承包及实施阶段的工程造价由分部分项工程费、措施项目费、其他项目费、规费、税前项目费和税金组成。

根据广西工程计价实际情况，广西实施细则规定的工程造价组成项目内容比国家计价规范规定的项目内容增加了“税前项目费”。

税前项目费指在费用计价程序的税金项目前，根据交易习惯按市场价格进行计价的项目费用。税前项目的综合单价不按定额和清单规定程序组价，而按市场规则组价，其内容包含了除税金以外的全部费用。

2.4.4　广西实施细则对计量单位的规定

国家计量规范规定，工程量清单的计量单位应按附录中规定的计量单位确定。但附录中部分清单项目的单位列有两个或多个，如《房屋建筑与装饰工程工程量计算规范》GB 50854—2013中，直行楼梯的计量单位列有“m^2、m^3”，金属（塑钢）门的计量单位列有“樘、m^2”等。为了与定额更好地衔接，以利于进行清单计价工作，广西实施细则对各专业存在多个计量单位的清单项目进行了计量单位的取定，如直行楼梯的计量单位取定为“m^2”，金属（塑钢）门的计量单位取定为“m^2”等。

1. 简述我国现行“13 版规范”体系内容。
2. 国家“13 版计价规范”的编制原则是什么？规范主要包括哪两部分内容？
3. 国家“13 版计量规范”的编制原则是什么？规范主要包括哪两部分内容？
4. 工程量清单的“五要件”是什么？
5. 计价、计量规范广西实施细则的适用范围是什么？
6. 发承包及实施阶段的计价活动包括哪些？
7. 广西实施细则规定建设工程发承包及实施阶段，工程造价的组成内容包括哪些？其中哪个费用项目为广西增补的内容？

单元3 工程量清单编制

任务3.1 招标工程量清单编制概述

3.1.1 招标工程量清单编制相关规定

1. 招标工程量清单组成

招标工程清单应以单位（项）工程为单位编制，应由分部分项工程项目清单、措施项目清单、其他项目清单、税前项目清单、规费和税金项目清单组成。

2. 招标工程量清单的编制人

招标工程量清单应由具有编制能力的招标人或受其委托，具有相应资质的工程造价咨询人编制。

3. 招标工程量清单的编制责任

招标工程量清单必须作为招标文件的组成部分，其准确性和完整性由招标人负责。工程施工招标发包可采用多种方式，但采用工程量清单计价方式招标发包，招标人必须将工程量清单连同招标文件一并发（或售）给投标人，投标人不负有核实的义务，更不具有修改和调整的权力。

招标工程量清单作为投标人报价的共同依据，其准确性是指工程量计算无差错，其完整性是指清单列项不缺项漏项。如招标人委托工程造价咨询人编制，招标工程量清单的准确性和完整性仍由招标人承担。

3.1.2 招标工程量清单编制依据

编制招标工程量清单应依据：

1. 相关计价规范及地方实施细则（例如，13版计价规范广西实施细则）。
2. 相关计量规范及地方实施细则（例如，13版计量规范广西实施细则[修订本]）。
3. 各省、直辖市、自治区住房城乡建设主管部门颁发的相关定额和计价规定。
4. 建设工程设计文件及相关资料。
5. 与建设工程项目有关的标准、规范、技术资料。
6. 招标文件及其补充通知，答疑纪要。
7. 施工现场情况、地勘水文资料、工程特点及常规施工方案。
8. 其他相关资料。

3.1.3 招标工程量清单编制原则

招标工程量清单是工程量清单计价的基础，应作为编制招标控制价、投标报价、计算或调整工程量、索赔等的依据之一。招标工程量清单编制原则如下：

（1）必须能满足建设工程项目工程量清单计价的需要。

（2）必须遵循国家计价规范、计量规范、广西实施细则中的各项规定（包括项目编码、项目名称、计量单位、计算规则、工作内容等）。

（3）必须能满足控制实物工程量，市场竞争形成价格的价格运行机制和对工程造价进行合理确定与有效控制的要求。

（4）必须有利于规范建筑市场的计价行为，能够促进企业的经营管理、技术进步，增加企业的综合能力、社会信誉和在国内、国际建筑市场的竞争能力。

（5）必须适度考虑我国目前工程造价管理工作的现状。因为我国虽然已经推行了工程量清单计价模式，但由于各地实际情况的差异，工程造价计价方式不可避免地会出现双轨并行的局面——工程量清单计价与工料单价法计价（定额计价）同时存在、交叉执行。

3.1.4　招标工程量清单报表组成

1. 报表组成

以我国地方为例，广西壮族自治区现行规定，工程计价成果文件的报表内容主要是按工程造价形成分类。招标工程量清单由下列内容组成：

（1）封面；

（2）扉页；

（3）总说明；

（4）建设项目招标控制价/投标报价汇总表；

（5）单项工程招标控制价/投标报价汇总表；

（6）单位工程招标控制价/投标报价汇总表；

（7）分部分项工程和单价措施项目清单与计价表；

（8）总价措施项目清单与计价表；

（9）其他项目清单与计价汇总表；

（10）税前项目清单与计价表；

（11）规费、增值税计价表；

（12）发包人提供主要材料和工程设备一览表；

（13）承包人提供主要材料和工程设备一览表。

如拟建工程的合同中约定采用造价信息价差调整法，则“承包人提供主要材料和工程设备一览表（适用于造价信息差额调整法）”载明的主要材料和设备为该工程允许调整的材料和设备，招标工程量清单必须提供该表格，且不能提供空白表。

2. 封面、扉页与总说明的填写

（1）封面

封面应由招标人、受委托编制的造价咨询人盖章。

（2）扉页

扉页应按规定的内容填写、签字、盖章，由二级造价工程师编制的工程量清单应有负责审核的一级造价工程师签字、盖章。受委托编制的工程量清单，应有一级造价工程师签字、盖章以及工程造价咨询人盖章。

（3）总说明

1）工程概况：建设规模、工程特征、计划工期、施工现场实际情况、自然地理条件、环境保护要求等。

2）工程招标和专业工程发包范围。

3）工程量清单编制依据。

4）工程质量、材料、施工等的特殊要求。

5）其他需要说明的问题。

任务3.2　分部分项工程和单价措施项目清单

3.2.1　分部分项工程和单价措施项目清单编制的相关规定

分部分项工程量清单是指构成建设工程实体的全部分项实体项目名称和相应数量的明细清单。

分部分项工程是“分部工程”和“分项工程”的总称。

“分部工程”是单位工程的组成部分，一般按结构部位及施工特点或施工任务将单位工程划分为若干分部。例如，房屋建筑与装饰工程分为土方工程、桩基础工程、砌筑工程、混凝土及钢筋混凝土工程、楼地面工程、天棚工程等分部工程。

“分项工程”是分部工程的组成部分，一般按不同施工方法、材料、工序将分部工程划分为若干个分项，例如“现浇混凝土基础”分为带形基础、独立基础、满堂基础、桩承台基础等。

单价措施项目清单是指为了完成拟建工程项目施工，发生于该工程施工准备和施工过程中的技术、生活、安全、环境保护等方面的项目，并且该项目可以根据工程图纸和相关计量规范中的工程量计算规则进行计量。

（1）分部分项工程和单价措施项目清单必须载明项目编码、项目名称、项目特征、计量单位和工程量。

（2）分部分项工程和单价措施项目清单必须根据相关工程现行国家计量规范及地方实施细则（本教材以广西为例）规定的项目编码、项目名称、项目特征、计量单位和工程量计算规则进行编制。

（3）工程量清单的项目编码，应采用十二位阿拉伯数字表示。一至九位应按附录的规定设置，十至十二位应根据拟建工程的工程量清单项目名称和项目特征设置，同一招标工程的项目编码不得有重码。

（4）工程量清单的项目名称，应按附录的项目名称，结合拟建工程的实际确定。

（5）工程量清单项目特征，应按附录中规定的项目特征，结合拟建工程项目的实际予以描述。

（6）工程量清单中所列工程量，应按国家计量规范和地方实施细则规定的工程量计算规则计算。

（7）工程量清单的计量单位，应按国家计量规范和地方实施细则规定的计量单位确定。

3.2.2　项目编码

工程量清单项目编码采用五级编码，12位阿拉伯数字表示，一至九位为统一编码，即必须依据计量规范设置。其中一、二位（一级）为专业工程代码，三、四位（二级）为附录分类顺序码，五、六位（三级）为附录内的小节工程顺序码，七、八、九位（四级）为分项工程顺序码，十至十二位（五级）为具体清单项目顺序码，第五级编码应根据拟建工程的工程量清单项目名称设置。

1. 第一、二位专业工程代码

专业工程代码见表3-1。

第一、二位专业工程编码　　表3-1

序号	编码	专业工程名称	说明
1	01……	房屋建筑与装饰工程	
2	02……	仿古建筑工程	
3	03……	通用安装工程	
4	04……	市政工程	
5	05……	园林绿化工程	
6	06……	矿山工程	
7	07……	构筑物工程	
8	08……	城市轨道交通工程	
9	09……	爆破工程	

2. 第三、四位表示附录分类顺序码

本级编码表示附录分类顺序码，相当于分部顺序码，见表3-2。

房屋建筑与装饰工程第三、四位分类编码　　表3-2

编码	附录	专业工程名称	说明
0101……	附录A	土石方工程	
0102……	附录B	地基处理与边坡支护工程	
0103……	附录C	桩基工程	
0104……	附录D	砌筑工程	
0105……	附录E	混凝土及钢筋混凝土工程	

续表

编码	附录	专业工程名称	说明
0106……	附录 F	金属结构工程	
0107……	附录 G	木结构工程	
0108……	附录 H	门窗工程	
……	……	……	

3. 第三级表示第五、六位，附录内的小节工程顺序码（相当于分部中的节）

以现浇混凝土工程为例：

现浇混凝土基础，编码 010501……；

现浇混凝矩柱，编码 010502……；

现浇混凝土梁，编码 010503……；

现浇混凝土墙，编码 010504……；

现浇混凝土板，编码 010505……。

4. 第七、八、九位，分项工程项目码（以现浇混凝土梁为例）

现浇混凝土基础梁，编码 010503001……；

现浇混凝土矩形梁，编码 010503002……；

现浇混凝土异形梁，编码 010503003……；

现浇混凝土圈梁，编码 010503004……；

现浇混凝土过梁，编码 010503005……。

5. 第十至第十二位，清单项目名称顺序码（以现浇混凝土矩形梁为例）

现浇混凝土矩形梁考虑混凝土强度等级，还有抗渗、抗冻等要求，其编码由清单编制人在全国统一九位编码的基础上，在 10、11、12 位上自选设置，编制出项目名称顺序码 001、002、003，…，若还有抗渗、抗冻等要求，可继续编制 004、005、006 等，如：

现浇混凝土矩形 C20，编码 010503002001；

现浇混凝土矩形 C30，编码 010503002002；

现浇混凝土矩形 C35，编码 010503002003；

6. 清单编制人在自行设置编码的注意事项

（1）一个项目编码对应一个项目名称、计量单位、计算规则、工作内容、综合单价，因而工程量清单编制人在自行设置项目编码时，以上五项中只要有一项不同，就应另设编码。即使同一做法的项目，只要形成的综合单价不同，第五级编码就应分别设置，如墙面抹灰中的混凝土墙面和砖墙面抹灰，其第五级编码就应分别设置。

（2）项目编码不应再设副码，因第五级编码的编码范围从 001 至 999 共有 999 个，对于一个项目即使特征有多种类型，也不会超过 999 个，在实际工程应用中足够使用。如用 010402001001-1（副码）、010402001001-2（副码）编码，分别表示 M10 水泥石灰砂浆砌块墙和 M7.5 水泥石灰砂浆砌块墙，就是错误的表示方法。

（3）同一个招标工程中第五级编码不应重复。当同一标段（或合同段）的一份工程量清单中含有多个单项或单位工程且工程量清单是以单位工程为编制对象时，项目编码十至十二位编码的设置不能有重复。

3.2.3　项目名称

分部分项工程和单价措施项目清单的项目名称，应按附录的项目名称结合拟建工程的实际确定。

我国现行相关计量规范中，项目名称一般是以“工程实体”命名的，例如实心砖墙、现浇构件钢筋、水泥砂浆楼地面等。应注意，附录中的项目名称所表示的工程实体，有些是可用适当的计量单位计算的完整的分项工程，如砌筑砖墙；也有些项目名称所表示的工程实体是分项工程的组合，如采用现场搅拌混凝土施工的混凝土构造柱就是由混凝土拌制、混凝土浇捣等分项工程组成的。

为了操作简便，“13 版计算规范广西细则（修订本）”把清单计价表中的“项目名称”和“项目特征描述”合并为“项目名称及项目特征描述”。

3.2.4　项目特征描述

项目特征是指工程量清单项目自身价值的本质特征，是确定一个清单项目综合单价的重要依据，在编制的工程量清单中必须对其项目特征进行准确和全面的描述。

工程量清单项目特征的描述，应根据规范附录中有关项目特征的要求，结合技术规范、标准图集、施工图纸，按照工程结构、使用材质及规格或安装位置等，予以详细而准确的表述和说明。

1. 项目特征描述原则

有的项目特征用文字往往难以准确和全面的描述清楚，因此为达到规范、简洁、准确、全面描述项目特征的要求，在描述工程量清单项目特征时应按以下原则进行：

（1）项目特征描述的内容按本规范附录规定的内容，项目特征的表述按拟建工程的实际要求，以能满足确定综合单价的需要为前提。

（2）对采用标准图集或施工图纸能够全部或部分满足项目特征描述要求的，项目特征描述可直接采用详见××图集或××图号的方式。但对不能满足项目特征描述要求的部分，仍应用文字描述进行补充。

2. 必须描述的内容

（1）涉及正确计量的内容必须描述。如门窗洞口尺寸或框外围尺寸，广西工程计价规定，铝合金门窗大于 2m^2 或小于等于 2m^2，其单价不同。这意味着门或窗的大小，直接关系到门窗的价格，因而对门窗洞口或框外围尺寸进行描述就十分必要。

（2）涉及结构要求的内容必须描述。如混凝土构件的混凝土强度等级，是使用 C20 还是 C30 或 C40 等，因混凝土强度等级不同，其价格也不同，必须描述。

（3）涉及材质要求的内容必须描述。如油漆的品种，是调和漆还是硝基清漆等；砌体砖的品种，是混凝土空心砌块还是陶粒混凝土砌块等。材质直接影响清单项目价格，必须描述。

实行工程量清单计价，在招投标工作中，招标人提供工程量清单，投标人依据工程量清单自主报价，而工程量清单的项目特征是确定一个清单项目综合单价的重要依据，类似于要购买某一商品，需了解品牌、性能等信息。因而需要对工程量清单项目特征进行全面、合理地描述，以确保投标人准确报价。

3.2.5　计量单位

我国现行相关计量规范规定，工程量清单的计量单位应按附录中规定的计量单位确定，如挖土方的计量单位为“m^3”，楼地面工程工程量计量单位为“m^2”，钢筋工程的计量单位为“t”等。

国家计量规范附录中，部分清单项目的计量单位列有两个或者多个。例如，广西实施细则对各专业的计量单位进行了明确取定。

计量单位应采用基本单位，除各专业另有特殊规定外均按以下单位计量：

（1）以质量计算的项目——吨或千克（t 或 kg）；

（2）以体积计算的项目——立方米（m^3）；

（3）以面积计算的项目——平方米（m^2）；

（4）以长度计算的项目——米（m）；

（5）以自然计量单位计算的项目——个、套、块、樘、组、台……；

（6）没有具体数量的项目——宗、项。

各专业有特殊计量单位的，再另外加以说明。

3.2.6　工程量计算规则

工程量的计算，应按计量规范及地方实施细则规定的统一计算规则进行计量，各清单项目工程量的计算规则见本教材第二篇“工程量清单编制实务”。工程数量的有效位数应遵守下列规定：

（1）以“t、km”为单位，应保留小数点后三位数字，第四位小数四舍五入。

（2）以“m^3、m^2、m、kg”为单位，应保留小数点后两位数字，第三位小数四舍五入。

（3）以“台、个、只、对、份、件、樘、榀、根、组、株、丛、缸、套、支、块、座、系统、项”等为单位，应取整数。

3.2.7　分部分项工程和单价措施项目清单编制流程

在进行分部分项工程和单价措施项目清单编制时，其编制程序见图 3-1。

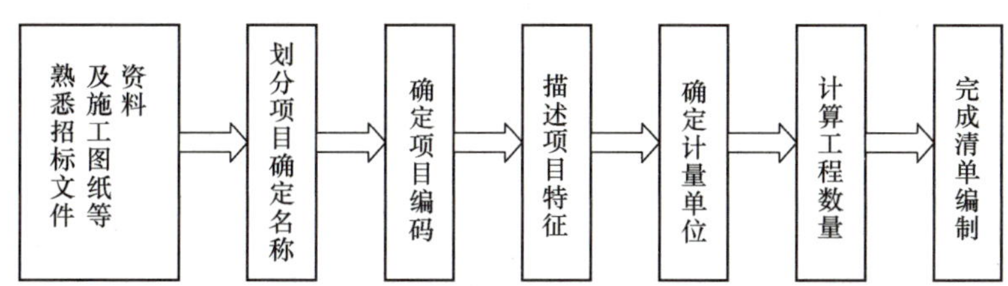

图 3-1　分部分项工程和单价措施项目清单编制程序

3.2.8　单价措施项目内容

国家计量规范对单价措施项目设置、项目特征描述、工程计量单位、工程量计算规则进行了规定。为了与广西现行工程计价方式更好地衔接，广西实施细则对单价措施项目的脚手架工程、混凝土模板及支架工程等单价措施项目进行了增补。

广西实施细则规定房屋建筑与装饰工程的单价措施项目见表 3-3。

单价措施项目一览表　　**表 3-3**

小节编号	名称
S. 1	脚手架工程
S. 2	混凝土模板及支架（撑）

续表

小节编号	名称
S. 3	垂直运输
S. 4	超高施工增加
S. 5	大型机械设备进出场及安拆
S. 6	施工排水、降水
桂 S. 8	混凝土运输及泵送工程
桂 S. 9	二次搬运费
桂 S. 10	已完工程保护费
桂 S. 11	夜间施工增加费
桂 S. 12	金属结构构件制作平台摊销
桂 S. 13	地上、地下设施、建筑物的临时保护设施

3.2.9　实务案例

【例 3-1】 某工程设计采用混凝土空心砌块墙 190mm 厚，砌筑砂浆分别有 M10 水泥石灰砂浆、M7.5 水泥石灰砂浆两种做法。

要求：对本工程砌块墙进行清单列项并编码。

【解】 本工程砌块墙清单列项并编码如下：

010402001001 混凝土空心砌块墙 190mm 厚，M10 水泥石灰砂浆。

010402001002 混凝土空心砌块墙 190mm 厚，M7.5 水泥石灰砂浆。

【注释】 同一个单位工程的这两个项目虽然都是砌块墙，但砌筑砂浆强度等级不同，因而这两个项目的综合单价就不同，故第五级编码就应分别设置。

【例 3-2】 某标段共有 1 号教学楼、学生食堂、实训楼三个单位工程，三个单位工程均设计采用 C25 混凝土矩形柱。

要求：对本标段 C25 混凝土矩形柱进行清单列项并编码。

【解】 本标段 C25 混凝土矩形柱清单列项并编码如下：

010502001001 C25 混凝土矩形柱（1 号教学楼）。

010502001002 C25 混凝土矩形柱（学生食堂）。

010502001003 C25 混凝土矩形柱（实训楼）。

【注释】 同一个招标工程的 C25 混凝土矩形柱虽然综合单价都一样，但这三个综合单价一样项目分别属于三个单位工程，规范规定同一招标工程的项目编码不得有重码，故第五级编码就应分别设置。

【例 3-3】 某工程采用泵送商品混凝土施工，设计采用 C15 毛石混凝土带形基础，计算得其长度 $L=10\text{m}$。剖面图如图 3-2 所示。

要求：编制 C15 毛石混凝土带形基础工程量清单。

"条形基础"
三维动画

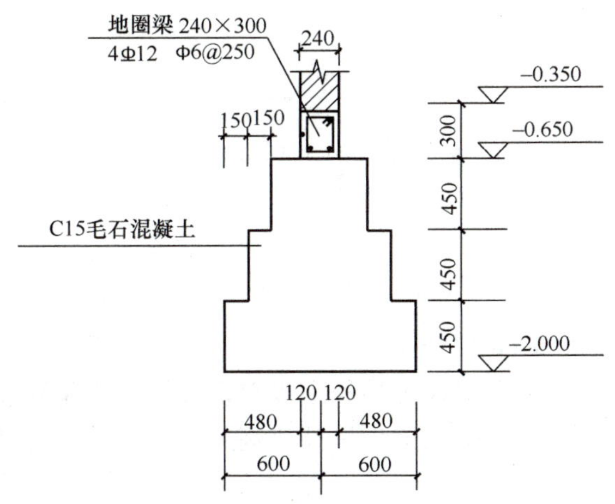

图 3-2　带形基础剖面图

【解】

（1）项目编码：010501002001。

（2）项目名称：带形基础。

（3）项目特征：毛石混凝土强度等级 C15，商品混凝土。

（4）单位：m^3。

（5）工程量 $V=(1.2+0.9+0.6)\times0.45\times10\text{m}=12.15\text{m}^3$

（6）表格填写（表 3-4）。

分部分项工程和单价措施项目清单与计价表　　**表 3-4**

工程名称：××　　第　页　共　页

序号	项目编码	项目名称	项目特征描述	计量单位	工程量	金额（元）		
						综合单价	合价	其中：暂估价
	0104	混凝土及钢筋混凝土工程						
1	010501002001	带形基础	C15 商品毛石混凝土	m^3	12.15			

任务3.3　总价措施项目清单

3.3.1　总价措施项目清单编制的相关规定

总价措施项目指在工程量清单计价过程中以总价计算的措施项目，此类措施项目在现行国家计量规范和广西实施细则中无工程量计算规则，以总价（或计算基础乘费率）计算的措施项目。

总价措施项目以“项”为计量单位进行编制，编制时应列出项目的工作内容和包含范围。

3.3.2　总价措施项目内容

国家计量规范对总价措施项目设置、计量单位、工作内容及包含范围进行了规定。为了与广西现行工程计价方式更好地衔接，广西实施细则对建设工程各专业措施项目内容，其中总价措施项目见表3-5。

主要措施项目一览表（总价措施项目）　　**表3-5**

序号	项目名称
桂011801001	安全文明施工费
桂011801002	检验试验配合费
桂011801003	雨季施工增加费
桂011801004	工程定位复测费
桂011801005	暗室施工增加费
桂011801006	交叉施工补贴
桂011801007	特殊保健费
桂011801008	优良工程增加费
桂011801009	提前竣工（赶工补偿）费

任务 3.4 其他项目清单

3.4.1 其他项目清单编制的相关规定

其他项目清单是指分部分项工程量清单、措施项目清单所包含的内容以外，因招标人的特殊要求而发生的与拟建工程有关的其他费用项目和相应数量的清单。其他项目清单应按照下列内容列项：

（1）暂列金额；

（2）暂估价：包括材料暂估价、工程设备暂估价、专业工程暂估价；

（3）计日工：包括计日工人工、材料、机械；

（4）总承包服务费。

工程建设标准的高低、工程的复杂程度、工程的工期长短、工程的组成内容、发包人对工程管理要求等都直接影响其他项目清单的具体内容。

3.4.2 暂列金额

招标人在工程量清单中暂定并包括在合同价款中的一笔款项。用于工程合同签订时尚未确定或者不可预见的所需材料、工程设备、服务的采购，施工中可能发生的工程变更、合同约定调整因素出现时的工程价款调整以及发生的索赔、现场签证确认等费用。已签约合同价中的暂列金额应由发包人掌握使用。

工程建设自身的规律决定，随工程项目的建设进展，设计可能会进行优化和调整，发包人的需求可能会出现变化，工程建设过程还存在其他诸多不确定性因素，消解这些因素必然会影响合同价格，暂列金额正是因应这类不可避免的价格调整而设立，以便合理确定工程造价的控制目标。

暂列金额应根据工程的复杂程度设计深度、工程环境条件（包括地质、水文、气候条件等）等进行估算，可按分部分项工程费和措施项目费合计的5%～10%作为参考。

结算时，该项费用不再单独体现，而是转换成了施工过程中已经发生的工程变更、合同约定调整因素出现时的工程价款调整以及发生的索赔、现场签证确认等费用。实际发生的费用按规定支付后，暂列金额余额归发包人所有。

3.4.3 暂估价

招标人在工程量清单中提供的用于支付必然发生但暂时不能确定价格的材料、工程设备以及专业工程的金额。

材料暂估价应按招标人在其他项目清单中列出的单价计入综合单价；专业工程暂估价应按招标人在其他项目清单中列出的金额填写。

3.4.4 计日工

计日工指在施工过程中，承包人完成发包人提出的工程合同范围以外的零星项目或工作（所需的人工、材料、施工机械台班等），按合同中约定的综合单价计价的一种方式。计日工综合单价应包含了除税金以外的全部费用。

编制工程量清单时，计日工应列出项目名称、计量单位和暂估数量。

3.4.5 总承包服务费

总承包服务费指总承包人为配合协调发包人进行的专业工程发包，对发包人自行采购的材料、工程设备等进行保管以及施工现场管理、竣工资料汇总整理等服务所需的费用。

（1）总承包服务费的性质：是在工程建设的施工阶段实行施工总承包时，由发包人支付给总承包方的一笔费用。承包人进行的专业分包或劳务分包不在此列。

（2）总承包服务费的用途

1）招标人在法律、法规允许的范围内对专业工程进行发包，要求总承包人协调服务；

2）发包人自行采购供应部分材料、工程设备时，要求总承包人提供保管等相关服务；

3）总承包人对施工现场进行协调和统一管理、对竣工资料进行统一汇总整理等所需的费用。

总承包服务费应列出服务项目及其内容等。

任务3.5 税前项目清单

3.5.1 税前项目费的概念

税前项目费指在费用计价程序的税金项目前，根据交易习惯按市场价格进行计价的项目费用。税前项目的综合单价不按定额和清单规定程序组价，而按市场规则组价，其内容为包含了除税金以外的全部费用。

3.5.2 税前项目清单编制

税前项目清单由招标人根据拟建工程特点进行列项。应载明项目编码、项目名称、项目特征、计量单位和工程量。常见的税前项目如装饰装修工程的涂料项目等可直接按市场报价的项目。

任务3.6 规费、税金项目清单

3.6.1 规费项目清单

规费项目清单应按照下列内容列项：

(1) 社会保险费：是指企业按照规定标准为职工缴纳的养老保险费、失业保险费、医疗保险费、生育保险费、工伤保险费；

(2) 住房公积金：是指企业按规定标准为职工缴纳的住房公积金；

(3) 工程排污费：是指施工现场按规定缴纳的工程排污费。

出现广西实施细则未列的项目，应根据自治区有关行政主管部门的规定列项。

3.6.2 税金项目清单

税金按“增值税”列项。可采用一般计税法和简易计税法计算增值税。计税公式为：

增值税＝税前造价×增值税税率

1. 招标工程量清单应以单位（项）工程为单位编制，组成的内容有哪些?
2. 简述招标工程量清单的编制责任。
3. 工程量清单的报表由哪些内容组成?
4. 简述清单编码的组成。
5. 进行编制工程量清单，项目特征描述的原则是什么?
6. 简述单价措施、总价措施项目内容。
7. 什么是税前项目?
8. 简述暂列金额与暂估价的区别。

9. 简述规费的费用组成内容。

10. 已知：某高层综合楼工程设计采用混凝土矩形柱，按不同楼层设置的混凝土强度等级分别有C35、C30、C25。

要求：对本工程混凝土矩形柱进行清单列项并编码。

11. 已知：某工程天棚面设计采用1∶1∶4混合砂浆抹面的作法。房间平面图如图3-3所示，墙厚240mm，尺寸标注均居墙中，天棚面无单梁。

要求：编制混合砂浆抹天棚面工程量清单。

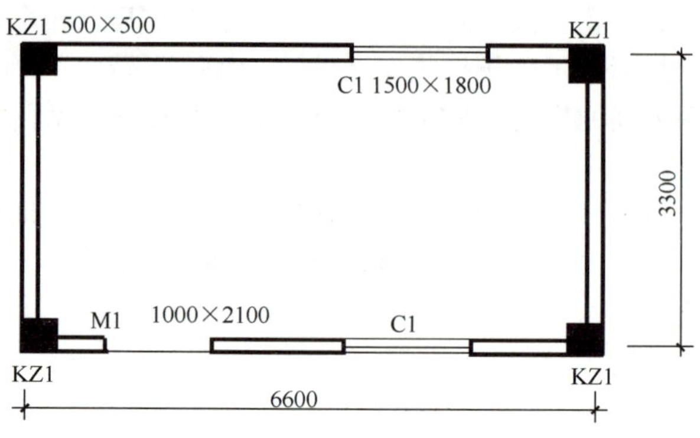

图3-3　某房间平面图

单元 4　工程量清单计价

任务 4.1　工程量清单计价程序

4.1.1　工程总造价计价程序

工程总造价包括分部分项工程和单价措施项目费、总价措施项目费、其他项目费、规费、税前项目费和增值税。

以广西壮族自治区为例，自治区现行费用定额规定，工程量清单计价程序见表 4-1。

工程量清单计价程序　　表 4-1

序号	项目名称	计算程序
1	分部分项工程量清单及单价措施项目清单计价合计 其中：	∑(分部分项工程量清单及单价措施项目清单工程量×相应综合单价)
1.1	人工费	∑(分部分项工程量清单及单价措施项目清单项目工作内容的工程量×相应消耗量定额人工费)
1.2	材料费	∑(分部分项工程量清单及单价措施项目清单项目工作内容的工程量×相应消耗量定额材料费)
1.3	机械费	∑(分部分项工程量清单及单价措施项目清单项目工作内容的工程量×相应消耗量定额机械费)
2	总价措施项目清单计价合计	按有关规定计算
3	其他项目费计价合计	按有关规定计算
4	规费	<4.1>+<4.2>+<4.3>
4.1	社会保险费	<1.1>×相应费率
4.2	住房公积金	<1.1>×相应费率
4.3	工程排污费	[<1.1>+<1.2>+<1.3>]×相应费率
5	税前项目费	
6	增值税	[<1>+<2>+<3>+<4>+<5>]×相应费率
7	工程总造价	<1>+<2>+<3>+<4>+<5>+<6>

注：表中“<　>”内的数字均为表中对应的序号。

4.1.2　工程量清单综合单价

综合单价是指完成一个规定清单项目所需的人工费、材料费和工程设备费、施工机械使用费、企业管理费、利润以及一定范围内的风险费用。

工程量清单综合单价计算程序见表 4-2。

工程量清单综合单价组成表　　表 4-2

序号	分部分项及单价措施工程量清单综合单价				
	组成内容	计算程序	序号	费用项目的组成	计算方法
A	人工费	<1> / 清单项目工程量	1	人工费	<1>=∑（分部分项工程量清单工作内容的工程量×相应消耗量定额中人工费）
B	材料费	<2> / 清单项目工程量	2	材料费	<2>=∑［分部分项工程量清单工作内容的工程量×（相应的消耗量定额中材料含量×相应材料除税单价）］
C	机械费	<3> / 清单项目工程量	3	机械费	<3>=∑［分部分项工程量清单工作内容的工程量×（相应的消耗量定额中机械含量×相应机械除税单价）］
D	管理费	<4> / 清单项目工程量	4	管理费	∑［<1>+<3>］×管理费率
E	利润	<5> / 清单项目工程量	5	利润	∑［<1>+<3>］×利润费率
小计		A+B+C+D+E			

注：表中“<>”内的数字均为表中对应的序号。

任务 4.2　取费费率

桂建标[2018]19号文

4.2.1　管理费与利润

1. 管理费与利润费率

(1) 工程项目采用一般计税法时，管理费与利润费率见表 4-3。

管理费与利润费率表（一般计税法）　　表 4-3

编号	项目名称	计算基数	管理费费率（%）	利润费率（%）
1	建筑工程	Σ（分部分项、单价措施项目人工费＋机械费）	29.86～36.48	0～16.92
2	装饰装修工程		24.56～30.04	0～14.12
3	土石方及其他工程		8.54～10.46	0～4.90
4	地基基础桩基础工程		13.67～16.73	0～7.52

(2) 工程项目采用简易计税法时，管理费与利润费率见表 4-4。

管理费与利润费率表（简易计税法）　　表 4-4

编号	项目名称	计算基数	管理费费率（%）	利润费率（%）
1	建筑工程	Σ（分部分项、单价措施项目人工费＋机械费）	29.32～35.84	0～17.10
2	装饰装修工程		24.43～29.87	0～14.26
3	土石方及其他工程		7.73～9.43	0～4.50
4	地基基础桩基础工程		12.21～14.93	0～7.10

2. 适用范围

(1) 建筑工程：适用于工业与民用新建、改建、扩建的建筑物、构筑物工程。包括各种房屋、设备基础、烟囱、水塔、水池、站台、围墙工程等。但建筑工程中的装饰装修工程、土石方及其他工程、地基基础及桩基础工程单列计费。

(2) 装饰装修工程：适用于工业与民用新建、改建、扩建的建筑物、构筑物等的装饰装修工程。

(3) 地基基础及桩基础工程：适用于工业与民用建筑物、构筑物等地基基础及桩基础工程。

(4) 土石方及其他工程：适用于建筑物和构筑物的土石方工程（包括爆破工程）、垂直运输工程、混凝土运输及泵送工程、建筑物超高增加加压水泵台班、大型机械安拆及进退场费、材料二次运输。

4.2.2　总价措施取费费率

1. 安全文明施工费费率

安全文明施工费费率见表 4-5。

安全文明施工费费率表　　　　**表 4-5**

编号	项目名称		计算基数	费率或标准		
				市区	城（镇）	其他
1	安全文明施工费	$S<10000\text{m}^2$	∑（分部分项、单价措施项目人工费＋材料费＋机械费）	7.36%	6.27%	5.14%
		$10000\text{m}^2 \leqslant S \leqslant 30000\text{m}^2$		6.45%	5.49%	4.51%
		$S>30000\ \text{m}^2$		5.54%	4.72%	3.88%

注：表中 S 表示单位工程的建筑面积。

2. 其他费率

其他费率见表 4-6。

其他费率表　　　　**表 4-6**

编号	项目名称	计算基数	费率或标准
1	检验试验配合费	∑（分部分项、单价措施项目人工费＋材料费＋机械费）	0.11%
2	雨季施工增加费		0.53%
3	优良工程增加费		3.17%～5.29%
4	提前竣工（赶工补偿）费		按经审定的赶工措施方案计算
5	工程定位复测费		0.05%
6	暗室施工增加费	暗室施工定额人工费	25%
7	交叉施工补贴	交叉部分定额人工费	10%
8	特殊保健费	厂区（车间）内施工项目的定额人工费	厂区内：10.00% 车间内：20.00%
9	其他	按有关规定计算	

4.2.3　其他项目取费费率

其他项目费率见表 4-7。

其他项目费率表　　　　**表 4-7**

编号		项目名称		计算基数	费率或标准
1		暂列金额		∑（分部分项工程费及单价措施项目费＋总价措施项目费）	5%～10%
2		总承包服务费		分包工程造价	
其中	2.1	总分包管理费			1.67%
	2.2	总分包配合费			3.89%
	2.3	甲供材的采购保管			规定计算
3		暂估价	材料暂估价	按实际发生计算	
			专业工程暂估价		
4		计日工		按暂定工程量×综合单价	
5		机械台班停滞费		签证停滞台班×机械停滞台班费	系数 1.25
6		停工窝工人工补贴		停工窝工工日数（工日）	按规定计算

注：采用信息价的计日工（包括人工、材料、机械）按公式确定：

计日工综合单价＝相应的除税信息价×综合费率（1.35）

4.2.4 规费取费费率

规费费率见表 4-8。

规费费率表 **表 4-8**

<table>
<tr><th colspan="2">编号</th><th>费用项目名称</th><th>计算基数</th><th>费率（%）</th></tr>
<tr><td colspan="2">1</td><td>社会保险费</td><td rowspan="7">∑分部分项、单价措施项目人工费</td><td>29.35</td></tr>
<tr><td rowspan="5">其中</td><td>1.1</td><td>养老保险费</td><td>17.22</td></tr>
<tr><td>1.2</td><td>失业保险费</td><td>0.34</td></tr>
<tr><td>1.3</td><td>医疗保险费</td><td>10.25</td></tr>
<tr><td>1.4</td><td>生育保险费</td><td>0.64</td></tr>
<tr><td>1.5</td><td>工伤保险费</td><td>0.90</td></tr>
<tr><td colspan="2">2</td><td>住房公积金</td><td>1.85</td></tr>
<tr><td colspan="2">3</td><td>工程排污费</td><td>∑分部分项及单价措施费定额（人工费＋材料费＋机械费）</td><td>0.25～0.43</td></tr>
</table>

注：工程排污为费率区间，费率按以下规定计取：①建筑面积＜10000m²取高值；②10000m²≤建筑面积≤ 30000m²取中值；③建筑面积＞ 30000m²取低值。

桂造价[2019]10号文

4.2.5 增值税费率

增值税取费费率见表 4-9。

建筑装饰装修工程税（费）取费费率表 **表 4-9**

编号	项目名称	计算基数	费率
1	增值税	∑（分部分项工程费及单价措施项目费＋总价措施项目费＋其他项目费＋税前项目费＋规费）	9%

任务 4.3 招标投标阶段计价

4.3.1 招标控制价

（1）强制性条文规定，国有资金投资的建设工程招标，招标人必须编制招标控制价。

（2）招标控制价应由具有编制能力的招标人或受其委托具有相应资质的工程造价咨询人编制和复核。

（3）招标控制价应按规定编制，不应上调或下浮。

（4）招标人应在发布招标文件时公布招标控制价。

（5）招标控制价应根据下列依据编制与复核：

编制招标控制价时需要进行价格计算、工程计价的有关参数、率值的确定等工作，所需的基础资料主要包括（以广西壮族自治区为例）：

1）“13 版计价规范广西实施细则”；

2）“13 版计算规范广西实施细则（修订本）”；

3）自治区建设主管部门颁发的计价定额及有关规定；

4）建设工程设计文件及相关资料；

5）拟定的招标文件及招标工程量清单；

6）与建设项目相关的标准、规范、技术资料；

7）施工现场情况、工程特点及常规施工方案；

8）工程造价管理机构发布的工程造价信息，当工程造价信息没有发布时，参照市场价；

9）其他的相关资料。

（6）成果文件报表

招标控制价成果文件的报表内容主要包括封面、扉页、总说明、汇总表、计价表等，详见本教材第 3 篇“工程量清单计价实务”。

4.3.2 投标报价

（1）投标价应由投标人或受其委托具有相应资质的工程造价咨询人编制。

（2）投标人应按规定自主确定投标报价。投标总价应当与分部分项工程费、措施项目费、其他项目费和规费、税前项目费、税金的合计金额一致。

（3）投标报价不得低于工程成本。

（4）投标人必须按招标工程量清单填报价格。项目编码、项目名称、项目特征、计量单位、工程量必须与招标工程量清单一致。投标人不得对招标工程量清单项目进行增减和调整。

（5）分部分项工程项目和单价措施项目，应根据招标文件和招标工程量清单项目中的特征描述确定综合单价计算。

在招投标过程中，出现招标工程量清单特征描述与设计图纸不符时，投标人应以招标工程量清单的项目特征描述为准，确定投标报价的综合单价。

（6）投标报价应根据下列依据编制和复核：

1）“13 版计价规范广西实施细则”；

2）“13 版计算规范广西实施细则（修订本）”；

3）国家建设主管部门颁发的计价办法；

4）企业定额，省、市自治区建设主管部门颁发的计价定额及有关规定；

5）招标文件、招标工程量清单及其补充通知、答疑纪要；

6）建设工程设计文件及相关资料；

7）施工现场情况、工程特点及投标对拟定的施工组织设计或施工方案；

8）与建设项目相关的标准、规范等技术资料；

9）市场价格信息或工程造价管理机构发布的工程造价信息；

10）其他的相关资料。

（7）成果文件报表

投标报价成果文件主要包括封面、扉页、总说明、汇总表、计价表等，其报表内容除了封面及扉页的名称、汇总表的表头以外，其余报表与招标控制价报表内容一致，详见本教材第 3 篇“工程量清单计价实务”。

4.3.3 合同价格与计量

1. 实行工程量清单计价的工程

实行工程量清单计价的工程，应采用单价合同；建设规模较小，技术难度较低，工期较短，且施工图设计已审查批准的建设工程可采用总价合同；紧急抢险、救灾以及施工技术特别复杂的建设工程可采用成本加酬金合同。

2. 单价合同的计量

（1）工程量必须以承包人完成合同工程应予计量的工程量确定。

（2）施工中进行工程计量，当发现招标工程量清单中出现缺项、工程量偏差，或因工程变更引起工程量增减时，应按承包人在履行合同义务中完成的工程量计算。

4.3.4 计算实例

【例 4-1】 市区内某综合楼工程，采用一般计税法，建筑面积为 1965m^2；编制招标控制价过程中，获取的相关数据如下：

（1）分部分项工程和单价措施项目费用合计为 1934081.30 元，其中人工费为 584978.61 元，材料费为 989200.78 元，机械费为 103461.10 元，管理费为 200351.01 元，利润为 56089.80 元；

（2）总价措施项目有安全文明施工费、检验试验配合费、雨季施工增加费、工程定位复测费；

（3）无其他项目费；

（4）税前项目费为 173760.72 元。

要求：根据广西现行计价规定，计算该工程总造价（单位：元，保留小数点后两位数）。

【解】（1）分部分项工程和单价措施项目费用＝1934081.30 元

（2）总价措施费用见表 4-10。

总价措施项目费计算表（单位：元）　　**表 4-10**

项目名称	计算基数	费率（%）	金额
安全文明施工费	分部分项工程和单价措施项目（人工费＋材料费＋机械费）＝584978.61＋989200.78＋103461.10＝1677640.49 元	7.36	123474.34
检验试验配合费		0.11	1845.40
雨季施工增加费		0.53	8891.49
工程定位复测费		0.05	838.82
合　计			135050.06

（3）其他项目费＝0 元。

（4）规费计算见表 4-11。

规费计算表（单位：元）　　**表 4-11**

项目名称	计算基数	费率（%）	金额
社会保险费	分部分项工程和单价措施项目人工费＝584978.61 元	29.35	171691.22
住房公积金		1.85	10822.10
工程排污费	分部分项工程和单价措施项目（人工费＋材料费＋机械费）＝584978.61＋989200.78＋103461.10＝1677640.49 元	0.43	7213.85
合　计			189727.18

（5）税前项目费＝173760.72 元。

（6）增值税

计算基数＝(1)＋(2)＋(3)＋(4)＋(5)

＝1934081.30＋135050.06＋0＋189727.18＋173760.72＝2432619.26 元

则，增值税＝2432619.26×9%＝218935.73 元

（7）总造价＝(1)＋(2)＋(3)＋(4)＋(5)＋(6)

＝1934081.30＋135050.06＋0＋189727.18＋173760.72＋218935.73

＝2651554.99 元

任务 4.4 施工阶段计价

4.4.1 工程进度报量

1. 相关概念

建设工程项目施工过程中，发承包双方应按照合同约定的时间、程序和方法，办理期中价款结算，支付进度款。进度款支付申请表中，“本周期已完成的工程价款”项目需工程计价成果文件作为附件体现已完成工程价款的计算过程，该工程计价成果文件常称为工程进度报量。

工程进度报量以工程实际进度为依据，根据工程计量结果、合同约定计价方式，按照工程计价程序编制而成。

2. 成果文件报表

工程进度报量成果文件主要包括封面、扉页、总说明、汇总表、计价表等，其报表内容除了封面及扉页的名称、汇总表的表头以外，其余报表与招标控制价报表内容一致，详见本教材第 3 篇“工程量清单计价实务”。

4.4.2 合同价款调整

1. 下列事项（包括但不限于）发生，发承包双方应当按照合同约定调整合同价款：

(1) 法律法规变化；

(2) 工程变更；

(3) 项目特征不符；

(4) 工程量清单缺项；

(5) 工程量偏差；

(6) 计日工；

(7) 物价变化；

(8) 暂估价；

(9) 不可抗力；

(10) 提前竣工（赶工补偿）；

(11) 误期赔偿；

(12) 索赔；

(13) 现场签证；

(14) 暂列金额；

(15) 发承包双方约定的其他调整事项。

2. 工程量偏差

对于任一招标工程量清单项目（含分部分项工程量清单和单价措施项目清单），当因符合规定的工程量偏差和工程变更等原因导致工程项目偏差超过 15%时，增加部分工程量或减少后剩余部分工程量的综合单价可进行调整，调整的具体办法应在合同中约定。

调整公式如下：

(1) 当 $Q_1>1.15Q$ 时：

$$S = 1.15Q \times P + (Q_1 - 1.15Q) \times P_1$$

(2) 当 $Q_1<0.85Q$ 时：

$$S = Q_1 \times P_1$$

式中　S——调整后的某一分部分项工程费结算价；

Q_1——最终完成的工程量；

Q——招标工程量清单中列出的工程量；

P_1——调整后的清单项目综合单价；

P——承包人在工程量清单中填报的综合单价。

4.4.3　物价变化合同价款调整方法

1. 价格指数调整价格差额

因人工、材料和工程设备、施工机械台班等价格波动影响合同价格时，根据招标人提供的“承包人提供主要材料和工程设备一览表”，由投标人在投标函附录中的价格指数和权重表约定的数据，应按下式计算差额并调整合同价款：

$$\Delta P = P_0\left[A + \left(B_1 \times \frac{F_{t1}}{F_{01}} + B_2 \times \frac{F_{t2}}{F_{02}} + B_3 \times \frac{F_{t3}}{F_{03}} + \cdots + B_n \times \frac{F_{tn}}{F_{0n}}\right) - 1\right]$$

式中　ΔP——需调整的价格差额；

P_0——约定的付款证书中承包人应得到的已完成工程量的金额。此项金额应不包括价格调整、不计质量保证金的扣留和支付、预付款的支付和扣回。约定的变更及其他金额已按现行价格计价的，也不计在内；

A——定值权重（即不调部分的权重）；

B_1、B_2、B_3，…，B_n——各可调因子的变值权重（即可调部分的权重），为各可调因子在投标函投标总报价中所占的比例；

F_{t1}，F_{t2}，F_{t3}，…，F_{tn}——各可调因子的现行价格指数，指约定的付款证书相关周期最后一天的前 42 天的各可调因子的价格指数；

F_{01}，F_{02}，F_{03}，…，F_{0n}——各可调因子的基本价格指数，指基准日期的各可调因子的价格指数。

以上价格调整公式中的各可调因子、定值和变值权重，以及基本价格指数及其来源在投标函附录价格指数和权重表中约定。价格指数应首先采用工程造价管理机构提供的价格指数，缺乏上述价格指数时，可采用工程造价管理机构提供的价格代替。

（1）暂时确定调整差额。在计算调整差额时得不到现行价格指数的，可暂用上一次价格指数计算，并在以后的付款中再按实际价格指数进行调整。

（2）权重的调整。约定的变更导致原定合同中的权重不合理时，由承包人和发包人协商后进行调整。

（3）承包人工期延误后的价格调整。由于承包人原因未在约定的工期内竣工的，对原约定竣工日期后继续施工的工程，在使用价格调整公式时，应采用原约定竣工日期与实际竣工日期的两个价格指数中较低的一个作为现行价格指数。

（4）若可调因子包括了人工在内，人工费不再按建设行政主管部门发布的人工费调整。

2. 造价信息调整价格差额

施工期内，因人工、材料和工程设备、施工机械台班价格波动影响合同价格时，人工、机械使用费按照国家或省、自治区、直辖市建设行政管理部门、行业建设管理部门或其授权的工程造价管理机构发布的人工成本信息、机械台班单价或机械使用费系数进行调整；需要进行价格调整的材料，其单价和采购数应由发包人复核，发包人确认需调整的材料单价及数量，作为调整合同价款差额的依据。

合同约定按工程造价管理机构发布市场价格信息调整且未明确计算方法的，其数量按实际完成工程的材料消耗量，单价按相应工程形象进度施工期间工程造价管理机构发布的市场价格信息加权平均计算。工程造价管理机构未发布市场价格信息的，其单价由发承包双方通过市场调查确定。

材料、工程设备价格变化按照发包人提供的“承包人提供主要材料和工程设备一览表”，由发承包双方约定的风险范围按下列规定调整合同价款：

（1）承包人投标报价中材料单价低于基准单价：施工期间材料单价涨幅以基准单价为基础超过合同约定的风险幅度值，或材料单价跌幅以投标报价为基础超过合同约定的风险幅度值时，其超过部分按实调整。

（2）承包人投标报价中材料单价高于基准单价：施工期间材料单价跌幅以基准单价为基础超过合同约定的风险幅度值，或材料单价涨幅以投标报价为基础超过合同约定的风险幅度值时，其超过部分按实调整。

（3）承包人投标报价中材料单价等于基准单价：施工期间材料单价涨、跌幅以基准单价为基础超过合同约定的风险幅度值时，其超过部分按实调整。

3. 承包人采购材料和工程设备的，应在合同中约定主要材料、工程设备变化的范围或幅度；当没有约定且材料、工程设备变化超过5%时，超过部分的价格应按“价格指数调整价格差额”或“造价信息调整价格差额”方法计算调整材料、工程设备费。

4. 发生合同工程工期延误的，应按下列规定确定合同履行期的价格调整：

（1）因非承包人原因导致工期延误的，计划进度日期后续工程的价格，应采用计划进度日期与实际进度日期两者的较高者。

(2) 因承包人原因导致工期延误的，计划进度日期后续工程的价格，应采用计划进度日期与实际进度日期两者的较低者。

5. 发包人提供材料和工程设备的，应由发包人按照实际变化调整，列入合同工程的工程造价内。

任务 4.5　竣 工 结 算

4.5.1　竣工结算概念

工程竣工结算是指工程项目完工并经竣工验收合格后，发承包双方按照施工合同的约定对所完成的工程项目进行的工程价款的计算、调整和确认。工程竣工结算分为单位工程工结算、单项工程竣工结算和建设项目竣工总结算，其中，单位工程竣工结算和单项工程竣工结算也可看作是分阶段结算。

4.5.2　竣工结算编制规定

1. 工程竣工结算应根据下列依据编制和复核：

(1) 国家工程量清单计价规范及地方实施细则（本教材以广西为例）；

(2) 工程合同；

(3) 发承包双方实施过程中已确认的工程量及其结算的合同价款；

(4) 发承包双方实施过程中已确认调整后追加（减）的合同价款；

(5) 建设工程设计文件及相关资料；

(6) 投标文件；

(7) 其他依据。

2. 分部分项工程和单价措施项目应依据发承包双方确认的工程量与已标价工程量清单的综合单价计算；发生调整的，应以发承包双方确认调整的综合单价计算。

3. 以项目计算的总价项目应依据已标价工程量清单的项目和金额计算；发生调整的，

应以发承包双方确认调整的金额计算，以计算基数乘费率计算的总价措施项目按实际发生变化的计算基数及投标报价费率计算。

4. 其他项目应按下列规定计价：

(1) 暂估价应按国家清单计价规范及地方实施细则的规定计算；

(2) 总承包服务费应依据已标价工程量清单金额计算；计费基础发生变化的做相应调整；

(3) 索赔费用应依据发承包双方确认的索赔事项和金额计算；

(4) 现场签证费用应依据发承包双方签证资料确认的金额计算，其中签证工程量有计日工单价的应按其单价计算现场签证费用；

(5) 暂列金额应减去合同价款调整（包括索赔、现场签证）金额计算，如有余额归发包人；

(6) 合同中约定风险外的人工、材料调整费用为包含除税金之外的所有费用，按合同约定或有关规定进行调整。

5. 规费和税金应按规范的规定计算，计算基础发生变化的做相应调整。

6. 发承包双方在合同工程实施过程中已经确认的工程计量结果和合同价款，在竣工结算办理中应直接进入结算。

1. 简述工程总造价计价程序。
2. 简述工程量清单综合单价计算程序。
3. 对于管理费、利润，广西现行的取费标准及其相应的适用范围是什么？
4. 广西现行取费标准对安全文明施工费是如何规定的？
5. 广西现行取费标准对总价措施项目费是如何规定的？
6. 广西现行取费标准对其他项目费是如何规定的？
7. 广西现行取费标准对规费、税金是如何规定的？
8. 简述招标控制价编制依据。
9. 简述投标报价编制依据。
10. 什么是竣工结算？
11. 某商住楼工程位于广西某城镇内，建筑装饰装修工程总承包，采用一般计税法，建筑面积为6519m^2，编制招标控制价过程中，获取的相关数据如下：

(1) 分部分项工程和单价措施项目费用合计为687.27万元，其中人工费为139.79万元，材料费为456.55万元，机械费为52.32万元。

(2) 总价措施项目拟计取安全文明施工费、检验试验配合费、雨季施工增加费、工程定位复测费。

(3) 其他项目费中，暂列金额为15万元。

(4) 税前项目费为39.90万元。

计算：根据广西现行计价规定，计算该工程总造价（单位：万元，保留小数点后两位数）。

单元5 工程量清单计价文件的审查

任务5.1 工程量清单计价文件的审查内容

5.1.1 工程量清单计价文件的审查分类

1. 根据编制主体分类

工程量清单计价文件的审查根据编制主体进行分类，可分为内部审查和外部审查。内部审查、外部审查是相对的。

对具体的编制人员而言，内部审查是指直接参与工程量清单计价工作的造价人员自己的检查，外部审查是指编制单位对业务质量要求而形成的一审、二审制度，由项目负责人对工程计价文件进行校核工作。这一层次的内、外部审查是从编制人与编制单位的关系角度进行分类的。

对发承包双方而言，发承包双方作为编制单位的造价人员自我检查、一审、二审工作，又可称为编制单位的内部审查。只有经编制单位内部审查确认后，工程计价成果文件才会报送对方相关部门签收，以便进行下一步的发承包双方核对确认工作。外部审查指对对方报送的工程计价成果文件进行审查确认的工作。

一个工程项目，依据同一套计价材料，包括图纸、工程量清单规范、计价定额、计价文件、施工方案等，不同的造价人员进行工程计价文件编制，得到的工程总造价总会存在差异。客观地说，即使是同一位造价人员对同一套资料进行两次编制，也不可能编制出一模一样的工程总造价。所以，不同层次的审查是必要的，它是合理完整计价、确定工程价格的基础。

2. 根据发承包及实施阶段的计价活动分类

发承包及实施阶段的计价活动包括：工程量清单编制、招标控制价编制、投标报价编制、合同价款的约定、工程计量、合同价款调整、合同中期支付、竣工结算与支付、合同解除的价款结算与支付、合同价款争议的解决、工程造价鉴定等活动。

根据发承包及实施阶段的计价活动分类，工程量清单计价文件的审查主要分为：

（1）招标工程量清单的审查。

（2）招标控制价的审查。

（3）投标报价的审查。

（4）进度报量的审查。

（5）竣工结算的审查。

其中，按工程量清单计价规范规定，经发承包双方确认调整的合同价款，作为追加（减）合同价款，应与工程进度款或结算款同期支付，因而合同价款的调整计价成果应反映在进度报量的计价文件内。

5.1.2 工程量清单计价文件符合性审查

招标工程量清单、招标控制价、投标报价、进度报量计价、竣工结算的计价结果均以报表为主要的表现形式，对不同的工程量清单计价成果报表，国家清单规范、地方实施细则均有报表格式、填写、签章的要求。进行工程量清单计价文件审查时，首先要进行的是对工程量清单计价文件符合性的审查，主要审查报表内容、报表填写、签章三个方面。

1. 报表内容

(1) 封面、扉页、总说明。不同的工程量清单计价成果，如招标控制价、投标报价、施工进度报量、竣工结算等，其报表内容不完全一致，但前三页是一直存在的。

(2) 价格汇总表。价格汇总表的审查主要从表格层次、表头、格式三个方面进行审查。编制对象是建设项目、单项工程或是单位工程时其要求的价格汇总表层次是不一样的；编制招标控制价、投标报价时，其价格汇总表的表头是不一样的；编制竣工结算时，其价格汇总表的格式是不一样的。

(3) 分部分项工程和单价措施项目清单与计价表。

(4) 总价措施项目表。

(5) 税前项目表。

(6) 其他项目、规费、税金清单与计价表。

(7) 主要材料价格表。

2. 报表填写

报表的填写应符合规范要求。特别是总说明、招标工程量清单、招标控制价、投标报价、进度报量计价、竣工结算的编制说明应按实际情况填写。

3. 签章

签字、盖章应符合规范要求。

5.1.3 招标工程量清单的审查内容

招标工程量清单作为招标文件的组成部分，是工程量清单计价的基础，它是编制招标控制价、投标报价、计算或调整工程量、索赔等的依据之一，其编制质量对招投标阶段的计价、合同价款的调整、竣工结算都有很大的影响。按规定，招标工程量清单应由具有编制能力的招标人或受其委托、具有相应资质的工程造价咨询人编制，其准确性和完整性应由招标人负责。审查招标工程量清单成果文件的内容包括：

1. 审查工程量清单编制的项目范围、内容与招标文件的项目范围、内容的一致性。

2. 审查列项的完整性、合理性。

(1) 清单项目列项应根据工程项目范围进行完整列项，列项过程需考虑计价条件合理进行列项，例如，某工程挖基坑土方挖深分别有 1.8m、2.0m、2.1m、3.3m，共 4 个不同挖土深度，规范要求挖基坑土方应按不同的挖深分开列项，但不是简单地理解为该工程挖土方就应该列 4 项。例如，根据广西消耗量定额计价，挖基坑土方分为 2m 内、4m 内、6m 内三个子目，考虑到后续计价需要，该 4 个不同的挖土深度工程量应分成 2 个清单项目列项目较为合理。

(2) 措施项目是否合理考虑常规施工方案。措施项目清单，特别是总价措施项目只需列出本工程有的项目内容即可，不需将规范中所有的措施项目内容列出。

(3) 其他项目清单、规费、税金清单是否符合规定。

3. 审查编码的完整性，清单规范只列出编码的前9位，工程项目中是否均已按规定编制完整12位编码。

4. 审查项目特征的描述。项目特征的描述以满足计价为原则，必须描述的特征不可缺少，但不必要的描述也不应累赘。

5. 审查计量单位。特别是清单规范列出多个单位的清单项目，要注意审查单位的取定是否符合工程实际情况、广西实施细则对单位的规定等。

6. 审查工程量

（1）工程量计算规则与计价规范或定额的一致性。

（2）计算的准确性。

5.1.4 招标控制价与投标报价的审查内容

发布招标文件时公布的招标控制价应为根据招标文件、招标工程量清单编制完成的工程总造价，不应上调或下浮。

投标报价必须与工程量清单计价成果文件的报表一致，不允许采用总价优惠的形式进行报价。

审查招标控制价、投标报价成果文件的内容包括：

（1）招标控制价、投标报价的工程量清单与招标文件的招标工程量清单的一致性。项目编码、项目名称、项目特征、计量单位、工程量必须与招标工程量清单一致。

（2）总造价的计价程序符合建设主管部门颁发计价办法。

（3）清单项目套取的定额子目合理，换算符合规定。

（4）套用定额子目及换算符合清单项目特征描述。

（5）措施项目计价考虑切实可行的、合理的施工方案。

（6）其他项目、规费、税金按规定计价。

（7）人工、材料、机械台班单价按规定合理取定。

5.1.5 进度报量的审查内容

审查工程时度报量的主要内容包括：

（1）审查进度报量的项目范围、内容与工程进度的项目范围、内容的一致性。

（2）审查工程量计算的准确性、工程量计算规则与计价规范或定额的一致性。

（3）审查执行合同约定的价款调整的严格性。

（4）变更签证凭据的真实性、合法性、有效性，核准变更签证工程费用。

5.1.6 竣工结算的审查内容

1. 施工承包单位的内部审查

施工承包单位内部审查工程竣工结算的主要内容包括：

（1）审查结算的项目范围、内容与合同约定的项目范围、内容的一致性。

（2）审查工程量计算的准确性、工程量计算规则与计价规范或定额的一致性。

（3）审查执行合同约定或现行的计价原则、方法的严格性。对于工程量清单或定额缺项以及采用新材料、新工艺的，应根据施工过程中的合理消耗和市场价格审核结算单价。

（4）审查变更签证凭据的真实性、合法性、有效性，核准变更工程费用。

（5）审查索赔是否依据合同约定的索赔处理原则、程序和计算方法以及索赔费用的真实性、合法性、准确性。

(6) 审查取费标准执行的严格性，并审查取费依据的时效性、相符性。

2. 建设单位的审查

建设单位审查工程竣工结算的内容包括：

(1) 审查工程竣工结算的递交程序和资料的完备性。

1) 审查结果资料递交手续、程序的合法性，以及结算资料具有的法律效力。

2) 审查结果资料的完整性、真实性和相符性。

(2) 审查与工程竣工结算有关的各项内容：

1) 工程施工合同的合法性和有效性。

2) 工程施工合同范围以外调整的工程价款。

3) 分部分项工程、措施项目、其他项目的工程量及单价。

4) 建设单位单独分包工程项目的界面划分和总承包单位的配合费用。

5) 工程变更、索赔、奖励及违约费用。

6) 取费、税金、政策性调整以及材料价差计算。

7) 实际施工工期与合同工期产生差异的原因和责任，以及对工程造价的影响程度。

8) 其他涉及工程造价的内容。

任务5.2 工程量清单计价文件的审查方法

5.2.1 工程量清单计价文件的审查方法

由于建设工程的生产过程是一个周期长、数量大的生产消费过程，具有多次性计价的特点。因此采用合理的审核方法不仅能达到事半功倍的效果，而且将直接关系到审查的质量和速度。目前，行业内主要审核方法有以下几种：

1. 全面审核法

全面审核法就是按照施工图纸的要求，结合现行计价规范、计价办法、计价定额、施工组织设计、承包合同或协议等，全面地审核工程数量、综合单价以及费用计算。这种方法实际上与编制工程计价成果文件的方法和过程基本相同。这种方法常常适用于初学者审核的工程量清单计价；投资不多的项目，如维修工程；工程内容比较简单（分项工程不多）的项目，如围墙、道路挡土墙、排水沟等；发包方审核承包方的工程量清单计价文件等。这种方法的优点是：全面和细致，审查质量高，效果好；缺点是：工作量大，时间较长，存在重复劳动。在投资规模较大，审核进度要求较紧的情况下，这种方法是不可取的，但发包方为严格控制工程造价，仍常常采用这种方法。

2. 重点审核法

重点审核法就是抓住工程量清单计价文件中的重点进行审核的方法。这种方法类同于全面审核法，其与全面审核法之区别仅是审核范围不同而已。该方法是有侧重的，一般选择工程量大而且费用比较高的分部分项工程的工程量作为审核重点。如基础工程、砖石工程、混凝土及钢筋混凝土工程，门窗幕墙工程等。高层结构还应注意内外装饰工程的工程量审核，而一些附属项目、零星项目（雨篷、散水、坡道、明沟、水池、垃圾箱）等，往往忽略不计。此外，还须重点核实与上述工程量相对应的综合单价，尤其重点审核套取定额子目并换算时容易混淆的单价。另外，对费用的计取、材料价格的调整等也应仔细核实。该方法的优点是工作量相对减少，效果较佳。

3. 对比审核法

在同一地区，如果单位工程的用途、结构和建筑标准都一样，其工程造价应该基本相似。因此在总结分析工程量清单计价成果文件资料的基础上，找出同类工程造价及工料消耗的规律性，整理出用途不同、结构形式不同、地区不同的工程的单方造价指标、工料消耗指标。然后，根据这些指标对审核对象进行分析对比，从中找出不符合投资规律的分部分项工程，针对这些子目进行重点计算，找出其差异较大的原因的审核方法。常用的分析方法有：

（1）单方造价指标法：通过对同类项目的每平方米造价的对比，可直接反映出造价的准确性。

（2）分部分项工程比例：基础、砖石、混凝土及钢筋混凝土、门窗、围护结构等各占工程总造价的比例。

（3）专业投资比例：土建、给水排水、采暖通风、电气照明等各专业占总造价的比例。

（4）工料消耗指标：即对主要材料每平方米的耗用量的分析，如钢材、混凝土、木材、水泥、砂、石、砖、人工等主要工料的单方消耗指标。

4. 分组计算审查法

分组计算审查法就是把工程量清单计价成果文件中有关项目划分若干组，利用同组中一个数据审查分部分项工程量的一种方法。采用这种方法，首先把若干分部分项工程，按相邻且有一定内在联系的项目进行编组。利用同组中分项工程间具有相同或相近计算基数的关系，审查一个分部分项工程数量，就能判断同组中其他几个分项工程量的准确程度。如一般把底层建筑面积、底层地面面积、地面垫层、地面面层、楼面面积、楼面找平层、楼板体积、天棚抹灰、天棚涂料面层编为一组，先把底层建筑面积、楼地面面积求出来，其他分项的工程量利用这些基数就能得出。这种方法的最大优点是审查速度快，工作量小。

5. 筛选法

筛选法是统筹法的一种，通过找出分部分项工程在每单位建筑面积上的工程量、价格、用工的基本数值，归纳为工程量、价格、用工三个单方基本值表，当所审查的工程量清单计价成果文件的建筑标准与“基本值”所适用的标准不同，就要对其进行调整。这种方法的优点是简单易懂，便于掌握，审查速度快，发现问题快。但解决差错问题尚须继续审查。

6. 利用手册审查法

此法是把工程中常用的构件、配件事先整理成预算手册，按手册对照审查的方法，如工程常用的预制构配件：洗池、检查井、化粪池、碗柜等，基本上每个工程都有，把这些标准图集算出来工程量，套上单价，编制成预算手册使用，可大大简化预结算的编审工作。

5.2.2　工程量清单计价文件的审查步骤

审查工程量清单计价文件的步骤如下：

1. 做好审查前的准备工作

(1) 熟悉施工图纸。施工图纸是编审分部分项工程单价措施项目工程量的重要依据，必须全面熟悉了解、核对所有施工图纸，清点无误后，依次识读。

(2) 了解工程计价包括的范围。根据工程量清单计价编制说明，了解工程计价包括的工程内容。例如，配套设施、室外管线、道路以及会审图纸后的设计变更等。

(3) 弄清在工程量清单计价过程中采用的计价定额、信息价。任何计价定额都有一定的适用范围，应根据工程性质，收集熟悉相应的单价，定额资料。

2. 选择合适的审查方法，按相应内容审查

由于工程规模、复杂程度不同，施工方法和施工企业情况不一样，所编工程量清单计价成果文件的质量也不同，因此，需选择适当的审查方法进行审查。综合整理审查资料，并与编制单位交换意见，定案后编制调整工程量清单计价成果文件。审查后，需要进行增加或核减的，经与编制单位协商，统一意见后，进行相应修正。

1. 简述工程量清单计价文件的审查分类（根据发承包及实施阶段的计价活动分）。
2. 简述招标工程量清单的审查内容。
3. 简述招标控制价与投标报价的审查内容。
4. 简述竣工结算的审查内容。
5. 工程量清单计价文件主要有哪些审查方法？

第 2 篇 工程量清单编制实务

学习目标

熟悉分部分项工程与措施项目工程量计算规则；掌握分部分项工程和单价措施项目、总价措施项目、其他项目、税前项目、规费和税金的工程量清单编制方法，能根据国家计价计量规范及地方实施细则、招标文件、施工图纸、常规施工方案编制招标工程量清单。

学习要求

能力目标	知识要点	相关知识
能熟练计算分部分项工程工程量	国家计量规范及地方实施细则的清单项目工程量计算规则	房屋建筑与装饰工程清单项目工程量计算规则、地方实施细则增补清单项目工程量计算规则
能熟练计算单价措施项目工程量		
能熟练计算税前项目工程量	税前项目概念、地方关于计算税前项目的有关规定	工程造价管理机构发布的《建设工程造价信息》
能结合工程实际情况及地方现行计价规定，对总价措施项目、其他项目、规费和税金项目合理完整地进行清单列项	总价措施项目、其他项目、规费和税金项目编制规定	常规施工方案、不可竞争费的规定
能熟练编制招标工程量清单	招标工程量清单的报表内容、填写及装订	招标文件要求、招标工程量清单编制规定及原则

单元 6　房屋建筑工程工程量清单编制

任务 6.1　土 石 方 工 程

6.1.1　概况

清单项目设置：本分部设置 4 小节共 16 个清单项目，其中增补 3 个清单项目（以广西壮族自治区为例）。清单项目设置情况见表 6-1。

土石方工程清单项目数量表　　表 6-1

小节编号	名称	清单项目数	其中：广西增补项目数
A.1	土方工程	7	
A.2	石方工程	4	
A.3	回填	3	1
A.4	其他工程	2	2
合计		16	3

6.1.2　土方工程

1. 工程量清单项目设置

以广西实施细则为例，土方工程工程量清单项目设置、项目特征描述的内容、计量单位及工程量计算规则，按表 6-2 执行。

A.1　土方工程（编码：010101）　　表 6-2

项目编码	项目名称	项目特征	计量单位	工程量计算规则	工作内容
010101001	平整场地	1. 土壤类别 2. 弃土运距 3. 取土运距	m^2	按设计图示尺寸以建筑物首层建筑面积计算	1. 标高在 ± 30cm 以内的土方挖填 2. 场地找平 3. 运输
010101002	挖一般土方	1. 土壤类别 2. 挖土深度 3. 弃土运距	m^3	按设计图示尺寸以体积计算，因工作面和放坡增加的工程量并入挖一般土方工程量计算	1. 土方开挖 2. 运输

续表

项目编码	项目名称	项目特征	计量单位	工程量计算规则	工作内容
010101003	挖沟槽土方	1. 土壤类别 2. 挖土深度 3. 弃土运距	m^3	按设计图示尺寸以体积计算，因工作面（或支挡土板）和放坡增加工程量并入挖沟槽或基坑土方工程量计算 挖沟槽长度，外墙按图示中心长度计算；内墙按地槽槽底长度计算，内外凸出部分（垛、附墙烟囱等）体积并入沟槽土方工程量计算	1. 土方开挖 2. 运输
010101004	挖基坑土方				
010101006	挖淤泥、流砂	1. 挖掘深度 2. 弃淤泥、流砂运距		按设计图示位置、界限以体积计算，因工作面（或支挡土板）增加工程量并入挖淤泥、流砂工程量计算	1. 开挖 2. 运输
010101007	管沟土方	1. 土壤类别 2. 管外径 3. 挖沟深度 4. 回填要求		按设计图示管底垫层面积乘以挖土深度计算；无管底垫层按管外径加工作面的水平投影面积乘以挖土深度计算。不扣除各类井的长度，井的土方并入管沟土方 因工作面和放坡增加工程并入管沟土方	1. 土方开挖 2. 回填

2. 工程量清单项目应用说明

（1）平整场地是指建筑场地厚度在±300mm 以内的挖、填、运、找平，如±300mm 以内全部是挖方或填方和挖、填土方厚度超过±300mm 时，按挖一般土方和填方项目编码列项。

（2）沟槽、基坑、一般土方的划分为：底宽>7m 且底长>3 倍底宽为沟槽；底长≤3 倍底宽且底面积≤150m^2 为基坑；超出上述范围则为一般土方。

（3）挖土方如需凿、截桩头时，应按本册附录 C 桩基工程相关项目列项。

（4）计算挖沟槽基坑、土方工程量需放坡时，按施工组织设计规定计算；如无施工组织设计规定时，可按表 6-5 放坡系数计算。

（5）基础施工所需工作面，按施工组织设计规定计算（实际施工不留工作面者，不得计算）；如无施工组织设计规定时，按表 6-6 的规定计算。

（6）挖管道沟底宽度，设计有规定的，按设计规定尺寸计算，设计无规定的，可按表 6-7 的规定宽度计算。

（7）土壤的分类应按表 6-3 确定。土壤类别和土方运距必须描述：

① 土壤类别不能准确划分时，由招标人暂定，结算时按实调整。

② 土方运距不能确定时，由招标人暂定运距，并按表 A. 3 “桂 010103003” 增列项目，结算时按实调整。

（8）挖方出现流砂、淤泥时，如设计未明确，在编制工程量清单时，其工程量可为暂定量，结算时应根据实际情况由发包人与承包人双方现场签证确认工程量。

（9）管沟土方项目适用于管道及连接井（检查井）等，借方回填或余方外运按表 A. 3

相关项目编码列项。

（10）根据实际情况土方可按挖、运组价，也可按挖、运分开组价。

（11）排地表水按实际办理签证。

3. 工程量清单编制实务注意事项

（1）“挖一般土方、挖沟槽土方、挖基坑土方”项目共性问题：

① 放坡和工作面增加的工程量，应并入相应清单项目的工程量。

② 挖方平均厚度应按自然地面测量标高至设计地坪标高间的平均厚度确定。基础土方开挖深度应按基础垫层底表面标高至交付施工场地标高确定，无交付施工场地标高时，应按自然地面标高确定。

③ 挖方工作内容不包括排地表水、基底钎探、围护（挡土板）及拆除，若发生时，排地表水应按实办理签证计算；基底钎探、围护（挡土板）及拆除应按相应清单项目分别编码列项。

④ 必须描述土壤类别、弃土运距，弃土运输费包括在报价内。

⑤ 挖方项目均包括指定范围内的土方运输。“指定范围内的土方运输”是指由招标人指定的弃土地点或取土地点的运距；若招标文件已确定弃土地点或取土地点时，则此条件也要在工程量清单中进行描述，若土方运距不能确定时，招标人应根据拟建工程实际情况暂定取、弃土方的运距，结算时按实调整。

⑥ 如采用人工挖土施工方案，清单列项及项目特征描述宜按定额子目步距列项。

如“人工挖沟槽”，应按广西 2013 建筑定额“人工挖沟槽”定额子目步距“2m 内、4m 内、6m 内”分别进行清单项目列项及项目特征描述。

（2）平整场地：实务工作中，如土方工程采用机械大开挖施工，则该工程项目不应列有“平整场地”清单项目。

（3）挖一般土方：适用于＞±300mm 的竖向布置的挖土或山坡切土，是指设计标高以上的挖土，例如挖山头，并包括指定范围内的土方运输。

地形起伏变化不大时，清单应描述挖土平均厚度，此时可用平均厚度乘以挖土面积计算土方工程量。若由于地形起伏变化大，不能提供平均挖土厚度时，应提供方格网法或断面法施工的设计文件。

设计标高以下的填土应按“回填方”项目编码列项。

（4）挖沟槽土方：适用于沟槽土方开挖，并包括指定范围内的土方运输。

挖沟槽土方指带形基础（含地下室基础）、地沟等。

（5）挖基坑土方：适用于≤150m^2 基坑土方开挖，并包括指定范围内的土方运输。

挖基坑土方包括≤150m^2 的独立基础、满堂基础、设备基础等的挖方。

（6）管沟土方：适用于管道及连接井（检查井）开挖、回填等。安装工程的管沟土方项目，按工程计量规范“附录 A 土方工程”相应编码列项。

因工作面和放坡增加的工程量并入管沟土方。

挖沟平均深度，当有管沟设计时，以沟垫层底表面标高至交付施工场地标高计算；无管沟设计时，直埋管深度应按管底外表面标高至交付施工场地标高的平均高度计算。

采用多管同一管沟直埋时，管间距离必须符合有关规范的要求。

管沟回填要求应描述，考虑到管沟土方报价内。

（7）桩间挖土方清单工程量应扣除单根横截面面积0.5m^{2}以上的桩或未回填桩孔所占的体积。

（8）因地质情况变化或设计变更，引起的土方工程量变更，由业主与承包人双方现场认证，依据合同条件进行调整。

（9）土方体积应按挖掘前的天然密实体积计算。非天然密实土方应按表6-4折算。

（10）挖方放坡系数见表6-5；基础施工所需工作面见表6-6；管沟施工每侧所需工作面宽度见表6-7。

土壤分类表　　表6-3

土壤分类	土壤名称	开挖方法
一、二类土	粉土、砂土（粉砂、细砂、中砂、粗砂、砾砂）粉质黏土、弱中盐渍土、软土（淤泥质土、泥浆、泥炭质土）、软塑黏土、冲填土	用锹、少许用镐、条锄开挖、机械能全部直接铲挖满载者
三类土	黏土、碎石（圆砾、角砾）混合土、可塑红黏土、硬塑红黏土、强盐渍土、素填土、压实填土	主要用镐、条锄、少许用锹开挖。机械需部分刨松方能铲挖满载者或可直接铲挖但不能满载者
四类土	碎石土（卵石、碎石、漂石、块石）、坚硬红黏土、超盐渍土、杂填土	全部用镐、条锄挖掘、少许用撬棍挖掘。机械需普遍刨松方能铲挖满载者

土方体积折算系数表　　表6-4

天然密实体积	虚方体积	夯实后体积	松填体积
0.77	1.00	0.67	0.83
1.00	1.30	0.87	1.08
1.15	1.50	1.00	1.25
0.92	1.20	0.80	1.00

放坡系数表　　表6-5

土壤类别	深度超过（m）	人工挖土	机械挖土		
			在坑内作业	在坑上作业	顺沟槽在坑上作业
二类土	1.20	1∶0.50	1∶0.33	1∶0.75	1∶0.5
三类土	1.50	1∶0.33	1∶0.25	1∶0.67	1∶0.33
四类土	2.00	1∶0.25	1∶0.10	1∶0.33	1∶0.25

注：1. 沟槽、基坑中土壤类别不同时，分别按其放坡起点、放坡系数，依不同土壤厚度加权平均计算。

2. 计算放坡时，在交接处的重复工程量不予扣除，原槽、坑作基础垫层时，放坡自垫层上表面开始计算。垫层需留工作面时，放坡自垫层下表面开始计算。

基础施工所需工作面宽度计算表　　表6-6

基础材料	每边各增加工作面宽度（mm）
砖基础	200
浆砌毛石、条石基础	150
混凝土基础垫层支模板	300
混凝土基础支模板	300
基础垂直面做防水层	1000（防水层面）

管沟施工每侧所需工作面宽度计算表　　　　**表 6-7**

管沟材料	管道结构宽（mm）			
	≤500	≤1000	≤2500	>2500
混凝土及钢筋混凝土管道（mm）	400	500	600	700
其他材质管道（mm）	300	400	500	600

注：1. 按上表计算管道沟土方工程量时，各种井类及管道接口等处需加宽增加的土方量不另行计算，底面积大于 $20m^2$ 的井类，其增加工程量并入管沟土方内计算。

2. 管道结构宽：有管座的按基础外缘，无管座的按管道外径。

6.1.3　石方工程

1. 工程量清单项目设置

以广西实施细则为例，石方工程工程量清单项目设置、项目特征描述的内容、计量单位及工程量计算规则，按表 6-8 执行。

A.2　石方工程（编码：010102）　　　　**表 6-8**

项目编码	项目名称	项目特征	计量单位	工程量计算规则	工作内容
010102001	挖一般石方	1. 岩石类别 2. 开凿深度 3. 弃碴运距	m^3	按设计图示尺寸以体积计算	1. 凿石 2. 运输
010102002	挖沟槽石方				
010102003	挖基坑石方				
010102004	挖管沟石方	1. 岩石类别 2. 管外径 3. 挖沟深度		按设计图示尺寸以体积计算	1. 凿石 2. 回填

2. 工程量清单项目应用说明

（1）挖石应按自然地面测量标高至设计地坪设计标高的平均厚度确定。基础石方开挖深度应按基础垫层底表面标高至交付施工现场地标高确定，无交付施工场地标高时，应按自然地面标高确定。

（2）沟槽、基坑、一般石方的划分为：底宽≤7m 且底长>3 倍底宽为沟槽；底长≤3 倍底宽且底面积≤$150m^2$ 为基坑；超出上述范围则为一般石方。

（3）岩石分类应按表 6-9 确定。岩石类别和弃碴运距必须描述：

岩石分类不能准确划分时，由招标人暂定，结算时按实调整。

弃碴运距不能确定时，由招标人暂定运距，并按表 A.3 桂 010103003 增列项目，结算时按实调整。

（4）石方体积应按挖掘前的天然密实体积计算。非天然密实石方应按表 6-10 折算。

（5）管沟石方项目适用于管道及连接井（检查井）等，借方回填或余方外运按表 6-11 相关项目编码列项。

（6）排地表水按实际办理签证。

3. 工程量清单编制实务注意事项

（1）挖一般石方：适用于人工凿平基、人工修整边坡、履带式液压破碎机破碎平基岩等，并包括指定范围内的石方清除运输。弃碴运输费包括在报价内。

厚度>±300mm 的竖向布置挖石或山坡凿石应按一般石方项目编码列项。

（2）挖沟槽（基坑）石方：适用于人工凿沟槽（基坑）、人工沟槽（基坑）摊座、履带式液压破碎机破碎沟槽（坑）岩等，并包括指定范围内的石方运输。弃碴运输费包括在报价内。

设计规定需摊座的基底，工程量清单中应进行描述。

（3）挖管沟石方：适用于管道、电缆沟等，并包括指定范围内的石方运输。弃碴运输费包括在报价内。

设计规定需摊座的基底，工程量清单中应进行描述。

“13 版消耗量定额”中无挖管沟石方对应子目，可套相应的人工凿沟槽（基坑）、履带式液压破碎机破碎沟槽（坑）岩子目。

（4）安装工程的管沟石方项目，按工程计量规范“附录 A 石方工程”相应编码列项。石方爆破按爆破工程计量规范相关项目编码列项。

（5）石方体积应按挖掘前的天然密实体积计算。非天然密实石方应按表 6-10 折算。

（6）因地质情况变化或设计变更，引起的石方工程量的变更，由业主与承包人双方现场认证，依据合同条件进行调整。

岩石分类表　　**表 6-9**

岩石分类		代表性岩石	开挖方法
极软岩		1. 全风化的各种岩石 2. 各种半成岩	部分用手凿工具、部分用爆破法开挖
软质岩	软岩	1. 强风化的坚硬岩或较硬岩 2. 中等风化—强风化的较软岩 3. 未风化—微风化的页岩、泥岩、泥质砂岩等	用风镐和爆破法开挖
	较软岩	1. 中等风化—强风化的坚硬岩或较硬岩 2. 未风化—微风化的凝灰岩、千枚岩、泥灰岩、砂质泥岩等	用爆破法开挖
硬质岩	较硬岩	1. 微风化的坚硬岩 2. 未风化—微风化的大理岩、板岩、石灰岩、白云岩、钙质砂岩等	用爆破法开挖
	坚硬岩	未风化—微风化的花岗岩、闪长岩、辉绿岩、玄武岩、安山岩、片麻岩、石英岩、石英砂岩、硅质砾岩、硅质石灰岩等	用爆破法开挖

石方体积折算系数表　　**表 6-10**

石方类别	天然密实体积	虚方体积	松填体积	码方
石方	1.0	1.54	1.31	
块石	1.0	1.75	1.43	1.67
砂夹石	1.0	1.07	0.94	

6.1.4　回填

1. 工程量清单项目设置

以广西实施细则为例，回填工程工程量清单项目设置、项目特征描述的内容、计量单位及工程量计算规则，按表 6-11 执行。

A.3　回填（编码：010103）　　表 6-11

项目编码	项目名称	项目特征	计量单位	工程量计算规则	工作内容
010103001	回填方	1. 密实度 2. 填方材料品种 3. 填方材料粒径 4. 填方来源、运距	m^3	回填区分夯填、松填按图示回填体积并依据下列规定，以体积计算 1. 场地回填：回填面积乘以平均回填厚度计算 2. 室内回填：按主墙（厚度在 120mm 以上的墙）之间的净面积乘以回填厚度计算，不扣除间隔墙 3. 基础回填：按挖方工程量减去自然地坪以下埋设基础体积（包括基础垫层及其他构筑物）	1. 装（挖）运 2. 回填 3. 压实
010103002	余土弃置	1. 废弃料品种 2. 运距		余方外运体积：挖方总体积－回填方总体积＝正值体积	余方点装料运输至弃置点
桂 010103003	土（石）方运输增（减）	1. 土（方）类别 2. 挖土、借土、弃土	$m^3\cdot km$	挖土（借方或弃方）工程量与超过（少于）规定运距里程的乘积	运输

2. 工程量清单项目应用说明

（1）填方密实度、填方材料粒径应按设计和规范要求描述，设计和规范无要求的，项目特征可以不描述。

（2）填方材料品种必须描述，如填方材料品种不能确定时，由招标人暂定，结算时按实调整。

（3）买土回填应在项目特征填方来源中描述，并注明买土方数量。

（4）土（石）方运输增（减）$m^3\cdot km$：应分挖方、借方、弃方同时区别淤泥、土方、石方等分别列项。运距增加时，工程量为正值运距减少时，工程量为负值。

3. 工程量清单编制实务注意事项

（1）回填方：适用于场地回填、室内回填和基础回填，并包括借土回填方开挖和指定范围内的运输。实务工作中，应结合工程实际情况确定基础回填土、室内回填土是否分开列项。

填方密实度、填方材料粒径应按设计和规范要求描述，设计和规范无要求的，项目特征可以不描述。

若"挖方总体积－回填方总体积＝负值体积"时。在编制工程量清时单应把挖方工作列入回填方清单项目中，增加"回填方"的特征描述；计价时把挖方工作考虑在回填方报价内。

若买土回填，应在项目特征填方来源中描述，并注明买土方数量。

（2）"余方弃置"项目适用于场地、室内和基础回填后剩余的土方，并包括指定范围内的运输。若发生余方弃置场所收取渣土消纳费，结算时应按实办理签证计算。

6.1.5 其他工程

1. 工程量清单项目设置

以广西实施细则为例，其他工程工程量清单项目设置、项目特征描述的内容、计量单位及工程量计算规则，按表 6-12 执行。

桂 A.4 其他工程（编码：010104） 表 6-12

项目编码	项目名称	项目特征	计量单位	工程量计算规则	工作内容
桂 010104001	支挡土板	1. 支撑方式、材质 2. 挡土板类型、材质 3. 其他	m^2	按槽、坑垂直支撑面积计算	挡土板制作、运输、安装及拆除
桂 010104002	基础钎插	1. 钎插方式 2. 钎插深度 3. 其他	孔	按钎插以孔数计算	钎插、记录

2. 工程量清单项目应用说明

挡板类型和支撑方式的材质必须描述。

6.1.6 计算实例

【例 6-1】某建设工程首层平面图如图 6-1 所示，墙体厚度为 240mm，轴线均居中标注。施工方案明确本工程采用人工平整场地施工。

要求：编制平整场地项目的工程量清单。

【解】完成填写结果见表 6-13。

第一步：查阅工程量计算规范广西实施细则，正确选择清单项目。

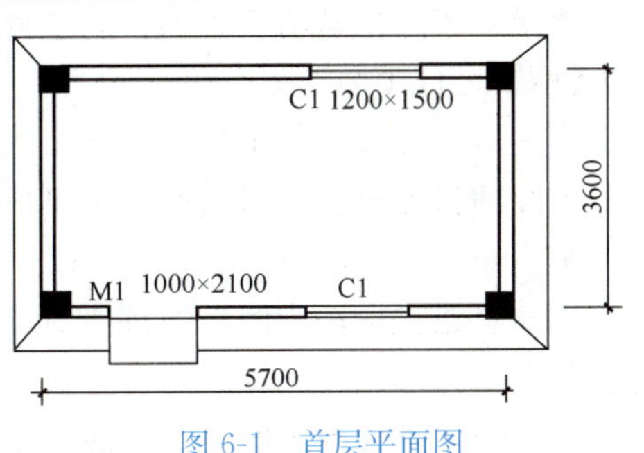

图 6-1 首层平面图

填写项目编码、项目名称、项目特征描述、计量单位。

第二步：计算清单工程量

计算思路：工程量计算规则“按设计图示尺寸以建筑物首层建筑面积计算”。

工程量　　$S=(5.7+0.12\times2)\times(3.6+0.12\times2)=22.81\text{m}^2$

第三步：填写工程量计算结果。

分部分项工程和单价措施项目清单与计价表　　**表 6-13**

工程名称：××　　第　页　共　页

序号	项目编码	项目名称及项目特征描述	计量单位	工程量	金额（元）		
					综合单价	合价	其中：暂估价
	0101	土（石）方工程					
1	010101001001	平整场地	m^2	22.81			

【例 6-2】某工程室外标高为−0.20m，设计图纸显示共有 10 个混凝土独立基础，如图 6-2 所示。土壤类别为三类土，采用人工开挖基坑，垫层支模板施工，招标文件明确弃土外运暂按 10km。

“挖基坑”三维动画

要求：编制挖基坑土方项目的工程量清单。

【解】完成填写结果见表 6-14。

第一步：查阅工程量计算规范广西实施细则，正确选择清单项目。

填写项目编码、项目名称、项目特征描述、计量单位。

第二步：计算清单工程量。

计算思路：根据广西实施细则规定，工作面和放坡增加的工程量并入清单工程量中计算。

（1）查“基础施工所需工作面宽度计算表”可知，工作面 $C=300\text{mm}$。

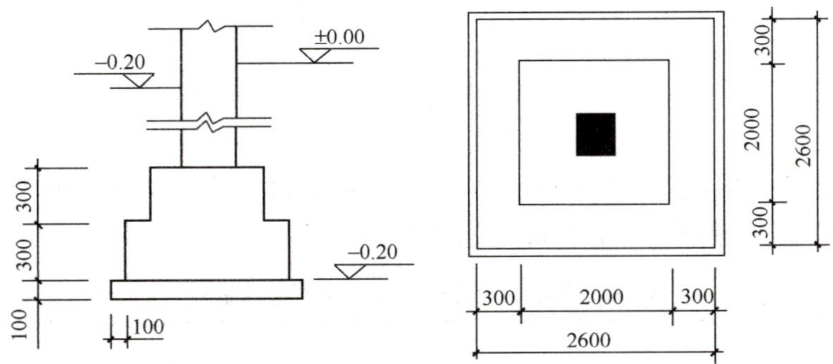

图 6-2　独立基础示意图

(2) 挖深 $H=2.0+0.1-0.2=1.9\text{m}>1.5\text{m}$；

查"放坡系数表"可知需放坡，放坡系数为 0.33。

(3) 放坡公式 $V=(a+KH)\times(b+KH)\times H+1/3K^2H^3$

式中　a——坑底长；

b——坑底宽；

K——放坡系数；

H——放坡深。

则，工程量 $V=[(2.6+0.1\times2+0.3\times2+0.33\times1.9)^2\times1.9+1/3\times0.33^2\times1.9^3]\times10=164.66\text{m}^3$

第三步：填写工程量计算结果。

分部分项工程和单价措施项目清单与计价表　　**表 6-14**

工程名称：××　　第　页　共　页

序号	项目编码	项目名称及项目特征描述	计量单位	工程量	金额（元）		
					综合单价	合价	其中：暂估价
	0101	土（石）方工程					
1	010101004001	挖基坑土方 土壤类别：三类土 挖土深度：2m 以内 弃土运距：10km	m^3	164.66			

任务 6.2 地基处理与边坡支护工程

6.2.1 概况

清单项目设置：本分部设置 2 小节共 27 个清单项目，其中增补 7 个清单项目（以广西实施细则为例）。清单项目设置情况见表 6-15。

地基处理与边坡支护工程清单项目数量表 **表 6-15**

小节编号	名称	清单项目数	其中：广西增补项目数
B.1	地基处理	17	6
B.2	基坑与边坡支护	10	1
合计		27	7

6.2.2 地基处理

1. 工程量清单项目设置

地基处理工程工程量清单项目设置、项目特征描述的内容、计量单位及工程量计算规则，按表 6-16 执行。

B.1 地基处理（编码：010201） **表 6-16**

项目编码	项目名称	项目特征	计量单位	工程量计算规则	工作内容
010201001	换填垫层	1. 材料种类及配比 2. 压实系数 3. 掺和剂品种	m^3	按设计图示尺寸以面积计算	1. 分层铺填 2. 碾压、振密或夯实 3. 材料运输
010201002	铺设土工合成材料	1. 部位 2. 品种 3. 规格	m^2	按设计图示尺寸以面积计算	1. 挖填锚固 2. 铺设 3. 固定 4. 运输
010201003	预压地基	1. 排水竖井种类、断面尺寸、排列方式、间距、深度 2. 预压方法 3. 预压荷载、时间 4. 砂垫层厚度		按设计图示尺寸处理范围以面积计算	1. 设置排水竖水、盲沟、滤水管 2. 铺设砂垫层、密封膜 3. 堆载、卸载或抽气设备安拆抽真空 4. 材料运输
010201004	强夯地基	1. 夯击能量 2. 夯击遍数 3. 夯击点布置形式、间距 4. 地耐力要求 5. 夯填材料种类			1. 铺设夯填材料 2. 强夯 3. 夯填材料运输
010201005	振冲密实（不填料）	地层情况 振实深度 孔距			1. 振冲加密 2. 泥浆运输

续表

项目编码	项目名称	项目特征	计量单位	工程量计算规则	工作内容
010201006	振冲桩（填料）	1. 地层情况 2. 空桩长度、桩长 3. 桩径 4. 填充材料种类	m^3	按设计桩截面乘以桩长以体积计算	1. 振冲成孔、填料、振实 2. 材料运输 3. 泥浆运输
010201007	砂石桩	1. 地层情况 2. 空桩长度、桩长 3. 桩径 4. 成孔方法 5. 材料种类、级配	m^3	按设计图示尺寸桩截面乘以桩长（包括桩尖）以体积计算	1. 成孔 2. 填充振实 3. 材料运输
010201011	夯实水泥土桩	1. 地层情况 2. 空桩长度、桩长 3. 桩径 4. 水泥强度等级 5. 混合料配比	m	按设计图示尺寸以桩长（包括桩尖）计算	1. 成孔、夯底 2. 水泥土拌合、填料、夯实 3. 材料运输
010201013	石灰桩	1. 地层情况 2. 空桩长度、桩长 3. 桩径 4. 成孔方法 5. 掺和料种类、配合比			1. 成孔 2. 混合料制作、运输、夯填
010201015	柱锤冲扩桩	1. 地层情况 2. 空桩长度、桩长 3. 桩径 4. 成孔方法 5. 桩体材料种类、配合比		按设计区分不同直径按设计图示尺寸以桩长计算	1. 安、拔套管 2. 冲孔、填料、夯实 3. 桩体材料制作、运输
010201017	褥垫层	1. 厚度 2. 材料品种及比例	m^3	按设计图示尺寸以体积计算	材料拌合、运输、铺设、压实
桂010201018	水泥粉煤灰碎石桩（CFG）	1. 地层情况 2. 单桩长度 3. 桩截面 4. 材料种类、强度等级		按设计桩截面积乘以设计桩长（设计桩长＋设计超灌长度）以体积计算	1. 工作平台搭拆 2. 桩机竖拆、移位 3. 成孔 4. 混凝土料制作、灌注、养护 5. 清理
桂010201019	深层搅拌水泥桩	1. 地层情况 2. 单桩长度 3. 桩截面 4. 材料种类、强度等级、掺量	m^3	按设计桩截面积乘以设计桩长以体积计算	预搅下钻、水泥浆制作、注入水泥浆提升成桩

续表

项目编码	项目名称	项目特征	计量单位	工程量计算规则	工作内容
桂 010201020	高压旋喷水泥桩	1. 地层情况 2. 桩截面 3. 注浆类型、方法 4. 材料种类、强度等级掺量	m	按设计图示尺寸桩体长度以米计算	1. 装拆移动钻机、钻孔 2. 水泥浆制作、插管喷射注浆 3. 拔管、清洗
桂 010201021	灰土挤密桩	1. 地层情况 2. 单桩长度 3. 桩截面 4. 材料种类、级配	m^3	按设计区分不同直径按设计桩截面积乘以设计桩长以体积计算	1. 准备机具移动桩机、打拔桩管成孔 2. 灰土拌合、30m 以内运输、填充、夯实
桂 010201022	压力灌注微型桩	1. 地层情况 2. 桩截面 3. 材料种类、强度等级 4. 骨料种类、规格	m	按设计区分不同直径按主杆桩体长度以米计算	1. 成孔 2. 制作钢管（钢筋笼下泥浆管） 3. 做压浆封头、投石、制浆、压浆 4. 泥浆清除及泥浆池砌筑拆除等
桂 010201023	高压定喷防渗墙	1. 墙体厚度 2. 成槽深度 3. 水泥强度等级	m^3	按设计图示尺寸以面积计算	1. 成孔 2. 黏土和水泥浆制作

2. 工程量清单项目应用说明

(1) 地层情况按土石方工程的“土壤分类表”和“岩石分类表”的规定，并根据岩土工程勘察报告按单位工程各地层所占比例（包括范围值）进行描述。对无法准确描述的地层情况，由招标人暂定，结算时按实际调整。

(2) 项目特征中的桩长应包括桩尖，空桩长度=孔探−桩长，孔深按交付施工场地地面标高至设计桩底计算，无交付施工场地标高时，按自然地面标高至设计桩底标高计算。

(3) 高压喷射注浆适用于单管法、双重管法、三重管法的高压旋喷水泥桩。

(4) 如设计图纸未注明超灌长度，则超灌长度按 500mm 计算。

3. 工程量清单编制实务注意事项

本节各项目适用于工程实体，但仅作为深基础临时支护结构，其项目应列入分部分项工程和单价措施项目清单中。

6.2.3　基坑与边坡支护

1. 工程量清单项目设置

基坑与边坡支护工程工程量清单项目设置、项目特征描述的内容、计量单位及工程量计算规则，按表 6-17 执行。

B.2　基坑与边坡支护（编码：010202）　　**表 6-17**

项目编码	项目名称	项目特征	计量单位	工程量计算规则	工作内容
010202001	地下连续墙	1. 地层情况 2. 导墙类型、截面 3. 墙体厚度 4. 成槽深度 5. 混凝土种类、强度等级 6. 接头形式 7. 土方废泥浆外运运距	m^3	按设计图示墙中心线长度乘以厚度乘以槽深，以体积计算	1. 导墙挖填、制作安装拆除 2. 挖土成墙、固壁、清底置换 3. 混凝土制作、运输、灌注、养护 4. 接头处理 5. 土方、废泥浆外运 6. 泥浆池、泥浆沟砌筑拆除
010202004	预制钢筋混凝土板桩	1. 地层情况或部位 2. 送桩深度、桩长 3. 桩截面 4. 沉桩方法 5. 连接方式 6. 混凝土种类、强度等级	m	按设计图示尺寸以桩长（包括桩尖）计算	1. 工作平台搭拆 2. 桩机移位 3. 沉桩 4. 板桩连接
010201005	型钢柱	1. 地层情况或部位 2. 送桩深度、桩长 3. 规格型号 4. 桩倾斜度 5. 防护材料种类 6. 是否拔出	t	按设计图示尺寸以质量计算	1. 工作平台搭拆 2. 桩机移位 3. 打（拔）桩 4. 接桩 5. 刷防护材料
010201006	钢板桩	1. 地层情况 2. 桩长 3. 板柱厚度			1. 工作平台搭拆 2. 桩机移位 3. 打拔钢板桩
010201007	锚杆（锚索）	1. 地层情况 2. 锚杆（索）类型、部位 3. 钻孔深度 4. 钻孔直径 5. 杆体材料品种、规格、数量 6. 预应力 7. 浆液种类、强度等级	m	按设计图示尺寸计算	1. 钻孔、浆液制作、运输、压浆 2. 锚杆（锚索）制作、安装 3. 张拉锚固 4. 锚杆（锚索）施工平台搭设、拆除

续表

项目编码	项目名称	项目特征	计量单位	工程量计算规则	工作内容
010202008	土钉	1. 地层情况 2. 孔深度 3. 钻孔直径 4. 置入方法 5. 杆体材料品种、规格、数量 6. 浆液种类、强度等级	m	按设计图示尺寸以钻孔深度计算	1. 钻孔、浆液制作、运输、压浆 2. 土钉制作、安装 3. 土钉施工平台搭设、拆除
010202009	喷射混凝土、水泥砂浆	1. 部位 2. 厚度 3. 材料种类 4. 混凝土（砂浆）种类、强度等级	m^2	按设计图示尺寸以面积计算	1. 修整边坡 2. 混凝土（砂浆）制作、运输、喷射、养护 3. 钻排水孔、安装排水管 4. 喷射施工平台搭高、拆除
010202010	钢筋混凝土支撑	1. 部位 2. 混凝土种类 3. 混凝土强度等级	m^3	按设计图示尺寸以体积计算	混凝土制作、运输、浇筑、振捣、养护
010202011	钢支撑	1. 部位 2. 钢材品种、规格	t	按设计图示尺寸以质量计算，不扣除孔眼，焊条、铆钉、螺栓等不另增加	1. 支撑、铁件制作（摊销、租赁） 2. 支撑、铁件安装 3. 拆除 4. 运输
桩 010202012	圆木柱	1. 地层情况 2. 桩截面 3. 材质 4. 桩倾斜度	m^3	按设计桩长和梢径根据材积表计算	1. 制作木桩、安桩箍及桩靴 2. 桩机安装、移位 3. 吊装就位打桩校正 4. 拆卸桩箍、锯桩头 5. 清理

2. 工程量清单项目应用说明

（1）地层情况按土石方工程的“土壤分类表”和“岩石分类表”的规定，并根据岩土工程勘察报告按单位工程各地层所占比例（包括范围值）进行描述。对无法准确描述的地层情况，由招标人根据岩土工程勘察报告暂定，结算时按实际调整。

（2）土钉包括气腿式凿岩机成孔灌浆、人工成孔灌浆等。

（3）混凝土种类应描述：①商品混凝土或现场搅拌混凝土；②泵送或非泵送；③普通混凝土、防水混凝土、灌注桩下混凝土、预制场混凝土、轻集料混凝土等。

（4）混凝土等级强度应描述强度等级、粗细骨料种类和粒径、水泥强度等级。

（5）地下连续墙和喷射混凝土（砂浆）的钢筋网、钢筋混凝土支撑的钢筋制作、安装，按本册附录 E 中相关项目列项。本分部未列的基坑与边坡支护的排桩按本册附录 C 中相关项目列项。水泥土墙、坑内加固按本附录表 B.1 中相关项目列项。砖、石挡土墙、护坡按本册附录 D 中相关项目列项。混凝土挡土墙按本册附录 E 中相关项目列项。

3. 工程量清单编制实务注意事项

（1）地下连续墙：适用于各种导墙施工的复合型地下连续墙。

① 清单工作内容未包括场地硬化，如要求场地硬化应按相关项目编码列项。

② 地下连续墙的钢筋网应按附录 E 混凝土及钢筋混凝土相关项目编码列项。

（2）锚杆（锚索）：适用于岩石高削坡混凝土支护挡墙和风化岩石混凝土、砂浆护坡。锚杆（锚索）项目工作内容还包括布筋、灌浆。

（3）土钉：适用于土层的锚固。土钉项目工作内容还包括布筋、灌浆。

（4）本节各项目适用于工程实体，但仅作为深基础临时支护结构，其项目应列入分部分项工程和单价措施项目清单中。

任务 6.3　桩　基　工　程

6.3.1　概况

清单项目设置：本分部设置 2 小节共 16 个清单项目，其中增补 15 个清单项目（以广西实施细则为例）。清单项目设置情况见表 6-18。

桩基工程清单项目数量表　　　　**表 6-18**

小节编号	名称	清单项目数	其中：广西增补项目数
C. 1	打桩	9	8
C. 2	灌注桩	7	7
合计		16	15

6.3.2　打桩

1. 工程量清单项目设置

打桩工程工程量清单项目设置、项目特征描述的内容、计量单位及工程量计算规则，按表 6-19 执行。

C.1　打桩（编码：010301）　　**表 6-19**

<table>
<tr><th>项目编码</th><th>项目名称</th><th>项目特征</th><th>计量单位</th><th>工程量计算规则</th><th>工作内容</th></tr>
<tr><td>010301004</td><td>截（凿）桩头</td><td>1. 桩类型
2. 桩头截面、高度
3. 混凝土强度等级
4. 有无钢筋
5. 余碴外运、运距</td><td>1. m^3
2. 个</td><td>1. 以立方米计量
（1）凿桩头按设计图示尺寸或施工规范规定应凿除的部分，以体积计算
（2）凿除人工挖孔桩护壁、水泥粉煤灰桩（CFG）工程量按需凿除的实体体积计算
2. 以个计量，机械切割预制管桩，按桩头数量计算</td><td>1. 截桩头：截桩头、废料外运
2. 凿桩头：凿桩头、截钢筋、废料外运</td></tr>
<tr><td>桂
010301005</td><td>打预制钢筋混凝土方桩</td><td rowspan="2">1. 地层情况
2. 单桩长度
3. 桩边长（或直径）
4. 桩倾斜度
5. 混凝土种类、强度等级
6. 其他</td><td rowspan="3">m^3</td><td>按设计桩长（包括桩尖，即不扣除桩尖虚体积）乘以桩截面以体积计算</td><td rowspan="2">1. 准备打桩机具、移动、校测
2. 吊装就位、安卸桩帽、校正
3. 打桩
4. 清理</td></tr>
<tr><td>桂
010301006</td><td>打预制钢筋混凝土管柱</td><td>按设计桩长（包括桩尖，即不扣除桩尖虚体积）乘以桩截面以体积计算。管桩的空心体积应扣除</td></tr>
<tr><td>桂
010301008</td><td>压预制钢筋混凝土方桩</td><td>1. 地层情况
2. 单桩体积
3. 桩截面
4. 桩倾斜度
5. 混凝土种类、强度等级
6. 其他</td><td>按设计桩长（包括桩尖，即不扣除桩尖虚体积）乘以桩截面以体积计算</td><td>1. 准备压桩机具、动压桩机具就位
2. 捆桩身、吊装就位、安卸桩帽、校正
3. 压桩
4. 清理</td></tr>
<tr><td>桂
010301009</td><td>压预制钢筋混凝土管柱</td><td>1. 地层情况
2. 单桩长度
3. 桩径
4. 桩倾斜程度
5. 混凝土种类、强度等级
6. 其他</td><td>m</td><td>按设计长度计算</td><td>1. 准备压桩机具、移动压桩机具就位
2. 捆桩身、吊装就位、安卸桩帽、校正
3. 压桩
4. 接桩
5. 清理</td></tr>
</table>

续表

项目编码	项目名称	项目特征	计量单位	工程量计算规则	工作内容
桩 010301010	预制混凝土管柱填桩芯	1. 填充材料种类 2. 防护材料种类 3. 混凝土强度等级	m^3	按设计灌注长度乘以桩芯截面面积乘以体积计算	1. 管桩填充材料 2. 刷防护材料 3. 混凝土制作、运输、灌注、振捣、养护
桩 010301011	螺旋钻机钻取土	1. 位置 2. 其他	m	按钻孔入土深度以米计算	1. 准备机具、移动、桩机、桩位校测、钻孔 2. 清理钻孔余土运至现场指定地点
桩 010301012	送桩	1. 地层情况 2. 桩类型 3. 单桩长度、送桩长度 4. 桩截面 5. 桩倾斜度	1. m^3 2. m	管桩按送桩长度计算，其余桩按截面面积乘以送桩长度(即打桩底至桩顶高度或自桩顶面至自然平面另加 0.5m)以体积计算	1. 准备压桩机具、移动压桩机具就位 2. 捆桩身、吊装就位、安卸桩帽、校正 3. 压桩 4. 清理
桩 010301013	接桩	1. 接桩防方式 2. 其他	1. 个 2. m^2	1. 以个计量，按设计数量计算 2. 以平方米计量，按桩断面以面积计算	1. 准备接桩工具、对接上下桩、桩顶垫平 2. 灌注胶泥或放置接桩、筒铁、钢板、焊接、安放、卸平箍等

2. 工程量清单项目应用说明

(1) 地层情况按土石方工程的“土壤分类表”和“岩石分类表”的规定，并根据岩土工程勘察报告按单位工程各地层所占比例（包括范围值）进行描述。对无法准确描述的地层情况，由招标人根据岩土工程勘察报告暂定，结算时按实际调整。

(2) 项目特征中的桩截面、混凝土强度等级、桩类型等可直接用标准图代号或设计桩型进行描述。

(3) 预制钢筋混凝土方桩、预制钢筋混凝土管柱项目以成品桩编制，应包括成品桩购置费，如果用现场预制，应包括现场预制桩的所有费用。

(4) 打试验桩和打斜桩应按相应项目单独列项，并应在项目特征中注明试验桩或斜桩（斜率）。

(5) 截（凿）桩头项目适用于本册附录B、附录C所列桩的桩头截（凿）。

(6) 预制钢筋混凝土管桩桩顶与承台的连接构造按本册附录E相关项目列项。

（7）静压预制钢筋混凝土管桩应在清单综合单价中考虑，不另列项计算。

3. 工程量清单编制实务注意事项

（1）打预制钢筋混凝土桩

① 预制钢筋混凝土桩制作按相应附录 E 混凝土及钢筋混凝土工程相关项目编码列项。预制钢筋混凝土桩的运输应包括在报价内。

② 试验桩应按相应“预制钢筋混凝土桩”项目编码单独列项。试验桩与打桩之间间歇时间，机械在现场的停滞，应包括在试验桩报价内。

③ 打钢筋混凝土预制板桩是指留滞原位（即不拔出）的板桩。板桩应在工程量清单中描述其单柱垂直投影面积。

④ “预制混凝土管桩填桩芯”按相应项目编码列项（桂 010301010）。

⑤ 预制桩刷防护材料应包括在报价内。

⑥ 若设计有送桩要求的，送桩应按相应项目编码列项。

（2）送桩：适用于预制钢筋混凝土方桩、管桩、板桩的送桩。

① 管桩以“m”计算，其余预制桩定额是按桩体积以“m”计算。

② 清单项目特征中应对桩的类型、送桩长度加以描述。

（3）接桩：适用于预制钢筋混凝土方柱和板桩的接桩。

① 电焊接桩按设计接头，以“个”数计算；硫磺胶泥接桩按桩断面以“面积”计算。

② 接桩应在工程量清单中描述接头材料。

③ 静压管桩的接桩工作已包含在“13 版消耗量定额”的管桩子目中，不另列项计算。

（4）本节各项目适用于工程实体，但仅作为深基础临时支护结构，其项目应列入分部分项工程和单价措施项目清单中。

（5）振动沉管、锤击沉管若使用预制钢筋混凝土桩尖时，应包括在报价内。

（6）桩的钢筋（如预制桩钢筋）应按附录 E 混凝土及钢筋混凝土相关项目编码列项。

（7）桩架的调面和超运距应包含在相应桩的报价内。

6.3.3　灌注桩

1. 工程量清单项目设置

灌注桩工程工程量清单项目设置、项目特征描述的内容、计量单位及工程量计算规则，按表 6-20 执行。

C.2　灌注桩（编码：010302）　　**表 6-20**

项目编码	项目名称	项目特征	计量单位	工程量计算规则	工作内容
桂 010302008	成孔灌注桩机械成孔	1. 地层情况 2. 桩类型 3. 成孔做法桩径	m^3	按成孔长度乘以设计桩截面积以体积计算	1. 筒埋设及拆除 2. 安、拆泥浆系统、造浆 3. 准备钻具，钻具就位 4. 钻孔、出渣、提钻、泥浆清孔 5. 清理浮渣 6. 泥浆池砌筑拆除

续表

项目编码	项目名称	项目特征	计量单位	工程量计算规则	工作内容
桂010302009	人工挖孔桩成孔	1. 挖孔深度 2. 桩径 3. 护壁厚度 4. 护壁混凝土种类、强度等级	m^3	按设计桩截面积（桩径＝桩芯＋护壁）乘以挖孔深度加上桩的扩大头体积以体积计算	1. 挖土、提土、运土50m以内，排水沟修造修正桩底 2. 安装护壁模具，灌注护壁混凝土 3. 抽水、吹风、坑内照明、安全设施搭拆
桂010302010	成孔灌注桩桩芯混凝土	1. 桩类型 2. 桩径 3. 混凝土种类、强度等级	m^3	按设计桩芯的截面积乘以桩芯的深度（设计桩长＋设计超灌长度）以体积计算。人工挖孔桩加上桩的扩大头体积	1. 浇灌桩芯混凝土 2. 安、拆导管及漏斗 3. 混凝土运输
桂010302011	成孔灌注桩入岩增加费	1. 桩类型 2. 桩径 3. 入岩方法	m^3	按入岩部分以体积计算	钻孔、爆破、通风照明、垂直运输等
桂010302012	长螺旋钻孔压灌桩	1. 单桩长度 2. 混凝土种类、强度等级		按设计桩的截面积乘以设计桩长（设计桩长＋设计超灌长度）以体积计算	1. 准备机具、移动桩机桩位校机、测、钻孔 2. 灌注混凝土 3. 清理钻孔余土、平整隆起土壤等
桂010302013	泥浆运输	泥浆	m^3	按钻（冲孔）成体积计算	装卸泥浆、运输、清理场地
桂010302014	泥浆运输增（减）	运距	$m^3 \cdot km$		运输

2. 工程量清单项目应用说明

（1）地层情况按土石方工程的“土壤分类表”和“岩石分类表”的规定，并根据岩土工程勘察报告按单位工程各地层所占比例（包括范围值）进行描述。对无法准确描述的地层情况，由招标人根据岩土工程勘察报告暂定，结算时按实际调整。

（2）项目特征中的桩长应包括桩尖，成孔长度（挖孔深度）为交付施工场地地面标高至设计桩底计算，无交付施工场地标高时，按自然地面标高至设计桩底标高计算。

（3）项目特征中的桩截面（桩径）、混凝土强度等级、桩类型等可直接用标准图代号或设计桩型进行描述。

（4）成孔灌注桩分机械成孔灌注桩和人工挖孔桩，其中机械成孔灌注桩适用于钻（冲）孔灌注桩、旋挖桩。

（5）混凝土种类应描述：①商品混凝土或现场搅拌混凝土；②泵送或非泵送；③普通混凝土、防水混凝土、灌注桩下混凝土、预制场混凝土、轻集料混凝土等。

（6）混凝土等级强度应描述强度等级、粗细骨料种类和粒径、水泥强度等级。

（7）泥浆运距必须描述，如泥浆运距不能确定时，由招标人暂定，并按本表桂010302014 项目增列，结算时按实调整。

（8）混凝土灌注桩的钢筋笼制作、安装，按本册附录 E 中相关项目编码列项。

3. 工程量清单编制实务注意事项

（1）成孔灌注桩机械成孔：适用于各种机械成孔灌注桩，如钻（冲）孔灌注桩、旋挖桩等。人工挖孔桩属人工成孔桩。

① 桩的类型、成孔方法必须描述。

② 土方、泥浆外运不包括在成孔灌注桩机械成孔报价内，按相应项目编码列项。

③ 泥浆池、泥浆沟槽的砌筑、拆除已包含在“13 版消耗量定额”的成孔桩子目中，不另列项计算。

（2）人工挖孔桩成孔：适用于人工挖孔的成孔桩。

① 人工挖孔时采用的护壁（如：砖砌护壁、预制钢筋混凝土护壁、现浇钢筋混凝土护壁、钢模周转护壁、竹笼护壁等)，应包括在报价内。人工挖孔桩挖土应包含在人工挖孔桩报价内。

② 如现场搅拌混凝土，拌制费用应计入报价中。

（3）成孔灌注桩桩芯混凝土：适用于各种成孔方式如钻（冲）孔灌注桩、旋挖桩、人工挖孔桩等的混凝土灌注桩。

① 项目特征中的桩类型、混凝土种类、强度等级必须描述。

② 如现场搅拌混凝土，拌制费用应计入报价中。

（4）成孔灌注桩入岩增加费：适用于各种成孔方式如钻（冲）孔灌注桩、旋挖桩、人工挖孔桩等的混凝土灌注桩。

① 项目特征中的桩类型、入岩方式必须描述。

② 除成孔灌注桩入岩增加费不包括在成孔灌注桩机械（人工）成孔报价内，应按本项目编码列项外，其余桩若设计有入岩要求的，入岩增加费应包括在报价内，清单项目名称中应对入岩深度加以描述。

（5）长螺旋钻孔压灌桩：适用于长螺旋钻孔压灌混凝土桩。

① 如现场搅拌混凝土，拌制费用应计入报价中。

② 当成孔需穿过大于等于 3.0m 卵石层时，应包括在报价内。

③ 余土外运不包括在长螺旋钻孔压灌桩报价内，按相应项目编码列项。

（6）本节各项目适用于工程实体，但仅作为深基础临时支护结构，其项目应列入分部分项工程和单价措施项目清单中。

（7）爆扩桩扩大头的混凝土量，应包括在报价内。

（8）桩的钢筋（如灌注桩的钢筋笼）应按附录 E 混凝土及钢筋混凝土相关项目编码列项。

6.3.4　计算实例

【例 6-3】某市区内的桩基础工程，设计室外地坪标高为－0.300m，设计桩顶标高为－5.000m。根据勘察报告建议，结合本工程特点，基础采用高强预应力混凝土管桩，选用桩型为 PHC 500 AB100-16，采用静力压桩施工。经计算该工程共 100 根桩，其中试验桩 3 根。桩头填充及与承台连接大样详见图 6-3，其中壁厚为 100mm。

根据广西壮族自治区常规施工组织设计方案，针对该工程地质，在压桩前，先对每桩点进行螺旋钻机钻取土 2m，钻孔余土不考虑外运。

要求：编制压预制钢筋混凝土管桩工程的工程量清单。

【解】完成填写结果见表 6-21。

第一步：查阅工程量计算规范广西实施细则，正确选择清单项目。

填写项目编码、项目名称、项目特征描述、计量单位。

第二步：计算清单工程量。

第三步：填写工程量计算结果。

具体清单项目如下：

1. 压桩

（1）项目编码：桩 010301009001。

（2）项目名称：静力压桩机压预制钢筋混凝土管桩。

（3）项目特征：①单桩长度：16m；②桩截面：直径 500mm。

（4）单位：m。

（5）工程量计算规则：按设计长度以米计算。

（6）工程量 $L=16\times(100-3)=1552$m。

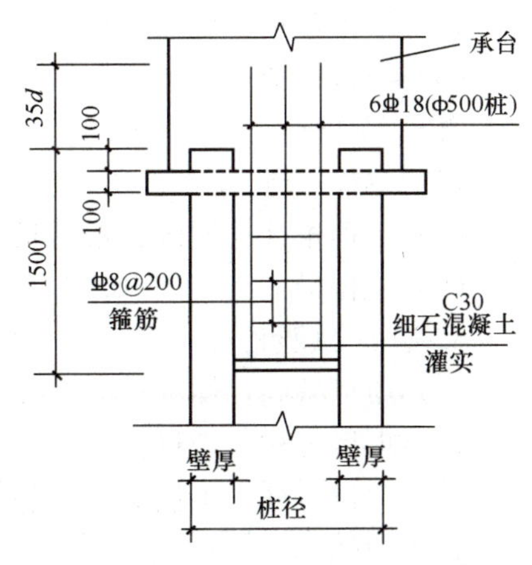

图 6-3　预制混凝土管桩与承台连接大样图

2. 压试验桩

（1）项目编码：桂 010301009002。

（2）项目名称：静力压桩机压预制钢筋混凝土管桩（试验桩）。

（3）项目特征：①单桩长度：16m；②桩截面：直径 500mm。

（4）单位：m。

（5）工程量计算规则：按设计长度以米计算。

（6）工程量 $L=16\times3=48$m。

3. 填桩芯混凝土

（1）项目编码：桂 010301010001。

（2）项目名称：预制混凝土管桩填桩芯。

（3）项目特征：①管桩填充材料种类：商品混凝土；②混凝土强度等级：C30。

（4）单位：m。

（5）工程量计算规则：按设计灌注长度乘以桩芯截面面积以立方米计算。

（6）工程量 $V=3.14\times[(0.5-0.1\times2)\div2]^2\times1.5\times100=10.60\text{m}^3$

4. 螺旋钻机钻取土

（1）项目编码：桂 010301011001。

（2）项目名称：螺旋钻机钻取土。

（3）项目特征：无。

（4）单位：m。

（5）工程量计算规则：按钻孔入土深度以米计算。

（6）工程量 $L=2\times100=200$m。

5. 送桩

（1）项目编码：桂 010301012001。

（2）项目名称：送桩。

（3）项目特征：①桩类型：静力压预制钢筋混凝土管桩；②单桩长度：16m；③桩截面：直径 500mm。

（4）单位：m。

（5）工程量计算规则：按送桩长度以米计算。

（6）工程量 $L=(5-0.3+0.5)\times(100-3)=504.40$m

6. 送桩 试验桩

（1）项目编码：桂 010301012002。

（2）项目名称：送桩。

（3）项目特征：①桩类型：静力压预制钢筋混凝土管桩；②单桩长度：16m；③桩截面：直径 500mm。

（4）单位：m。

（5）工程量计算规则：按送桩长度以米计算。

（6）工程量 $L=(5-0.3+0.5)\times3=15.60$m。

7. 桩钢筋笼Φ10 以内

（1）项目编码：010515004001。

（2）项目名称：桩头插筋。

（3）项目特征：钢筋种类、规格：Φ10 以内。

（4）单位：t。

（5）工程量计算规则：按设计图示钢筋长度乘单位理论质量计算。

（6）工程量：

圆箍筋单根长度＝3.14×[（0.5－0.1×2－0.04×2）÷2]^2＋11.9×0.008×2＝0.458m

单桩根数＝(1.5－0.1×2)÷0.2＝6.5；取整后单桩圆箍根数＝7 根。

圆箍筋工程量 T＝0.458×7×100×0.395÷1000＝0.130t

8. 桩钢筋笼Φ 10 以上

（1）项目编码：010515004002。

（2）项目名称：桩头插筋。

（3）项目特征：①钢筋种类、规格：Φ 10 以上。

（4）单位：t。

（5）工程量计算规则：按设计图示钢筋长度乘单位理论质量计算。

（6）工程量：

Φ 18 纵筋单根长度＝1.5＋38×0.018＝2.13m

纵筋工程量 T＝2.13×6×100×2.000÷1000＝2.556t

分部分项工程和单价措施项目清单与计价表　　**表 6-21**

工程名称：××　　第　页　共　页

序号	项目编码	项目名称及项目特征描述	计量单位	工程量	金额（元）		
					综合单价	合价	其中：暂估价
	0103	桩与地基基础工程					
1	桂 010301009001	静力压桩机压预制钢筋混凝土管桩 ① 单桩长度：16m ② 桩截面：直径 500mm	m	1552.00			
2	桂 010301009002	静力压桩机　压预制钢筋混凝土管桩（试验桩） ① 单桩长度：16m ② 桩截面：直径 500mm	m	48.00			
3	桂 010301010001	预制混凝土管桩填桩芯 ① 管桩填充材料种类：商品混凝土 ② 混凝土强度等级：C30	m^3	10.60			
4	桂 010301011001	螺旋钻机钻取土	m	200.00			
5	桂 010301012001	送桩 ① 桩类型：静力压预制钢筋混凝土管桩 ② 单桩长度：16m ③ 桩截面：直径 500mm	m	504.40			

续表

序号	项目编码	项目名称及项目特征描述	计量单位	工程量	金额（元）		
					综合单价	合价	其中：暂估价
6	桂 010301012002	送桩 试验桩 ① 桩类型：静力压预制钢筋混凝土管桩 ② 单桩长度：16m ③ 桩截面：直径 500mm	m	15.60			
	0105	混凝土及钢筋混凝土工程					
7	010515004001	钢筋笼 钢筋种类、规格：Φ10 以内	t	0.130			
8	010515004002	钢筋笼 钢筋种类、规格：Φ10 以上	t	2.556			

任务 6.4　砌　筑　工　程

6.4.1　概况

清单项目设置：本分部设置 4 小节共 22 个清单项目，其中增补 2 个清单项目（以广西实施细则为例）。清单项目设置情况见表 6-22。

砌筑工程清单项目数量表　　表 6-22

小节编号	名称	清单项目数	其中：广西增补项目数
D.1	砖砌体	11	1
D.2	砌块砌体	1	
D.3	石砌体	9	1
D.4	垫层	1	
合计		22	2

6.4.2　砖砌体

1. 工程量清单项目设置

砖砌体工程工程量清单项目设置、项目特征描述的内容、计量单位及工程量计算规则，按表 6-23 执行。

D.1　砖砌体（编码：010401）　　　　**表 6-23**

项目编码	项目名称	项目特征	计量单位	工程量计算规则	工作内容
010401001	砖基础	1. 砖品种、规格、强度等级 2. 基础类型 3. 砂浆种类、强度等级 4. 防潮层材料种类	m^3	按设计图示尺寸以体计算 包括附墙垛基础宽出部分体积，扣除地梁（圈梁）、构造柱所占体积，不扣除基础大放脚 T 形接头处的重叠部分及嵌入基础内的钢筋、铁件、管道、基础砂浆防潮层和单个面积≤0.3m^2的孔洞所占体积，靠墙暖气沟的挑檐不增加 基础长度：外墙按外墙中心线，内墙按内墙基净长计算	1. 砂浆制作、运输 2. 砌砖 3. 防潮层铺设 4. 材料运输
010401003	实心砖墙	1. 砖品种、规格、强度等级 2. 墙体类型 3. 墙体厚度 4. 砂浆种类、强度等级		按设计图示尺寸以体积计算 扣除门窗、洞口、嵌入墙内的钢筋混凝土柱、梁、圈梁、挑梁、过梁及凹进墙内的壁龛、管槽、暖气槽、消火栓箱所占体积，不扣除梁头、板头、檩头、木楞头、沿缘木、木砖、门窗走头、砖墙内加固钢筋、木筋、铁件、钢管及单个面积≤0.3m^2 的孔洞所占的体积。凸出墙面的腰线、挑檐、压顶、窗台线、虎头砖、门窗套的体积亦不增加。凸出墙面的砖垛并入墙体体积内计算 1. 墙长度：外墙按中心线内墙按净长计算 2. 墙高度： （1）外墙：斜（坡）屋面无檐口天棚者算至屋面板底；有屋架且室内外均有天棚者算至屋架下弦底另加 200mm；无天棚者算至屋架下弦底另加 300mm，出檐宽度超过 600mm 时按实砌高度计算；有钢筋混凝土楼板隔层者算至板顶。平屋顶算至钢筋混凝土板底 （2）内墙：位于屋架下弦者，算至屋架下弦底；无屋架者算至天棚底另加 100mm；有钢筋混凝土楼板隔层者算至楼板顶；有框架梁时算至梁底 （3）女儿墙：从屋面板上表面算至女儿墙顶面（如有混凝土压顶时算至压顶下表面） （4）内、外山墙：按其平均高度计算 3. 框架间墙：不分内外墙按墙体净尺寸以体积计算 4. 围墙：高度算至压顶上表面（如有混凝土压顶时算至压顶下表面），围墙柱并入围墙体积内	1. 砂浆制作、运输 2. 砌砖 3. 刮缝 4. 砖压顶砌筑 5. 材料运输
010401004	多孔砖墙				
010401005	空心砖墙				

续表

项目编码	项目名称	项目特征	计量单位	工程量计算规则	工作内容
010401009	实心砖柱	1. 砖品牌、规格、强度等级 2. 柱类型、周长 3. 砂浆种类、强度等级	m^3	按设计图示尺寸以体积计算 扣除混凝土及钢筋混凝土梁垫、梁头、板头所占体积。砖柱大放脚体积并入砖柱工程梁内计算	1. 砂浆制作、运输 2. 砌砖 3. 刮缝 4. 材料运输
010401010	多孔砖柱				
010401011	砖检查井	1. 井截面、深度 2. 砖品牌、规格、强度等级 3. 垫层材料种类 4. 底板厚度 5. 井盖种类、规格 6. 混凝土强度等级 7. 砂浆种类、强度等级 8. 防潮层材料种类	座	按设计图示数量计算	1. 土方挖、填、运 2. 砂浆制作、运输 3. 铺设垫层 4. 混凝土制作、运输、浇筑、振捣、养护 5. 砌砖 6. 刮缝 7. 井池底、壁抹灰 8. 抹防潮层 9. 井盖安装 10. 材料运输
010401012	零星砌砖	1. 零星砌砖名称、部位 2. 砖品种、规格、强度等级 3. 砂浆种类、强度等级	1. m^3 2. m^2	1. 以立方米计量，按设计图示尺寸截面积乘以长度计算 2. 以平方米计算，按设计图示尺寸水平投影面积计算	1. 砂浆制作、运输 2. 砌砖 3. 刮缝 4. 材料运输
010401013	砖散水、地坪	1. 砖品种、规格、强度等级 2. 垫层材料种类、厚度 3. 散水、地坪厚度 4. 面层种类、厚度 5. 砂浆种类、强度等级	m^2	按设计图示尺寸以面积计算	1. 土方挖、填、运 2. 地基找平、夯实 3. 砂浆、制作、运输 4. 铺设垫层 5. 砌砖洒水、地坪 6. 抹砂浆面层 7. 材料运输
010401014	砖地沟、明沟	1. 砖品种、规格、强度等级 2. 沟截面尺寸 3. 垫层材料种类、厚度 4. 混凝土强度等级 5. 砂浆种类、强度等级	m	以米计量，按设计图示以中心线长度计算	1. 土方挖、运、填 2. 铺设垫层 3. 底板混凝土制作、运输、浇筑、振捣、养护 4. 砂浆制作、运输 5. 砌砖 6. 刮缝、抹灰 7. 材料运输

续表

项目编码	项目名称	项目特征	计量单位	工程量计算规则	工作内容
桂 10401015	砌砖化粪池	1. 化粪池型号、规格 2. 砖品种、规格、强度等级 3. 砂浆种类、强度等级 4. 混凝土种类、强度等级 5. 井盖种类、规格 6. 防水、抗渗要求 7. 其他要求	座	按设计图示数量以座计算	1. 土方挖、填、运 2. 铺设垫层 3. 砂浆制作、运输 4. 砌砖 5. 模板制作、安装、拆除、堆放、运输及清理等 6. 混凝土制作、运输、浇筑、振捣、养护 7. 井盖安装 8. 搭拆脚手架、抹防水砂浆层等

2. 工程量清单项目应用说明

(1)“砖基础”项目适用于各种类型砖基础：墙基础、管道基础等。

(2) 基础与墙（柱）身使用同一种材料时，以设计室内地面为界（有地下室者，以地下室室内设计地面为界），以下为基础，以上为墙（柱）身。基础与墙身使用不同材料时，位于设计室内地面高度≤±300mm 时，以不同材料为分界线；高度>±300mm 时，以设计室内地面为分界线。

(3) 墙体类型应描述：直形墙、弧形墙、清水砖墙、混水砖墙。

(4) 砖围墙以设计室外地坪为界，以下为基础，以上为墙身。

(5) 框架外表面的镶贴砖部分，按零星项目编码列项。

(6) 附墙烟囱、通风道、垃圾道应按设计图示尺寸以体积（扣除孔洞所占体积）计算并入所依附的墙体体积内。当设计规定孔洞内需抹灰时，应按本册附录 M 中零星抹灰项目编码列项。

(7) 台阶、台阶挡墙、梯带、蹲台、小便槽、池槽、池槽腿、砖胎模、花台、花池、楼梯栏板、阳台栏板、地垄墙、≤0.3m^2 的孔洞填塞等，应按零星砌砖项目编码列项。砖砌台阶可按水平投影面积以平方米计算，其他工程以立方米计算。

(8) 砖砌体内钢筋加固，应按本册附录 E 中相关项目编码列项。

(9) 砖砌体勾缝按本册附录 M 中相关项目编码列项。

(10) 检查井内的爬梯按本册附录 E 中相关项目编码列项；井内的混凝土构件按本册附录 E 中混凝土及钢筋混凝土预制构件编码列项。

(11) 如施工图设计标注做法见标准图集时，应在项目特征描述中注明标注图集的编码、页号及节点大样。

3. 工程量清单编制实务注意事项

(1) 标准砖尺寸应为 240mm×115mm×53mm。

(2) 标准砖墙厚度应按表 6-24 计算。

标准墙计算厚度表 **表 6-24**

砖数（厚度）	1/4	1/2	3/4	1	$1\frac{1}{2}$	2	$2\frac{1}{2}$	3
计算厚度（mm）	53	115	180	240	365	490	615	740

（3）砖基础：适用于各种类型砖基础，包括柱基础、墙基础、管道基础等。烟囱基础按《构筑物工程工程量计算规范》GB 50860—2013 的相应项目编码“070201001”列项。

基础防潮层铺设包括在砖基础报价内。

（4）实心砖墙：适用于各种类型实心砖砌筑的墙，包括外墙、内墙、围墙、双面混水墙、双面清水墙、单面清水墙、直形墙、弧形墙等。

编制清单项目时应按不同的墙体类型（如是混水墙还是单面清水墙、双面清水墙，是直形墙还是弧形墙等）、不同的砖品种（如红中砖、页岩砖等）与规格（如 240m×115mm×53m 等）、不同的墙厚（53mm、115mm、178mm、240mm、365mm 等）、砌筑砂浆种类（是混合砂浆还是水泥砂浆）和强度等级（M5、M7.5 或 M10 等）等列项，并在工程量清单项目中一一进行描述。

① 女儿墙的砖压顶、围墙的砖压顶凸出墙面部分不计算体积，压顶顶面凹进墙面的部分也不扣除（包括一般围墙的抽屉檐、棱角檐、仿瓦砖檐等）。

② 砖过梁的钢筋按附录 E 混凝土及钢筋混凝土工程相关项目编码列项。

（5）多孔砖墙：适用于各种类型多孔砖（如中砖 240mm×115mm×90mm）砌筑的墙，包括外墙、内墙、围墙、双面混水墙、双面清水墙、单面清水墙、直形墙、弧形墙等。

编制清单项目时应按不同的墙体类型（如是混水墙还是单面清水墙、双面清水墙，是直形墙还是弧形墙等）、不同的砖品种（如红中砖、多孔页岩砖等）与规格（如 240mm×115mm×90mm、240mm×18mm×90mm 等）、不同的墙厚（90mm、115mm、180m、240mm、365mm 等）、砌筑砂浆种类（是混合砂浆还是水泥砂浆）和强度等级（M5、M7.5、M10 等）等列项，并在工程量清单项目中一一进行描述。

关于女儿墙、砖过梁的注意事项同实心砖墙。

（6）实心砖柱、多孔砖柱：适用于各种类型柱（矩形柱、异形柱、圆柱等）。

（7）零星砌砖：计量单位为“m^3、m^2”两个计量单位，故在编制该项目的清单时，应将零星砌砖的项目具体化，根据《房屋建筑与装饰工程工程量计算规范》GB 50854—2013 规定选用计量单位，按照选定的计量单位进行恰当的特征描述，工程量应按规定的工程量计算规则计算填写。

① 台阶工程量按水平投影面积计算（不包括梯带或台阶挡墙）。

②“零星砌砖”项目不包括屋面隔热板下的砖墩，屋面隔热板的砖墩应包含在保温隔热屋面项目内。

（8）砖检查井、砖砌化粪池：适用于各类砖砌窨井、检查井、砖水池、化粪池、沼气池、公厕生化池等。

① 工程量以“座”计算，应包括挖土、运输、回填、井池底板、池壁、井池盖板、池内隔断、隔墙、隔栅小梁、隔板、滤板、抹灰、抹防潮层、井盖等全部工程。“13 版消耗量定额”《砖砌化粪池》（国家标准图集—02S701）子目工作内容已包括混凝土模板安拆、脚手架安拆其余砖砌的“井或池”在施工中需要搭脚手架、使用混凝土模板的应按单价措施项目相关项目编编码列项。

② 井、池爬梯、铁件按相关项目编码列项。构件内的钢筋按附录 E 混凝土及钢筋混凝土工程相关项目编码列项。

6.4.3　砌块砌体

1. 工程量清单项目设置

砌块砌体工程工程量清单项目设置、项目特征描述的内容、计量单位及工程量计算规则，按表 6-25 执行。

D.2　砌块砌体（编码：010402）　　**表 6-25**

项目编码	项目名称	项目特征	计量单位	工程量计算规则	工作内容
010402001	砌块墙	1. 砌块品种、规格、强度等级 2. 墙体类型 3. 墙体厚度 4. 砂浆种类、强度等级 5. 填充材料种类、强度等级	m^3	按设计图示尺寸以体积计算扣除门窗、洞口、嵌入墙内的钢筋混凝土柱、梁、圈梁、挑梁、过梁及凹进墙内的壁龛、管槽、暖气槽、消火栓箱所占体积，不扣除梁头、板头、檩头、垫木、木楞、沿缘木、木砖、门窗走头、砌块墙内加固钢筋、木筋、铁件、钢管及单个面积≤0.3m^2 的孔洞所占的体积。凸出墙面的腰线、挑檐、压顶、窗台线、虎头砖、门窗套的体积亦不增加。凸出墙面的砖垛并入墙体体积内计算 1. 墙长度：外墙按中心线、内墙按净长计算 2. 墙高度： （1）外墙：斜（坡）屋面无檐口天棚者算至屋面板底；有屋架且室内外均有天棚者算至屋架下弦底另加 200mm；无天棚者算至屋架下弦底另加 300mm，出檐宽度超过 600mm 时按实砌高度计算；有钢筋混凝土楼板隔层者算至板顶；平屋顶算至钢筋混凝土板底 （2）内墙：位于屋架下弦者，算至屋架下弦底；无屋架者算至天棚底另加 100mm；有钢筋混凝土楼板隔层者算至楼板顶；有框架梁时算至梁底	1. 砂浆制作、运输 2. 砌砖、砌块 3. 填充料填充 4. 勾缝 5. 材料运输

续表

项目编码	项目名称	项目特征	计量单位	工程量计算规则	工作内容
010402001	砌块墙	1. 砌块品种、规格、强度等级 2. 墙体类型 3. 墙体厚度 4. 砂浆种类、强度等级 5. 填充材料种类、强度等级	m^3	(3) 女儿墙：从屋面板上表面算至女儿墙顶面（如有混凝土压顶时算至压顶下表面） (4) 内、外山墙：按其平均高度计算 3. 框架间墙：不分内外墙按墙体净尺寸以体积计算 4. 围墙：高度算至压顶上表面（如有混凝土压顶时算至压顶下表面），围墙柱并入围墙体积内	1. 砂浆制作、运输 2. 砌砖、砌块 3. 填充料填充 4. 勾缝 5. 材料运输

2. 工程量清单项目应用说明

(1) 砌体内加筋、墙体拉结的制作安装，应按本册附录 E 中相关项目编码列项。

(2) 砌块排列应上、下错缝搭砌，如果搭错缝长度满足不了规定的压搭要求，应采取压砌钢筋网片的措施，具体构造要求按设计规定。若设计无规定时，应注明由投标人根据工程实际情况自行考虑；钢筋网片按本册附录 F 中相应编码列项。

(3) 砌体垂直灰缝宽＞30mm 时，采用 C20 细石混凝土灌实。灌注的混凝土应按本册附录 E 相关项目编码列项。

(4) 砌体内填充料按填充空隙体积计算（除小型空心砌块墙外）。

3. 工程量清单编制实务注意事项

(1) 砌块墙：适用于各种类型砌块砌筑的墙，包括外墙、内墙、围墙、直形墙、弧形墙、圆形墙等。

编制清单项目时应按不同的墙体类型（如直形墙、弧形墙、圆形墙等）、不同的砖品种（如小空心砌块、加气混凝土砌块、陶粒混凝土空心砌块、泡沫混凝土砌块、膨胀珍珠岩小型砌块、混凝土炉渣实心砌块等）与规格、不同的墙厚（90mm、100mm、120mm、140mm、150mm、180mm、190mm、200mm、240mm 等）、常用砌筑砂浆种类（是混合砂浆还是水泥砂浆）和强度等级（M5、M7.5 或 M10 等）列项，如设计要求砌筑用专用砂浆，应在工程量清单项目特征中一一进行描述。

(2)“13 版消耗量定额”砌块砌体子目中除小型空心砌块墙含孔芯填灌混凝土外，其余砌块砌体墙子目中未含填充料，如需填孔按填充空隙体积计算并套相应定额。

6.4.4　石砌体

1. 工程量清单项目设置

石砌体工程工程量清单项目设置、项目特征描述的内容、计量单位及工程量计算规则，按表 6-26 执行。

D.3　石砌体（编码：010403）　　表6-26

项目编码	项目名称	项目特征	计量单位	工程量计算规则	工作内容
010403001	石基础	1. 石料种类、规格 2. 基础类型 3. 砂浆种类、强度等级 4. 防潮层材料种类	m^3	按设计图示尺寸以体积计算 包括附墙垛基础宽出部分体积，不扣除基础砂浆防潮层及单个面积≤0.3m^2的孔洞所占体积，靠墙暖气沟的挑檐不增加体积 基础长度：外墙按中心线，内墙按内墙基净长计算	1. 砂浆制作、运输 2. 吊装 3. 砌石 4. 防潮层铺设 5. 材料运输
010403003	石墙	1. 石料种类、规格、砂浆种类 2. 石表面加工要求 3. 勾缝要求 4. 砂浆种类、强度等级	m^3	按设计图示尺寸以体积计算 扣除门窗、洞口、嵌入墙内的钢筋混凝土柱、梁、圈梁、挑梁、过梁及凹进墙内的壁龛、管槽、暖气槽、消火栓箱所占体积，不扣除梁头、板头、檩头、垫木、木楞头、沿缘木、木砖、门窗走头、石墙内加固钢筋、木筋、铁件、钢管及单个面积≤0.3m^2的孔洞所占的体积。凸出墙面的腰线、挑檐、压顶、窗台线、虎头砖、门窗套的体积亦不增加。凸出墙面的腰线、挑檐、压顶、窗台线、虎头砖、门窗套的体积亦不增加。凸出墙面的砖垛并入墙体体积内计算 1. 墙长度：外墙按中心线、内墙按净长度计算 2. 墙高度： （1）外墙：斜（坡）屋面无檐口天棚者算至屋面板底；有屋架且室内外均有天棚者算至屋架下弦底另加200mm；无天棚者算至屋架下弦底另加300mm，出檐宽度超过600mm时按实砌高度计算；有钢筋混凝土楼板隔层者算至板顶 （2）内墙：位于屋架下弦者，算至屋架下弦底；无屋架者算至天棚底另加100mm；有钢筋混凝土楼板隔层者算至楼板顶；有框架梁时算至梁底 （3）女儿墙：从屋面板上表面算至女儿墙顶面（如有钢筋混凝土压顶时算至压顶下表面） （4）内、外山墙：按其平均高度计算 3. 围墙：高度算至压顶上表面（如有钢筋混凝土压顶时算至压顶下表面），围墙柱并入围墙体积内	1. 砂浆制作、运输 2. 吊装 3. 砌石 4. 石表面加工 5. 勾缝 6. 材料运输

续表

项目编码	项目名称	项目特征	计量单位	工程量计算规则	工作内容
010403004	石档土墙	1. 石料种类、规格 2. 石表面加工要求 3. 勾缝要求 4. 砂浆种类、强度等级	m^3	按设计图示尺寸以体积计算	1. 砂浆制作、运输 2. 吊装 3. 砌石 4. 变形缝、泄水孔、压顶抹灰 5. 滤水层 6. 勾缝 7. 材料运输
010403005	石柱				1. 砂浆制作、运输 2. 吊装 3. 砌石 4. 石表面加工 5. 勾缝 6. 材料运输
010403006	石栏杆（板）	1. 栏杆类型 2. 扶手材料种类、规格、颜色 3. 固定配件种类 4. 防护材料种类	m	按设计图示中心线长度以延长米计算（不扣除弯头所占长度）	1. 制作、放样、下料 2. 安装、焊接 3. 清理 4. 材料运输
010403007	石护坡	1. 垫层材料种类、厚度 2. 石料种类、规格 3. 护坡、厚度、高度 4. 石表面加工要求 5. 勾缝要求 6. 砂浆种类	m^3	按设计图示尺寸以体积计算	1. 砂浆制作、运输 2. 吊装 3. 砌石 4. 石表面加工 5. 勾缝 6. 材料运输
010403008	石台阶				1. 铺设垫层 2. 石料加工 3. 砂浆制作、运输 4. 砌石 5. 石表面加工 6. 勾缝 7. 材料运输

续表

项目编码	项目名称	项目特征	计量单位	工程量计算规则	工作内容
010403010	石地沟、明沟	1. 沟截面尺寸 2. 土壤类别 3. 垫层材料种类、厚度 4. 石料种类、规格 5. 石表面加工要求 6. 勾缝要求 7. 砂浆种类、强度等级	m	按设计图示以中心线长度计算	1. 土方挖、填、运 2. 砂浆制作、运输 3. 铺设垫层 4. 砌石 5. 石表面加工 6. 勾缝 7. 材料运输
桂 010403011	石踏步	1. 垫层材料种类、厚度 2. 料石种类、规格 3. 砂浆种类、强度等级	m	按设计图示以踏步中心线长度计算	1. 铺设垫层 2. 砂浆制作、运输 3. 砌料石 4. 材料运输

2. 工程量清单项目应用说明

（1）石基础、石墙的划分：基础应以设计室外地平为界。石墙内外地坪标高不同时，应以较低地坪标高为界，以下为基础；内外标高之差为挡土墙时，挡土墙以上为墙身。

（2）“石基础”项目适用于各种规格（粗料石、细料石等）、各种材质（砂石、青石等）和各种类型（柱基、墙基、直形、弧形等）基础。

（3）“石墙”项目适用于各种规格（粗料石、细料石等）、各种材质（砂石、青石、大理石、花岗石等）和各种类型（直形、弧形等）墙体。

（4）“石挡土墙”项目适用于各种规格（粗料石、细料石、块石、毛石、卵石等）、各种材质（砂石、青石、石灰石等）和各种类塑（直形、弧形、台阶形等）挡土墙。

（5）“石柱”项目适用于各种规格、各种石质、各种类型的石柱。

（6）“石栏杆（板）”项目适用于无雕饰的一般石栏杆（板）。

（7）“石护坡”项目适用于各种石质和各种石料（粗料石、细料石、片石、块石、毛石、卵石等）。毛石池底按石护坡项目列项。

（8）“石台阶”项目包括石梯带（垂带），不包括石梯膀，石梯膀应按附录 C 石挡土墙项目编码列项。

（9）如施工图设计标注做法见标准图集时，应在项目特征描述中注明标注图集的编码、页号及节点大样。

3. 工程量清单编制实务注意事项

（1）石基础

① 包括剔打石料天、地座荒包等全部工序。

② 防潮层铺设应包括在报价内。

③ 包括搭拆简易起重架。

（2）石墙

① 石料天、地座打平、拼缝打平、打扁口等工序包括在报价内。

② 石表面加工：打钻路、钉麻石、剁斧、扁光等。

③ 石墙勾缝有平缝、平圆凹缝、平凹缝、平凸缝、半圆凸缝、三角凸缝等。

（3）石挡土墙

① 变形缝、泄水孔、压顶抹灰等应包括在项目内。

② 挡土描若有滤水层要求的应包括在报价内。

③ 包括搭、拆简易起重架。

（4）石柱：应注意，此处工程量应扣除混土梁头、板头和梁垫所占体积。

6.4.5　垫层

1. 工程量清单项目设置

垫层工程工程量清单项目设置、项目特征描述的内容、计量单位及工程量计算规则，按表 6-27 执行。

D.4　垫层（编码：010404）　　**表 6-27**

项目编码	项目名称	项目特征	计量单位	工程量计算规则	工作内容
010404001	垫层	垫层材料种类、配合比、厚度	m^3	按设计图示尺寸以体积计算 扣除凸出地面的构筑物、设备基础、室内管道地沟等所占体积，不扣除间壁墙和单个面积≤0.3m^2 的柱、垛、附墙烟囱及孔洞所占体积	1. 垫层材料的拌制 2. 垫层铺设 3. 材料运输

2. 工程量清单项目应用说明

除混凝土垫层应按本册附录 E 中相关项目编码列项外，没有包括垫层要求的清单项目应按本表垫层项目编码列项。

3. 工程量清单编制实务注意事项

垫层：适用于砂石人工级配垫层，天然级配砂石垫层，灰、土垫层，碎石、碎砖垫层，三合土垫层，炉渣垫层等材料垫层。

6.4.6 计算实例

【例 6-4】 某工程基础平面图及带形基础大样如图 6-4 所示，轴线居中标注。采用 M10 水泥砂浆砌筑 MU7.5 页岩砖基础，混凝土垫层每侧宽出 100mm；室外地坪标高为－0.4m。标高－0.06m 处设置防潮层，做法为 20mm 厚 1：2 水泥砂浆加 5%防水粉。

要求：编制砖基础项目的工程量清单。

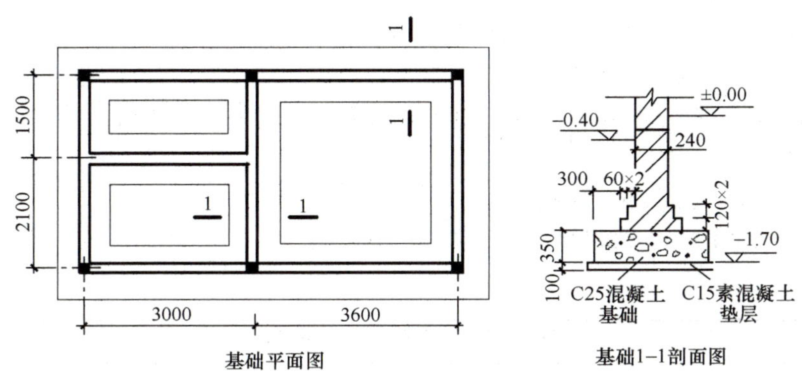

图 6-4 基础图

【解】 完成填写结果见表 6-28。

第一步：查阅工程量计算规范广西实施细则，正确选择清单项目。

填写项目编码、项目名称、项目特征描述、计量单位。

（1）项目编码：010401001001。

（2）项目名称：砖基础。

（3）项目特征：

① 砖品种、规格、强度等级：MU7.5 页岩砖；

② 砂浆强度等级：M10 水泥砂浆；

③ 防潮层材料种类：20mm 厚 1：2 水泥砂浆加 5%防水粉。

（4）单位：m^3。

第二步：计算清单工程量。

计算思路：根据广西实施细则规定，工程量计算规则“按设计图示尺寸以体积计算”。

（1）计算砖基础长度

$$L_{外} = (3.0 + 3.6 + 3.6) \times 2 = 20.4\text{m}$$

$$L_{内} = 3.0 + 3.6 - 0.24 \times 2 = 6.12\text{m}$$

（2）砖基础高度 $h = 1.7 - 0.35 = 1.35\text{m}$

（3）砖基础工程量

$$V = [0.24 \times 1.35 + (0.06 \times 0.12 + 0.06 \times 0.24) \times 2] \times (20.4 + 6.12) = 45.84\text{m}^3$$

第三步：填写工程量计算结果。

分部分项工程和单价措施项目清单与计价表　　**表 6-28**

工程名称：××　　第　页　共　页

序号	项目编码	项目名称及项目特征描述	计量单位	工程量	金额（元）		
					综合单价	合价	其中：暂估价
	0104	砌筑工程					
1	010401001001	砖基础 ① 砖品种、规格、强度等级：MU7.5 页岩砖 ② 砂浆强度等级：M10 水泥砂浆 ③ 防潮层材料种类：20mm 厚 1：2 水泥砂浆加 5% 防水粉	m^3	45.84			

任务 6.5　混凝土及钢筋混凝土工程

6.5.1　概况

清单项目设置：本分部设置 16 小节共 81 个清单项目，其中增补 15 个清单项目（以广西实施细则为例）。清单项目设置情况见表 6-29。

混凝土及钢筋混凝土工程清单项目数量表　　　　**表 6-29**

小节编号	名称	清单项目数	其中：广西增补项目数
E. 1	现浇混凝土基础	6	
E. 2	现浇混凝土柱	4	1
E. 3	现浇混凝土梁	6	
E. 4	现浇混凝土墙	3	
E. 5	现浇混凝土板	10	
E. 6	现浇混凝土楼梯	2	
E. 7	现浇混凝土其他构件	9	4
E. 8	后浇带	1	
E. 9	预制混凝土柱	2	
E. 10	预制混凝土梁	6	
E. 11	预制混凝土屋架	6	1
E. 12	预制混凝土板	9	1
E. 13	预制混凝土楼梯	1	
E. 14	其他预制构件	5	3
E. 15	钢筋工程	12	3
E. 16	螺栓、铁件	5	2
合计		81	15

6.5.2　现浇混凝土基础

1. 工程量清单项目设置

现浇混凝土基础工程工程量清单项目设置、项目特征描述的内容、计量单位及工程量计算规则，按表 6-30 执行。

E. 1　现浇混凝土基础（编码：010501）　　　　**表 6-30**

项目编码	项目名称	项目特征	计量单位	工程量计算规则	工作内容
010501001	垫层	1. 混凝土种类 2. 混凝土强度等级	m^3	按设计图示尺寸以体积计算。不扣除嵌入承台基础的桩头所占体积	1. 清理、润湿模板 2. 混凝土制作、运输、浇筑、振捣、养护
010501002	带形基础				
010501003	独立基础				
010501004	满堂基础				
010501005	桩承台基础				
010501006	设备基础	1. 混凝土种类 2. 混凝土等级强度 3. 灌浆材料及其强度等级			

2. 工程量清单项目应用说明

（1）有肋带形基础、无肋带形基础应按本表中相关项目列项，并注明肋高。

（2）箱式满堂基础中柱、梁、墙、板按本附录表 E. 2、表 E. 3、表 E. 4、表 E. 5 相关项目分别编码列项；箱式满堂基础底板按本表的满堂基础项目列项。

（3）框架式设备基础中柱、梁、墙、板分别按本附录表 E. 2，表 E. 3、表 E. 4、表 E. 5 相关项目分别编码列项；基础部分按本表相关项目编码列项。

（4）地下室底板中的桩承台、电梯井坑、明沟等与底板一起浇捣者，其工程量应合并到地下室底板工程量。

（5）如为毛石混凝土基础，项目特征应描述毛石所占比例。

3. 工程量清单编制实务注意事项

（1）垫层：适用于混凝土基础垫层、毛石混凝土基础垫层、地面混凝土垫层等。其他材料垫层按附录 D. 4 垫层项目编码列项（编码：010404001）。故基础垫层应区分材料种类按相应项目单独列项。

（2）带形基础：适用于各种带形基础、墙下的板式基础包括浇筑在一字排桩上面的带形桩承台。

（3）独立基础：适用于块体柱基、杯基、柱下的板式基础、无筋倒圆台基础、壳体基础、电梯井基础等。

（4）满堂基础：适用于地下室的箱形、筏形基础等。

（5）桩承台基础：适用于浇筑在组桩（如梅花桩）上的承台和独立桩承台。

（6）设备基础：适用于设备的块体基础。螺丝套和螺栓孔灌浆包括在报价内。

6.5.3　现浇混凝土柱

1. 工程量清单项目设置

现浇混凝土柱工程工程量清单项目设置、项目特征描述的内容、计量单位及工程量计算规则，按表 6-31 执行。

E. 2　现浇混凝土柱（编码：010502）　　**表 6-31**

项目编码	项目名称	项目特征	计量单位	工程量计算规则	工作内容
010502001	矩形柱	1. 混凝土种类 2. 混凝土强度等级	m^3	按设计图示断面面积乘以柱高以体积计 柱高： 1. 有梁板的柱高，应按柱基或楼板上表面至上一层楼板上表面之间的高度计算 2. 无梁板的柱高，应按柱基或楼板上表面至柱帽下表面之间的高度计算 3. 框架柱的柱高应自柱基上表面至柱顶高度计算 4. 构造柱按全高计算，与砖墙嵌接部分的体积并入柱身体积内计算 5. 依附柱上的牛腿和升板的柱帽，并入柱身体积内计算	1. 清理、润湿模板 2. 混凝土制作、运输、浇筑、振捣、养护
010502002	构造柱				
010502003	异形柱	1. 柱形状 2. 混凝土种类 3. 混凝土强度等级			

续表

项目编码	项目名称	项目特征	计量单位	工程量计算规则	工作内容
柱 010502004	钢管顶升混凝土	1. 位置 2. 钢管类型 3. 混凝土种类 4. 混凝土强度等级	m^3	按设计图示实体体积以立方米计算	1. 钢管柱的开孔、焊接恢复、打磨、防腐除锈等 2. 进料管与钢管柱的链接、逆止阀安拆等 3. 泄压孔与排气孔的设置 4. 混凝土浇捣、养护、清理等

2. 工程量清单编制实务注意事项

（1）矩形柱、异形柱：适用于各形柱，除无梁板柱的高度计算至柱帽下表面，其他柱都计全高。

（2）单独的薄壁柱根据其截面形状，确定以异形柱或矩形柱项目编码列项。钢筋混凝土矩形柱、T形柱、L形柱与墙的划分按“13版消耗量定额”的相应规则执行。

（3）混凝土柱上的钢牛腿按《房屋建筑与装饰工程工程量计算规范》GB 50854—2013附录F的零星钢构件项目编码列项。

（4）异形柱：项目特征中有对“柱形状”的描述要求，对于不影响造价的因素可不详细描述。

6.5.4　现浇混凝土梁

1. 工程量清单项目设置

现浇混凝土梁工程工程量清单项目设置、项目特征描述的内容、计量单位及工程量计算规则，按表6-32执行。

E.3　现浇混凝土梁（编码：010503）　　表6-32

项目编码	项目名称	项目特征	计量单位	工程量计算规则	工作内容
010503001	基础梁	1. 混凝土种类 2. 混凝土强度等级	m^3	按设计图示断面面积乘以梁长以体积计算 1. 梁长规定：梁与柱连接时，梁长算至柱侧面；主梁与次梁连接时，次梁长算至主梁侧面 2. 伸入砌体内的梁头、梁垫并入梁体积内计算；伸入混凝土墙内的梁部分体积并入墙计算	1. 清理润湿模板 2. 混凝土制作、运输、浇筑振捣养护
010503002	矩形梁				
010503003	异形梁				
010503004	圈梁				
010503005	过梁				
010503006	弧形、拱形梁				

2. 工程量清单项目应用说明

（1）挑檐、天沟与梁连接时，以梁外边线为分界线。

（2）悬臂梁、挑梁嵌入墙内部分按圈梁计算。

（3）圈梁通过门窗洞口时，门窗洞口宽加500mm的长度作过梁计算，其余作圈梁计算。

（4）卫生间四周坑壁采用素混凝土时，按圈梁项目列项。

6.5.5　现浇混凝土墙

1. 工程量清单项目设置

现浇混凝土墙工程工程量清单项目设置、项目特征描述的内容、计量单位及工程量计算规则，按表 6-33 执行。

E.4　现浇混凝土墙（编码：010504）　　表 6-33

项目编码	项目名称	项目特征	计量单位	工程量计算规则	工作内容
010504001	直形墙	1. 混凝土种类 2. 凝土强度等级	m^3	外墙按图示中心线长度，内墙按图示净长乘以墙高及墙厚以体积计算，应扣除门窗洞口及单个面积>0.3m² 的孔洞体积，附墙柱、暗柱、暗梁及墙面突出部分并入墙体积内计算 1. 墙高按基础顶面（或楼板上表面）算至上一层楼板上表面 2. 混凝土墙与钢筋混凝土矩形柱、T 形柱、L 形柱按照以下规则划分：以矩形柱、T 形柱、L 形柱长边（h）与短边（b）之比 $r(r=h/b)$ 为基准进行划分，当 $r\leqslant 4$ 时按柱计算；当 $r>4$ 时按墙计算	1. 清理、润湿模板 2. 混凝土制作、运输、浇筑、振捣、养护
010504002	弧形墙				
010504004	挡土墙				

2. 工程量清单编制实务注意事项

直形墙、弧形墙：也适用于建筑物内的电梯井壁（电梯井为独立的构筑物除外）。

6.5.6　现浇混凝土板

1. 工程量清单项目设置

现浇混凝土板工程工程量清单项目设置、项目特征描述的内容、计量单位及工程量计算规则，按表 6-34 执行。

E.5　现浇混凝土板（编码：010505）　　表 6-34

项目编码	项目名称	项目特征	计量单位	工程量计算规则	工作内容
010505001	有梁板	1. 混凝土种类 2. 混凝土强度等级	m^3	按设计图不尺寸以体积计算，不扣除单个面积≤0.3m² 的柱、垛以及孔洞所占体积压形钢板混凝土楼板扣除构件内 压形钢板混凝土楼板扣除构件内压形钢板所占体积 有梁板（包括主、次梁与板）按梁、板体积之和计算，无梁板按板和柱帽体积之和计算，各类板伸入砖墙内的板头并入板体积内，薄壳板的肋、基梁并入薄壳体积内计算	1. 清理、润湿模板 2. 混凝土制作、运输、浇筑、振捣、养护
010505002	无梁板				
010505003	平板				
010505004	拱板				
010505005	薄壳板				
010505006	栏板				

续表

项目编码	项目名称	项目特征	计量单位	工程量计算规则	工作内容
010505007	天沟（檐沟）、挑檐板	1. 混凝土种类 2. 混凝土强度等级	m^3	按设计图示尺寸以体积计算	1. 清理、润湿模板 2. 混凝土制作、运输、浇筑、振捣、养护
010505008	雨篷 悬挑板 阳台板				
010505009	空心板	1. 混凝土种类 2. 混凝土强度等级 3. 薄壁管（盒）品种规格		按设计图示尺寸以体积计算、扣除内模所占体积	1. 薄壁管（盒）安装校正、固定 2. 混凝土制作、运输、浇筑、振捣、养护
0105050010	其他板	1. 混凝土种类 2. 混凝土强度等级		按设计图示尺寸以体积计算	1. 清理、润湿模板 2. 混凝土制作、运输、浇筑、振捣、养护

2. 工程量清单项目应用说明

（1）现浇混凝土板与梁、柱、墙连接时的分界

1）平板是指无柱、无梁，四周直接搁置在墙（或圈梁、过梁）上的板。

2）不同形式的楼板相连时，以墙中心线或梁边为分界，分别计算工程量。

3）板与混凝土墙、柱相接部分，按柱或墙计算。

4）薄壳板由平层和拱层两部分组成，平层、拱层合并计算。其中的预制支架预制构件按相关项目分别编码列项。

5）栏板高度小于1200mm时，按栏板计算，高度大于1200mm时，按墙计算。

（2）现浇混凝土挑檐、天沟、雨篷、阳台、悬挑板的区分：

1）现浇挑檐天沟与板（包括屋面板、楼板）连接时，以外墙外边线为分界线，与梁连接时，以梁外边线为分界线。

2）悬挑板是指单独现浇的混凝土阳台、雨篷及类似相同的板。悬挑板包括伸出墙外的牛腿、挑梁，按图示尺寸以体积计算，其嵌入墙内的梁，分别按过梁或圈梁计算。

① 挑檐和雨篷的区分：悬挑伸出墙外500mm以内为挑檐，伸出墙外500mm以上为雨篷。

② 现浇混凝土阳台、雨篷与屋面板或楼板相连时，应并入屋面板或楼板计算。

③ 有主次梁结构的大雨篷，应按有梁板计算。

3）板边反檐：高度超出板面600mm以内的反檐并入板内计算；高度在600～1200mm的按栏板计算，高度超过1200mm以上的按墙计算。

（3）凸出墙面的钢筋混凝土窗套，窗上下挑出的板按悬挑板计算，窗左右侧挑出的板按栏板计算。

3. 工程量清单编制实务注意事项

（1）空心板

混凝土板采用浇筑复合高强薄型空心管（盒）时，其工程量应扣除内模所占体积，复合高强薄型空心管（盒）应包括在报价内。采用轻质材料浇筑在梁板内，轻质材料应包括在报价内。

（2）其他板：适用于清单项目未列出项目编码的构件。

6.5.7　现浇混凝土楼梯

1. 工程量清单项目设置

现浇混凝土楼梯工程工程量清单项目设置、项目特征描述的内容、计量单位及工程量计算规则，按表 6-35 执行。

E.6　现浇混凝土楼梯（编码：010506）　　**表 6-35**

项目编码	项目名称	项目特征	计量单位	工程量计算规则	工作内容
010506001	直形楼梯	1. 混凝土种类 2. 混凝土强度等级 3. 梯板厚度	m^2	按设计图示尺寸以水平投影面积计算，不扣除宽度≤500mm 的楼梯井，伸入墙内部分不计算	1. 清理、润湿模板 2. 混凝土制作、运输、浇筑、振捣、养护
010506001	弧形楼梯				

2. 工程量清单项目应用说明

（1）整体楼梯（包括直形楼梯、弧形楼梯）水平投影面积包括休息平台、平台梁、斜梁和楼梯的连接梁。当整体楼梯与现浇楼板无梯梁连接时，以楼梯的最后一个踏步边缘加 300mm 为界。

（2）架空式混凝土台阶，按现浇楼梯项目编码列项。

架空式混凝土台阶：包括休息平台、梁斜、梁及板的连接梁，当台阶与现浇楼板无梁连接时，以台阶的最后一个踏步边缘加下一级踏步的宽度为界，伸入墙内的体积不重复计算。

（3）楼梯基础、用以支撑楼梯的柱、墙及楼梯与地面相连的踏步，应另列项目计算。

3. 工程量清单编制实务注意事项

（1）单跑楼梯的工程量计算与直形楼梯、弧形楼梯的工程量计算相同，单跑楼梯如无中间休息平台时，应在工程量清单中进行描述。

（2）架空式混凝土台阶，按现浇楼梯项目编码列项。

6.5.8　现浇混凝土其他构件

1. 工程量清单项目设置

现浇混凝土构件工程量清单项目设置、项目特征描述的内容、计量单位及工程量计算规则，按表 6-36 执行。

E.7　现浇混凝土其他构件（编码：010507）　　**表 6-36**

项目编码	项目名称	项目特征	计量单位	工程量计算规则	工作内容
010507001	散水、坡道	1. 垫层材料种类、厚度 2. 面层厚度 3. 混凝土种类 4. 混凝土强度等级 5. 变形缝填塞材料种类	m^2	散水按设计图示尺寸以面积计算，不扣除单个≤0.3m^2的孔洞所占面积	1. 地基夯实 2. 铺设垫层 3. 混凝土制作、运输、浇筑、振捣、养护 4. 变形缝填塞
010507004	台阶	1. 踏步高、宽 2. 混凝土种类 3. 混凝土强度等级	m^3	按设计图示尺寸以体积计算	1. 清理、润湿模板 2. 混凝土制作、运输、浇筑、振捣、养护
010507005	扶手、压顶	1. 断面尺寸 2. 混凝土种类 3. 混凝土强度等级			
010507006	化粪池、检查井	1. 部位 2. 混凝土种类 3. 混凝土强度等级 4. 防水、抗渗要求			
010507007	其他构件	1. 构件的类观 2. 构件规格 3. 部位 4. 混凝土种类 5. 混凝土强度等级			
桂 010507008	地坪	1. 地坪厚度 2. 混凝土种类、强度等级 3. 变形缝填塞材料种类 4. 设缝方式 5. 地坪表面处理	m^2	按设计图示尺寸以面积计算，应扣除凸出地面的构筑物、设备基础、室内管道、地沟等所占面积，不扣除单个≤0.3m^2 的孔洞所占面积	1. 清理、润湿模板 2. 混凝土制作、运输、浇筑、振捣、养护 3. 变形缝填塞 4. 切缝、刻纹、洗冲及地面清理
桂 010507009	电缆沟、地沟	1. 混凝土种类 2. 混凝土强度等级	m^3	按设计图示尺寸以体积计算	1. 清理、润湿模板 2. 混凝土制作、运输、浇筑、振捣、养护
桂 0105070010	明沟		m	按设计图示中心线长度计算	

续表

项目编码	项目名称	项目特征	计量单位	工程量计算规则	工作内容
桂 0105070011	标准化粪池	1. 化粪池型号、规格 2. 混凝土种类、强度等级 3. 井盖种类、规格 4. 防水、抗渗要求 5. 其他要求	座	按设计图示数量以座计算	1. 土方挖、填、运 2. 模板制作、安装、拆除、堆放、运输及清理等 3. 混凝土制作、运输、浇筑、振捣、养护 4. 井盖安装 5. 搭拆脚手架、抹防水砂浆层等

2. 工程量清单项目应用说明

(1) 小型池槽、垫块、门框等，应按本表其他构件项目编码列项。

(2) 地坪设缝方式分预留、机械切缝等。

(3) 地坪表面处理分刻纹、拉毛等。

(4) 混凝土明沟与散水的分界：明沟净空加两边壁厚的部分为明沟，以外部分为散水。

3. 工程量清单编制实务注意事项

(1)“13 版消耗量定额”子目中的“散水、坡道、明沟”工作内容已包括：挖土、原土夯实、回填土、余土外运 50m，砂浆抹面、油膏填伸缩缝。

(2) 电缆沟、地沟：挖土、回填土、外运土、抹灰面应按相关项目编码列项。

(3) 地坪：适用于建筑物四周的混凝土地面。地坪表面处理（切缝、刻纹）、变形缝等应包括在报价内。

(4)“13 版消耗量定额”子目中的混凝土“标准化粪池”是按国家标准图集《钢筋混凝土化粪池》03S702 编制的，计量单为“座”，包括挖、填土、余土外运、安拆模板、浇捣混凝土、搭拆脚手架、抹防水砂浆层等位。

6.5.9 后浇带

1. 工程量清单项目设置

后浇带工程量清单项目设置、项目特征描述的内容、计量单位及工程量计算规则，按表 6-37 执行。

E.8 后浇带（编码：010508） **表 6-37**

项目编码	项目名称	项目特征	计量单位	工程量计算规则	工作内容
010508001	后浇带	1. 后浇带类型 2. 混凝土种类 3. 混凝土强度等级	m^3	按设计图示尺寸以体积计算	混凝土制作、运输、浇筑、振捣、养护及混凝土交接面、钢筋等的清理

2. 工程量清单项目应用说明

后浇带类型应描述。后浇带类型指：地下室底板后浇带、梁、板后浇带、墙后浇带。

6.5.10 预制混凝土柱

1. 工程量清单项目设置

预制混凝土柱工程量清单项目设置、项目特征描述的内容、计量单位及工程量计算规则，按表6-38执行。

E.9 预制混凝土柱（编码：010509） **表6-38**

项目编码	项目名称	项目特征	计量单位	工程量计算规则	工作内容
010509001	矩形柱	1. 图代号 2. 单件体积 3. 安装高度 4. 混凝土种类 5. 混凝土强度等级 6. 砂浆（细石混凝土）强度等级 7. 构件运距	m^3	按设计图示尺寸以体积计算	1. 清理、润湿模板 2. 混凝土制作、运输、浇筑、振捣、养护 3. 构件运输、安装 4. 砂浆制作、运输、接头灌缝、养护
010509002	异形柱				

2. 工程量清单编制实务注意事项

单件体积、构件运距必须描述。构件运输、安装应包括在报价内。

6.5.11 预制混凝土梁

1. 工程量清单项目设置

预制混凝土梁工程量清单项目设置、项目特征描述的内容、计量单位及工程量计算规则，按表6-39执行。

E.10 预制混凝土梁（编码：010510） **表6-39**

项目编码	项目名称	项目特征	计量单位	工程量计算规则	工作内容
010510001	矩形梁	1. 图代号 2. 单件体积 3. 安装高度 4. 混凝土种类 5. 混凝土强度等级 6. 砂浆（细石混凝土）强度等级 7. 构件运距	m^3	按设计图示尺寸以体积计算	1. 清理、润湿模板 2. 混凝土制作、运输、浇筑、振捣、养护 3. 构件运输、安装 4. 砂浆制作、运输 5. 接头灌缝、养护
010510002	异形梁				
010510003	过梁				
010510004	拱形梁				
010510005	鱼腹式吊车梁				
010510006	其他梁				

2. 工程量清单编制实务注意事项

单件体积、构件运距必须描述。构件运输、安装应包括在报价内。

6.5.12 预制混凝土屋架

1. 工程量清单项目设置

预制混凝土屋架工程量清单项目设置、项目特征描述的内容、计量单位及工程量计算规则，按表6-40执行。

E. 11　预制混凝土屋架（编码：010511）　　表 6-40

项目编码	项目名称	项目特征	计量单位	工程量计算规则	工作内容
010511001	折线型	1. 图代号 2. 单件体积 3. 安装高度 4. 混凝土种类 5. 混凝土强度等级 6. 砂浆（细石混凝土）强度等级 7. 构件运距	m³	按设计图示尺寸以体积计算	1. 清理、润湿模板 2. 混凝土制作、运输、浇筑、振捣、养护 3. 构件运输、安装 4. 砂浆制作、运输 5. 接头灌缝、养护
010511002	组合				
010511003	薄腹				
010511004	门式刚架				
010511005	天窗架				
桂 010511006	拱、梯形预制混凝土屋架	1. 图代号 2. 单件体积 3. 安装高度 4. 砂浆（细石混凝土）强度等级			

2. 工程量清单项目应用说明

三角形屋架按表 6-40 中折线塑屋架项目编码列项。

3. 工程量清单编制实务注意事项

单件体积、构件运距必须描述。构件运输、安装应包括在报价内。

6.5.13　预制混凝土板

1. 工程量清单项目设置

预制混凝土板工程量清单项目设置、项目特征描述的内容、计量单位及工程量计算规则，按表 6-41 执行。

E. 12　预制混凝土板（编码：010512）　　表 6-41

项目编码	项目名称	项目特征	计量单位	工程量计算规则	工作内容
010512001	平板	1. 图代号 2. 单件体积 3. 安装高度 4. 混凝土种类 5. 混凝土强度等级 6. 砂浆（细石混凝土）强度等级 7. 构件运距	m³	按设计图示尺寸以体积计算。不扣除单个面积≤300mm×300mm 的孔洞所占体积，扣除空心板空洞体积	1. 清理、润湿模板 2. 混凝土制作、运输、浇筑、振捣、养护 3. 构件运输、安装 4. 砂浆制作、运输 5. 接头灌缝、养护
010512002	空心板				
010512003	槽形板				
010512004	网架板				
010512005	折线板				
010512006	带肋板				
010512007	大型板				
010512008	沟盖板、井盖板、井圈	1. 单件体积 2. 混凝土种类 3. 混凝土强度等级 4. 砂浆（细石混凝土）强度等级 5. 构件运距			

续表

项目编码	项目名称	项目特征	计量单位	工程量计算规则	工作内容
010512009	其他板	1. 单件体积 2. 安装高度 3. 混凝土种类 4. 砂浆（细石混凝土）强度等级 5. 构件运距	m^3	按设计图示尺寸以体积计算。不扣除单个面积≤300mm×300mm的孔洞所占体积，扣除空心板空洞体积	1. 清理、润湿模板 2. 混凝土制作、运输、浇筑、振捣、养护 3. 构件运输、安装 4. 砂浆制作、运输 5. 接头灌缝、养护

2. 工程量清单项目应用说明

（1）不带肋的预制遮阳板、雨篷板、挑檐板、遮阳板等，应按表6-41平板项目编码列项。

（2）预制F形板、双T形板、单肋板和带反挑檐板、遮阳板等，应按表6-41带肋板项目编码列项。

（3）预制大型墙板、大型楼板、大型屋面板等，应按表6-41中大型板项目编码列项。

3. 工程量清单编制实务注意事项

（1）需单独列项的盖板、井圈及清单未列出项目编码的板按体积计算。

（2）单件体积、构件运距必须描述。构件运输、安装应包括在报价内。

6.5.14 预制混凝土楼梯

1. 工程量清单项目设置

预制混凝土楼梯工程量清单项目设置、项目特征描述的内容、计量单位及工程量计算规则，按表6-42执行。

E.13 预制混凝土楼梯（编码：010513） **表6-42**

项目编码	项目名称	项目特征	计量单位	工程量计算规则	工作内容
010513001	楼梯	1. 楼梯类型 2. 单件体积 3. 混凝土种类 4. 混凝土等级强度 5. 砂浆（细石混凝土）强度等级 6. 构件运距	m^3	按设计图示尺寸以体积计算。扣除空心踏步板空洞体积	1. 清理、润湿模板 2. 混凝土制作、运输、浇筑、振捣、养护 3. 构件运输、安装 4. 砂浆制作运输接头灌缝、养护

2. 工程量清单编制实务注意事项

构件运距必须描述。构件运输、安装应包括在报价内。

6.5.15 其他预制构件

1. 工程量清单项目设置

其他预制构件工程量清单项目设置、项目特征描述的内容、计量单位及工程量计算规则，按表6-43执行。

E.14　其他预制构件（编码：010514）　　表6-43

项目编码	项目名称	项目特征	计量单位	工程量计算规则	工作内容
010514001	垃圾道、通风道、烟道	1. 构件类型 2. 混凝土种类、强度等级 3. 砂浆强度等级 4. 构件运距	m^3	按设计图示尺寸以体积计算。不扣除单个面积≤300mm×300mm的孔洞所占体积，扣除烟道、垃圾道、通风道的孔洞所占体积	1. 清理、润湿模板 2. 混凝土制作、运输、浇筑、振捣、养护 3. 构件运输、安装 4. 砂浆制作、运输 5. 接头灌缝、养护
010514002	其他构件	1. 构件类型 2. 单件体积 3. 混凝土种类、强度等级 4. 砂浆强度等级 5. 构件运距			
桂010514003	预制桩制作	1. 桩类型 2. 单件体积 3. 混凝土种类、强度等级 4. 构件运距 5. 其他		按桩全长（包括桩尖不扣除桩尖虚体积）乘以桩断面（空心桩应扣除孔洞体积）以体积计算	1. 混凝土水平运输 2. 清理、润湿模板、浇捣、养护 3. 构件场内运输、堆放
桂010514004	桩尖	1. 桩尖类型 2. 材料种类、配比 3. 构件运距 4. 其他	1. m^2 2. kg	1. 混凝土桩尖按虚体积（不扣除桩尖虚体积部分）计算 2. 钢桩尖以质量计算	1. 材料制作、安装、水平运输 2. 清理、润湿模板、浇捣、养护 3. 构件场内运输、堆放
桂010514005	防火组合变压型排气道	1. 防火组合排气道截面尺寸 2. 混凝土强度等级	m	按设计图示尺寸以长度计算	1. 构件运输 2. 构件吊装、校正、固定 3. 排气道与楼板预留孔洞之间的缝隙填实等 4. 防火止回阀、无动力风帽等构件安装

2. 工程量清单项目应用说明

（1）预制钢筋混凝土小型构件池槽、压顶、扶手、垫块、隔热板、花格等，按表6-43中其他构件项目编码列项。

（2）防火组合变压型排气道按不同截面分别编码列项。

3. 工程量清单编制实务注意事项

（1）其他预制构件：包括垃圾道、通风道、烟道、其他构件、预制桩制作、桩尖等。构件类型、构件运距必须描述。构件运输、安装应包括在报价内。

（2）防火组合变压型排气道作补充清单项目编码（桂01054005），项目特征截面尺寸应描述。防火止回阀、无动力风帽应包括在报价内。

6.5.16　钢筋工程

1. 工程量清单项目设置

钢筋工程工程量清单项目设置、项目特征描述的内容、计量单位及工程量计算规则，按表 6-44 执行。

E.15　钢筋工程（编码：010515）　　表 6-44

项目编码	项目名称	项目特征	计量单位	工程量计算规则	工作内容
010515001	现浇构钢筋	钢筋种类、规格	t	按设计图示钢筋长度乘以单位理论质量计算	1. 钢筋制作、运输 2. 钢筋安装焊接（绑扎）
010515002	预制构件钢筋				
010515003	钢筋网片				1. 钢筋网制作、运输 2. 钢筋网安装焊接（绑扎）
010515004	钢筋笼				1. 钢筋笼制作、运输 2. 钢筋笼安装焊接（绑扎）
010515005	先张法预应力钢筋	1. 钢筋种类、规格 2. 锚具种类			1. 钢筋制作、运输 2. 钢筋张拉
010515006	后张法预应力钢筋	1. 钢筋种类、规格 2. 钢丝种类、规格 3. 钢绞线种类、规格 4. 锚具种类、孔数 5. 砂浆强度等级 6. 束长	t	按设计图示钢筋（丝束、绞线）长度乘以单位理论质量计算 1. 低合金钢筋两端采用螺杆锚具时，预应力钢筋按预留孔道长度减 0.35m，螺杆另行计算 2. 低合金钢筋一端采用墩头插片，另一端采用螺杆锚具时，预应力钢筋长度按预留孔道长度计算，螺杆另行计算 3. 低合金钢筋一端采用墩头插片，另一端采用帮条锚具时，预应力钢筋长度按预留孔长度增加 0.15m 计算，两端均采用帮条锚具时预应力钢筋长度共增加 0.3m 计算 4. 低合金钢筋采用后张混凝土自锚时，预应力钢筋长度增加 0.35m 计算 5. 低合金钢筋或钢绞线采用 JM 型、XM 型、QM 型锚具，孔道长度≤20m 时；预应力钢筋长度增加 1m 计算，孔道长度>20m 时，预应力钢筋长度增加 18m 计算 6. 碳素钢丝采用锥形锚具，孔道长度≤20m 时，预应力钢丝束长度增加 1m 计算；孔道长度>20m 时，预应力钢丝束长度按孔道长度增加 1.8m 计算 7. 碳素钢丝两端采用墩粗头时，预应力钢丝长度增加 0.35m 计算	1. 钢筋、钢丝、钢绞线制作、运输 2. 钢筋、钢丝、钢绞线安装 3. 预埋管孔道铺设 4. 锚具安装 5. 砂浆制作、运输 6. 孔道压浆、养护
010515007	预应力钢丝				
010515008	预应力钢绞线				

续表

项目编码	项目名称	项目特征	计量单位	工程量计算规则	工作内容
010515010	声测管	1. 材质 2. 规格型号	t	按设计图示尺寸以质量计算	1. 检测管截断、封头 2. 套管制作、焊接 3. 定位、固定
桂010515011	砌体加固筋	钢筋种类、规格	t	按设计图示钢筋长度乘以单位理论质量计算	钢筋制作、绑扎、安装
桂010515012	植筋	钢筋种类、规格	根	按种植钢筋数量计算	1. 机具准备、定位放线 2. 钻孔、清孔、填结构胶、植入钢筋 3. 养护
桂010515013	楼地面、屋面、墙面护坡钢筋网片	1. 钢筋种类、规格 2. 钢筋网片间距	m^2	按钢筋设计图示尺寸以面积计算	钢筋网片制作、安装

2. 工程量清单项目应用说明

（1）钢筋工程，应区别现浇、预制、预应力等构件和不同种类及规格列项。

（2）现浇构件中固定位置的支撑钢筋、双层钢筋用的“铁马”并入相应钢筋工程量计算。

3. 工程量清单编制实务注意事项

（1）建筑物各部位、用途的钢筋均按本节清单项目分别编码列项。包括现浇混凝土钢筋、预制构件钢筋、钢筋网片、钢筋笼、先张法预应力钢筋、后张法预应力钢筋、预应力钢丝、预应力钢绞线、声测管、砌体加固筋、植筋等。

（2）清单项目的工程量应以实体工程量为准，并以完成后的净值计算，故钢筋清单工程量不含损耗。施工中的各种损耗和需要增加的工程量，应在工程量清单计价时考虑在综合单价中。

（3）“砌体加固筋”或混凝土柱与砖墙的锚拉钢筋按“桂010515011”砌体加固筋项目编码列项。

6.5.17　螺栓、铁件

1. 工程量清单项目设置

螺栓、铁件工程量清单项目设置、项目特征描述的内容、计量单位及工程量计算规则，按表6-45执行。

E.16　螺栓、铁件（编码：010516）　　表 6-45

项目编码	项目名称	项目特征	计量单位	工程量计算规则	工作内容
010516001	螺栓	1. 螺栓种类 2. 规格	t	按设计图示尺寸以质量计算	1. 螺栓、铁件制作、运输 2. 螺栓、铁件安装
010516002	铁件	1. 钢材种类 2. 规格 3. 铁件尺寸			
010516003	机械连接	1. 连接方式 2. 螺纹套筒种类 3. 规格	个	按数量计算	1. 钢筋套丝 2. 套筒连接
桂 010516004	电渣压力焊接	规格	个	按设计（或经审定的施工组织设计）数量计算	1. 焊接固定 2. 安拆脚手架及支撑
桂 010516005	化学锚栓	规格	套	按设计图示数量计算	1. 定位、钻孔、清孔、堵孔 2. 植化学锚栓 3. 保护、清理工作面等

2. 工程量清单项目应用说明

设计未明确钢筋连接方式的，在编制工程量清单时，机械连接方式和工程量由招标人暂定，结算时按实际连接方式和工程量结算。

6.5.18　共性问题及说明

1. 预制混凝土构件或预制钢筋混凝土构件，如施工图设计标注做法见标准图集时，项目特征注明标准图集的编码、页号及节点大样即可。

2. 现浇或预制混凝土和钢筋混凝土构件，不扣除构件内钢筋、螺栓、预埋件、张拉孔道所占体积，但应扣除劲性骨架的型钢所占体积。

3. 混凝土等级强度应描述强度等级、粗细骨料种类和粒径、水泥强度等级。

4. 混凝土种类应描述：

(1) 商品混凝土或现场搅拌混凝土。

(2) 泵送或非泵送。

(3) 普通混凝土、防水混凝土、灌注桩水下混凝土、预制厂混凝土、轻集料混凝土等。

5. 构件运距必须描述，运距不能确定时，由招标人暂定，结算时按实调整。

6. 混凝土构筑物的“池类”“贮仓（库）类”“水塔”“烟囱”“烟道”“沟道（槽）”“井类”“电梯井”等按照现行国家标准《构筑物工程工程量计算规范》GB 50860—2013 的相应项目编码列项。

(1)“沟道（槽）”是指建筑物外部独立的沟道或沟槽。

(2)“电梯井”为独立的构筑物。独立构筑物的电梯井顶部机房、双井道间砌体按《房屋建筑装饰工程工程量计算规范》GB 50854—2013 中的相关项目及规定执行。

6.5.19　计算实例

【例 6-5】 某单层建筑物工程，现浇钢筋混凝土板式楼梯如图 6-5 所示，楼面标高为 +3.000m。墙厚 190mm，混凝土强度等级均为 C20，混凝土粗骨料为碎石，采用泵送商品混凝土。

要求：编制直形楼梯项目的工程量清单。

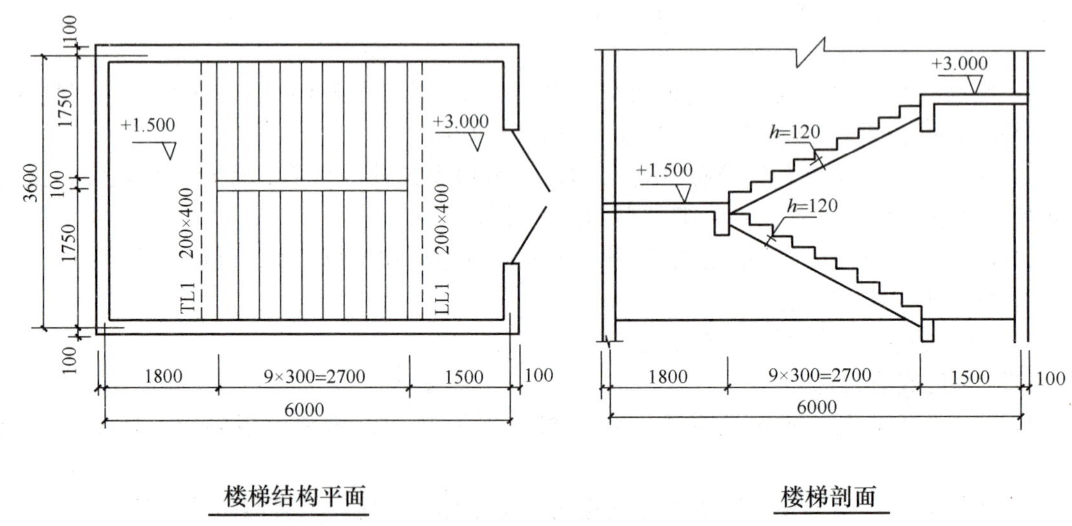

图 6-5　楼梯图

【解】 完成填写结果见表 6-46。

第一步：查阅工程量计算规范广西实施细则，正确选择清单项目。

填写项目编码、项目名称、项目特征描述、计量单位。

第二步：计算清单工程量。

工程量计算规则：按以平方米计量，按设计图示尺寸以水平投影面积计算，不扣除宽度≤500mm的楼梯井，伸入墙内部分不计算。

第三步：填写工程量计算结果。具体内容如下：

（1）项目编码：010506001001。

（2）项目名称：直形楼梯。

（3）项目特征：

① 混凝土种类：商品混凝土；

② 混凝土强度等级：C20；

③ 梯板厚度：120mm。

（4）单位：m^2。

（5）工程量计算：$S=(6-1.5-0.09+0.2)\times(3.6-0.09\times2)=15.77m^2$

分部分项工程和单价措施项目清单与计价表　　　　**表6-46**

工程名称：××　　　　第　页　共　页

序号	项目编码	项目名称及项目特征描述	计量单位	工程量	金额（元）		
					综合单价	合价	其中：暂估价
	0105	混凝土及钢筋混凝土工程					
1	010506001001	C20混凝土 直形楼梯 梯板厚度：120mm	m^2	15.77			

任务 6.6 金属结构工程

6.6.1 概况

清单项目设置：本分部设置 7 小节共 30 个清单项目（以广西实施细则为例）。清单项目设置情况见表 6-47。

金属结构工程清单项目数量表 **表 6-47**

小节编号	名称	清单项目数	其中：广西增补项目数
F. 1	钢网架	1	
F. 2	钢屋架、钢托架、钢桁架、钢架桥	4	
F. 3	钢柱	3	
F. 4	钢梁	2	
F. 5	钢板楼板、墙板	2	
F. 6	钢构件	13	
F. 7	金属制品	5	
合计		30	

6.6.2 钢网架

1. 工程量清单项目设置

钢网架工程量清单项目设置、项目特征描述的内容、计量单位及工程量计算规则，按表 6-48 执行。

F. 1 钢网架（编码：010601） **表 6-48**

项目编码	项目名称	项目特征	计量单位	工程量计算规则	工作内容
010601001	钢网架	1. 钢材品种、规格 2. 网架节点形式、连接方式 3. 网架跨度、安装高度 4. 除锈方法 5. 构件运距	t	按设计图示尺寸以质量计算。不扣除孔眼的质量，焊条、铆钉等不另增加质量	1. 制作 2. 拼装 3. 安装 4. 除锈 5. 刷防锈漆 6. 运输

2. 工程量清单编制实务注意事项

钢网架：适用于一般钢网架和不锈钢网架。不论节点形式（球形节点、板式节点等）和节点连接方式（焊结、丝结）等均按该项目列项。

6.6.3 钢屋架、钢托架、钢柜架、钢架桥

1. 工程量清单项目设置

钢屋架、钢托架、钢柜架、钢架桥工程量清单项目设置、项目特征描述的内容、计量单位及工程量计算规则，按表 6-49 执行。

F.2　钢屋架、钢托架、钢桁架、钢架桥（编码：010602）　　表 6-49

项目编码	项目名称	项目特征	计量单位	工程量计算规则	工作内容
010602001	钢屋架	1. 钢材品种、规格 2. 单榀质量 3. 屋架跨度、安装高度 4. 螺栓种类 5. 除锈方法 6. 构件运距	t	按设计图示尺寸以质量计算。不扣除孔眼的质量，焊条、柳钉、螺栓等不另增加质量	1. 制作 2. 拼装 3. 安装 4. 除锈 5. 刷防锈漆 6. 运输
010602001	钢托架	1. 钢材品种、规格 2. 单榀质量 3. 安装高度 4. 螺栓种类 5. 除锈方法 6. 构件运距			
010602001	钢托架				
010602004	钢架桥	1. 桥类型 2. 钢材品种、规格 3. 单榀质量 4. 安装高度 5. 螺栓种类 6. 除锈方法 7. 构件运距		按设计图示尺寸以质量计算。不扣除孔眼的质量，焊条、铆钉等不另增加质量	

2. 工程量清单编制实务注意事项

钢屋架：适用于一般钢屋架和轻钢屋架、冷弯薄壁型钢屋架，可按第五级编码分别列项。其中，轻钢屋架是指采用圆钢筋、小角钢（小于 L45×4 等肢角钢、小于 L56×36×4 不等肢角钢）和薄钢板（其厚度一般不大于 4mm）等材料组成的轻型钢屋架。薄壁型钢屋架是指厚度在 2～6mm 的钢板或带钢筋冷弯或冷拔等方式弯曲而成的型钢组成的屋架。

6.6.4　钢柱

1. 工程量清单项目设置

钢柱工程量清单项目设置、项目特征描述的内容、计量单位及工程量计算规则，按表 6-50 执行。

F.3　钢柱（编码：010603）　　表 6-50

项目编码	项目名称	项目特征	计量单位	工程量计算规则	工作内容
010603001	实腹钢柱	1. 柱类型 2. 钢材品种、规格 3. 单根柱质量 4. 螺栓种类 5. 除锈方法 6. 构件运距	t	按设计图示尺寸以质量计算。不扣除孔眼的质量，焊条、铆钉、螺栓等不另增加质量，依附在钢柱上的牛腿及悬臂梁等并入钢柱工程量内	1. 制作 2. 拼装 3. 安装 4. 除锈 5. 刷防锈漆 6. 运输
010603002	空腹钢柱				

续表

项目编码	项目名称	项目特征	计量单位	工程量计算规则	工作内容
010603003	钢管柱	1. 钢材品种、规格 2. 单根柱质量 3. 螺栓种类 4. 除锈方法 5. 构件运距	t	按设计图示尺寸以质量计算。不扣除孔眼的质量，焊条、铆钉、螺栓等不另增加质量，钢管柱上的节点板、加强环、内衬管、牛腿等并入钢管柱工程量内	1. 制作 2. 拼装 3. 安装 4. 除锈 5. 刷防锈漆 6. 运输

2. 工程量清单项目应用说明

（1）实腹钢柱类型指十字、T、L、H 形等。

（2）空腹钢柱类型指箱形、格构等。

（3）型钢混凝土柱浇筑钢筋混凝土，其混凝土和钢筋应按本册附录 E 混凝土及钢筋混凝土工程中相关项目编码列项。

3. 工程量清单编制实务注意事项

（1）实腹钢柱：适用于实腹钢柱和实腹式型钢混凝土柱。

（2）空腹钢柱：适用于空腹钢柱和空腹式型钢混凝土柱。

（3）钢管柱：适用于钢管柱和钢管混凝土柱。钢管混凝土柱的盖板、底板、穿心板、横隔板、加强环、明牛腿、暗牛腿应包括在报价内。

6.6.5　钢梁

1. 工程量清单项目设置

钢梁工程量清单项目设置、项目特征描述的内容、计量单位及工程量计算规则，按表 6-51 执行。

F.4　钢梁（编码：010604）　　**表 6-51**

项目编码	项目名称	项目特征	计量单位	工程量计算规则	工作内容
010604001	钢梁	1. 梁类型 2. 钢材品种、规格 3. 单根质量 4. 螺栓种类 5. 安装高度 6. 除锈方法 7. 构件运距	t	按设计图示尺寸以质量计算。不扣除孔眼的质量，焊条、铆钉、螺栓等不另增加质量，制动梁、制动板、制动桁架、车挡并入钢吊车梁工程量内	1. 制作 2. 拼装 3. 安装 4. 除锈 5. 刷防锈漆 6. 运输
010604002	钢吊车梁	1. 钢材品种、规格 2. 单根质量 3. 螺栓种类 4. 安装高度 5. 除锈方法 6. 构件运距			

2. 工程量清单项目应用说明

(1) 梁类型指 H、L、T 形、箱形、格构式等。

(2) 型钢混凝土梁浇筑钢筋混凝土，其混凝土和钢筋应按本册附录 E 混凝土及钢筋混凝土工程中相关项目编码列项。

3. 工程量清单编制实务注意事项

(1) 钢梁：适用于钢梁和实腹式型钢混凝土梁、空腹式型钢混凝土梁。

(2) 钢吊车梁：适用于钢吊车梁及吊车梁的制动梁、制动板、制动桁架，车挡应包括在报价内。

6.6.6 钢板楼板、墙板

1. 工程量清单项目设置

钢板楼板、墙板工程量清单项目设置、项目特征描述的内容、计量单位及工程量计算规则，按表 6-52 执行。

F.5 钢板楼板、墙板（编码：010605） **表 6-52**

项目编码	项目名称	项目特征	计量单位	工程量计算规则	工作内容
010605001	钢板楼板	1. 钢材品种、规格 2. 钢板厚度 3. 螺栓种类 4. 除锈方法 5. 构件运距	m^2	按设计图示尺寸以铺设水平投影面积计算。不扣除单个面积≤0.3m^2 柱、垛及孔洞所占面积	1. 临时加固、就位 2. 安装、找正 3. 除锈 4. 刷防锈漆 5. 运输
010605002	钢板墙板	1. 钢材品种、规格 2. 钢板厚度、复合板厚度 3. 螺栓种类 4. 复合板夹芯材料种类、层数、型号、规格 5. 除锈方法 6. 构件运距	m^2	按设计图示尺寸以铺挂展开面积计算。不扣除单个面积≤0.3m^2 的梁、孔洞所占面积，包角、包边、窗台泛水等不另加面积	

2. 工程量清单项目应用说明

(1) 钢板楼板上浇筑钢筋混凝土，其混凝土和钢筋应按本册附录 E 混凝土及钢筋混凝土工程中相关项目编码列项。

(2) 压型钢楼板按表 6-52 中钢板楼板项目编码列项。

3. 工程量清单编制实务注意事项

钢板楼板：适用于现浇混凝土楼板，使用钢板做永久性模板，并与混凝土叠合后组成共同受力的构件。压型钢楼板按钢板楼板项目编码列项。压型钢楼板采用镀锌或经防腐处理的薄钢板。

6.6.7 钢构件

工程量清单项目设置：钢构件工程量清单项目设置、项目特征描述的内容、计量单位及工程量计算规则，按表 6-53 执行。

F.6　钢构件（编码：010606）　　表 6-53

<table>
<tr><th>项目编码</th><th>项目名称</th><th>项目特征</th><th>计量单位</th><th>工程量计算规则</th><th>工作内容</th></tr>
<tr><td>010606001</td><td>钢支撑、钢拉条</td><td>1. 钢材品种、规格
2. 构件类型
3. 安装高度
4. 螺栓种类
5. 除锈方法
6. 构件运距</td><td rowspan="11">t</td><td rowspan="9">按设计图示尺寸以质量计算，不扣除孔眼的质量，焊条、铆钉、螺栓等不另增加质量</td><td rowspan="9">1. 制作
2. 安装
3. 除锈
4. 刷防锈漆
5. 运输</td></tr>
<tr><td>010606002</td><td>钢檩条</td><td>1. 钢材品种、规格
2. 构件类型
3. 单根质量
4. 安装高度
5. 螺栓种类
6. 除锈方法
7. 构件运距</td></tr>
<tr><td>010606003</td><td>钢天窗架</td><td>1. 钢材品种、规格
2. 单榀质量
3. 安装高度
4. 螺栓种类
5. 除锈方法
6. 构件运距</td></tr>
<tr><td>010606004</td><td>钢挡风架</td><td rowspan="2">1. 钢材品种、规格
2. 单榀质量
3. 螺栓种类
4. 除锈方法
5. 构件运距</td></tr>
<tr><td>010606005</td><td>钢墙架</td></tr>
<tr><td>010606006</td><td>钢平台</td><td rowspan="2">1. 钢材品种、规格
2. 螺栓种类
3. 除锈方法
4. 构件运距</td></tr>
<tr><td>010606007</td><td>钢走道</td></tr>
<tr><td>010606008</td><td>钢梯</td><td>1. 钢材品种、规格
2. 钢梯形式
3. 螺栓种类
4. 除锈方法
5. 构件运距</td></tr>
<tr><td>010606009</td><td>钢护栏</td><td>1. 钢材品种、规格
2. 除锈方法
3. 构件运距</td></tr>
<tr><td>0106060010</td><td>钢漏斗</td><td rowspan="2">1. 钢材品种、规格
2. 漏斗、天沟形式
3. 安装高度
4. 除锈方法
5. 构件运距</td><td rowspan="2">按设计图示尺寸以质量计算，不扣除孔眼的质量，焊条、铆钉、螺栓等不另增加质量，依附漏斗或天沟的型钢并入漏斗或天沟工程量内</td><td rowspan="2"></td></tr>
<tr><td>0106060011</td><td>钢板天沟</td></tr>
</table>

续表

项目编码	项目名称	项目特征	计量单位	工程量计算规则	工作内容
010606012	钢支架	1. 钢材品种、规格 2. 安装高度 3. 除锈方法 4. 构件运距	t	按设计图示尺寸以质量计算，不扣除孔眼的质量，焊条、铆钉、螺栓等不另增加质量	1. 制作 2. 拼装 3. 安装 4. 除锈 5. 刷防锈漆
010606013	零星钢构件	1. 构件名称 2. 钢材品种、规格 3. 除锈方法 4. 构件运距			

（1）钢墙架项目包括墙架柱、墙架梁和连接杆件。

（2）钢支撑、钢拉条类型指单式、复式；钢檩条类型指型钢式、格构式；钢漏斗形式指方形、圆形；天沟形式指矩形沟或半圆形沟。

（3）加工铁件等小型构件，按表 6-53 中零星钢构件项目编码列项。

6.6.8　金属制品

工程量清单项目设置：金属制品工程量清单项目设置、项目特征描述的内容、计量单位及工程量计算规则，按表 6-54 执行。

F.7　金属制品（编码：010607）　　　　**表 6-54**

项目编码	项目名称	项目特征	计量单位	工程量计算规则	工作内容
010607001	成品空调金属百页护栏	1. 材料品种、规格 2. 边框材质	m^2	按设计图示尺寸以框外围展开面积计算	1. 安装 2. 校正 3. 预埋铁件及安螺栓
010607002	成品栅栏	1. 材料品种、规格 2. 边框及立柱型钢品种、规格			1. 安装 2. 校正 3. 预埋铁件 4. 安螺栓及金属立柱
010607003	成品雨篷	1. 材料品种、规格 2. 边框及立柱型钢品种、规格	1. m 2. m^2	1. 以米计量，按设计图示接触边以米计算 2. 以平方米计量，按设计图示尺寸以展开面积计	1. 安装 2. 校正 3. 预埋铁件及安螺栓
010607004	金属网栏	1. 材料品种、规格 2. 边框及立柱型钢品种、规格 3. 除锈方法	m^2	按设计图示尺寸以框外围展开面积计算	1. 安装 2. 校正 3. 安螺栓及金属立柱 4. 除锈 5. 刷防锈漆
010607005	砌块墙钢丝网加固	1. 材料品种、规格 2. 加固方式		按设计图示尺寸以面积计算	1. 铺贴 2. 铆固

6.6.9　共性问题及说明

（1）金属构件的切边，不规则及多边形钢板发生的损耗在综合单价中考虑。

（2）钢构件需探伤（包括射线探伤、超声波探伤、磁粉探伤、着色探伤等）的，按第三册通用安装工程相关项目编码列项。

（3）钢构件的除锈、刷防锈漆包括在报价内。金属结构“刷油漆”，按附录 P 油漆、涂料、裱糊工程相应编码单独列项目。

（4）钢混凝土柱、梁，是指由混凝土包裹型钢组成的柱、梁。钢管混凝土柱，是指将混凝土填入薄壁圆型钢管内形成的组合结构。型钢混凝土柱、梁和钢管混凝土柱中的混凝土和钢筋应按附录 E 相关项目编码列项。

（5）为了与装饰栏杆相区别，金属结构工程的“钢栏杆”更名为“钢护栏”，装饰性栏杆按附录 Q 其他装饰工程相关项目编码列项。

6.6.10　计算实例

【例 6-6】某工程钢屋架如图 6-6 所示，已知安装高度为 8m，运输距离 1km，钢材采用 Q235-B。各种钢材理论重量为：L70×5 等边角钢为 5.397kg/m；L75×5 等边角钢为 5.818kg/m；L50×5 等边角钢为 3.77kg/m；8mm 厚钢板为 62.8kg/m^2。

要求：编制钢屋架项目的工程量清单。

【解】完成填写结果见表 6-55。

第一步：查阅工程量计算规范广西实施细则，正确选择清单项目。

填写项目编码、项目名称、项目特征描述、计量单位。

第二步：计算清单工程量。

工程量计算规则：以吨计量，按设计图示尺寸以质量计算。不扣除孔眼的质量，焊条、铆钉、螺栓等不另增加质量。

第三步：填写工程量计算结果。

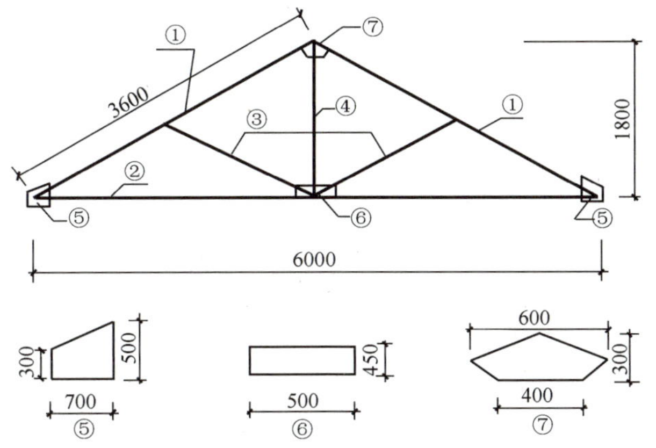

序号	材料规格	长度(mm)	数量
①	2L70×5	3600	2
②	2L75×5	6000	1
③	2L50×5	1800	2
④	2L50×5	1800	1
⑤	δ=8	见详图	2
⑥	δ=8	见详图	1
⑦	δ=8	见详图	1

图 6-6　钢屋架图

具体内容如下：

（1）项目编码：010602001001。

（2）项目名称：钢屋架。

（3）项目特征：

① 钢材品种、规格：Q235-B；

② 单榀质量：1t 以下；

③ 运输距离：1km。

（4）工程量计算

上弦①重量＝3.6×2×2×5.397＝77.71kg

下弦②重量＝6.0×2×5.818＝69.82kg

斜撑③重量＝1.8×2×2×3.77＝27.14kg

立杆④重量＝1.8×2×3.77＝13.57kg

连接板⑤重量＝(0.3＋0.5)×0.7÷2×2×62.8＝35.17kg

连接板⑥重量＝0.5×0.45×62.8＝14.13kg

连接板⑦重量＝[(0.4＋0.6)×0.15÷2＋0.6×0.15÷2]×62.8＝7.54kg

合计重量＝77.71＋69.82＋27.14＋13.57＋35.17＋14.13＋7.54＝245.08kg＝0.245t

分部分项工程和单价措施项目清单与计价表　　**表 6-55**

工程名称：××　　第　页　共　页

序号	项目编码	项目名称及项目特征描述	计量单位	工程量	金额（元）		
					综合单价	合价	其中：暂估价
	0106	金属结构工程					
1	010602001001	钢屋架 ① 钢材品种、规格：Q235-B ② 单榀质量：1t 以下 ③ 运输距离：1km	t	0.245			

任务 6.7　木 结 构 工 程

6.7.1　概况

清单项目设置：本分部设置 4 小节共 9 个清单项目，其中增补 1 个清单项目（以广西实施细则为例）。清单项目设置情况见表 6-56。

木结构工程清单项目数量表　　**表 6-56**

小节编号	名称	清单项目数	其中：广西增补项目数
G. 1	木屋架	2	
G. 2	木构件	5	
G. 3	屋面木基层	1	
G. 4	其他	1	1
合计		9	1

6.7.2　木屋架

1. 工程量清单项目设置

木屋架工程量清单项目设置、项目特征描述的内容、计量单位及工程量计算规则，按表 6-57 执行。

G.1　木屋架（编码：010701）　　表 6-57

<table>
<tr><th>项目编码</th><th>项目名称</th><th>项目特征</th><th>计量单位</th><th>工程量计算规则</th><th>工作内容</th></tr>
<tr><td>010701001</td><td>木屋架</td><td>1. 跨度
2. 材料品种、规格
3. 刨光要求
4. 拉杆及夹板种类
5. 防护材料种类
6. 构件运距</td><td rowspan="2">m³</td><td rowspan="2">按设计图示的规格尺寸以体积计算</td><td rowspan="2">1. 制作
2. 运输
3. 安装
4. 刷防护材料</td></tr>
<tr><td>010701002</td><td>钢木屋架</td><td>1. 跨度
2. 木材品种、规格
3. 刨光要求
4. 钢材品种、规格
5. 防护材料种类
6. 构件运距</td></tr>
</table>

2. 工程量清单项目应用说明

（1）屋架的跨度应以上、下弦中心线两交点之间的距离计算。

（2）带气楼的屋架和马尾、折角以及正交部分的半屋架，按相关屋架项目编码列项。

6.7.3　木构件

1. 工程量清单项目设置

木构件工程量清单项目设置、项目特征描述的内容、计量单位及工程量计算规则，按表 6-58 执行。

G.2　木构件（编码：010702）　　表 6-58

<table>
<tr><th>项目编码</th><th>项目名称</th><th>项目特征</th><th>计量单位</th><th>工程量计算规则</th><th>工作内容</th></tr>
<tr><td>010702001</td><td>木柱</td><td rowspan="3">1. 构件规格尺寸
2. 木材种类
3. 刨光要求
4. 防护材料种类
5. 构件运距</td><td rowspan="3">m³</td><td rowspan="3">按设计图示尺寸以体积计算</td><td rowspan="5">1. 制作
2. 运输
3. 安装
4. 刷防护材料</td></tr>
<tr><td>010702002</td><td>木梁</td></tr>
<tr><td>010702003</td><td>木檩</td></tr>
<tr><td>010702004</td><td>木楼梯</td><td>1. 跨度
2. 木材品种、规格
3. 刨光要求
4. 钢材品种、规格
5. 防护材料种类
6. 构件运距</td><td>m²</td><td>按设计图示尺寸以水平投影面积计算。不扣除宽度≤300mm 的楼梯井，伸入墙内部分不计算</td></tr>
<tr><td>010702005</td><td>其他木构件</td><td>1. 构件名称
2. 构件规格尺寸
3. 木材种类
4. 刨光要求
5. 防护材料种类
6. 构件运距</td><td>1. m³
2. m</td><td>1. 以立方米计量，按设计图示尺寸以体积计算
2. 以米计量，按设计图示尺寸以长度计算</td></tr>
</table>

2. 工程量清单项目应用说明

(1) 木楼梯的栏杆（栏板）、扶手，应按本册附录 Q 中的相关项目编码列项。

(2) 以米计量，项目特征必须描述构件规格尺寸。

6.7.4　屋面木基层

工程量清单项目设置：屋面木基层工程量清单项目设置、项目特征描述的内容、计量单位及工程量计算规则，按表 6-59 执行。

G.3　屋面木基层（编码：010703）　　**表 6-59**

项目编码	项目名称	项目特征	计量单位	工程量计算规则	工作内容
010703001	屋面木基层	1. 椽子断面尺寸及椽距 2. 望板材料种类、厚度 3. 防护材料种类	m^3	按设计图示尺寸以斜面积计算不扣除房上烟囱、风帽底座、风道、小气窗、斜沟等所占面积。小气窗的出檐部分不增加面积	1. 椽子制作、安装 2. 望板制作、安装 3. 顺水条和挂瓦条制作、安装 4. 刷防护材料

6.7.5　其他

工程量清单项目设置：其他工程量清单项目设置、项目特征描述的内容、计量单位及工程量计算规则，按表 6-60 执行。

G.4　其他（编码：010704）　　**表 6-60**

项目编码	项目名称	项目特征	计量单位	工程量计算规则	工作内容
桂 010704001	玻璃黑板制安	1. 类型 2. 外围尺寸 3. 材质	m^2	按框外围面积计算	制作、安装黑板边框、安装玻璃、铺油纸、钉胶合板、安装滑轮

任务6.8　门　窗　工　程

6.8.1　概况

清单项目设置：本分部设置11小节共57个清单项目，其中增补10个清单项目（以广西实施细则为例）。清单项目设置情况见表6-61。

门窗工程清单项目数量表　　**表6-61**

小节编号	名称	清单项目数	其中：广西增补项目数
H.1	木门	5	2
H.2	金属门	6	2
H.3	金属卷帘（闸）门	2	2
H.4	厂库房大门、特种门	7	
H.5	其他门	7	
H.6	木窗	4	
H.7	金属窗	9	
H.8	门窗套	4	
H.9	窗台板	5	1
H.10	窗帘、窗帘盒、轨	6	1
H.11	特殊五金及其他	2	2
合计		57	10

6.8.2　木门

1. 工程量清单项目设置

木门工程量清单项目设置、项目特征描述的内容、计量单位及工程量计算规则，按表6-62执行。

H.1　木门（编码：010801）　　**表6-62**

项目编码	项目名称	项目特征	计量单位	工程量计算规则	工作内容
010801001	木质门	1. 镶嵌玻璃品种、厚度 2. 运距	m^2	按设计图示洞口尺寸以面积计算	1. 制作 2. 安装 3. 玻璃安装 4. 普通五金安装 5. 运输
010801003	木质连窗门				
010801004	木质防火门				
桂010801007	木门框	1. 框截面尺寸 2. 运距			1. 制作 2. 安装 3. 运输
桂010801008	木门扇	1. 门代号 2. 门种类 3. 运距	1. m^2 2. 扇	1. 以平方米计量，按设计图示洞口尺寸以面积计算 2. 以扇计量，按设计图示数量计算	1. 制作 2. 安装 3. 普通五金安装 4. 运输

2. 工程量清单项目应用说明

木质门应区分镶板木门、企口木板门、实木装饰门、胶合板门、夹板装饰门、木纱门、全玻门（带木质框）、木质半玻门（带木质扇框）等项目，分别编码列项。

3. 工程量清单编制实务注意事项

木门窗普通五金包括：折页（铰链）、翻窗铰链、蝶式折页、插销、弓背拉手、铁搭扣、风钩、木螺钉（木螺丝）、小滑轮、拉门铁轨等。

6.8.3　金属门

1. 工程量清单项目设置

金属门工程量清单项目设置、项目特征描述的内容、计量单位及工程量计算规则，按表6-63执行。

H.2　金属门（编码：010802）　　表6-63

<table>
<tr><th>项目编码</th><th>项目名称</th><th>项目特征</th><th>计量单位</th><th>工程量计算规则</th><th>工作内容</th></tr>
<tr><td>010802001</td><td>金属门</td><td>1. 门框扇材质及规格
2. 玻璃品种、厚度
3. 运距</td><td rowspan="4">m^2</td><td rowspan="4">按设计图示洞口尺寸以面积计算</td><td rowspan="3">1. 安装
2. 普通五金安装
3. 玻璃安装
4. 运输</td></tr>
<tr><td>010802002</td><td>彩板门</td><td>运距</td></tr>
<tr><td>010802003</td><td>钢质防火门</td><td rowspan="4">1. 门框扇材质及规格
2. 运距</td></tr>
<tr><td>010802004</td><td>防盗门</td><td>1. 门安装
2. 普通五金安装</td></tr>
<tr><td>桂010802005</td><td>铁栅门</td><td>t</td><td>按设计图示尺寸以质量计算</td><td>1. 门制作、安装
2. 刷防锈漆
3. 普通五金安装
4. 运输</td></tr>
<tr><td>桂010802006</td><td>不锈钢格栅门</td><td>m^2</td><td>按设计图示洞口尺寸以面积计算</td><td>1. 门安装
2. 普通五金安装
3. 运输</td></tr>
</table>

2. 工程量清单项目应用说明

（1）金属门应区分金属平开门、金属推拉门、金属地弹门、全玻门（带金属扇框）、金属半玻门（带扇框）等项目，分别编码列项。

（2）塑钢门按金属门项目编码列项。

3. 工程量清单编制实务注意事项

金属门普通五金包括：门轧头、门插、门铰（不包括防火门防火铰链）、螺丝等。

6.8.4　金属卷帘（闸）门

工程量清单项目设置：金属卷帘（闸）门工程量清单项目设置、项目特征描述的内容、计量单位及工程量计算规则，按表6-64执行。

H.3　金属卷帘（闸）门（编码：010803）　　表 6-64

项目编码	项目名称	项目特征	计量单位	工程量计算规则	工作内容
桂 010803003	金属卷帘（闸）门	1. 门材质 2. 启动装置品种、规格	m^2	按洞口高度增加 600mm 乘以门实际宽度以面积计算，安装在梁底时高度不增加 600mm	1. 门运输、安装 2. 启动装置、活动小门、普通五金安装
桂 010803004	防火卷帘（闸）门				

6.8.5　厂库房大门、特种门

1. 工程量清单项目设置

厂库房大门、特种门工程量清单项目设置、项目特征描述的内容、计量单位及工程量计算规则，按表 6-65 执行。

H.4　厂库房大门、特种门（编码：010804）　　表 6-65

项目编码	项目名称	项目特征	计量单位	工程量计算规则	工作内容
010804001	木板大门	1. 门框扇材质及规格 2. 运距	m^2	按设计图示洞口尺寸以面积计算	1. 制作安装 2. 普通五金配件安装 3. 运输
010804002	钢木大门				
010804003	全钢板大门				
010804004	防护铁丝门			按设计图示门框（扇）框外围以面积计算	
010804005	金属格栅门	1. 门框、扇材质及规格 2. 启动装置品种、规格 3. 运距		按设计图示洞口尺寸以面积计算	1. 制作、安装 2. 启动装置、普通五金配件安装 3. 运输
010804006	钢质花饰大门	1. 门框、扇材质及规格 2. 运距		按设计图示门框或扇以面积计算	1. 制作、安装 2. 启动装置普通五金配件安装 3. 运输
010804007	特种门			按设计图示洞口尺寸以面积计算	

2. 工程量清单项目应用说明

特种门应区分冷藏门、冷冻间门、保温门、变电室门、隔音门、防射线门、人防门、金库门等项目，分别编码列项。

6.8.6　其他门

工程量清单项目设置：其他门工程量清单项目设置、项目特征描述的内容、计量单位及工程量计算规则，按表 6-66 执行。

H. 5　其他门（编码：010805）　　　　**表 6-66**

<table>
<tr><th>项目编码</th><th>项目名称</th><th>项目特征</th><th>计量单位</th><th>工程量计算规则</th><th>工作内容</th></tr>
<tr><td>010805001</td><td>电子感应门</td><td rowspan="2">1. 门代号及洞口尺寸
2. 门框或扇外围尺寸
3. 门框扇材质及规格
4. 玻璃品种、厚度
5. 启动装置的品种、规格
6. 电子配件品种、规格</td><td rowspan="7">1. 樘
2. m^2
3. m</td><td rowspan="7">1. 以樘计量，按设计图示数量计算
2. 以平方米计量，按设计图示洞口尺寸以面积计算
3. 以米计量，按设计图示尺寸以长度计算</td><td rowspan="2">1. 门安装
2. 启动装置、普通五金、电子配件安装</td></tr>
<tr><td>010805002</td><td>旋转门</td></tr>
<tr><td>010805003</td><td>电子对讲门</td><td rowspan="2">1. 门代号及洞口尺寸
2. 门框或扇外围尺寸
3. 门材质及规格
4. 玻璃品种、厚度
5. 启动装置的品种、规格
6. 电子配件品种、规格</td><td rowspan="5">1. 门安装
2. 普通五金安装</td></tr>
<tr><td>010805004</td><td>电动伸缩门</td></tr>
<tr><td>010805005</td><td>全玻自由门</td><td>1. 门代号及洞口尺寸
2. 门框或扇外围尺寸
3. 框材质及规格
4. 玻璃品种、厚度</td></tr>
<tr><td>010805006</td><td>镜面不锈钢饰面门</td><td rowspan="2">1. 门代号及洞口尺寸
2. 门框或扇外围尺寸
3. 框、扇材质及规格
4. 玻璃品种、厚度</td></tr>
<tr><td>010805007</td><td>复合材料门</td></tr>
</table>

6.8.7　木窗

工程量清单项目设置：木窗工程量清单项目设置、项目特征描述的内容、计量单位及工程量计算规则，按表 6-67 执行。

H. 6 木窗（编码：010806）　　　　**表 6-67**

<table>
<tr><th>项目编码</th><th>项目名称</th><th>项目特征</th><th>计量单位</th><th>工程量计算规则</th><th>工作内容</th></tr>
<tr><td>010806001</td><td>木质窗</td><td>1. 玻璃品种、厚度
2. 运距</td><td rowspan="4">m^2</td><td>按设计图示洞口尺寸以面积计算</td><td rowspan="3">1. 制作、安装
2. 普通五金、玻璃安装
3. 运输</td></tr>
<tr><td>010806002</td><td>木飘(凸)窗</td><td>1. 玻璃品种、厚度
2. 运距</td><td rowspan="2">按设计图示尺寸以框外围展开面积计算</td></tr>
<tr><td>010806003</td><td>木橱窗</td><td>1. 框截面及外围展开面积
2. 玻璃品种、厚度
3. 运距</td></tr>
<tr><td>010806004</td><td>木纱窗</td><td>1. 纱窗材料品种、规格
2. 运距</td><td>按框的外围尺寸以面积计算</td><td>1. 制作、安装
2. 普通五金安装
3. 运输</td></tr>
</table>

6.8.8　金属窗

1. 工程量清单项目设置

金属窗工程量清单项目设置、项目特征描述的内容、计量单位及工程量计算规则，按表 6-68 执行。

H.7 金属窗（编码：010807）　　　　**表 6-68**

<table>
<tr><th>项目编码</th><th>项目名称</th><th>项目特征</th><th>计量单位</th><th>工程量计算规则</th><th>工作内容</th></tr>
<tr><td>010807001</td><td>金属窗</td><td rowspan="2">1. 框扇材质及规格
2. 玻璃品种、厚度</td><td rowspan="9">m²</td><td rowspan="2">按设计图示洞口尺寸以面积计算</td><td rowspan="2">1. 窗安装
2. 普通五金、玻璃安装</td></tr>
<tr><td>010807002</td><td>金属防火窗</td></tr>
<tr><td>010807003</td><td>金属百叶窗</td><td>1. 框、扇材质及规格
2. 玻璃品种、厚度</td><td>按设计图示洞口尺寸以面积计算</td><td rowspan="4">1. 窗安装
2. 普通五金安装</td></tr>
<tr><td>010807004</td><td>金属纱窗</td><td>1. 框材质及规格
2. 窗纱材料品种、规格</td><td>按框的外围尺寸以面积计算</td></tr>
<tr><td>010807005</td><td>金属格栅窗</td><td>框、扇材质及规格</td><td>按设计图示洞口尺寸以面积计算</td></tr>
<tr><td>010807006</td><td>金属橱窗</td><td>1. 框扇材质及规格
2. 玻璃品种、厚度
3. 运距</td><td rowspan="2">按设计图示尺寸以框外围展开面积计算</td></tr>
<tr><td>010807007</td><td>金属飘(凸)窗</td><td>1. 框、扇材质及规格
2. 玻璃品种、厚度</td><td>1. 窗制作、运输、安装
2. 普通五金、玻璃安装</td></tr>
<tr><td>010807008</td><td>镜面彩板窗</td><td rowspan="2">1. 框、扇材质及规格
2. 玻璃品种、厚度</td><td rowspan="2">按设计图示洞口尺寸或框外围以面积计算</td><td rowspan="2">1. 窗安装
2. 普通五金、玻璃安装</td></tr>
<tr><td>010807009</td><td>复合材料窗</td></tr>
</table>

2. 工程量清单项目应用说明

（1）金属窗应区分金属组合窗、防盗窗等项目，分别编码列项。

（2）塑钢窗按金属窗编码列项。

3. 工程量清单编制实务注意事项

金属窗普通五金包括：折页（铰链）、螺丝、执手、卡锁、铰拉、风撑、滑轮、滑轨、拉把、拉手、角码、牛角制等。

6.8.9　门窗套

1. 工程量清单项目设置

门窗套工程量清单项目设置、项目特征描述的内容、计量单位及工程量计算规则，按表 6-69 执行。

H.8 门窗套（编码：010808）　　**表 6-69**

项目编码	项目名称	项目特征	计量单位	工程量计算规则	工作内容
010808001	木门窗套	1. 基层材料种类 2. 面层材料品种、规格 3. 线条品种、规格	m^2	按设计图示尺寸以展开面积计算	1. 清理基层 2. 立筋制作、安装 3. 基层板安装 4. 面层铺贴 5. 线条安装
010808004	金属门窗套	1. 基层材料种类 2. 面层材料品种、规格 3. 线条品种、规格		以平方米计量，按设计图尺寸以展开面积计算 以平方米计量，按设计图示尺寸以展开面积计算	1. 清理基层 2. 立筋制作、安装 3. 基层板安装 4. 面层铺贴
010808005	石材门窗套	1. 粘结层厚度、砂浆种类、强度等级 2. 线条品种、规格			1. 清理基层 2. 立筋制作、安装 3. 基层抹灰 4. 面层铺贴 5. 线条安装
010808007	成名木门窗套	1. 门窗代号及洞口尺寸 2. 门窗套展开宽度 3. 门窗套材料品种、规格	1. 樘 2. m^2 3. m	1. 以樘计量，按设计图示数量计算 2. 以平方米计量，按设计图示尺寸以展开面积计算 3. 以米计量，按设计图示中心以延长米计算	1. 清理基层 2. 立筋制作、安装 3. 板安装

2. 工程量清单项目应用说明

（1）以樘计量，项目特征必须描述洞口尺寸、门窗套展开宽度。

（2）以平方米计量，项目特征可不描述洞口尺寸、门窗套展开宽度。

（3）以米计量，项目特征必须描述门窗套展开宽度。

（4）木门窗套适用于单独门窗套的制作、安装。

6.8.10　窗台板

工程量清单项目设置：窗台板工程量清单项目设置、项目特征描述的内容、计量单位及工程量计算规则，按表 6-70 执行。

H.9 窗台板（编码：010809）　　　　　　**表 6-70**

<table>
<tr><th>项目编码</th><th>项目名称</th><th>项目特征</th><th>计量单位</th><th>工程量计算规则</th><th>工作内容</th></tr>
<tr><td>010809001</td><td>木窗台板</td><td rowspan="3">1. 基层材料种类
2. 窗台面板材质、规格、颜色</td><td rowspan="5">m^2</td><td rowspan="5">按设计图示尺寸以展开面积计算</td><td rowspan="2">1. 基层清理
2. 基层制作、安装
3. 窗台板制作、安装</td></tr>
<tr><td>010809002</td><td>铝塑窗台板</td></tr>
<tr><td>010809003</td><td>金属窗台板</td><td rowspan="3">1. 基层清理
2. 抹找平层
3. 窗台板制作、安装</td></tr>
<tr><td>010809004</td><td>石材窗台板</td><td rowspan="2">1. 粘结层厚度、砂浆种类、配合比
2. 窗台板材质、规格、颜色</td></tr>
<tr><td>桂 010809005</td><td>面砖窗台板</td></tr>
</table>

6.8.11　窗帘、窗帘盒、轨

1. 工程量清单项目设置

窗帘、窗帘盒、轨工程量清单项目设置、项目特征描述的内容、计量单位及工程量计算规则，按表 6-71 执行。

H.10 窗帘、窗帘盒、轨(编码：010810)　　　　　　**表 6-71**

<table>
<tr><th>项目编码</th><th>项目名称</th><th>项目特征</th><th>计量单位</th><th>工程量计算规则</th><th>工作内容</th></tr>
<tr><td>010810001</td><td>窗帘</td><td>1. 窗帘材质
2. 窗帘高度、宽度
3. 窗帘层数
4. 带幔要求</td><td>1. m
2. m^2</td><td>以米计量，按设计图示尺寸以成活后长度计算
以平方米计量，按图示尺寸以成活后展开面积计算</td><td>1. 制作
2. 安装</td></tr>
<tr><td>010810002</td><td>木窗帘盒</td><td>1. 木材种类、规格
2. 窗帘盒展开宽度</td><td rowspan="5">m</td><td rowspan="5">按设计图示尺寸以长度计算</td><td rowspan="5">1. 制作
2. 安装</td></tr>
<tr><td>010810003</td><td>塑料窗帘盒</td><td rowspan="2">1. 窗帘盒材质、规格
2. 窗帘盒展开宽度</td></tr>
<tr><td>010810004</td><td>铝合金窗帘盒</td></tr>
<tr><td>010810005</td><td>窗帘轨</td><td>1. 窗帘轨材质、规格
2. 轨的数量</td></tr>
<tr><td>桂 010810006</td><td>饰面夹板窗帘盒</td><td>1. 基层材料种类、规格
2. 饰面材料种类、规格
3. 窗帘盒展开宽度</td></tr>
</table>

2. 工程量清单项目应用说明

（1）窗帘若是双层，项目特征必须描述每层材质。

（2）窗帘以米计量，项目特征必须描述窗帘高度和宽。

6.8.12　特殊五金及其他

特殊五金及其他工程量清单项目设置、项目特征描述的内容、计量单位及工程量计算规则，按表 6-72 执行。

H.11 特殊五金及其他（编码：010811）　　表 6-72

项目编码	项目名称	项目特征	计量单位	工程量计算规则	工作内容
桂 010811001	特殊五金	种类、规格、用途	1. 把 2. 副 3. 个 4. 套 5. m	按设计图示以把、副、个套、m 计算	安装
桂 010811002	门窗周边塞缝	塞缝材料种类	m	按门窗洞口尺寸以长度计算	周边塞缝全过程

6.8.13　铝合金门窗、幕墙、塑钢门窗装饰制品的计算规定

工程造价管理机构发布《建设工程造价信息》时，对铝合金门窗、幕墙、塑钢门窗装饰制品均作出相应的工程量计算规定，下面以广西壮族自治区南宁市某期《建设工程造价信息》为例。

铝合金门窗、幕墙、塑钢门窗装饰制品的计算规定如下：

（1）与玻璃幕墙连为整体的无框门按门玻璃面积计算工程量，套用无框门市场预算价另加上门扇配件费用。门扇配件以每扇为计量单位套用市场预算价。幕墙设开启窗，面积不另计算。

（2）推拉窗、平开窗、平开门、铝合金地弹门亮子高度超过 650mm 和挑窗中挑出部分宽度超过 600mm 的固定窗，套用固定窗信息价。亮子高度在 650mm 以内和挑窗中挑出部分宽度小于 600mm 的，按相应的门窗型套用信息价。

（3）门连窗的连体装置，其门与窗分开计算工程量。

（4）异形窗、圆弧窗按其外接矩形尺寸计算工程量。

（5）有上下帮指门扇玻上下装不锈钢通长门夹，无上下帮指门扇玻地弹簧处装上下项轴夹。配件（有上下帮、无上下帮）套价以扇为单位计。

6.8.14　共性问题及说明

（1）以樘计量，项目特征必须描述洞口尺寸，必须描述门框或扇外围尺寸；以平方米计量，项目特征可不描述洞口尺寸及框、扇的外围尺寸。

（2）以平方米计量，无设计图示洞口尺寸，按门框、扇外围以面积计算。

（3）门窗特殊五金按桂表 H.11 特殊五金项目编码列项。

（4）框截面尺寸（或面积）指边立梃截面尺寸或面积。

（5）凡面层材料有品种、规格、品牌、颜色要求的，应在工程量清单中进行描述。

（6）特殊五金项目特征中用途是指具体使用的门或窗，应在工程量清单中进行描述。

（7）本章门窗清单项目的油漆，应按本规范附录 P 油漆、涂料、裱糊工程相应项目编码列项。若成品构件已包含油漆，不再单独计算油漆。

（8）在编制清单列项目时，应注意区分门、窗的类别，分别编码列项。

6.8.15　计算实例

【例 6-7】某砖混结构工程中，设计木门不带纱，其中普通胶合板门 M1 尺寸 900mm×2100mm，共 4 樘，L 型执手锁；普通平开木窗一玻一纱 C1 尺寸为 2950mm×1750mm，共 10 樘，单层玻璃双扇有亮子。

要求：编制木门窗项目的工程量清单。

【解】完成填写结果见表 6-73。

第一步：查阅工程量计算规范广西实施细则，正确选择清单项目。

填写项目编码、项目名称、项目特征描述、计量单位。

第二步：计算清单工程量。

计算思路：根据工程量计算规则计算相应工程量。

第三步：填写工程量计算结果。

具体内容如下：

1. 木门

（1）项目编码：010801001001。

（2）项目名称：木质门。

（3）项目特征：门类型：普通胶合板门单扇无亮，不带纱，4 樘。

（4）单位：m^2。

（5）工程量计算规则：以平方米计量，按设计图示洞口尺寸以面积计算。

（6）工程量计算 $S=0.9\times2.1\times4=7.56m^2$

（7）表格填写（见表 6-73）。

2. 门锁安装

（1）项目编码：010801006001。

（2）项目名称：门锁安装。

（3）项目特征：锁品种：L 型执手锁。

（4）单位：个。

（5）工程量计算规则：按设计图示数量计算。

（6）工程量计算=4 个

（7）表格填写（见表 6-73）。

3. 木窗

（1）项目编码：010806001001。

（2）项目名称：木质窗。

（3）项目特征：窗类型：普通平开窗；单层玻璃双扇有亮子，10 樘。

（4）单位：m^2。

（5）工程量计算规则：以平方米计量，按设计图示洞口尺寸以面积计算。

（6）工程量计算 $S=2.95\times1.75\times10=51.63m^2$

（7）表格填写（见表 6-73）。

4. 木纱窗

（1）项目编码：010806004001。

（2）项目名称：木纱窗。

（3）项目特征：窗纱材料品种、规格：铁纱。

（4）单位：m^2。

（5）工程量计算规则：以平方米计量，按框的外围尺寸以面积计算。

（6）工程量计算 $S=2.95\times1.75\times10=51.63m^2$

（7）表格填写（见表 6-73）。

分部分项工程和单价措施项目清单与计价表　　**表 6-73**

工程名称：××　　第　页　共　页

序号	项目编码	项目名称及项目特征描述	计量单位	工程量	金额(元)		
					综合单价	合价	其中：暂估价
	0108	门窗工程					
1	010801001001	木质门 普通胶合板门 ① 单扇无亮，不带纱，4 樘	m^2	7.56			
2	010801006001	门锁安装 ① 锁品种：L 型执手锁	个	4			
3	010806001001	木质窗 普通平开窗 ① 单层玻璃双扇有亮子，10 樘	m^2	51.63			
4	010806004001	木纱窗 ① 窗纱材料品种、规格：铁纱	m^2	51.63			

【例 6-8】某建设工程项目位于广西南宁市市区内，该工程项目的铝合金推拉窗大样及数量如图 6-7 所示，铝合金采用 90 系列 1.4mm 厚白铝，玻璃为 5mm 白玻，推拉窗不带纱；该窗内设铝合金防盗窗，作法为 ϕ19 铝合金管套 ϕ14 钢筋。

要求：编制该工程铝合金推拉窗项目的工程量清单。

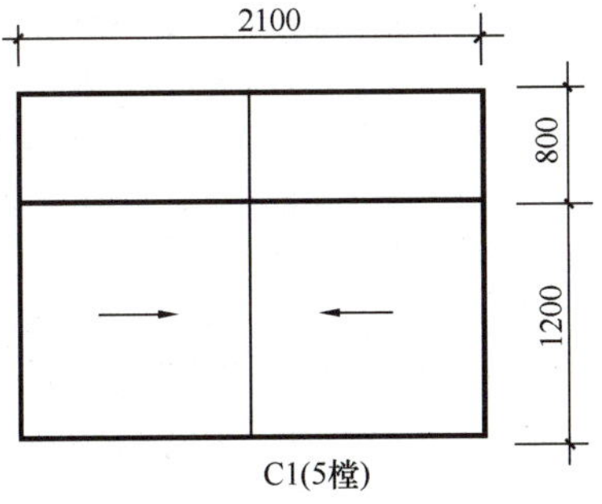

图 6-7　铝合金窗大样图

【解】

1. 铝合金推拉窗

$$S=2.1\times1.2\times5=12.60\text{m}^2$$

2. 铝合金固定窗

$$S=2.1\times0.8\times5=8.40\text{m}^2$$

3. 铝合金防盗窗

$$S=2.1\times2.0\times5=21.00\text{m}^2$$

表格填写（表 6-74）。

税前项目清单与计价表　　**表 6-74**

工程名称：××　　第　页　共　页

序号	项目编码	项目名称及项目特征描述	计量单位	工程量	金额(元)		
					综合单价	合价	其中：暂估价
		税前项目工程					
1	010807001001	金属推拉窗 ① 窗代号及洞口尺寸：＞2m² ② 框材质：采用 90 系列，1.4mm 厚白铝合金 ③ 玻璃品种、厚度：5mm 白玻	m²	12.60			

续表

序号	项目编码	项目名称及项目特征描述	计量单位	工程量	金额(元)		
					综合单价	合价	其中：暂估价
2	010807001002	金属固定窗 ① 窗代号及洞口尺寸：≤$2m^2$ ② 框材质：采用 90 系列，1.4mm 厚白铝合金 ③ 玻璃品种、厚度：5mm 白玻	m^2	8.40			
3	010807001003	金属防盗窗 ① 框材质：ϕ19 铝合金管套 ϕ14 钢筋	m^2	21.00			

注：(1) 计量单位根据广西实施细则取定：m^2。

(2) 工程量计算规则：以平方米计量，按设计图示洞口尺寸以面积计算。

(3) 根据广西南宁市《建设工程造价信息》对铝合金门窗、幕墙、塑钢门窗装饰制品的计算规定，铝合金推拉窗亮子高度超过 650mm，套用固定窗信息价。该工程 C1 亮子高度为 800mm>650mm，所以该工程项目的铝合金窗 C1 应分成“推拉窗、固定窗”两个清单项目。

(4) 根据广西南宁市《建设工程造价信息》对铝合金门窗、幕墙、塑钢门窗装饰制品的计算规定，同一类型的铝合金推拉窗分“洞口面积≤$2m^2$”、“洞口面积>$2m^2$”两个独立费单价，所以进行项目特征描述时只需将洞口尺寸描述成大于或小于等于 $2m^2$ 即可。如按窗代号、洞口具体尺寸数据描述，则一个建设工程项目大于 $2m^2$ 的窗也有可能存在有不同窗代号、不同洞口尺寸的现象，势必造成不必要的列项累赘。

(5) 根据广西南宁市《建设工程造价信息》对铝合金门窗、幕墙、塑钢门窗装饰制品的计算规定，铝合金防盗窗不分洞口面积进行计价，所以铝合金防盗窗不需描述窗代号及洞口面积。

任务6.9 屋面及防水工程

6.9.1 概况

清单项目设置：本分部设置4小节共24个清单项目，其中增补6个清单项目（以广西实施细则为例）。清单项目设置情况见表6-75。

屋面及防水工程清单项目数量表 **表6-75**

小节编号	名称	清单项目数	其中：广西增补项目数
J.1	瓦、型材屋面及其他屋面	8	3
J.2	屋面防水及其他	8	3
J.3	墙面防水、防潮	4	
J.4	楼(地)面防水、防潮	4	
合计		24	6

6.9.2 瓦、型材及其他屋面

1. 工程量清单项目设置

瓦、型材及其他屋面工程量清单项目设置、项目特征描述的内容、计量单位及工程量计算规则，按表6-76执行。

J.1 瓦、型材及其他屋面（编码：010901） **表6-76**

项目编码	项目名称	项目特征	计量单位	工程量计算规则	工作内容
010901001	瓦屋面	1. 瓦品种、规格 2. 粘结层砂浆种类、配合比	m^2	按设计图示尺寸以斜面积计算 不扣除房上烟囱、风帽底座、风道、小气窗、斜沟等所占面积。小气窗的出檐部分不增加面积	1. 砂浆制作、运输、摊铺、养护 2. 安瓦、作瓦脊
010901002	型材屋面	1. 型材品种、规格 2. 接缝嵌缝材料种类			1. 屋面型材安装 2. 接缝、嵌缝
010901003	阳光板屋面	1. 阳光板品种、规格 2. 骨架材料品种、规格 3. 接缝、嵌缝材料种类 4. 油漆品种、刷漆遍数		按设计图示尺寸以需要覆盖的水平投影面积计算	1. 骨架制作、运输、安装 2. 阳光板安装 3. 接缝、嵌缝

续表

项目编码	项目名称	项目特征	计量单位	工程量计算规则	工作内容
010901004	玻璃钢屋面	1. 玻璃钢品种、规格 2. 骨架材料品种、规格 3. 玻璃钢固定方式 4. 接缝、嵌缝材料种类 5. 油漆品种、刷漆遍数	m^2	按设计图示尺寸以需要覆盖的水平投影面积计算	1. 骨架制作、运输、安装、刷防护材料、油漆 2. 玻璃钢制作、安装 3. 接缝、嵌缝
010901005	膜结构屋面	1. 膜布品种、规格 2. 支柱（网架）钢材品种规格 3. 钢丝绳品种、规格 4. 锚固基座做法 5. 油漆品种、刷漆遍数		按设计图示尺寸以需要覆盖的水平投影面积计算	1. 膜布热压胶接 2. 支柱（网架）制作、安装 3. 膜布安装 4. 穿钢丝绳、锚头锚固 5. 锚固基座、挖土、回填 6. 刷防护材料，油漆
桂 010901006	屋面种植土	1. 土质种类、要求 2. 其他	m^3	按设计图示尺寸以体积计算	清理基层、覆土
桂 010901007	塑料排（蓄）水板	1. 材料种类、要求 2. 其他	m^2	按设计图示尺寸以面积计算	清理基层、铺塑料排（蓄）水板
桂 010901008	干铺土工布	1. 材料种类、要求 2. 其他			清理基层、敷设土工布、收头、清理

2. 工程量清单项目应用说明

(1) 瓦屋面若是在木基层上铺瓦，项目特征不必描述粘结层砂浆种类、配合比，瓦屋面铺防水层，按本附录表 J. 2 屋面防水及其他中相关项目编码列项。

(2) 型材屋面、阳光板屋面、玻璃钢屋面的柱、梁、屋架，按本册附录 F 金属结构工程、附录 G 木结构工程中相关项目编码列项。

3. 工程量清单编制实务注意事项

(1) 瓦屋面：适用于小青瓦、黏土瓦、筒瓦、水泥瓦、波纹瓦、琉璃瓦、西式陶瓦等。

瓦脊、瓦檐、盖瓦口应包括在报价内。在“13 版消耗量定额”中，瓦脊、瓦檐、盖瓦口按图示尺寸以延长米计算。“瓦屋面”报价不包括屋面木基层，应按附录 G. 3 屋面木基层项目编码列项。

(2) 型材屋面：适用于压型钢板、金属压型夹心板、彩钢屋面板等。型材屋面的檩条

（钢或木）以及骨架、螺栓、挂钩等应包括在报价内。

（3）阳光板屋面：适用于各种类型阳光屋面板等。阳光屋面板的骨架（钢或铝）以及螺栓、挂钩、接缝、嵌缝、油漆等应包括在报价内。

（4）玻璃钢屋面：适用于各种类型玻璃钢屋面板等。玻璃钢屋面板的骨架（钢或铝）以及固定方式、接缝、嵌缝、油漆等应包括在报价内。

（5）膜结构屋面：适用于膜布屋面。膜结构，也称索膜结构，是一种以膜布与支撑（柱、网架等）和拉结结构（拉杆、钢丝绳等）组成的屋盖、篷顶结构。

① 工程量的计算按设计图示尺寸以需要覆盖的水平投影面积计算。

② 支撑和拉固膜布的钢柱、拉杆、金属网架、钢丝绳、锚固的销头等应包括在报价内。

③ 锚固基座的挖土、回填应包括在报价内。

④ 支撑柱的钢筋混凝土的柱基、锚固的钢筋混凝土基础以及地脚螺栓等按混凝土及钢筋混凝土相关项目编码列项。

（6）“瓦屋面”的木檩条、木椽子、安顺水条、挂瓦条应按木结构和木基层项目编码列项。

6.9.3 屋面防水及其他

1. 工程量清单项目设置

屋面防水及其他工程量清单项目设置、项目特征描述的内容、计量单位及工程量计算规则，按表6-77执行。

J.2 屋面防水及其他（编码：010902） **表6-77**

项目编码	项目名称	项目特征	计量单位	工程量计算规则	工作内容
010902001	屋面卷材防水	1. 卷材品种、规格、厚度 2. 防水层数 3. 防水层做法	m^2	按设计图示尺寸以面积计算 1. 斜屋顶(不包括平屋顶找坡)按斜面积计算平屋顶按水平投影面积计算 2. 不扣除房上烟囱、风帽底座、风道、屋面小气窗和斜沟所占面积 3. 屋面的女儿墙、伸缩缝和天窗等处的弯起部分，并入屋面工程量内	1. 基层处理 2. 刷底油 3. 铺油毡卷材、接缝
010902002	屋面涂膜防水	1. 防水膜品种 2. 涂膜厚度、遍数或层数 3. 增强材料种类			1. 基层处理 2. 刷基层处理剂 3. 铺布、喷涂防水层
010902003	屋面刚性层	1. 刚性层厚度 2. 砂浆、混凝土种类 3. 砂浆配合比、混凝土强度等级 4. 嵌缝材料种类 5. 钢筋种类、规格 6. 钢筋间距		按设计图示尺寸以面积计算。不扣除房上烟囱、风帽底座、风道等所占面积	1. 基础处理 2. 混凝土制作、运输、铺筑、养护 3. 砂浆制作、运输、摊铺、养护 4. 钢筋制安

续表

项目编码	项目名称	项目特征	计量单位	工程量计算规则	工作内容
010902007	屋面天沟、檐沟	1. 材料品种、规格 2. 接缝、嵌缝材料种	m^2	按设计图示尺寸以展开面积计算	1. 天沟材料铺设 2. 天沟配件安装 3. 接缝、嵌缝 4. 刷防护材料
010902008	屋面变形缝	1. 缝宽 2. 嵌缝材料种类 3. 止水带材料种类 4. 盖缝材料种类及规格 5. 防护材料种类	m	按设计图示尺寸以长度计算	1. 清缝 2. 填塞防水材料 3. 止水带安装 4. 盖缝制作、安装 5. 刷防护材料
桂010902009	屋面型钢天沟	1. 材料品种、规格 2. 接缝、嵌缝材料种	t	按设计图示尺寸以质量计算	1. 天沟材料铺设 2. 天沟构件安装 3. 接缝、嵌缝 4. 刷防护材料
桂010902010	屋面不锈钢天沟	1. 材料品种、规格 2. 接缝、嵌缝材料种类	m	按设计图示尺寸以延长米计算	1. 天沟材料铺设 2. 天沟构件安装 3. 接缝嵌缝 4. 刷防护材料
桂010902011	屋面单层彩钢板天沟				1. 天沟材料铺设 2. 天沟构件安装 3. 接缝嵌缝 4. 刷防护材料

2. 工程量清单项目应用说明

(1) 屋面找平层按本册附录L楼地面装饰工程“平面砂浆找平层”项目编码列项。

(2) 屋面防水搭接及附加层用量不另行计算，在综合单价中考虑。

(3) 屋面保温找坡层按本册附录K保温、隔热、防腐工程“保温隔热屋面”项目编码列项。

(4) 屋面排水管、屋面排（透）气管、屋面（廊、阳台）泄（吐）水管按第三册通用安装工程相应项目编码列项。

3. 工程量清单编制实务注意事项

(1) 屋面卷材防水：适用于利用胶结材料粘贴卷材进行防水的屋面。

① 基层处理（清理修补、刷基层处理剂）等应包括在报价内。

② 檐沟、天沟、水落口、泛水收头、变形缝等处的卷材附加层应包括在报价内。

③ 卷材屋面的接缝、收头应包括在报价内。

④ 浅色或反射涂料保护层、绿豆砂保护层、细砂、云母及蛭石保护层应包括在报价内。

⑤ 抹找平层、水泥砂浆保护层、细石混凝土保护层不包括在报价内，按相关项目编码列项。

(2) 屋面涂膜防水：适用于厚质涂料、薄质涂料和有加增强材料或无加增强材料的涂膜防水屋面。

① 基层处理（清理修补、刷基层处理剂等）应包括在报价内。

② 需加强材料的应包括在报价内。

③ 檐沟、天沟、水落口、泛水收头、变形缝等处的附加层材料应包括在报价内。

④ 浅色或反射涂料保护层、绿豆砂保护层、细砂、云母、蛭石保护层应包括在报价内。

⑤ 抹找平层、水泥砂浆、细石混凝土保护层不包括在报价内，按相关项目编码列项。

(3) 屋面刚性层：适用于细石混凝土、补偿收缩混凝土、块体混凝土、预应力混凝土、钢纤维混凝土和防水砂浆刚性防水屋面。

① 刚性防水屋面的分格缝、泛水、变形缝部位的防水卷材、密封材料、背衬材料、沥青麻丝包括在报价内。

② 屋面刚性防水层如使用钢筋网者，应包括在报价内。

(4) 屋面天沟、檐沟：适用于水泥砂浆天沟、细石混凝土天沟、预制混凝土天沟板、卷材天沟、玻璃钢天沟、镀锌铁皮天沟等；塑料檐沟、镀锌铁皮檐沟、玻璃钢天沟等。

① 天沟、沿沟固定卡件、支撑件应包括在报价内。

② 天沟、沿沟的接缝、嵌缝材料应包括在报价内。

(5) 屋面变形缝：仅适用于屋面部位的抗震缝、温度缝（伸缩缝）、沉降缝。止水带安装、盖板制作、安装应包括在报价内。

6.9.4　墙面防水、防潮

1. 工程量清单项目设置

墙面防水、防潮工程量清单项目设置、项目特征描述的内容、计量单位及工程量计算规则，按表 6-78 执行。

J.3 墙面防水、防潮（编码：010903）　　　　**表 6-78**

项目编码	项目名称	项目特征	计量单位	工程量计算规则	工作内容
010903001	墙面卷材防水	1. 卷材品种、规格、厚度 2. 防水层数 3. 防水层做法	m^2	按设计图示尺寸以面积计算	1. 基层处理 2. 刷粘结剂 3. 铺防水卷材 4. 接缝嵌缝
010903002	墙面涂膜防水	1. 防水膜品种 2. 涂膜厚度、遍数或层数 3. 增强材料种类			1. 基层处理 2. 刷基层处理剂 3. 铺布、喷涂防水层
010903003	墙面砂浆防水（防潮）	1. 防水层做法 2. 砂浆厚度、砂浆种类配合比 3. 钢丝网规格			1. 基层处理 2. 挂钢丝网片 3. 设置分格缝 4. 砂浆制作、运输、摊铺养护
010903004	墙面变形缝	1. 缝宽 2. 嵌缝材料种类 3. 止水带材料种类 4. 盖缝材料种类及规格 5. 防护材料种类	m	按设计图示以长度计算	1. 清缝 2. 填塞防水材料 3. 止水带安装 4. 盖缝制作、安装 5. 刷防护材料

2. 工程量清单项目应用说明

(1) 墙面防水搭接及附加层用量不另行计算，在综合单价中考虑。

(2) 墙面变形缝，若做双面，工程量乘系数 2。

(3) 墙面找平层按本册附录 M 墙、柱面装饰与隔断、幕墙工程“立面砂浆找平层”项目编码列项。

3. 工程量清单编制实务注意事项

(1) 墙面卷材防水、墙面涂膜防水：仅适用于墙面部位的防水。

① 基层处理、刷胶粘剂、铺防水卷材应包括在报价内。

② 搭接、嵌缝材料、附加层卷材用量不另行计算，应包括在报价内。

③ 墙面的找平层、保护层应按相关项目编码列项。

(2) 墙面砂浆防水（防潮）：仅适用墙面部位的防水防潮。挂钢丝网片、防水和防潮层的外加剂应包括在报价内。

(3) 墙面变形缝：仅适用墙体部位的抗震缝、温度缝（伸缩缝）、沉降缝。止水带安装和盖板制作，安装应包括在报价内。

6.9.5　楼（地）面防水、防潮

1. 工程量清单项目设置

楼（地）面防水、防潮工程量清单项目设置、项目特征描述的内容、计量单位及工程量计算规则，按表 6-79 执行。

J.4 楼（地）面防水、防潮（编码：010904）　　表 6-79

项目编码	项目名称	项目特征	计量单位	工程量计算规则	工作内容
010904001	楼(地)面卷材防水	1. 卷材品种、规格、厚度 2. 防水层数 3. 防水层做法 4. 反边高度	m^2	按设计图示尺寸以面积计算 楼(地)面防水：按主墙间净空面积计算，扣除凸出地面的构筑物、设备基础等所占面积，不扣除间壁墙及单个面积≤0.3m^2柱、垛、烟囱和孔洞所占面积	1. 基层处理 2. 刷胶粘剂 3. 铺防水卷材 4. 接缝、嵌缝
010904002	楼(地)面涂膜防水	1. 防水膜品种 2. 涂膜厚度、遍数或层数 3. 增强材料种类 4. 反边高度			1. 基层处理 2. 刷基层处理剂 3. 铺布、喷涂防水层
010904003	楼(地)面砂浆防水(防潮)	1. 防水层做法 2. 砂浆厚度、砂浆种类、配合比 3. 反边高度			1. 基层处理 2. 砂浆制作、运输、摊铺养护
010904004	楼(地)面变形缝	1. 缝宽 2. 嵌缝材料种类 3. 止水带材料种类 4. 盖缝材料种类及规格 5. 防护材料种类	m	按设计图示以长度计算	1. 清缝 2. 填塞防水材料 3. 止水带安装 4. 盖缝制作、安装 5. 刷防护材料

2. 工程量清单项目应用说明

(1) 楼（地）面防水找平层按本册附录L楼地面装饰工程“平面砂浆找平层”项目编码列项。

(2) 楼（地）面防水搭接及附加层用量不另行计算，在综合单价中考虑。

(3) 楼（地）面防水反边高度≤300mm算作地面防水，反边高度>300mm按墙面防水计算。

3. 工程量清单编制实务注意事项

(1) 楼（地）面卷材防水：仅适用于楼（地）面部位的卷材防水。

① 基层处理、刷胶粘剂、铺防水卷材应包括在报价内。

② 搭接，嵌缝材料、附加层卷材用量不另计算，应包括在报价内。

③ 楼（地）面的找平层，保护层应按相关项目编码列项。

(2) 楼（地）面涂膜防水：适用于厚质涂料、薄质涂料和有加增强材料或无加增强材料的涂膜防水楼（地）面。

(3) 楼（地）面砂浆防水（防潮）：仅适用楼（地）面部位的防水防潮。防水、防潮层的外加剂应包括在报价内。

(4) 楼（地）面变形缝：仅适用楼（地）面部位的抗震缝、温度缝（伸缩缝）、沉降缝。

① 阻火带安装和盖板制作、安装应包括在报价内。

② 楼（地）面变形缝若做双面，工程量乘以系数2。

6.9.6 计算实例

【例6-9】 某单层工具房工程，设计不上人屋面如图6-8所示，轴线居中，女儿墙高300mm，墙厚240mm。屋面做法（自上向下）为：

屋面实景图片

① 2mm厚聚氨酯防水涂料，沿女儿墙上卷高度为250mm；

② 刷基层处理剂一道；

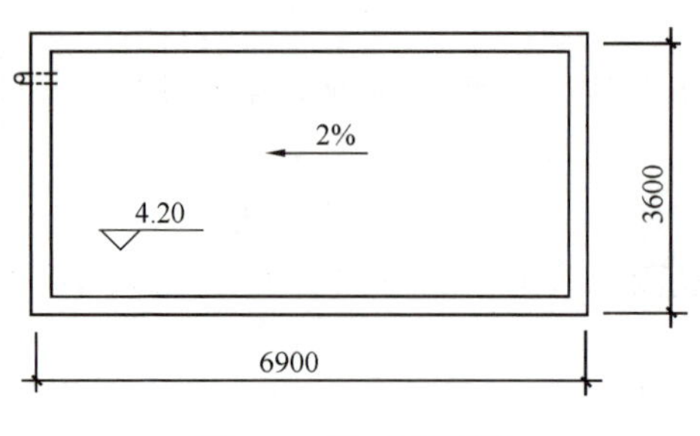

图 6-8　屋面平面图

③ 20mm 厚 1∶2.5 水泥砂浆找平层；

④ 钢筋混凝土屋面板，表面清扫干净。

要求：编制该屋面做法的工程量清单。

【解】 完成填写结果见表 6-80。

第一步：查阅工程量计算规范广西实施细则，正确选择清单项目。

填写项目编码、项目名称、项目特征描述、计量单位。

第二步：计算清单工程量。

计算思路：根据工程量计算规则计算相应工程量。

第三步：填写工程量计算结果。

具体内容如下：

1. 屋面涂膜防水

(1) 项目编码：010902002001。

(2) 项目名称：屋面涂膜防水。

(3) 项目特征：

① 防水膜品种：2mm 厚聚氨酯防水涂料；

② 底油：刷基层处理剂一道。

(4) 单位：m^2。

(5) 工程量计算规则：按设计图示尺寸以面积计算。

(6) 工程量计算：

$$S = \text{屋面水平面积} + \text{上卷面积}$$
$$= (6.9 - 0.12 \times 2) \times (3.6 - 0.12 \times 2) + 0.25 \times (6.9 - 0.12 \times 2 + 3.6 - 0.12 \times 2) \times 2$$
$$= 27.39 m^2$$

(7) 表格填写（见表 6-80）。

分部分项工程和单价措施项目清单与计价表　　**表 6-80**

工程名称：××　　第　页　共　页

序号	项目编码	项目名称及项目特征描述	计量单位	工程量	金额(元)		
					综合单价	合价	其中：暂估价
	0109	屋面及防水工程					
1	010902002001	屋面涂膜防水 ① 防水膜品种：2mm 厚聚氨酯防水涂料； ② 底油：刷基层处理剂一道	m^2	27.39			
	0111	楼地面装饰工程					
2	011101006001	屋面砂浆找平层 ① 找平层厚度、配合比：1∶2.5 水泥砂浆找平层 20mm 厚	m^2	22.38			

2. 屋面砂浆找平层

(1) 项目编码：011101006001。

(2) 项目名称：屋面砂浆找平层。

(3) 项目特征：

找平层厚度、配合比：20mm 厚 1∶2.5 水泥砂浆找平层。

(4) 单位：m^2。

(5) 工程量计算规则：按设计图示尺寸以面积计算。

(6) 工程量计算：

$$S=(6.9-0.12\times 2)\times(3.6-0.12\times 2)=22.38m^2$$

任务 6.10　保温、隔热、防腐工程

6.10.1　概况

本分部设置 3 小节共 16 个清单项目。清单项目设置情况见表 6-81。

保温、隔热、防腐工程清单项目数量表　　**表 6-81**

小节编号	名称	清单项目数	其中：广西增补项目数
K.1	保温、隔热	6	
K.2	防腐面层	7	
K.3	其他防腐	3	
合计		16	

6.10.2 保温、隔热

1. 工程量清单项目设置

保温、隔热工程量清单项目设置、项目特征描述的内容、计量单位及工程量计算规则，按表 6-82 执行。

K.1 保温、隔热（编码：011001） **表 6-82**

项目编码	项目名称	项目特征	计量单位	工程量计算规则	工作内容
011001001	保温隔热屋面	1. 保温隔热材料品种规格、厚度 2. 隔气层材料品种、厚度 3. 粘结材料种类、做法 4. 防护材料种类、做法		按设计图示尺寸以面积计算。扣除面积＞0.3m² 孔洞及占位面积	1. 基层清理 2. 刷粘结材料 3. 铺粘保温层 4. 铺、刷（喷）防护材料
011001002	保温隔热天棚	1. 保温隔热面层材料品种、规格、性能 2. 保温隔热材料品种规格及厚度 3. 粘结材料种类及做法 4. 防护材料种类及做法		按设计图示尺寸以面积计算。扣除面积＞0.3m² 柱、躲、孔洞所占面积，与天棚相连的梁按展开面积，计算并入天棚工程量内	
011001003	保温隔热墙面	1. 保温隔热部位 2. 保温隔热方式 3. 踢脚线、勒脚线保温做法 4. 龙骨材料品种、规格 5. 保温隔热面层材料品种、规格、性能 6. 保温隔热材料品种、规格及厚度 7. 增强网及抗裂防水砂浆种类 8. 粘结材料种类及做法 9. 防护材料种类及做法	m²	按设计图示尺寸以面积计算。扣除门窗洞口以及面积＞0.3m² 梁、孔洞所占面积；门窗洞口侧壁以及与墙相连的柱，并入保温墙体工程量内	1. 基层清理 2. 刷界面剂 3. 安装龙骨 4. 填贴保温材料 5. 保温板安装 6. 粘贴面层 7. 铺设增强格网、抹抗裂防水砂浆面层 8. 嵌缝 9. 铺、刷（喷）防护材料
011001004	保温柱、梁			按设计图示尺寸以面积计算 1. 柱按设计图示柱断面保温层中心线展开长度乘保温层高度以面积计算，扣除面积＞0.3m² 梁所占面积 2. 梁按设计图示梁断面保温层中心线展开长度乘保温层长度以面积计算	
011001005	保温隔热楼地面	1. 保温隔热部位 2. 保温隔热材料品种、规格、厚度 3. 隔气层材料品种、厚度 4. 粘结材料种类、做法 5. 防护材料种类、做法		按设计图示尺寸以面积计算。扣除面积＞0.3m² 柱、垛、孔洞等所占面积。门洞、空圈、暖气包槽、壁龛的开口部分不增加面积	1. 基层清理 2. 刷粘结材料 3. 铺粘保温层 4. 铺、刷（喷）防护材料

续表

项目编码	项目名称	项目特征	计量单位	工程量计算规则	工作内容
011001006	其他保温隔热	1. 保温隔热部位 2. 保温隔热方式 3. 隔气层材料品种、厚度 4. 保温隔热面层材料品种、规格、性能 5. 保温隔热材料品种、规格及厚度 6. 粘结材料种类及做法 7. 增强网及抗裂防水砂浆种类 8. 防护材料种类及做法	m^2	按设计图示尺寸以展开面积计算。扣除面积＞$0.3m^2$孔洞及占位面积	1. 基层清理 2. 刷界面剂 3. 安装龙骨 4. 填贴保温材料 5. 保温板安装 6. 粘贴面层 7. 铺设增强格网、抹抗裂防水砂浆面层 8. 嵌缝 9. 铺、刷(喷)防护材料

2. 工程量清单项目应用说明

(1) 保温隔热装饰面层，按本册附录L、M、N、P、Q中相关项目编码列项；仅做找平层按本册附录L楼地面装饰工程“平面砂浆找平层”或本册附录M墙、柱面装饰与隔断、幕墙工程“立面砂浆找平层”项目编码列项。

(2) 柱帽保温隔热应并入天棚保温隔热工程量内。

(3) 池槽保温隔热应按其他保温隔热项目编码列项。

(4) 保温隔热方式：指内保温、外保温、夹心保温。

(5) 保温柱、梁适用于不与墙、天棚相连的独立柱、梁。

3. 工程量清单编制实务注意事项

(1) 保温隔热屋面：适用于各种材料的屋面隔热保温。

① 屋面保温隔热层上的找平层、防水层应按相关项目编码单独列项。

② 预制混凝土隔热板制作与砌筑砖墩包含在“预制隔热板屋面”项目的报价内。

③ 屋面保温隔热的找坡应包括在报价内。

(2) 保温隔热天棚：适用于各种材料的下贴式或吊顶上搁置式的保温隔热的天棚。

① 下贴式如需底层抹灰时，应按相关项目编码列项。

② 保温隔热材料需加药物防虫剂时，应在清单中进行描述。

③ 保温隔热天棚的面层应包括在报价内。保温隔热天棚装饰面层应按附录N天棚工程相关项目编项。

(3) 保温隔热墙：适用于工业与民用建筑物外墙、内墙保温隔热工程。

① 外墙内保温和外保温的面层应包括在报价内。保温隔热墙装饰面层应按附录M墙、柱面装饰与隔断、幕墙工程相关项目编码列项。

② 外墙内保温的内墙保温踢脚线应包括在报价内。

③ 外墙外保温、内保温、内墙保温的找平层或刮腻子应按附录M墙、柱面装饰与隔断、幕墙工程相关项目编码列项。

(4) 保温柱、梁：仅适用于不与墙、天棚相连的独立柱、梁，与墙、天棚相连的柱、梁应分别并入墙、天棚项目中。

① 柱、梁保温的面层应包括在报价内。保温隔热装饰面层应按附录 M 墙、柱面装饰与隔断、幕墙工程相关项目编码列项。

② 柱保温的踢脚线应包括在报价内。

③ 柱、梁保温的基层抹灰或刮腻子应按附录 M 墙、柱面装饰与隔断、幕墙工程相关项目编码列项。

(5) 保温隔热楼地面：适用于工业与民用建筑物楼地面保温隔热工程。

① 楼地面保温的面层应包括在报价内。

② 保温隔热楼地面的垫层按附录“D. 4 垫层”以及附录“E. 1 现浇混凝土基础”相关项目编码列项；其找平层按附录 L. 1 中“平面砂浆找平层”项目编码列项。

③ 保温隔热装饰面应按附录 L 楼地面装饰工程相关项目编码列项。

(6) 其他保温隔热：适用于其他工程（如：池、槽保温隔热等）保温隔热工程。

① 其他保温的面层应包括在报价内。

② 其他保温的垫层、找平层、装饰面应按相关项目编码列项。

6. 10. 3　防腐面层

1. 工程量清单项目设置

防腐面层工程量清单项目设置、项目特征描述的内容、计量单位及工程量计算规则，按表 6-83 执行。

K. 2 防腐面层（编码：011002）　　　　**表 6-83**

<table>
<tr><th>项目编码</th><th>项目名称</th><th>项目特征</th><th>计量单位</th><th>工程量计算规则</th><th>工作内容</th></tr>
<tr><td>011002001</td><td>防腐混凝土面层</td><td>1. 防腐部位
2. 面层厚度
3. 混凝土种类
4. 胶泥种类、配合比</td><td rowspan="4">m²</td><td rowspan="4">按设计图示尺寸以面积计算
1. 平面防腐：扣除凸出地面的构筑物、设备基础等以及面积>0.3m² 孔洞、柱、垛等所占面积，门洞、空圈、暖气包槽、壁龛的开口部分不增加面积
2. 立面防腐：扣除门、窗、洞口以及面积>0.3m² 孔洞、梁所占面积，门、窗洞口侧壁、垛突出部分按展开面积并入墙面积内</td><td>1. 基层清理
2. 基层刷稀胶泥
3. 混凝土制作、运输、摊铺、养护</td></tr>
<tr><td>011002002</td><td>防腐混凝土面层</td><td>1. 防腐部位
2. 面层厚度
3. 砂浆、胶泥种类、配合比</td><td>1. 基层清理
2. 基层刷稀胶泥
3. 砂浆制作、运输、摊铺养护</td></tr>
<tr><td>011002003</td><td>防腐混凝土面层</td><td>1. 防腐部位
2. 面层厚度
3. 胶泥种类、配合比</td><td>1. 基层清理
2. 胶泥调制、摊铺</td></tr>
<tr><td>011002004</td><td>防腐胶泥面层</td><td>1. 防腐部位
2. 玻璃钢种类
3. 贴布材料的种类、层数
4. 面层材料品种</td><td>1. 基层清理
2. 刷底漆、刮腻子
3. 胶浆配制、涂刷
4. 粘布、涂刷面层</td></tr>
</table>

续表

<table>
<tr><th>项目编码</th><th>项目名称</th><th>项目特征</th><th>计量单位</th><th>工程量计算规则</th><th>工作内容</th></tr>
<tr><td>011002005</td><td>玻璃钢防腐面层</td><td>1. 防腐部位
2. 面层材料品种、厚度
3. 粘结材料种类</td><td rowspan="2">m^2</td><td rowspan="2">按设计图示尺寸以面积计算
1. 平面防腐：扣除凸出地面的构筑物、设备基础等以及面积>0.3m^2孔洞、柱、垛等所占面积，门洞、空圈、暖气包槽、壁龛的开口部分不增加面积
2. 立面防腐：扣除门、窗、洞口以及面积>0.3m^2孔洞、梁所占面积，门、窗洞口侧壁、垛突出部分按展开面积并入墙面积内</td><td>1. 基层清理
2. 配料、涂胶
3. 聚氯乙烯板铺设</td></tr>
<tr><td>011002006</td><td>聚氯乙烯板面层</td><td>1. 防腐部位
2. 块料品种、规格
3. 粘结材料种类
4. 勾缝材料种类</td><td>1. 基层清理
2. 铺贴块料
3. 胶泥调制、勾缝</td></tr>
<tr><td>011002007</td><td>块料防腐面层</td><td>1. 防腐池、槽名称代号
2. 块料品种、规格
3. 粘结材料种类
4. 勾缝材料种类</td><td>m^3</td><td>按设计图示尺寸以展开面积计算</td><td>1. 基层清理
2. 铺贴块料</td></tr>
</table>

2. 工程量清单项目应用说明

防腐踢脚线，应按本册附录 L 楼地面装饰工程“踢脚线”项目编码列项。

3. 工程量清单编制实务注意事项

（1）防腐混凝土面层、防腐砂浆面层、防腐胶泥面层

① 因防腐材料不同产生价格上的差异，清单项目中必须列出混凝土、砂浆、胶泥的材料种类，如水玻璃混凝土、沥青混凝土等。

② 如遇池槽防腐，池底和池壁可合并列项，也可分为池底面积和池壁防腐面积，分别列项。

（2）玻璃钢防腐面层：适用于树脂胶料与增强材料［如：玻璃纤维丝（布）玻璃纤维表面毡、玻璃纤维短切毡或涤纶布、涤纶毡、丙纶布、丙纶毡等］复合塑制而成的玻璃钢防腐。

① 项目名称应描述构成玻璃钢、树脂和增强材料名称。如：环氧酚醛（树脂）玻璃钢、酚醛（树脂）玻璃钢、环氧煤焦油（树脂）玻璃钢、环氧呋喃（树脂）玻璃钢、不饱和聚酯（树脂）玻璃钢等。增强材料玻璃纤维布、毡、涤纶布毡等。

② 应描述防腐部位和立面、平面。

（3）聚氯乙烯板面层：适用于地面、墙面的软、硬聚氯乙烯板防腐工程。聚氯乙烯板的焊接应包括在报价内。

（4）块料防腐面层：适用于楼地面各类块料防腐工程。

① 踢脚线块料防腐面层按附录 L 楼地面装饰工程“踢脚线”项目编码列项。

② 防腐蚀块料粘贴部位（楼面、地面、池、槽、基础、踢脚线）应在清单项目中进

行描述。

③ 防腐蚀块料的规格、品种（瓷板、陶板、铸石板、天然石板等）应在清单项目中进行描述。

（5）池、槽块料防腐面层：适用于池、槽各类块料防腐工程。

6.10.4　其他防腐

1. 工程量清单项目设置

其他防腐工程量清单项目设置、项目特征描述的内容、计量单位及工程量计算规则，按表 6-84 执行。

K.3 其他防腐（编码：011003）　　表 6-84

项目编码	项目名称	项目特征	计量单位	工程量计算规则	工作内容
011003001	隔离层	1. 隔离层部位 2. 隔离层材料品种 3. 隔离层做法 4. 粘贴材料种类	m^2	按设计图示尺寸以面积计算 1. 平面防腐：扣除凸出地面的构筑物、设备基础等以及面积＞0.3m^2 孔洞、柱、垛等所占面积，门洞、空圈、暖气包槽、壁龛的开口部分不增加面积 2. 立面防腐：扣除门、窗、洞口以及面积＞0.3m^2 孔洞、梁所占面积，门、窗、洞口侧壁、垛突出部分按展开面积并入墙面积内	1. 基层清理、刷油 2. 煮沥青 3. 胶泥调制 4. 隔离层铺设
011003002	砌筑沥青浸渍砖	1. 砌筑部位 2. 浸渍砖规格 3. 胶泥种类 4. 浸渍砖砌法	m^3	按设计图示尺寸以体积计算	1. 基层清理 2. 胶泥调制 3. 浸渍砖铺砌
011003003	防腐涂料	1. 涂刷部位 2. 基层材料类烈 3. 刮腻子的种类、遍数 4. 涂料品种、刷涂遍数	m^2	按设计图示尺寸以面积计算 1. 平面防腐：扣除凸出地面的构筑物、设备基础等以及面积＞0.3m^2 孔洞、柱、垛等所占面积，门洞、空圈、暖气包槽、壁龛的开口部分不增加面积 2. 立面防腐：扣除门、窗、洞口以及面积＞0.3m^2 孔洞、梁所占面积，门、窗、洞口侧壁、垛突出部分按展开面积并入墙面积内	1. 基层清理 2. 刮腻子 3. 刷涂料

2. 工程量清单项目应用说明

浸渍砖砌法指平砌、立砌。

3. 工程量清单编制实务注意事项

（1）隔离层：适用于楼面、地面、墙面、池、槽、踢脚线的沥青类、树脂玻璃钢类防腐工程隔离层。

（2）砌筑沥青浸渍砖：适用于浸渍页岩标准砖。清单工程量以体积计算，与“13版消耗量定额”的计量单位不同。立砌按厚度115mm计算；平砌以53mm计算。

（3）防腐涂料：适用于建筑物、构筑物以及钢结构的防腐。

① 项目名称应对涂刷基层（混凝土、抹灰面）进行描述。

② 需刮腻子时应包括在报价内。

③ 应对涂料底漆层、中间漆层、面漆涂刷（或刮）遍数进行描述。

6.10.5　计算实例

【例6-10】 某工程屋面如图6-9所示，女儿墙厚190mm，屋面做法（自上向下）为：

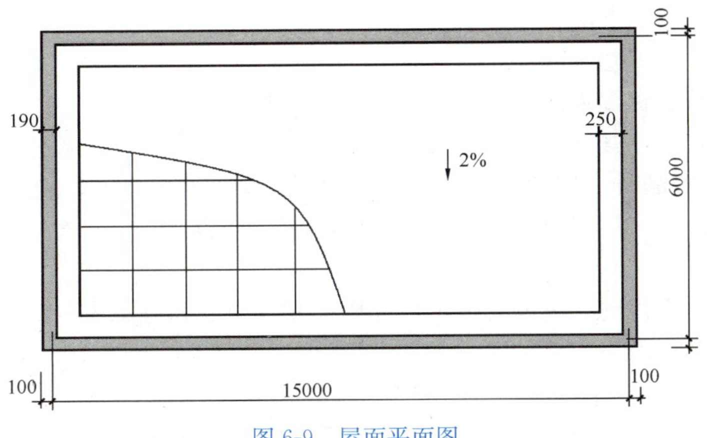

图6-9　屋面平面图

① 侧砌多孔砖带，30mm 厚 C20 细石混凝土隔热板 500mm×500mm，1∶1 水泥砂浆填缝，内配钢筋 ϕ4@150；

② 满铺 4mm 厚 SBS 改性沥青卷材一层防水层，沿女儿墙上卷高度为 250mm；

③ 刷冷底子油一道；

④ 1∶3 水泥砂浆找平层 20mm 厚；

⑤ 1∶10 水泥珍珠岩保温层，最薄处 20mm，铺至女儿墙内侧面；

⑥ 钢筋混凝土屋面板，表面清扫干净。

要求：编制该屋面做法的工程量清单。

【解】完成填写结果见表 6-85。

第一步：查阅工程量计算规范广西实施细则，正确选择清单项目。

填写项目编码、项目名称、项目特征描述、计量单位。

第二步：计算清单工程量。

计算思路：根据工程量计算规则计算相应工程量。

第三步：填写工程量计算结果。

具体内容如下：

1. 屋面卷材防水

（1）项目编码：010902001001。

（2）项目名称：屋面卷材防水。

（3）项目特征：

① 卷材品种、规格、厚度：满铺 4mm 厚 SBS 改性沥青卷材一层；

② 底油：刷冷底子油一道。

（4）单位：m^2。

（5）工程量计算规则：按设计图示尺寸以面积计算。

（6）工程量计算

S = 屋面水平面积 + 上卷

$= (15 - 0.09 \times 2) \times (6 - 0.09 \times 2) + 0.25 \times (15 - 0.09 \times 2 + 6 - 0.09 \times 2) \times 2$

$= 96.57m^2$

（7）表格填写（见表 6-85）。

2. 屋面细石混凝土隔热板

（1）项目编码：011001001001。

（2）项目名称：保温隔热屋面。

（3）项目特征：

保温隔热材料品种、规格、厚度：侧砌多孔砖巷，30 厚 C20 细石混凝土隔热板 500mm×500mm，1∶1 水泥砂浆填缝，内配钢筋 ϕ4@150。

（4）单位：m^2。

（5）工程量计算规则：按设计图示尺寸以面积计算。扣除面积 $>0.3\ m^2$ 孔洞及占位面积。

（6）工程量计算

S = 屋面水平面积(不包括天沟范围)

$=(15-0.09\times2-0.25\times2)\times(6-0.09\times2-0.25\times2)$
$=76.18\text{m}^2$

（7）表格填写（见表 6-85）。

3. 屋面 1∶10 水泥珍珠岩保温层

（1）项目编码：011001001002。

（2）项目名称：保温隔热屋面。

（3）项目特征：

保温隔热材料品种、规格、厚度：1∶10 水泥珍珠岩保温层 78.2mm 厚。

（4）单位：m^2。

（5）工程量计算规则：按设计图示尺寸以面积计算。扣除面积>0.3m^2 孔洞及占位面积。

（6）工程量计算

$$S=\text{屋面水平面积}=(15-0.09\times2)\times(6-0.09\times2)=86.25\text{m}^2$$

（7）厚度计算

$$h=(6-0.09\times2)\times2\%\div2+0.02=0.0782\text{m}=78.2\text{mm}$$

（8）表格填写（见表 6-85）。

分部分项工程和单价措施项目清单与计价表　　**表 6-85**

工程名称：××　　第　页　共　页

序号	项目编码	项目名称及项目特征描述	计量单位	工程量	金额(元)		
					综合单价	合价	其中：暂估价
	0109	屋面及防水工程					
1	010902001001	屋面卷材防水 ① 卷材品种、规格、厚度：满铺 4mm 厚 SBS 改性沥青卷材一层 ② 底油：刷冷底子油一道	m^2	96.57			
	0110	保温隔热防腐工程					
2	011001001001	保温隔热屋面 ① 保温隔热材料品种、规格、厚度：侧砌多孔砖巷，30 厚 C20 细石混凝土隔热板 500×500mm，1∶1 水泥砂浆填缝，内配钢筋 ϕ4@150	m^2	76.18			
3	011001001002	保温隔热屋面 1∶10 水泥珍珠岩 ① 保温层厚度：78.2mm 厚	m^2	86.25			
	0111	楼地面装饰工程					
4	011101006001	屋面砂浆找平层 ① 找平层厚度、配合比：1∶3 水泥砂浆找平层 20mm 厚	m^2	86.25			

4. 屋面砂浆找平层

（1）项目编码：011101006001。

（2）项目名称：屋面砂浆找平层。

（3）项目特征：

找平层厚度、配合比：1∶3水泥砂浆找平层20mm厚。

（4）单位：m^2。

（5）工程量计算规则：按设计图示尺寸以面积计算。

（6）工程量计算

$$S=\text{屋面水平面积}=86.25m^2$$

思考题与习题

1. 简述挖一般土方、挖沟槽土方、挖基坑土方的区别。
2. 简述平整场工程量计算规则。
3. 简述应按零星砌砖项目编码列项的工程内容。
4. 简述现浇混凝土柱工程量计算规则。
5. 简述现浇混凝土梁工程量计算规则。
6. 请列举三个计量单位不是"m^3"的混凝土清单项目。
7. 简述楼（地）面卷材防水的工程量计算规则。
8. 简述广西南宁市对推拉窗、平开窗、平开门、铝合金地弹门的亮子工程量计算规定。
9. 简述广西南宁市对门连窗工程量计算规定。
10. 简述广西南宁市对异形窗、圆弧窗工程量计算规定。
11. 某工程设计门的作法、尺寸见表6-86。要求：对该工程的门进行工程量清单列项。

门窗表 表 6-86

序号	设计编号	洞口尺寸（mm）	数量	材料及类型	备注
1	FM 甲 1	1000×2100	1	甲级钢质防火门	L 型防火执手锁
2	FM 甲 2	900×2100	2	甲级钢质防火门	L 型防火执手锁
3	M1	2700×3000	2	铝合金卷帘门	电动
4	M2	1000×2100	6	胶合板门	L 型执手锁
5	M3	900×2100	12	胶合板门	L 型执手锁
6	M4	1200×2100	2	装饰成品门	L 型执手锁
7	M5	900×2100	2	装饰成品门	L 型执手锁

12. 某工程砖砌体设计采用 M5.0 混合砂浆砌页岩砖，墙厚 240mm，工程量为 333.62m^3。砌体拉结算采用 ϕ6.5 钢筋，经计算得 0.75t。

要求：对该工程砌体、砌体拉结筋进行工程量清单列项。

13. 某工程设计墙基防潮层为 20mm 厚 1∶2 防水砂浆，工程量为 26.55m^2；屋面找平层为 15mm 厚 1∶2.5 水泥砂浆，工程量为 282.16m^2。

要求：对该工程墙基防潮层、屋面找平层进行工程量清单列项。

14. 某建设工程项目位于广西南宁市市区内，该工程项目的飘窗 C2 设计采用铝合金推拉窗，C2 共有 10 樘，窗大样如图 6-10 所示；铝合金采用 70 系列 1.4mm 厚白铝，玻璃为 5mm 白玻，推拉窗不带纱；该窗内设铝合金防盗窗，做法为⌀19 铝合金管套 ϕ14 钢筋。

要求：编制该工程铝合金推拉窗项目的工程量清单。

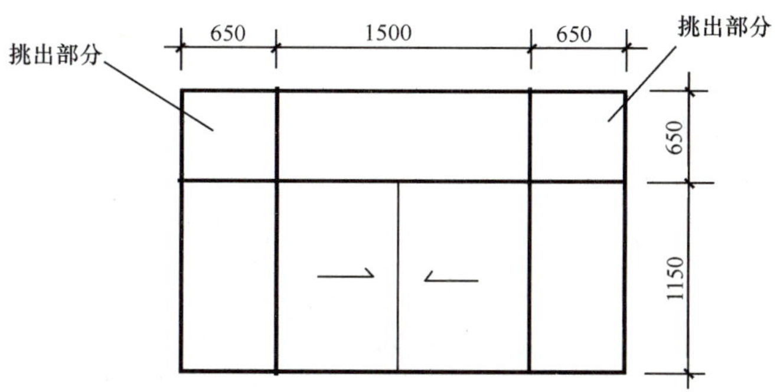

图 6-10 铝合金窗 C2 大样图

单元 7　装饰工程工程量清单编制

任务 7.1　楼地面装饰工程

7.1.1　概况

本分部设置 8 小节共 46 个清单项目，其中增补 3 个清单项目（以广西实施细则为例）。清单项目设置情况见表 7-1。

楼地面装饰工程清单项目数量表　　表 7-1

小节编号	名称	清单项目数	其中：广西增补项目数
L.1	整体面层及找平层	7	1
L.2	块料面层	3	
L.3	橡塑面层	4	
L.4	其他材料面层	6	2
L.5	踢脚线	7	
L.6	楼梯面层	9	
L.7	台阶装饰	6	
L.8	零星装饰项目	4	
合计		46	3

7.1.2　整体面层及找平层

1. 工程量清单项目设置

整体面层及找平层工程量清单项目设置、项目特征描述的内容、计量单位及工程量计算规则，按表 7-2 执行。

L.1 整体面层及找平层（编码：011101）　　表 7-2

项目编码	项目名称	项目特征	计量单位	工程量计算规则	工作内容
011101001	水泥砂浆楼地面	1. 找平层厚度、砂浆种类、配合比 2. 素水泥浆遍数 3. 面层厚度、砂浆种类、配合比 4. 面层做法要求	m^2	按设计图示尺寸以面积计算，扣除凸出地面的构筑物、设备基础、室内管道、地沟等所占面积，不扣除间壁墙、单个≤0.3m^2柱、垛、附墙烟囱及孔洞所占面积，门洞、空圈、暖气包槽、壁龛的开口部分不增加面积	1. 基层清理 2. 抹找平层 3. 抹面层 4. 材料运输

续表

项目编码	项目名称	项目特征	计量单位	工程量计算规则	工作内容
011101002	现浇水磨石楼地面	1. 找平层厚度、砂浆种类、配合比 2. 面层厚度、水泥石子浆配合比 3. 嵌缝材料种类、规格 4. 石子种类、规格、颜色 5. 颜料种类、颜色 6. 图案要求 7. 磨光、酸洗、打蜡要求	m²	按设计图示尺寸以面积计算，扣除凸出地面的构筑物、设备基础、室内管道、地沟等所占面积，不扣除间壁墙、单个≤0.3m²柱、垛、附墙烟囱及孔洞所占面积，门洞、空圈、暖气包槽、壁龛的开口部分不增加面积	1. 基层清理 2. 抹找平层 3. 面层铺设 4. 嵌缝条安装 5. 磨光、酸洗、打蜡 6. 材料运输
011101003	细石混凝土楼地面	1. 找平层厚度、砂浆种类、配合比 2. 面层厚度、混凝土强度等级			1. 基层清理 2. 抹找平层 3. 面层铺设 4. 材料运输
011101005	自流坪楼地面	1. 找平层厚度、砂浆种类、配合比 2. 界面剂材料种类 3. 中层漆材料种类、厚度 4. 面漆材料种类、度 5. 面层材料种类			1. 基层清理 2. 抹找平层 3. 涂刷面剂 4. 涂刷中层漆 5. 打磨、吸尘 6. 镘自流平面漆(浆) 7. 拌合自流平浆料 8. 铺面层
011101006	平面砂浆找平层	找平层厚度、砂浆种类、配合比			1. 基层清理 2. 抹找平层 3. 材料运输
桂 011101007	铺砌卵石面层	1. 找平层厚度、砂浆种类配合比 2. 粘结层厚度、砂浆种类、配合比 3. 卵石种类、规格、颜色			1. 基层处理 2. 抹找平层 3. 选石，表面洗刷干净 4. 砂浆找平 5. 铺卵石

2. 工程量清单项目应用说明

(1) 水泥砂浆面层处理是拉毛还是提浆压光应在面层做法要求中描述。

（2）平面砂浆找平层只适用于仅做找平层的平面抹灰。

（3）间壁墙指墙厚小于等于 120mm 的墙。

（4）楼地面混凝土垫层另按附录 E. 1 垫层项目编码列项，除混凝土外的其他材料垫层按本册附录 D 表 D. 4 垫层项目编码列项。

3. 工程量清单编制实务注意事项

（1）“整体面层及找平层”清单工程量计算规则与 13 版《建筑装饰消耗量定额》基本相同，不同的是 13 版《建筑装饰消耗量定额》计算规则中“空圈”的开口部分不增加面积。

（2）楼地面整体面层不包括“垫层铺设、防水层铺设”，应按相关项目编码列项。

（3）水泥砂浆面层处理是拉毛还是提浆压光应在面层做法要求中描述。

（4）平面砂浆找平层只适用于仅做找平层的平面抹灰。

（5）普通水泥自流平找平层按水泥砂浆楼地面找平层项目编码列项，并在项目特征中加以描述自流平找平层的做法。

（6）楼地面混凝土垫层按附录 E. 1 垫层项目编码列项，除混凝土外的其他材料垫层按附录 D. 4 垫项目编码列项。

7. 1. 3　块料面层

1. 工程量清单项目设置

块料面层工程量清单项目设置、项目特征描述的内容、计量单位及工程量计算规则，按表 7-3 执行。

L. 2 块料面层（编码：011102）　　表 7-3

项目编码	项目名称	项目特征	计量单位	工程量计算规则	工作内容
011102001	石材楼地面	1. 找平层厚度、砂浆种类、配合比 2. 结合层厚度、砂浆种类、配合比 3. 面层材料品种、规格、颜色 4. 嵌缝材料种类 5. 防护层材料种类 6. 酸洗、打蜡要求	m^2	按设计图示尺寸以面积计算。门洞、空圈、暖气包槽、壁龛的开口部分并入相应的工程量内	1. 基层清理 2. 抹找平层 3. 面层铺设、磨边 4. 嵌缝 5. 刷防护材料 6. 酸洗、打蜡 7. 材料运输
011102002	碎石材楼地面				
011102003	块料楼地面				

2. 工程量清单项目应用说明

（1）本表工作内容中的磨边指施工现场磨边，本教材后续章节工作内容中涉及的磨边含义同。

（2）计算主体铺贴地面面积时，不扣除点缀所占面积。

3. 工程量清单编制实务注意事项

（1）块料面层不包括“防水层、填充层铺设”，应按相关项目编码列项。

（2）石材、块料与粘结材料的结合面刷防渗材料的种类在防护层材料种类中描述。

7.1.4　橡胶面层

1. 工程量清单项目设置

橡胶面层工程量清单项目设置、项目特征描述的内容、计量单位及工程量计算规则，按表7-4执行。

L.3 橡胶面层（编码：011103）　　**表7-4**

项目编码	项目名称	项目特征	计量单位	工程量计算规则	工作内容
011103001	橡胶板楼地面	1. 粘结层厚度、材料种类 2. 面层材料品种、规格、颜色 3. 压线条种类	m^2	按设计图示尺寸以面积计算。门洞、空圈、暖气包槽、壁龛的开口部分并入相应的工程量内	1. 基层清理 2. 面层铺贴 3. 压缝条装钉 4. 材料运输
011103002	橡胶板卷材楼地面				
011103003	塑料板楼地面				
011103004	塑料卷材楼地面				

2. 工程量清单项目应用说明

本表项目中如涉及找平层，另按本附录表L.1找平层项目编码列项。

3. 工程量清单编制实务注意事项

橡胶面层如涉及砂浆找平层、铺设填充层、刷油漆，应按相关项目编码列项。

7.1.5　其他材料面层

1. 工程量清单项目设置

其他材料面层工程量清单项目设置、项目特征描述的内容、计量单位及工程量计算规则，按表7-5执行。

L.4 其他材料面层（编码：011104）　　**表7-5**

项目编码	项目名称	项目特征	计量单位	工程量计算规则	工作内容
011104001	地毯楼地面	1. 面层材料品种、规格、颜色 2. 防护材料种类 3. 粘结材料种类 4. 压线条种类	m^2	按设计图示尺寸以面积计算。门洞、空圈、暖气包槽、壁龛的开口部分并入相应的工程量内	1. 基层清理 2. 铺贴面层 3. 刷防护材料 4. 装钉压条 5. 材料运输
011104002	竹、木（复合）地板	1. 龙骨材料种类、规格、铺设间距 2. 基层材料种类、规格 3. 面层材料品种、规格、颜色 4. 防护材料种类			1. 基层清理 2. 龙骨铺设 3. 基层铺设 4. 面层铺贴 5. 刷防护材料 6. 材料运输
011104003	金属复合地板				

续表

项目编码	项目名称	项目特征	计量单位	工程量计算规则	工作内容
011104004	防静电活动地板	1. 支架高度、材料种类 2. 面层材料品种、规格、颜色 3. 防护材料种类	m^2	按设计图示尺寸以面积计算。门洞、空圈、暖气包槽、壁龛的开口部分并入相应的工程量内	1. 基层清理 2. 固定支架安装 3. 活动面层安装 4. 刷防护材料 5. 材料运输
桂011104005	玻璃楼地面	1. 玻璃品种、厚度 2. 玻璃规格 3. 其他			1. 基层清理 2. 试排弹线 3. 铺贴饰面 4. 清理净面
桂011104006	球场面层	1. 底层材料种类 2. 面层材料品种、厚度 3. 其他		按设计图示尺寸以面积计算	1. 清理基层 2. 底层材料铺设 3. 面层材料铺层 4. 喷面漆、画线 5. 清理净面

2. 工程量清单编制实务注意事项

“其他材料面层”不包括砂浆找平层、铺设填充层、刷油漆，应按相关项目编码列项。

7.1.6　踢脚线

1. 工程量清单项目设置

踢脚线工程量清单项目设置、项目特征描述的内容、计量单位及工程量计算规则，按表7-6执行。

L.5 踢脚线（编码：011105）　　**表7-6**

项目编码	项目名称	项目特征	计量单位	工程量计算规则	工作内容
011105001	水泥砂浆踢脚线	1. 踢脚线高度 2. 底层厚度、砂浆种类、配合比 3. 面层厚度、砂浆种类、配合比	m^2	按设计图示尺寸以面积计算	1. 基层清理 2. 底层和面层抹灰 3. 材料运输
011105002	石材踢脚线	1. 踢脚线高度 2. 粘结层厚度、材料种类、配合比 3. 面层材料品种、规格、颜色 4. 防护材料种类			1. 基层清理 2. 底层抹灰 3. 面层铺贴磨边 4. 擦缝 5. 磨光、酸洗、打蜡 6. 刷防护材料 7. 材料运输
011105003	块料踢脚线				

续表

项目编码	项目名称	项目特征	计量单位	工程量计算规则	工作内容
011105004	塑料板踢脚线	1. 踢脚线高度 2. 粘结层厚度、材料种类 3. 面层材料品种、规格、颜色	m^2	按设计图示尺寸以面积计算	1. 基层清理 2. 基层铺贴 3. 面层铺贴 4. 材料运输
011105005	木质踢脚线	1. 踢脚线高度 2. 基层材料种类、规格 3. 面层材料品种、规格、颜色			
011105006	金属踢脚线				
011105007	防静电踢脚线				

2. 工程量清单编制实务注意事项

塑料板踢脚线、木质踢脚线、金属踢脚线、防静电踢脚线项目不包括底层抹灰、刷油漆，应按项目编码列项。

7.1.7 楼梯面层

1. 工程量清单项目设置

楼梯面层工程量清单项目设置、项目特征描述的内容、计量单位及工程量计算规则，按表 7-7 执行。

L.6 楼梯面层（编码：011106） **表 7-7**

项目编码	项目名称	项目特征	计量单位	工程量计算规则	工作内容
011106001	石材楼梯面层	1. 找平层厚度、砂浆种类、配合比 2. 粘结层厚度、材料种类、配合比 3. 面层材料品种、规格、颜色 4. 防滑条材料种类规格 5. 勾缝材料种类 6. 防护材料种类 7. 酸洗、打蜡要求	m^2	按设计图示尺寸以楼梯（包括踏步、休息平台以及≤500mm 的楼梯井）水平投影面积计算楼梯与楼地面相连时，算至梯口梁外侧边沿；无梯口梁者，算至量上一层踏步边沿加 300mm	1. 基层清理 2. 抹找平层 3. 面层铺贴、磨边 4. 贴嵌防滑条 5. 勾缝 6. 刷防护材料 7. 酸洗、打蜡 8. 材料运输
011106002	块料楼梯面层				
011106003	拼碎块料楼梯面层				
011106004	水泥砂浆楼梯面层	1. 找平层厚度、砂浆种类、强度等级 2. 面层厚度、砂浆种类、强度等级 3. 防滑条材料种类规格			1. 基层清理 2. 抹找平层 3. 抹面层 4. 抹防滑条 5. 材料运输

续表

项目编码	项目名称	项目特征	计量单位	工程量计算规则	工作内容
011106005	现浇水磨石楼梯面层	1. 找平层厚度、砂浆种类、配合比 2. 面层厚度、水泥石子浆配合比 3. 防滑条材料种类、规格 4. 石子种类、规格、颜色 5. 颜料种类、颜色 6. 磨光、酸洗打蜡要求	m^2	按设计图示尺寸以楼梯(包括踏步、休息平台以及≤500mm 的楼梯井)水平投影面积计算楼梯与楼地面相连时，算至梯口梁外侧边沿；无梯口梁者，算至最上一层踏步边沿加 300mm	1. 基层清理 2. 抹找平层 3. 抹面层 4. 贴嵌防滑条 5. 磨光、酸洗、打蜡 6. 材料运输
011106006	地毯楼梯面层	1. 基层种类 2. 面层材料品种、规格、颜色 3. 防护材料种类 4. 粘结材料种类 5. 固定配件材料种类、规格			1. 基层清理 2. 铺贴面层 3. 固定配件安装 4. 刷防护材料 5. 材料运输
011106007	木板楼梯面层	1. 基层材料种类、规格 2. 面层材料品种、规格、颜色 3. 粘结材料种类 4. 防护材料种类			1. 基层清理 2. 基层铺贴 3. 面层铺贴 4. 刷防护材料 5. 材料运输
011106008	橡胶板楼梯面层	1. 粘结层厚度、材料种类 2. 面层材料品种、规格、颜色 3. 压线条种类			1. 基层清理 2. 基层铺贴 3. 压缝条装钉 4. 材料运输
011106009	塑料板楼梯面层				

2. 工程量清单编制实务注意事项

(1) 楼梯侧面装饰，可按零星装饰项目编码列项，并在清单项目中进行描述。

(2) 楼梯防滑条应包括在报价内。

(3) 单跑楼梯不论其中间是否有休息平台，其工程量与双跑楼梯计算规则相同。

7.1.8 台阶装饰

1. 工程量清单项目设置

台阶装饰工程量清单项目设置、项目特征描述的内容、计量单位及工程量计算规则，按表 7-8 执行。

L.7 台阶装饰（编码：011107） **表 7-8**

<table>
<tr><th>项目编码</th><th>项目名称</th><th>项目特征</th><th>计量单位</th><th>工程量计算规则</th><th>工作内容</th></tr>
<tr><td>011107001</td><td>石材台阶面</td><td rowspan="3">1. 找平层厚度、砂浆种类、配合比
2. 粘结层厚度、材料种类、配合比
3. 面层材料品种、规格、颜色
4. 勾缝材料种类
5. 防滑条材料种类规格
6. 防护材料种类</td><td rowspan="6">m^2</td><td rowspan="6">按设计图示尺寸以台阶（包括最上层踏步边沿加300mm）水平投影面积计算</td><td rowspan="3">1. 基层清理
2. 抹找平层
3. 面层铺贴
4. 贴嵌防滑条
5. 勾缝
6. 刷防护材料
7. 材料运输</td></tr>
<tr><td>011107002</td><td>块料台阶面</td></tr>
<tr><td>011107003</td><td>拼碎块料台阶面</td></tr>
<tr><td>011107004</td><td>水泥砂浆台阶面</td><td>1. 找平层厚度、砂浆种类、配合比
2. 面层厚度、砂浆种类、配合比
3. 防滑条材料种类</td><td>1. 基层清理
2. 抹找平层
3. 抹面层
4. 抹防滑条
5. 材料运输</td></tr>
<tr><td>011107005</td><td>现浇水磨石台阶面</td><td>1. 找平层厚度、砂浆种类、配合比
2. 面层厚度、水泥石子浆配合比
3. 防滑条材料种类、规格
4. 石子种类、规格、颜色
5. 颜料种类、颜色
6. 磨光、酸洗打蜡要求</td><td>1. 基层清理
2. 抹找平层
3. 抹面层
4. 贴嵌防滑条
5. 磨光、酸洗、打蜡
6. 材料运输</td></tr>
<tr><td>011107006</td><td>剁假石台阶面</td><td>1. 找平层厚度、砂浆配合比
2. 面层厚度、水泥石子浆配合比
3. 剁假石要求</td><td>1. 基层清理
2. 抹找平层
3. 抹面层
4. 剁假石
5. 材料运输</td></tr>
</table>

2. 工程量清单编制实务注意事项

（1）台阶侧面、牵边装饰，按附录 L.8“零星装饰项目”相关项目编码列项，并在清单项目中进行描述。

（2）台阶防滑条应包括在报价内。

（3）当台阶面层与平台面层材料不相同时，而最后一步台阶投影面积不计算时，应将最后一步台阶的踢脚板面层考虑在报价内。

（4）台阶面层与平台面层是同一种材料时，台阶计算最上一层踏步（加300mm），平台面层中应扣除该面积。

7.1.9　零星装饰项目

1. 工程量清单项目设置

零星装饰项目工程量清单项目设置、项目特征描述的内容、计量单位及工程量计算规则，按表7-9执行。

L.8 零星装饰项目（编码：011108）　　表7-9

项目编码	项目名称	项目特征	计量单位	工程量计算规则	工作内容
011108001	石材零星项目	1. 工程部位 2. 找平层厚度、砂浆种类配合比 3. 粘结合层厚度、材料种类、配合比 4. 面层材料品种、规格、颜色 5. 勾缝材料种类 6. 防护材料种类 7. 酸洗、打蜡要求	m^2	按设计图示结构尺寸以面积计算	1. 基层清理 2. 抹找平层 3. 面层铺贴、磨边 4. 勾缝 5. 刷防护材料 6. 酸洗、打蜡 7. 材料运输
011108002	拼碎石材零星项目				
011108003	块料零星项目				
011108004	水泥砂浆零星项目	1. 工程部位 2. 找平层厚度、砂浆种类、配合比 3. 面层厚度、砂浆种类配合比			1. 基层清理 2. 抹找平层 3. 抹面层 4. 材料运输

2. 工程量清单项目应用说明

楼梯、台阶牵边和侧面镶贴块料面层，不大于0.5m^2的少量分散的楼地面镶贴块料面层，应按表7-9执行。

7.1.10　共性问题及说明

（1）在描述碎石材项目的面层材料特征时可不用描述规格、颜色。

（2）石材、块料与粘结材料的结合面刷防渗材料的种类在防护层材料种类中描述。

（3）石材底面刷养护液、正面刷保护液应包括在报价内。

（4）石材、块料酸洗、打蜡包括在报价内。

（5）石材、块料的磨边指施工现场磨边，如施工需要现场磨边者应包括在报价内。石材、块料弧形边缘增加费应包括在报价内。

7.1.11 计算实例

【例 7-1】 某工程平面图及地面做法如图 7-1 所示，轴线居中布置，墙体厚度除注明外均为 240mm。室内标高为±0.000m，室外标高为−0.500m。

要求：编制该地面做法的工程量清单。

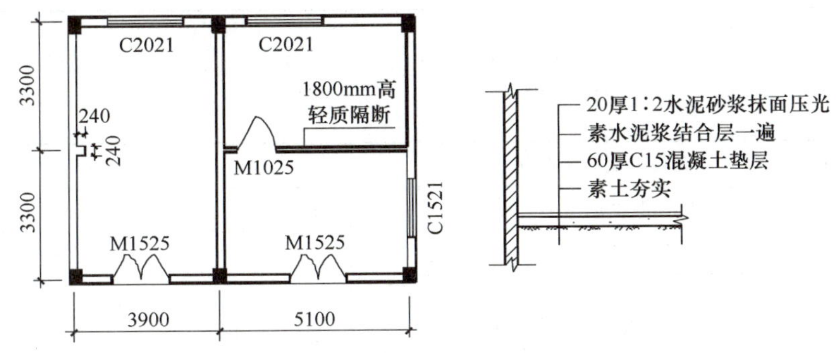

图 7-1 建筑平面图及地面做法大样图

【解】 完成填写结果见表 7-10。

第一步：查阅工程量计算规范广西实施细则，正确选择清单项目。

填写项目编码、项目名称、项目特征描述、计量单位。

第二步：计算清单工程量。

计算思路：根据工程量计算规则计算相应工程量。

第三步：填写工程量计算结果。

具体内容如下：

1. 水泥砂浆地面

(1) 项目编码：011101001001。

(2) 项目名称：水泥砂浆地面。

（3）项目特征：

① 素水泥浆遍数：一遍；

② 面层厚度、砂浆配合比：20 厚 1∶2 水泥砂浆。

（4）单位：m^2。

（5）工程量计算规则：按设计图示尺寸以面积计算。

（6）工程量计算 $S=(3.9+5.1-0.24\times2)\times(6.6-0.24)=54.19m^2$

（7）表格填写（见表 7-10）。

2. 地面混凝土垫层

（1）项目编码：010501001001。

（2）项目名称：混凝土垫层。

（3）项目特征：

① 混凝土种类：商品混凝土；

② 混凝土强度等级：C15 混凝土。

（4）单位：m^3。

（5）工程量计算规则：按设计图示尺寸以体积计算。

（6）工程量计算 $V=0.06\times54.19=3.25m^3$

（7）表格填写（见表 7-10）。

分部分项工程和单价措施项目清单与计价表　　**表 7-10**

工程名称：××　　第　页　共　页

序号	项目编码	项目名称及项目特征描述	计量单位	工程量	金额(元)		
					综合单价	合价	其中：暂估价
	0105	混凝土及钢筋混凝土工程					
1	010501001001	C15 混凝土 垫层	m^3	3.25			
	0111	楼地面工程					
2	011101001001	水泥砂浆地面 ① 素水泥浆遍数：一遍 ② 面层厚度、砂浆配合比：20 厚 1∶2 水泥砂浆	m^2	54.19			

任务 7.2 墙、柱面装饰与隔断、幕墙工程

7.2.1 概况

本分部设置 11 小节共 38 个清单项目，其中增补 14 个清单项目（以广西实施细则为例）。清单项目设置情况见表 7-11。

墙、柱面装饰与隔断、幕墙工程清单项目数量表 **表 7-11**

小节编号	名称	清单项目数	其中：广西增补项目数
M. 1	墙面抹灰	5	1
M. 2	柱(梁)面抹灰	4	
M. 3	零星抹灰	4	1
M. 4	墙面块料面层	4	3
M. 5	柱(梁)面镶贴块料	5	5
M. 6	镶贴零星块料	3	3
M. 7	墙饰面	2	
M. 8	柱(梁)饰面	2	
M. 9	幕墙	2	
M. 10	隔断	6	
M. 11	其他柱	1	1
合计		38	14

7.2.2 墙面抹灰

1. 工程量清单项目设置

墙面抹灰工程量清单项目设置、项目特征描述的内容、计量单位及工程量计算规则，按表 7-12 执行。

M. 1 墙面抹灰（编码：011201） **表 7-12**

<table>
<tr><th>项目编码</th><th>项目名称</th><th>项目特征</th><th>计量单位</th><th>工程量计算规则</th><th>工作内容</th></tr>
<tr><td>011201001</td><td>墙面一般抹灰</td><td rowspan="2">1. 墙体类型
2. 底层厚度、砂浆种类、配合比
3. 面层厚度、砂浆种类、配合比
4. 装饰面材料种类
5. 分格缝宽度、材料种类</td><td rowspan="5">m²</td><td rowspan="4">按设计图示尺寸以面积计算。扣除墙裙、门窗洞口及单个＞0.3m² 的孔洞面积，不扣除踢脚线、挂镜线和墙与构件交接的面积，门窗洞口和孔洞的侧壁及顶面不增加面积。附墙柱、梁垛、烟囱侧壁并入相应的墙面面积内
1. 外墙抹灰、勾缝面积按外墙垂直投影面积计算
2. 外墙裙抹灰面积按其长度乘以高度计算
3. 内墙抹灰、勾缝面积按主墙间的净长乘以高度计算
4. 内墙裙抹灰面积按内墙净长乘以高度计算</td><td rowspan="2">1. 基层清理
2. 砂浆制作、运输
3. 底层抹灰
4. 抹面层
5. 抹装饰面
6. 勾分格缝</td></tr>
<tr><td>011201002</td><td>墙面装饰抹灰</td></tr>
<tr><td>011201003</td><td>墙面勾缝</td><td>1. 勾缝类型
2. 勾缝材料种类、配合比</td><td>1. 基层清理
2. 砂浆制作、运输
3. 勾缝</td></tr>
<tr><td>011201004</td><td>立面砂浆找平层</td><td>1. 基层类型
2. 找平层厚度、砂浆种类、配合比</td><td>1. 基层清理
2. 砂浆制作、运输
3. 抹灰找平</td></tr>
<tr><td>011201005</td><td>墙面钉(挂)网</td><td>1. 网的种类、规格
2. 固定方式</td><td>按设计图示尺寸以面积计算</td><td>1. 剪网
2. 安膨胀螺栓钉(挂)网</td></tr>
</table>

2. 工程量清单项目应用说明

（1）立面砂浆找平项目适用于仅做找平层的立面抹灰。

（2）墙面抹石灰砂浆、水泥砂浆、混合砂浆、聚合物水泥砂浆、麻刀石灰浆、石膏灰浆等按表 7-12 中墙面一般抹灰列项；墙面水刷石、斩假石、干粘石、假面砖等按表 7-12 中墙面装饰抹灰列项。

（3）飘窗凸出外墙面增加的抹灰并入外墙工程量内。

（4）有吊顶天棚的内墙面抹灰，抹至吊顶以上部分（高度在 100mm 以内）在综合单价中考虑。

（5）内墙高度确定：

① 无墙裙的，其高度按室内地面或楼面至天棚底面之间距离计算。

② 有墙裙的，其高度按墙裙顶至天棚底面之间距离计算。

③ 有吊顶天棚的，其高度按室内地面、楼面或墙裙顶面至天棚底面计算。

3. 工程量清单编制实务注意事项

（1）一般墙面抹灰：适用于各种墙面（如砖墙、混凝土墙、轻质墙、钢板网墙等）、毛石墙面的抹灰等。

（2）墙面装饰抹灰：适用于各种墙面（如砖墙、混凝土墙、毛石墙等）的装饰抹灰。

（3）墙面勾缝：适用于各种墙面（如砖墙、毛石墙、混凝土大板墙）的凸、凹、平缝等。

（4）立面砂浆找平层：仅适用于做找平层的立面抹灰。

（5）墙面钉（挂）网：适用于各种墙、柱（梁）等钉挂网。

7.2.3　柱（梁）面抹灰

1. 工程量清单项目设置

柱（梁）面抹灰工程量清单项目设置、项目特征描述的内容、计量单位及工程量计算规则，按表 7-13 执行。

M.2 柱（梁）面抹灰（编码：011202）　　表 7-13

项目编码	项目名称	项目特征	计量单位	工程量计算规则	工作内容
011202001	柱梁面一般抹灰	1. 柱(梁)体类型 2. 底层厚度、砂浆种类、配合比 3. 面层厚度、砂浆种类、配合比 4. 装饰面材料种类 5. 分格缝宽度、材料种类	m^2	按设计图示柱、梁的结构断面周长乘以高度(长度)，以面积计算	1. 基层清理 2. 砂浆制作、运输 3. 底层抹灰 4. 抹面层 5. 勾分格缝
011202002	柱、梁面装饰抹灰				
011202003	柱、梁面砂浆找平层	1. 柱(梁)体类型 2. 找平层厚度、砂浆种类、配合比			1. 基层清理 2. 砂浆制作、运输 3. 抹灰找平

续表

项目编码	项目名称	项目特征	计量单位	工程量计算规则	工作内容
011202004	柱面勾缝	1. 勾缝类型 2. 勾缝材料种类、配合比	m^2	按设计图示柱、梁的结构断面周长乘以高度（长度），以面积计算	1. 基层清理 2. 砂浆制作、运输 3. 勾缝

2. 工程量清单项目应用说明

(1) 砂浆找平层项目适用于仅做找平层的柱（梁）面抹灰。

(2) 柱（梁）面抹石灰砂浆、水泥砂浆、混合砂浆、聚合物水泥砂浆、麻刀石灰浆、石膏灰浆等按表7-13中柱（梁）面一般抹灰编码列项；柱（梁）面水刷石、斩假石、干粘石、假面砖等按表7-13中柱（梁）面装饰抹灰项目编码列项。

(3) 柱高度确定与内墙面高度确定相同，见本教材7.2.2节中"(5) 内墙高度确定"。

3. 工程量清单编制实务注意事项

(1) 柱、梁面一般抹灰：适用于独立的矩形柱、异形柱（包括圆形柱、半圆形柱等）、矩形梁、异形梁等的一般抹灰。

(2) 柱、梁面装饰抹灰：适用于各种独立的矩形柱、异形柱（包括圆形柱、半圆形柱等）、矩形梁、异形梁等的装饰抹灰。

(3) 柱、梁面砂浆找平：仅适用于做找平层的柱（梁）面抹灰。

7.2.4 零星抹灰

1. 工程量清单项目设置

零星抹灰工程量清单项目设置、项目特征描述的内容、计量单位及工程量计算规则，按表7-14执行。

M.3 零星抹灰（编码：011203） **表7-14**

项目编码	项目名称	项目特征	计量单位	工程量计算规则	工作内容
011203001	零星项目一般抹灰	1. 基层类型、部位 2. 底层厚度、砂浆种类、配合比 3. 装饰面材料种类 4. 分格缝宽度、材料种类	m^2	按设计图示尺寸以面积计算	1. 基层清理 2. 砂浆制作、运输 3. 底层抹灰 4. 抹面层 5. 装饰面 6. 勾分格缝
011203002	零星项目装饰抹灰				
011203003	零星项目砂浆找平	1. 基层类型、部位 2. 找平的厚度、砂浆种类、配合比			1. 基层清理 2. 砂浆制作、运输 3. 抹灰找平

续表

项目编码	项目名称	项目特征	计量单位	工程量计算规则	工作内容
桂 011203004	砂浆装饰线条	1. 底层砂浆厚度、配合比 2. 面层砂浆厚度、配合比 3. 装饰材料种类	m	按设计图示尺寸以长度计算	1. 基层清理 2. 砂浆制作、运输 3. 底层抹灰 4. 抹面层 5. 抹面装饰面

2. 工程量清单项目应用说明

(1) 零星项目抹石灰砂浆、水泥砂浆、混合砂浆、聚合物水泥砂浆、麻刀石灰浆、石膏灰浆等按表 7-14 中零星项目一般抹灰编码列项；柱（梁）面水刷石、斩假石、干粘石、假面砖等按表 7-14 中零星项目装饰抹灰项目编码列项。

(2) 一般抹灰的“零星项目”适用于各种壁柜、碗柜、暖气壁龛、空调搁板、池槽、小型花台以及≤0.5m² 的少量分散的其他抹灰。一般抹灰的“装饰线条”适用于窗台线、门窗套、挑檐、天沟、腰线、扶手、压顶遮阳板、宣传栏边框等凸出墙面或抹灰面展开宽度超过 300mm 的线条抹灰按“零星项目”列项。

(3) 装饰抹灰的“零星项目”适用于壁柜、碗柜、暖气壁龛、空调搁板、池槽、小型花台、挑檐、天沟、腰线、窗台线、窗台板、门窗套、压顶、扶手、栏杆、遮阳板、雨篷周边及≤0.5m² 的少量分散的装饰抹灰。

7.2.5 墙面块料面层

1. 工程量清单项目设置

墙面块料面层工程量清单项目设置、项目特征描述的内容、计量单位及工程量计算规则，按表 7-15 执行。

M.4 墙面块料面层（编码：011204） **表 7-15**

项目编码	项目名称	项目特征	计量单位	工程量计算规则	工作内容
011204004	干挂石材钢骨架	骨架类型、规格	t	按设计图示以质量计算	1. 骨架制作、运输、 2. 安装
桂 011204005	石材墙面	1. 墙面类型 2. 安装方式 3. 面层材料品种、规格、颜色 4. 缝宽、嵌缝材料种类 5. 防护材料种类 6. 磨光、酸洗、打蜡要求	m²	1. 粘贴、干挂、挂贴，按设计图示结构尺寸以面积计算 2. 以骨架干挂的，按设计图示外围饰面尺寸以面积计算	1. 基层清理 2. 砂浆制作、运输 3. 粘结层铺贴 4. 面层安装 5. 嵌缝 6. 刷防护材料 7. 磨光、酸洗、打蜡
桂 011204006	拼碎石材墙面				

2. 工程量清单编制实务注意事项

(1) 墙面块料面层：适用于石材墙面、碎石材墙面、块料墙面、干挂石材钢骨架等。

(2) 墙面块料面层包括：大理石、花岗岩、陶瓷面砖、预制水磨石、陶瓷锦砖、文化石、丰包石、河卵石等。

7.2.6 柱（梁）面镶贴块料

1. 工程量清单项目设置

柱（梁）面镶贴块料工程量清单项目设置、项目特征描述的内容、计量单位及工程量计算规则，按表7-16执行。

M.5 柱（梁）面镶贴块料（编码：011205） 表7-16

项目编码	项目名称	项目特征	计量单位	工程量计算规则	工作内容
桂 011205006	石材柱面	1. 柱截面类型、尺寸 2. 安装方式 3. 面层材料品种、规格、颜色 4. 缝宽、嵌缝材料品种 5. 防护材料种类 6. 磨光、酸洗、打蜡要求	m^2	1. 粘贴、干挂、挂贴，按设计图示结构尺寸以面积计算 2. 以骨架干挂的，按设计图示外围饰面尺寸以面积计算	1. 基层清理 2. 砂浆制作、运输 3. 粘结层铺贴 4. 面层安装 5. 嵌缝 6. 刷防护材料 7. 磨光、酸洗、打蜡
桂 011205007	块料柱面				
桂 011205008	拼碎块柱面				
桂 011205009	石材梁面	1. 安装方式 2. 面层材料品种、规格、颜色 3. 缝宽、嵌缝材料品种 4. 防护材料种类 5. 磨光、酸洗、打蜡要求			
桂 011205010	块料梁面				

2. 工程量清单项目应用说明

柱梁面干挂石材的钢骨架按表7-15相应项目编码列项。

3. 工程量清单编制实务注意事项

(1) 柱（梁）面镶贴块料共有5个清单项目，仅适用于各种独立的矩形柱、异形柱（包括圆形柱、半圆形柱等）、矩形梁、异形梁等。

(2) 柱（梁）面镶贴块料包括：大理石、花岗岩、陶瓷面砖、预制水磨石、陶瓷锦砖、丰包石等。

7.2.7 镶贴零星块料

1. 工程量清单项目设置

镶贴零星块料工程量清单项目设置、项目特征描述的内容、计量单位及工程量计算规则，按表 7-17 执行。

M. 6 镶贴零星块料（编码：011206）　　　　**表 7-17**

<table>
<tr><th>项目编码</th><th>项目名称</th><th>项目特征</th><th>计量单位</th><th>工程量计算规则</th><th>工作内容</th></tr>
<tr><td>桂 011206004</td><td>石材
零星项目</td><td rowspan="3">1. 基层类型、部位
2. 安装方式
3. 面层材料品种、规格、颜色
4. 缝宽、嵌缝材料品种
5. 防护材料种类
6. 磨光、酸洗、打蜡要求</td><td rowspan="3">m^2</td><td rowspan="3">1. 粘贴、干挂、挂贴，按设计图示结构尺寸以面积计算
2. 以骨架干挂的，按设计图示外围饰面尺寸以面积计算</td><td rowspan="3">1. 基层清理
2. 砂浆制作、运输
3. 粘结层铺贴
4. 面层安装
5. 嵌缝
6. 防刷护材料
7. 磨光、酸洗、打蜡</td></tr>
<tr><td>桂 011206005</td><td>块料
零星项目</td></tr>
<tr><td>桂 011206006</td><td>拼碎块零星项目</td></tr>
</table>

2. 工程量清单项目应用说明

(1) 零星项目干挂石材的钢骨架按表 7-15 中相应项目编码列项。

(2) 块料镶贴的“零星项目”适用于壁柜、碗柜、暖气壁龛、空调搁板、池槽、小型花台、挑檐、天沟、腰线窗台线、窗台板、门窗套、压顶、扶手、栏杆、遮阳板、雨篷周边及≤0.5m^2 的少量分散的块料面层。

3. 工程量清单编制实务注意事项

“镶贴零星块料”共有 3 个清单项目，适用于墙、柱面≤0.5m^2 的少量分散的镶贴块料面层等。

7.2.8 墙饰面

1. 工程量清单项目设置

墙饰面工程量清单项目设置、项目特征描述的内容、计量单位及工程量计算规则，按表 7-18 执行。

M. 7 墙饰面（编码：011207）　　　　**表 7-18**

<table>
<tr><th>项目编码</th><th>项目名称</th><th>项目特征</th><th>计量单位</th><th>工程量计算规则</th><th>工作内容</th></tr>
<tr><td>011207001</td><td>墙面装饰板</td><td>1. 龙骨材料种类、规格、中距
2. 隔离层材料种类、规格
3. 基层材料种类、规格
4. 面层材料品种、规格、颜色
5. 压条材料种类、规格</td><td rowspan="2">m^2</td><td>按设计图示饰面外围尺寸以面积计算，扣除门窗洞口及单个>0.3m^2 孔洞所占面积</td><td>1. 基层清理
2. 龙骨制作、运输、安装
3. 钉隔离层
4. 基层铺钉
5. 面层铺贴</td></tr>
<tr><td>011207002</td><td>墙面装饰浮雕</td><td>1. 基层类型
2. 浮雕材料种类
3. 浮雕样式</td><td>按设计图示尺寸以面积计算</td><td>1. 基层清理
2. 材料制作、运输
3. 安装成型</td></tr>
</table>

2. 工程量清单编制实务注意事项

“墙面装饰浮雕”项目，在使用规范时，凡不属于仿古建筑工程的项目，按附录项目编码列项。

7.2.9 柱（梁）饰面

柱（梁）饰面工程量清单项目设置、项目特征描述的内容、计量单位及工程量计算规则，按表7-19执行。

M.8 柱（梁）饰面（编码：011208） **表7-19**

项目编码	项目名称	项目特征	计量单位	工程量计算规则	工作内容
011208001	柱(梁)面装饰	1. 龙骨材料种类、规格、中距 2. 隔离层材料种类 3. 基层材料种类、规格 4. 面层材料品种、规格、颜色 5. 压条材料种类、规格	m^2	按设计图示饰面外围尺寸以面积计算。柱帽、柱墩并入相应柱饰面工程量内	1. 基层清理 2. 龙骨制作、运输、安装 3. 钉隔离层 4. 基层铺钉 5. 面层铺贴
011208002	成品装饰柱	1. 柱截面、高度尺寸 2. 柱材质	m	按设计图示尺寸以长度计算	柱运输、固定、安装

7.2.10 幕墙

1. 工程量清单项目设置

幕墙工程量清单项目设置、项目特征描述的内容、计量单位及工程量计算规则，按表7-20执行。

M.9 幕墙（编码：011209） **表7-20**

项目编码	项目名称	项目特征	计量单位	工程量计算规则	工作内容
011209001	带骨架幕墙	1. 龙骨材料种类、规格、中距 2. 面层材料品种、规格、颜色 3. 面层固定方式 4. 隔离带、框边封闭材料品种、规格 5. 嵌缝、塞口材料种类	m^2	按设计图示框外围尺寸以面积计算。与幕墙同种材质的窗所占面积不扣除	1. 骨架制作运输安装 2. 面层安装 3. 隔离带、框边封闭 4. 嵌缝、塞口 5. 清洗
011209002	全玻(无框玻璃)幕墙	1. 玻璃品种、规格、颜色 2. 粘结塞口材料种类 3. 固定方式		按设计图示尺寸以面积计算。带肋全玻幕墙按展开面积计算	1. 幕墙安装 2. 嵌缝、塞口 3. 清洗

2. 工程量清单编制实务注意事项

(1) 幕墙骨架应包括在报价内。

(2) 不同质材料设置幕墙上的门窗，可包括在幕墙项目报价内，也可按单独编码列项，并在清单项目中进行描述。

7.2.11 隔断

1. 工程量清单项目设置

隔断工程量清单项目设置、项目特征描述的内容、计量单位及工程量计算规则，按表7-21执行。

M.10 隔断（编码：011210） 表 7-21

<table>
<tr><th>项目编码</th><th>项目名称</th><th>项目特征</th><th>计量单位</th><th>工程量计算规则</th><th>工作内容</th></tr>
<tr><td>011210001</td><td>木隔断</td><td>1. 骨架、边框材料种类、规格
2. 隔板材料品种、规格、颜色
3. 嵌缝、塞口材料品种
4. 压条材料种类</td><td rowspan="6">m²</td><td rowspan="4">按设计图示尺寸以面积计算。不扣除单个≤0.3m²的孔洞所占面积；浴厕门的材质与隔断同时，门的面积并入隔断面积内
1. 玻璃隔断如有玻璃加强肋者，肋玻璃面积并入隔断工程量内
2. 全玻璃隔断的不锈钢边框工程量按边框饰面表面积计算</td><td>1. 骨架及边框制作、运输、安装
2. 隔板制作、运输、安装
3. 嵌缝塞口
4. 装钉压条</td></tr>
<tr><td>011210002</td><td>金属隔断</td><td>1. 骨架、边框材料种类、规格
2. 隔板材料品种、规格、颜色
3. 嵌缝、塞口材料品种</td><td>1. 骨架及边框制作、运输、安装
2. 隔板制作、运输、安装
3. 嵌缝塞口</td></tr>
<tr><td>011210003</td><td>玻璃隔断</td><td>1. 边框材料种类、规格
2. 玻璃品种、规格、颜色
3. 嵌缝、塞口材料品种</td><td>1. 边框制作、运输、安装
2. 玻璃制作、运输、安装
3. 嵌缝塞口</td></tr>
<tr><td>011210004</td><td>塑料隔断</td><td>1. 边框材料种类、规格
2. 隔板材料品种、规格、颜色
3. 嵌缝、塞口材料品种</td><td>1. 骨架及边框制作、运输、安装
2. 隔板制作、运输、安装
3. 嵌缝塞口</td></tr>
<tr><td>011210005</td><td>成品隔断</td><td>1. 隔断材料品种、规格、颜色
2. 配件品种、规格</td><td>按设计图示立面(包括脚的高度在内)以面积计算</td><td>1. 隔断运输、安装
2. 嵌缝塞口</td></tr>
<tr><td>011210006</td><td>其他隔断</td><td>1. 骨架、边框材料种类、规格
2. 隔板材料品种、规格、颜色
3. 嵌缝、塞口材料品种</td><td>按设计图示尺寸以面积计算。不扣除单个≤0.3m²的孔洞所占面积</td><td>1. 骨架及边框安装
2. 隔板安装
3. 嵌缝、塞口</td></tr>
</table>

2. 工程量清单编制实务注意事项

(1) 隔断骨架应包括在报价内。

(2) 不同质材料设置隔断上的门窗，可包括在隔断项目报价内，也可单独编码列项并在清单项目中进行描述。

7.2.12 其他柱

其他柱工程量清单项目设置、项目特征描述的内容、计量单位及工程量计算规则，按表7-22执行。

M.11 其他柱（编码：011211） **表7-22**

项目编码	项目名称	项目特征	计量单位	工程量计算规则	工作内容
柱011211001	罗马柱	1. 柱材料种类 2. 柱尺寸 3. 柱帽、柱墩 4. 其他	根	按设计图示以数量计算	1. 基层清理 2. 定位、下料、安装 3. 清理

7.2.13 共性问题及说明

(1) 描述碎石材项目的面层材料特征时可不用描述规格、颜色。

(2) 石材、块料与粘结材料的结合面刷防渗材料的种类在防护层材料种类中描述。

(3) 安装方式可描述为为砂浆或粘结剂粘贴挂贴、干挂等，不论哪种安装方式，都要详细描述与组价相关的内容。

(4) 墙、柱面的抹灰项目，工作内容仍包括“底层抹灰”；墙、柱（梁）的镶贴块料项目，工作内容仍包括“粘结层”。

(5) 项目的一般抹灰与装饰抹灰应进行区别编码列项。

(6) 本节有关墙面装饰项目，不含立面防腐、防水、保温以及刷油漆的工作内容。防水按附录J屋面及防水工程相应项目编码列项；保温按附录K保温、隔热、防腐工程相应项目编码列项；刷油漆按附录P油漆、涂料、裱糊工程相应项目编码列项。

7.2.14 计算实例

【例7-2】某单层砖混结构门卫室工程设计平面布置图、剖面图如图7-2所示，无女儿墙，板厚100mm。内外墙厚均为240mm，踢脚线高150mm；设计C1尺寸为1500mm×1800mm，M1尺寸为900mm×2100mm。内墙采用1∶1∶6混合砂浆打底15mm厚，1∶0.5∶3混合砂浆抹面5mm。

要求：编制内墙面一般抹灰项目的工程量清单。

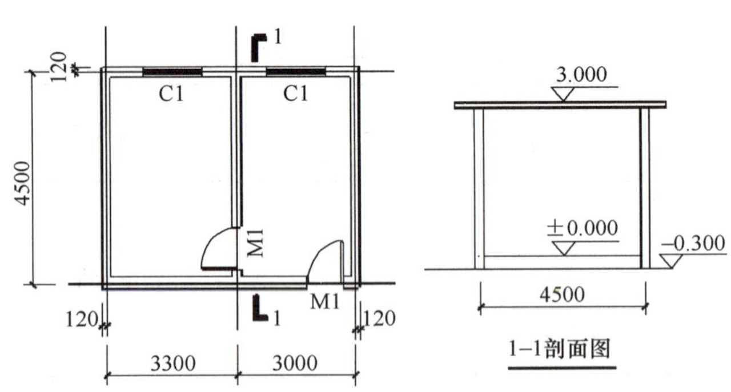

图7-2　平面图及剖面图

【解】完成填写结果见表7-23。

第一步：查阅工程量计算规范广西实施细则，正确选择清单项目。

填写项目编码、项目名称、项目特征描述、计量单位。

第二步：计算清单工程量。

计算思路：根据工程量计算规则计算相应工程量。

第三步：填写工程量计算结果。

具体内容如下：

（1）项目编码：011201001001。

（2）项目名称：内墙面一般抹灰。

（3）项目特征：

① 墙体类型：砖墙；

② 底层厚度、砂浆配合比：15mm厚1∶1∶6混合砂浆

③ 面层厚度、砂浆配合比：5mm厚1∶0.5∶3混合砂浆。

（4）单位：m^2。

（5）工程量计算规则：按设计图示尺寸以面积计算。

（6）工程量计算

① 抹灰高度 $H=3-0.1=2.9\text{m}$

② 计算长度 $L=[(4.5-0.24)+(3.3-0.24)+(4.5-0.24)+(3-0.24)]\times 2=28.68\text{m}$

③ 应扣门窗洞口面积 $M=1.5\times 1.8\times 2+0.9\times 2.1\times 3=11.07\text{m}^2$

内墙抹灰工程量 $S=①\times②-③=2.9\times 28.68-11.07=72.10\text{m}^2$

（7）表格填写（见表7-23）。

分部分项工程和单价措施项目清单与计价表　　　　**表 7-23**

工程名称：××　　　　第　页　共　页

序号	项目编码	项目名称及项目特征描述	计量单位	工程量	金额(元)		
					综合单价	合价	其中：暂估价
	0112	墙、柱面工程					
1	011201001001	内墙面一般抹灰 ① 墙体类型：砖墙 ② 底层厚度、砂浆配合：15mm厚1∶1∶6混合砂浆 ③ 面层厚度、砂浆配合比：5mm厚1∶0.5∶3混合砂浆	m^2	72.10			

任务7.3　天　棚　工　程

7.3.1　概况

本分部设置4小节共11个清单项目，其中增补2个清单项目（以广西实施细则为例）。清单项目设置情况见表7-24。

天棚工程清单项目数量表　　　　**表 7-24**

小节编号	名称	清单项目数	其中：广西增补项目数
N.1	天棚抹灰	2	1
N.2	天棚吊顶	6	
N.3	采光天棚	1	1
N.4	天棚其他装饰	2	
合计		11	2

7.3.2　天棚抹灰

1. 工程量清单项目设置

天棚抹灰工程量清单项目设置、项目特征描述的内容、计量单位及工程量计算规则，按表7-25执行。

N.1 天棚抹灰（编码：011301）　　　　**表 7-25**

项目编码	项目名称	项目特征	计量单位	工程量计算规则	工作内容
011301001	天棚抹灰	1. 基层类型 2. 底层厚度、砂浆种类、配合比 3. 面层厚度、砂浆种类、配合比	m^2	按设计图示尺寸以平投影面积计算。不扣除间壁墙、垛、柱、附墙烟囱、检查口和管道所占的面积 1. 带梁天棚的梁两侧抹灰面积并入天棚面积内 2. 板式楼梯底面抹灰按斜面积计算，锯齿形楼梯底板抹灰按展开面积计算 3. 圆弧犁、拱形等天棚的抹灰面积按展开面积计算 4. 天棚中的折线、灯槽线、圆弧形线等艺术形式的抹灰，按展开面积计算 5. 檐口、天沟天棚的抹灰面积，并入相同的天棚抹灰工程量内计算	1. 基层清理 2. 砂浆制作、运输 3. 底层抹灰 4. 抹面层

续表

项目编码	项目名称	项目特征	计量单位	工程量计算规则	工作内容
011301002	天棚抹灰、装饰线	1. 装饰部位 2. 基层类型 3. 抹灰厚度、砂浆种类、配合比 4. 其他	m	按设计图示尺寸以长度计算	1. 基层清理 2. 砂浆制作、运输 3. 底层抹灰 4. 抹面层

2. 工程量清单编制实务注意事项

（1）天棚抹灰：适用于混凝土、木板条等天棚抹灰。基层类型是指混凝土现浇板、预制混凝土板、木板条等。

（2）天棚抹灰装饰线：适用于天棚带有装饰线时的抹灰。应注意区别按三道线以内或五道线以内按延长米计算，线角的道数以一个突出的棱角为一道线。

7.3.3　天棚吊顶

1. 工程量清单项目设置

天棚吊顶工程量清单项目设置、项目特征描述的内容、计量单位及工程量计算规则，按表 7-26 执行。

N.2 天棚吊顶（编码：011302）　　**表 7-26**

项目编码	项目名称	项目特征	计量单位	工程量计算规则	工作内容
011302001	吊顶天棚	1. 吊顶形式、吊杆规格、高度 2. 龙骨材料种类、规格、中距 3. 基层材料种类、规格 4. 面层材料种类、规格 5. 压条材料种类、规格 6. 嵌缝材料种类 7. 防护材料种类	m^2	按设计图示尺寸以水平投影面积计算。天棚面中的灯槽及跌级、锯齿形、吊挂式、藻井式天棚面积不展开计算。不扣除间壁墙、检查口、附墙烟囱、柱垛和管道所占面积，扣除单个＞0.3m^2 的孔洞、独立柱与开棚相连的窗帘盒所占的面积	1. 基层清理、吊杆安装 2. 安装龙骨 3. 基层板铺贴 4. 面层铺贴 5. 嵌缝 6. 刷防护材料
011302002	格栅吊顶	1. 龙骨材料种类、规格、中距 2. 基层材料种类、规格 3. 面层材料种类、规格 4. 防护材料种类		按设计图示尺寸以水平投影面积计算	1. 基层清理 2. 安装龙骨 3. 基层板铺贴 4. 面层铺贴 5. 刷防护材料

续表

<table>
<tr><th>项目编码</th><th>项目名称</th><th>项目特征</th><th>计量单位</th><th>工程量计算规则</th><th>工作内容</th></tr>
<tr><td>011302003</td><td>吊筒吊顶</td><td>1. 吊筒形状规格
2. 吊筒材料种类
3. 防护材料种类</td><td rowspan="4">m²</td><td rowspan="4">按设计图示尺寸以水平投影面积计算</td><td>1. 基层清理
2. 吊筒制作、安装
3. 刷防护材料</td></tr>
<tr><td>011302004</td><td>藤条造型悬挂吊顶</td><td rowspan="2">1. 骨架材料种类、规格
2. 基层材料种类、规格</td><td rowspan="2">1. 基层清理
2. 安装龙骨
3. 面层铺贴</td></tr>
<tr><td>011302005</td><td>织物软雕吊顶</td></tr>
<tr><td>011302006</td><td>装饰网架吊顶</td><td>网架材料品种、规格</td><td>1. 基层清理
2. 网架制作、安装</td></tr>
</table>

2. 工程量清单编制实务注意事项

(1) 天棚的检查孔、天棚内的检修走道等应包括在报价内。

(2) 天棚吊顶的平面、跌级、锯齿形、阶梯形、吊挂式、藻井式以及矩形、弧形、拱形等应在清单项目中进行描述。

(3) 天棚设置保温、隔热、吸声层时，按规范相关项目编码列项。

(4) 基层材料，指底板或面层背后的加强材料。龙骨中距，指相邻龙骨中线之间的距离。

(5) 天棚面层适用于：石膏板、埃特板、装饰吸声罩面板、塑料装饰罩面板、纤维水泥加压板、金属装饰板、木质饰板、玻璃饰面。

(6) 栅吊顶面层适用于木格栅、金属格栅、塑料格栅等。

(7) 吊筒吊顶适用于木（竹）质吊筒、金属吊筒、塑料吊筒以及圆形、矩形、扁钟形吊筒等。

7.3.4 采光天棚

1. 工程量清单项目设置

采光天棚工程量清单项目设置、项目特征描述的内容、计量单位及工程量计算规则，按表 7-27 执行。

N.3 采光天棚（编码：011303）　　**表 7-27**

项目编码	项目名称	项目特征	计量单位	工程量计算规则	工作内容
桂 011303002	采光天棚	1. 骨架材料种类、规格 2. 固定类型、固定材料品种、规格 3. 面层材料品种、规格 4. 嵌缝、塞口材料种类	m²	按设计图示尺寸以展开面积计算	1. 龙骨制作、安装 2. 面层制作、安装 3. 嵌缝、塞口 4. 清洗

2. 工程量清单编制实务注意事项

采光天棚：适用于中空玻璃、钢化玻璃、夹丝玻璃、夹层玻璃等采光天棚。采光天棚骨架应考虑在综合单价中。

7.3.5　天棚其他装饰

1. 工程量清单项目设置

天棚其他装饰工程量清单项目设置、项目特征描述的内容、计量单位及工程量计算规则，按表7-28执行。

N.4 天棚其他装饰（编码：011304）　　**表7-28**

项目编码	项目名称	项目特征	计量单位	工程量计算规则	工作内容
011304001	灯带(槽)	1. 灯带型式、尺寸 2. 格栅片材料品种规格 3. 安装固定方式	m^2	按设计图示尺寸以框外围(展开)面积计算	安装、固定
011304002	送风口 回风口	1. 风口材料品种、规格 2. 安装固定方式 3. 防护材料种类	个	按设计图示数量计算	1. 安装、固定 2. 刷防护材料

2. 工程量清单编制实务注意事项

天棚装饰刷油漆、涂料以及裱糊按附录P油漆、涂料、裱糊工程相应项目编码列项。

7.3.6　计算实例

【例7-3】某工程建筑平面图、梁结构图如图7-3所示，墙体厚度均为240mm，板厚100mm，现浇混凝土天棚面做法为5mm厚1∶1∶4混合砂浆底、5mm厚1∶0.5∶3混合砂浆面。

要求：编制天棚抹灰项目的工程量清单。

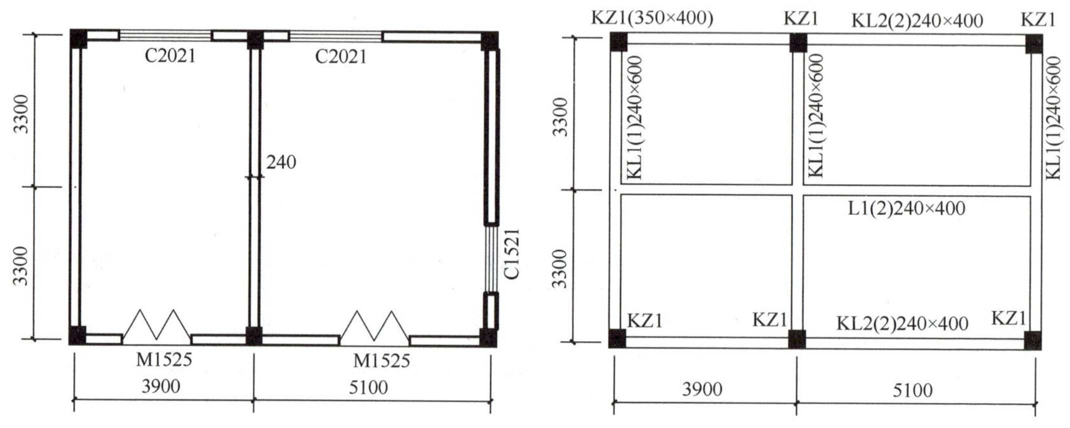

图7-3　建筑平面图及梁结构图

【解】完成填写结果见表7-29。

第一步：查阅工程量计算规范广西实施细则，正确选择清单项目。

填写项目编码、项目名称、项目特征描述、计量单位。

第二步：计算清单工程量。

计算思路：根据工程量计算规则计算工程量。

第三步：填写工程量计算结果。

具体步骤如下：

（1）项目编码：011301001001。

（2）项目名称：天棚抹灰。

（3）项目特征：

① 基层类型：现浇混凝土天棚面；

② 底层厚度、砂浆配合比：5mm 厚 1∶1∶4 混合砂浆；

③ 面层厚度、砂浆配合比：5mm 厚 1∶0.5∶3 混合砂浆。

（4）单位：m^2。

（5）工程量计算规则：按设计图示尺寸以水平投影面积计算。

（6）工程量计算：

① 主墙间净面积＝(3.9＋5.1－0.24×2)×(6.6－0.24)＝54.19m^2

② L1 梁侧面抹灰面积＝(0.4－0.1)×2×(3.9＋5.1－0.24×2)＝5.11m^2

天棚抹灰工程量 S＝①＋②＝54.19＋5.11＝59.30m^2

分部分项工程和单价措施项目清单与计价表 **表 7-29**

工程名称：×× 第 页 共 页

序号	项目编码	项目名称及项目特征描述	计量单位	工程量	金额(元)		
					综合单价	合价	其中：暂估价
	0113	天棚面工程					
1	011301001001	天棚抹灰 ① 基层类型：现浇混凝土天棚面 ② 底层厚度、砂浆配合比：5mm 厚 1∶1∶4 混合砂浆 ③ 面层厚度、砂浆配合比：5mm 厚 1∶0.5∶3 混合砂浆	m^2	59.30			

任务 7.4　油漆、涂料、裱糊工程

7.4.1　概况

本分部设置 8 小节共 37 个清单项目，其中增补 1 个清单项目（以广西实施细则为例）。清单项目设置情况见表 7-30。

油漆、涂料、裱糊工程清单项目数量表　　表 7-30

小节编号	名称	清单项目数	其中：广西增补项目数
P. 1	门油漆	2	
P. 2	窗油漆	2	
P. 3	木扶手及其他板条、线条油漆	5	
P. 4	木材面油漆	15	
P. 5	金属面油漆	1	
P. 6	抹灰面油漆	3	
P. 7	喷刷涂料	7	1
P. 8	裱糊	2	
合计		37	1

7.4.2　门油漆

1. 工程量清单项目设置

门油漆工程量清单项目设置、项目特征描述的内容、计量单位及工程量计算规则，按表 7-31 执行。

P. 1 门油漆（编码：011401）　　表 7-31

项目编码	项目名称	项目特征	计量单位	工程量计算规则	工作内容
011401001	木门油漆	1. 门类型 2. 腻子种类 3. 刮腻子遍数 4. 防护材料种类 5. 油漆品种、刷漆遍数	m^2	按设计图示洞口尺寸以面积计算	1. 基层清理 2. 刮腻子 3. 刷防护材料、油漆
011401002	金属门油漆				1. 除锈、基层清理 2. 刮腻子 3. 刷防护材料、油漆

2. 工程量清单项目应用说明

(1)木门油漆应区分木大门、单层木门、双层(一玻一纱)木门、木百叶门、半玻自由门、装饰门及有框门或无框门等项目，分别编码列项。

(2)金属门油漆应区分平开门、推拉门、钢制防火门等项目，分别编码列项。

7.4.3　窗油漆

1. 工程量清单项目设置

窗油漆工程量清单项目设置、项目特征描述的内容、计量单位及工程量计算规则，按表 7-32 执行。

P.2 窗油漆(编码：011402) 表 7-32

项目编码	项目名称	项目特征	计量单位	工程量计算规则	工作内容
011402001	木窗油漆	1. 窗类型 2. 腻子种类 3. 刮腻子遍数 4. 防护材料种类 5. 油漆品种、刷漆遍数	m^2	按设计图示洞口尺寸以面积计算	1. 基层清理 2. 刮腻子 3. 刷防护材料、油漆
011402002	金属窗油漆				1. 除锈、基层清理 2. 刮腻子 3. 刷防护材料、油漆

2. 工程量清单项目应用说明

(1) 木窗油漆应区分单层木窗、双层（一玻一纱）木窗、木百叶窗、单层钢窗、双层（一玻）一钢纱窗等项目，分别编码列项。

(2) 金属窗油漆应区分平开窗、推拉窗、固定窗、组合、窗金属隔栅窗等项目，分别编码列项。

7.4.4 木扶手及其他板条、线条油漆

1. 工程量清单项目设置

木扶手及其他板条、线条油漆工程量清单项目设置、项目特征描述的内容、计量单位及工程量计算规则，按表 7-33 执行。

P.3 木扶手及其他板条、线条油漆（编码：011403） 表 7-33

项目编码	项目名称	项目特征	计量单位	工程量计算规则	工作内容
011403001	木扶手油漆	1. 断面尺寸 2. 腻子种类 3. 刮腻子遍数 4. 防护材料种类 5. 油漆品种、刷漆遍数	m	按设计图示尺寸以长度计算	1. 基层清理 2. 刮腻子 3. 刷防护材料、油漆
011403002	窗帘盒油漆				
011403003	封檐板、顺水板油漆				
011403004	挂衣板、黑板框油漆				
011403005	挂镜线、窗帘棍、单独木线油漆				

2. 工程量清单项目应用说明

木扶手应区分带托板与不带托板，分别编码列项，若是木栏杆带扶手，木扶手不应单独列项，应含在木栏杆油漆中。

7.4.5 木材面油漆

木材面油漆工程量清单项目设置、项目特征描述的内容、计量单位及工程量计算规则，按表 7-34 执行。

P.4 木材面油漆（编码：011404）　　表 7-34

项目编码	项目名称	项目特征	计量单位	工程量计算规则	工作内容
011404001	木护墙、木墙裙油漆	1. 腻子种类 2. 刮腻子遍数 3. 防护材料种类 4. 油漆品种、刷漆遍数	m^2	按设计图示尺寸以面积计算	1. 基层清理 2. 刮腻子 3. 刷防护材料、油漆
011404002	窗台板、筒子板、盖板、门窗套、踢脚线油漆				
011404003	清水板条天棚、檐口油漆				
011404004	木方格吊顶天棚油漆				
011404005	吸音板墙面、天棚面油漆				
011404006	暖气罩油漆				
011404007	其他木材面油漆				
011404008	木间壁、木隔断油漆			按设计图示尺寸以单面外围面积计算	
011404009	玻璃间壁露明墙筋油漆				
011404010	木栅栏、木栏杆（带扶手）油漆				
011404011	衣柜、壁柜油漆			按设计图示尺寸以油漆部分展开面积计算	
011404012	梁柱饰面油漆				
011404013	零星木装修油漆				
011404014	木地板油漆			按设计图示尺寸以面积计算。空洞、空圈、暖气包槽、壁龛的开口部分并入相应的工程量内	
011404015	木地板烫硬蜡面	1. 硬蜡品种 2. 面层处理要求			1. 基层清理 2. 烫蜡

7.4.6　金属面油漆

金属面油漆工程量清单项目设置、项目特征描述的内容、计量单位及工程量计算规则，按表 7-35 执行。

P.5 金属面油漆(编码：011405)　　表 7-35

项目编码	项目名称	项目特征	计量单位	工程量计算规则	工作内容
011405001	金属面油漆	1. 施工方法 2. 腻子种类 3. 刮腻子要求 4. 防护材料种类 5. 油漆品种、遍数	m^2	按设计展开面积计算	1. 基层清理 2. 刮腻子 3. 刷防护材料、油漆

7.4.7 抹灰面油漆

工程量清单项目设置：抹灰面油漆工程量清单项目设置、项目特征描述的内容、计量单位及工程量计算规则，按表7-36执行。

P.6 抹灰面油漆（编码：011406） **表7-36**

<table>
<tr><th>项目编码</th><th>项目名称</th><th>项目特征</th><th>计量单位</th><th>工程量计算规则</th><th>工作内容</th></tr>
<tr><td>011406001</td><td>抹灰面油漆</td><td>1. 基层类型
2. 施工方法
3. 腻子种类
4. 刮腻子遍数
5. 防护材料种类
6. 油漆品种、刷漆遍数
7. 部位</td><td>m^2</td><td>按设计图示尺寸以面积计算</td><td rowspan="2">1. 基层清理
2. 刮腻子
3. 刷防护材料、油漆</td></tr>
<tr><td>011406002</td><td>抹灰线条油漆</td><td>1. 施工方法
2. 线条宽度、道数
3. 腻子种类
4. 刮腻子遍数
5. 防护材料种类
6. 油漆品种、刷漆遍数</td><td>m</td><td>按设计图示尺寸以长度计算</td></tr>
<tr><td>011406003</td><td>满刮腻子</td><td>1. 基层类型
2. 腻子种类
3. 刮腻子遍数</td><td>m^2</td><td>按设计图示尺寸以面积计算</td><td>1. 基层清理
2. 腻子</td></tr>
</table>

7.4.8 喷（刷）涂料

1. 工程量清单项目设置

喷（刷）涂料工程量清单项目设置、项目特征描述的内容、计量单位及工程量计算规则，按表7-37执行。

P.7 喷（刷）涂料（编码：011407） **表7-37**

<table>
<tr><th>项目编码</th><th>项目名称</th><th>项目特征</th><th>计量单位</th><th>工程量计算规则</th><th>工作内容</th></tr>
<tr><td>011407001</td><td>墙面喷(刷)涂料</td><td rowspan="2">1. 基层类型
2. 施工方法
3. 喷刷涂料部位
4. 腻子种类
5. 刮腻子要求
6. 涂料品种、喷刷遍数</td><td rowspan="2">m^2</td><td rowspan="2">按设计图示尺寸以面积计算</td><td rowspan="2">1. 基层清理
2. 刮腻子
3. 刷、喷涂料</td></tr>
<tr><td>011407002</td><td>天棚喷(刷)涂料</td></tr>
</table>

续表

<table>
<tr><th>项目编码</th><th>项目名称</th><th>项目特征</th><th>计量单位</th><th>工程量计算规则</th><th>工作内容</th></tr>
<tr><td>011407003</td><td>空花格、栏杆喷(刷)涂料</td><td>1. 施工方法
2. 腻子种类
3. 刮腻子遍数
4. 涂料品种、喷刷遍数</td><td>m²</td><td>按设计图示尺寸以单面外围面积计算</td><td rowspan="2">1. 基层清理
2. 刮腻子
3. 刷、喷涂料</td></tr>
<tr><td>011407004</td><td>线条刷涂料</td><td>1. 施工方法
2. 线条宽度
3. 刮腻子遍数
4. 涂料品种、喷刷遍数</td><td>m</td><td>按设计图示尺寸以长度计算</td></tr>
<tr><td>011407005</td><td>金属构件喷(刷)防火涂料</td><td rowspan="3">1. 施工方法
2. 喷刷防火涂料构件名称
3. 防火等级要求
4. 涂料品种、喷刷遍数</td><td rowspan="3">m²</td><td>按设计展开面积计算</td><td>1. 基层清理
2. 刷、喷防护材料、油漆</td></tr>
<tr><td>011407006</td><td>喷(刷)防火涂料</td><td rowspan="2">按设计图示尺寸以面积计算</td><td rowspan="2">1. 基层清理
2. 刷、喷防火材料</td></tr>
<tr><td>桂 011407007</td><td>抹灰面喷(刷)防火涂料</td></tr>
</table>

2. 工程量清单项目应用说明

(1) 喷刷墙面涂料部位要注明内墙或外墙。

(2) 喷（刷）漆料施工方法应分刷涂、喷涂、滚涂等描述。

7.4.9　裱糊

裱糊工程量清单项目设置、项目特征描述的内容、计量单位及工程量计算规则，按表 7-38 执行。

P. 8 裱糊（编码：011408）　　**表 7-38**

<table>
<tr><th>项目编码</th><th>项目名称</th><th>项目特征</th><th>计量单位</th><th>工程量计算规则</th><th>工作内容</th></tr>
<tr><td>011408001</td><td>墙纸裱糊</td><td rowspan="2">1. 基层类型
2. 裱糊部位
3. 腻子种类
4. 刮腻子遍数
5. 粘结材料种类
6. 防护材料种类
7. 面层材料品种、规格、颜色</td><td rowspan="2">m²</td><td rowspan="2">按设计图示尺寸以面积计算</td><td rowspan="2">1. 基层清理
2. 刮腻子
3. 面层铺贴
4. 刷防护材料</td></tr>
<tr><td>011408002</td><td>织锦缎裱糊</td></tr>
</table>

7.4.10　计算实例

【例 7-4】 如图 7-4 所示为双层（一玻一纱）木窗 C1，洞口尺寸为 2950mm×1750mm，共 10 樘；窗顶设硬木窗帘盒，窗帘盒比窗洞口每侧长 300mm；木窗、窗帘盒油漆做法均为刷底油一遍，刷调和漆二遍。

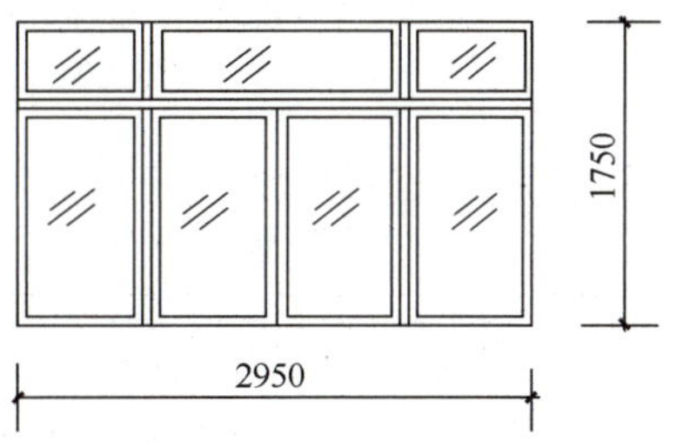

图 7-4　一玻一纱双层木窗图

要求：编制木窗、窗帘盒油漆项目的工程量清单。

【解】 完成填写结果见表 7-39。

第一步：查阅工程量计算规范广西实施细则，正确选择清单项目。

填写项目编码、项目名称、项目特征描述、计量单位。

第二步：计算清单工程量。

计算思路：根据工程量计算规则计算相应工程量。

第三步：填写工程量计算结果。

具体内容如下：

1. 木窗油漆

（1）项目编码：011402001001。

（2）项目名称：木窗油漆。

（3）项目特征：

① 窗类型：双层（一玻一纱）木窗；

② 油漆品种、刷漆遍数：刷底油一遍，刷调和漆二遍。

（4）单位：m^2。

（5）工程量计算规则：以平方米计量，按设计图示洞口尺寸以面积计算。

（6）工程量计算 $S=2.95\times1.75\times10=51.63m^2$

（7）表格填写（见表 7-39）。

2. 窗帘盒油漆

（1）项目编码：011403002001。

（2）项目名称：硬木窗帘盒油漆。

（3）项目特征：油漆品种、刷漆遍数：刷底油一遍，刷调和漆二遍。

（4）单位：m。

（5）工程量计算规则：按设计图示洞口尺寸以长度计算。

（6）工程量计算 $L=(2.95+0.3\times 2)\times 10=35.50\text{m}$

分部分项工程和单价措施项目清单与计价表　　**表 7-39**

工程名称：××　　第　页　共　页

序号	项目编码	项目名称及项目特征描述	计量单位	工程量	金额(元)		
					综合单价	合价	其中：暂估价
	0114	油漆、涂料、裱糊工程					
1	011402001001	木窗油漆 ① 窗类型：双层(一玻一纱)木窗 ② 油漆品种、刷漆遍数：底油一遍，调和漆二遍	m^2	51.63			
2	011403002001	硬木窗帘盒油漆 ① 油漆品种、刷漆遍数：底油一遍，调和漆二遍	m	35.50			

【例7-5】 某工程建筑平面图、梁结构图如图7-3所示，屋面板顶标高4.2m，墙体厚度均为240mm，板厚100mm，门窗框宽均为100mm，靠外设置；内墙面、天棚面刮熟胶粉腻子两遍。

要求：编制内墙面、天棚面刮腻子项目的工程量清单。

【解】 完成填写结果见表7-40。

第一步：查阅工程量计算规范广西实施细则，正确选择清单项目。

填写项目编码、项目名称、项目特征描述、计量单位。

第二步：计算清单工程量。

计算思路：根据工程量计算规则计算相应工程量。

第三步：填写工程量计算结果。

具体内容如下：

1. 内墙面刮腻子

（1）项目编码：011406003001。

（2）项目名称：满刮腻子。

（3）项目特征：

① 基层类型：内墙面；

② 腻子种类：刮熟胶粉腻子；

③ 刮腻子遍数：二遍。

（4）单位：m^2。

（5）工程量计算规则：按设计图示尺寸以面积计算。

（6）工程量计算：

① 计算高度 $H=4.2-0.1=4.1m$

② 计算长度 $L=(3.9+5.1-0.24\times2)\times2+(6.6-0.24)\times4=42.48m$

③ 应扣门窗洞口面积 $S_1=1.5\times2.5\times2+2.0\times2.1\times2+1.5\times2.1=19.05m^2$

门窗洞口侧壁面积 $S_2=(0.24-0.1)\times[(1.5+2.5\times2)\times2+(2.0+2.1)\times4+(1.5+2.1)\times2]=5.12m^2$

内墙刮腻子工程量 S_3 = ①×②－③＋④ = $4.1\times42.48-19.05+5.12=160.24m^2$

（7）表格填写（见表7-40）。

2. 天棚面刮腻子

（1）项目编码：011406003002。

（2）项目名称：满刮腻子。

（3）项目特征：

① 基层类型：天棚面；

② 腻子种类：刮熟胶粉腻子；

③ 刮腻子遍数：二遍。

（4）单位：m^2。

（5）工程量计算规则：按设计图示尺寸以面积计算。

（6）工程量计算：

① 主墙间净面积 $S_1=(3.9+5.1-0.24\times2)\times(6.6-0.24)=54.19m^2$

② L1 梁侧面抹灰面积 $S_2=(0.4-0.1)\times2\times(3.9+5.1-0.24\times2)=5.11\text{m}^2$

天棚刮腻子工程量 $S_3=①+②=54.19+5.11=59.30\text{m}^2$

分部分项工程和单价措施项目清单与计价表　　**表 7-40**

工程名称：××　　第　页　共　页

序号	项目编码	项目名称及项目特征描述	计量单位	工程量	金额(元)		
					综合单价	合价	其中：暂估价
	0114	油漆、涂料、裱糊工程					
1	011406003001	满刮腻子 内墙面 ① 腻子种类：刮熟胶粉腻子 ② 刮腻子遍数：二遍	m^2	160.24			
2	011406003002	满刮腻子 天棚面 ① 腻子种类：刮熟胶粉腻子 ② 刮腻子遍数：二遍	m^2	59.30			

任务 7.5　其他装饰工程

7.5.1　概况

本分部设置 9 小节共 66 个清单项目，其中增补 4 个清单项目（以广西实施细则为例）。清单项目设置情况见表 7-41。

其他装饰工程清单项目数量表 表7-41

小节编号	名称	清单项目数	其中：广西增补项目数
Q.1	柜类、货架	20	
Q.2	压条、装饰线	8	
Q.3	扶手、栏杆、栏板装饰	8	
Q.4	暖气罩	3	
Q.5	浴厕配件	11	
Q.6	雨篷、旗杆	3	
Q.7	招牌、灯箱	4	
Q.8	美术字	5	
Q.9	车库配件	4	4
合计		66	4

7.5.2 柜类、货架

1. 工程量清单项目设置

柜类、货架工程量清单项目设置、项目特征描述的内容、计量单位及工程量计算规则，按表7-42执行。

Q.1 柜类、货架（编码：011501） 表7-42

项目编码	项目名称	项目特征	计量单位	工程量计算规则	工作内容
011501001	柜台	1. 台柜规格 2. 材料种类、规格 3. 五金种类、规格 4. 防护材料种类 5. 油漆品种、刷漆遍数	1. 个 2. m 3. m^2	1. 以个计量，按设计图示数量计算 2. 以米计量，按设计图示尺寸以长度计算 3. 以平方米计量，按设计图示正立面面积(包括脚的高度在内)计算	1. 台柜制作、运输、安装(安放) 2. 刷防护材料、油漆 3. 五金件安装
011501002	酒柜				
011501003	衣柜				
011501004	存包柜				
011501005	鞋柜				
011501006	书柜				
011501007	厨房低柜				
011501008	木壁柜				
011501009	厨房低柜				
0115010010	厨房吊柜				
0115010011	矮柜				
0115010012	吧台背柜				
0115010013	酒吧吊柜				
0115010014	酒吧台				
0115010015	展台				
0115010016	收银台				
0115010017	试衣间				
0115010018	货架				
0115010019	书架				
0115010020	服务台				

2. 工程量清单编制实务注意事项

（1）柜类、货架等项目，其项目特征用文字往往难以进行准确和全面的描述，因此为达到规范、简捷、准确、全面描述项目特征的要求，对采用标准图集或施工图纸能够全部或部分满足项目特征描述要求的，项目特征描述可直接采用详见××图集或××图号的方式。但对不能满足项目特征描述要求的部分，仍应用文字描述进行补充。

（2）厨房壁柜和厨房吊柜以嵌入墙内为壁柜，以支架固定在墙上的为吊柜。

（3）台柜的规格以能分离的成品单体长、宽、高来表示，如一个组合书柜，分上下两部分，下部为立的矮柜，上部为敞开式的书柜、可以上、下两部分标注尺寸。

（4）台柜项目计算，应按设计图纸或说明，包括台柜、台面材料（石材、皮草、金属、实木等）、内隔板材料、连接件、配件等，均应包括在报价内。

7.5.3　压条、装饰线

压条、装饰线工程量清单项目设置、项目特征描述的内容、计量单位及工程量计算规则，按表 7-43 执行。

Q. 2 压条、装饰线（编码：011502）　　表 7-43

项目编码	项目名称	项目特征	计量单位	工程量计算规则	工作内容
011502001	金属装饰线	1. 基层类型 2. 线条材料品种规格、颜色 3. 防护材料种类	m	按设计图示尺寸以长度计算	1. 线条制作、安装 2. 刷防护材料
011502002	木质装饰线				
011502003	石材装饰线				
011502004	石膏装饰线				
011502005	镜面玻璃线				
011502006	铝塑装饰线				
011502007	塑料装饰线				
011502008	GRC 装饰线条	1. 基层类型 2. 线条规格 3. 线条安装部位 4. 填充材料种类			线条制作、安装

7.5.4　扶手、栏杆、栏板装饰

1. 工程量清单项目设置

扶手、栏杆、栏板装饰工程量清单项目设置、项目特征描述的内容、计量单位及工程量计算规则，按表 7-44 执行。

Q. 3 扶手、栏杆、栏板装饰（编码：011503）　　表 7-44

项目编码	项目名称	项目特征	计量单位	工程量计算规则	工作内容
011503001	金属扶手、栏杆、栏板	1. 栏杆类型 2. 扶手材料种类、规格 3. 栏杆材料种类、规格、颜色 4. 固定配件种类 5. 防护材料种类	m	按设计图示以扶手中心线长度（不扣除弯头所占长度）计算	1. 制作 2. 运输 3. 安装 4. 刷防护材料
011503002	硬木扶手、栏杆、栏板				
011503003	塑料扶手、栏杆、栏板				

续表

项目编码	项目名称	项目特征	计量单位	工程量计算规则	工作内容
011503004	GRC栏杆、扶手	1. 栏杆的规格 2. 安装间距 3. 扶手类型规格 4. 填充材料种类	m	按设计图示以扶手中心线长度(不扣除弯头所占长度)计算	1. 制作 2. 运输 3. 安装 4. 刷防护材料
011503005	金属靠墙扶手	1. 扶手材料种类、规格 2. 固定配件种类 3. 防护材料种类			
011503006	硬木靠墙扶手				
011503007	塑料靠墙扶手				
011503008	玻璃栏板	1. 栏杆玻璃的种类、规格、颜色 2. 固定方式 3. 固定配件种类			

2. 工程量清单编制实务注意事项

(1) 扶手、栏杆、栏板适用于楼梯、阳台、走廊、回廊及其他装饰性扶手栏杆、栏板。其中，砖栏板应按附录D.1中零星砌砖项目编码列项；石材扶手、栏板应按附录D.2相关项目编码列项。

(2) 凡栏杆、栏板含扶手的项目，不得将扶手单独进行编码列项。栏杆、栏板的弯头应包含在相应的栏杆、栏板项目的报价内。

7.5.5 暖气罩

暖气罩工程量清单项目设置、项目特征描述的内容、计量单位及工程量计算规则，按表7-45执行。

Q.4 暖气罩（编码：011504） **表7-45**

项目编码	项目名称	项目特征	计量单位	工程量计算规则	工作内容
011504001	饰面板暖气罩	1. 暖气罩材质 2. 防护材料种类	m^2	按设计图示尺寸以垂直投影面积(不展开)计算	1. 暖气罩制作、运输、安装 2. 刷防护材料
011504002	塑料板暖气罩				
011504003	金属暖气罩				

7.5.6 浴厕配件

1. 工程量清单项目设置

浴厕配件工程量清单项目设置、项目特征描述的内容、计量单位及工程量计算规则，按表7-46执行。

Q.5 浴厕配件（编码：011505）　　表 7-46

项目编码	项目名称	项目特征	计量单位	工程量计算规则	工作内容
011505001	洗漱台	1. 材料品种、规格、颜色 2. 支架、配件品种、规格	m²	按设计图示尺寸以台面水平投影面积计算(不扣除孔洞、挖弯、削角所占面积)	台面及支架运输安装
011505002	晒衣架	材料品种、规格、颜色	个	1. 以个、套、副计量，按设计图示数量计算 2. 以米计量，按设计图示以长度计算	安装
011505003	帘子杆				
011505004	浴缸拉手				
011505005	卫生间扶手				
011505006	毛巾杆(架)		套		
011505007	毛巾环		副		
011505008	卫生纸盒		个		
011505009	肥皂盒				
0115050010	镜面玻璃	1. 镜面玻璃品种、规格 2. 框材质、断面尺寸 3. 基层材料种类 4. 防护材料种类	m²	按设计图示尺寸以边框外围面积计算	1. 基层安装 2. 玻璃及框制作、运输、安装
0115050011	镜箱	1. 箱体材质、规格 2. 玻璃品种、规格 3. 基层材料种类 4. 防护材料种类 5. 油漆品种、刷漆遍数	个	按设计图示数量计算	1. 基层安装 2. 箱体制作、运输、安装 3. 玻璃安装 4. 刷防护材料、油漆

2. 工程量清单编制实务注意事项

洗漱台：适用于石质（天然石材、人造石材等）、玻璃等。

洗漱台放置洗面盆的地方必须挖洞，根据洗漱台摆放的位置有些还需选形，产生挖弯、削角，为此洗漱台的工程量按外接矩形计算。

挡板指镜面玻璃下边沿至洗漱台面和侧墙与台面接触部位的竖挡板（一般挡板与台面使用同种材料品种，不同材料品种应另行计算）。

吊沿指台面外边沿下方的竖挡板。挡板和吊沿均以面积并入台面面积内计算。洗漱台现场制作，切割、磨边等人工、机械的费用应包括在报价内。

7.5.7　雨篷旗杆

1. 工程量清单项目设置

雨篷旗杆工程量清单项目设置、项目特征描述的内容、计量单位及工程量计算规则，按表7-47执行。

Q.6 雨篷旗杆（编码：011506）　　**表7-47**

项目编码	项目名称	项目特征	计量单位	工程量计算规则	工作内容
011506001	雨篷吊挂饰面	1. 基层类型 2. 龙骨材料种类、规格、中距 3. 面层材料品种、规格 4. 吊顶(天棚)材料品种、规格 5. 嵌缝材料种类 6. 防护材料种类	m^2	设计图示尺寸以水平投影面积计算	1. 底层抹灰 2. 龙骨基层安装 3. 面层安装 4. 刷防护材料
011506002	金属旗杆	旗杆材料、种类、规格	m	按设计图示尺寸以长度计算	旗杆制作、安装
011506003	玻璃雨篷	1. 玻璃雨篷固定方式 2. 龙骨材料种类规格、中距 3. 玻璃材料品种、规格 4. 嵌缝材料种类 5. 防护材料种类	m^2	按设计图示尺寸以水平投影面积计算	1. 龙骨基层安装 2. 面层安装 3. 刷防护材料

2. 工程量清单编制实务注意事项

旗杆的砌砖或混凝土台座，台座的饰面按相关附录的章节另行编码列项。旗杆高度指旗杆台座上表面至杆顶的尺寸。

7.5.8 招牌、灯箱

招牌、灯箱工程量清单项目设置、项目特征描述的内容、计量单位及工程量计算规则，按表7-48执行。

Q.7 招牌、灯箱（编码：011507）　　**表7-48**

项目编码	项目名称	项目特征	计量单位	工程量计算规则	工作内容
011507001	平面箱式招牌	1. 箱体规格 2. 基层材料种类 3. 面层材料种类 4. 防护材料种类 5. 油漆品种、刷漆遍数	m^2	按设计图示尺寸以正立面外框面积计算。复杂形的凸凹造型部分不增加面积	1. 基层安装 2. 箱体及支架制作、运输、安装 3. 面层制作、安装 4. 刷防护材料、油漆
011507002	竖式标箱				
011507003	灯箱				

续表

项目编码	项目名称	项目特征	计量单位	工程量计算规则	工作内容
011507004	信报箱	1. 箱体规格 2. 基层材料种类 3. 面层材料种类 4. 保护材料种类 5. 油漆品种、刷漆遍数 6. 户数	个	按设计图示数量计算	1. 基层安装 2. 箱体及支架制作、运输、安装 3. 面层制作、安装 4. 刷防护材料、油漆

7.5.9　美术字

1. 工程量清单项目设置

美术字柜类、货架工程量清单项目设置、项目特征描述的内容、计量单位及工程量计算规则，按表 7-49 执行。

Q.8 美术字（编码：011508）　　表 7-49

项目编码	项目名称	项目特征	计量单位	工程量计算规则	工作内容
011508001	泡沫塑料字	1. 基层类型 2. 镌字材料品种、颜色 3. 字体规格 4. 固定方式 5. 油漆品种、刷漆遍数	个	按设计图示数量计算	1. 字制作、运输、安装 2. 刷油漆
011508002	有机玻璃字				
011508003	木质字				
011508004	金属字				
011508005	吸塑字				

2. 工程量清单编制实务注意事项

美术字不分字体，按大小规格分类。美术字的字体规格以字的外接矩形长、宽和字的厚度表示。固定方式指粘贴、焊接以及铁钉、螺栓、铆钉固定等方式。

7.5.10　车库配件

车库配件工程量清单项目设置、项目特征描述的内容、计量单位及工程量计算规则，按表 7-50 执行。

Q.9 车库配件（编码：011509）　　表 7-50

项目编码	项目名称	项目特征	计量单位	工程量计算规则	工作内容
桂 011509001	橡胶减速带	1. 位置 2. 材料种类、规格	m	按设计图示尺寸以长度计算	1. 材料搬运 2. 安装、校正 3. 清理
桂 011509002	橡胶车轮挡		个	按设计图示数量计算	
桂 011509003	橡胶防撞护角				
桂 011509004	车位锁		把		

7.5.11　共性问题及说明

（1）装饰线和美术字的基层类型是指装饰线、美术字依托体的材料，如砖墙、木墙、石墙、混凝土墙、墙面抹灰、钢支架等。

（2）压条、装饰线、扶手、栏杆、栏板、暖气罩、浴厕配件（除镜箱外）、雨篷、旗杆等项目，工作内容不包括刷油漆，应按附录 P 相应项目编码单独列项。

（3）柜类、货架、镜箱、招牌、灯箱、美术字等单件项目，已包括了刷油漆，主要考虑整体性。不得单独将油漆分离，单列油漆清单项目。

7.5.12　计算实例

【例 7-6】 某工程楼梯剖面图如图 7-5 所示。楼梯间宽度轴线尺寸为 3.6m，墙厚 240mm，楼梯井宽 100mm，梯级踏步宽 270mm；楼梯栏杆为 201 材质不锈钢栏杆高度为 1000mm，做法选用如下：

（1）栏杆做法选用 05ZJ401 W/11。

（2）扶手做法选用 05ZJ401 14/28。

（3）扶手起步做法选用 05ZJ401 7/29。

（4）扶手与侧墙连接做法选用 05ZJ401 18/30。

要求：编制楼梯栏杆的工程量清单。

【解】 完成填写结果见表 7-52。

第一步：查阅工程量计算规范广西实施细则，正确选择清单项目。

填写项目编码、项目名称、项目特征描述、计量单位。

第二步：计算清单工程量。

计算思路：根据计算规则计算相应工程量。

第三步：填写工程量计算结果。具体内容如下：

1. 不锈钢栏杆

（1）项目编码：011503001001。

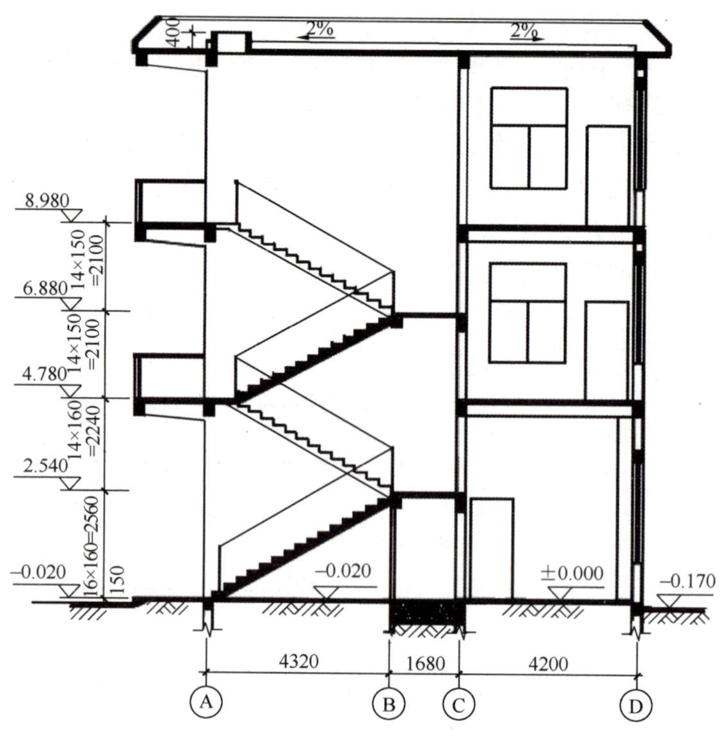

图 7-5　楼梯剖面图

(2) 项目名称：不锈钢栏杆。

(3) 项目特征：

① 采用图集：05ZJ401 W/11；

② 扶手选用：05ZJ401 14/28。

(4) 单位：m。

(5) 工程量计算规则：按设计图示尺寸以扶手中心线长度（包括弯头长度）计算。

(6) 工程量计算见表 7-51。

楼梯栏杆长度计算表（单位：m）　　**表 7-51**

名称	水平长	高度	计算得斜长	数量	小计
梯段 1	16×0.27=4.32	2.56	5.02	1	5.02
梯段 2	14×0.27=3.78	2.24	4.39	1	4.39
梯段 3	14×0.27=3.78	2.1	4.32	2	8.65
顶层水平段	(3.6−0.1) ÷2+0.1=1.85	—	—	1	1.85
弯头	0.1			4	0.40
合计					20.31

(7) 表格填写（见表 7-52）。

2. 预埋铁件

(1) 项目编码：010516002001。

(2) 项目名称：预埋铁件。

(3) 项目特征：采用图集：05ZJ401 12/30。

(4) 单位：t。

(5) 工程量计算规则：按设计图示尺寸以质量计算。

(6) 工程量计算：

① 埋件布置范围包括楼梯斜段、顶层水平段。

埋件个数＝16＋14×3＋6＝64 个

② 6mm 钢板：0.06×0.06×47.1×64＝10.852kg

③ Φ8 圆钢：(0.08×2＋0.06＋0.025×2)×0.395×64＝6.826kg

Σ重量＝10.852＋6.826＝17.678kg≈0.018t

分部分项工程和单价措施项目清单与计价表　　**表 7-52**

工程名称：××　　第　页　共　页

序号	项目编码	项目名称及项目特征描述	计量单位	工程量	金额（元）		
					综合单价	合价	其中：暂估价
	0115	其他装饰工程					
1	011503001001	不锈钢栏杆 201 材质 ① 采用图集：05ZJ401 W/11 ② 扶手选用：05ZJ401 14/28	m	20.31			
2	010516002001	预埋铁件	t	0.018			

任务 7.6　拆　除　工　程

7.6.1　概况

本分部设置 16 小节共 40 个清单项目，其中增补 3 个清单项目（以广西实施细则为例）。清单项目设置情况见表 7-53。

拆除工程清单项目数量表　　表 7-53

小节编号	名　称	清单项目数	其中：广西增补项目数
R. 1	砖砌体拆除	1	
R. 2	混凝土及钢筋混凝土构件拆除	2	
R. 3	木构件拆除	1	
R. 4	抹灰层拆除	3	
R. 5	块料面层拆除	2	
R. 6	龙骨及饰面拆除	3	
R. 7	屋面拆除	2	
R. 8	铲除油漆涂料裱糊面	3	
R. 9	栏杆栏板、轻质隔断墙面拆除	2	
R. 10	门窗拆除	2	
R. 11	金属构件拆除	5	
R. 12	管道及卫生洁具拆除	2	
R. 13	灯具、玻璃拆除	2	
R. 14	其他构件拆除	6	
R. 15	开孔（打洞）	1	
R. 16	整体拆除	3	3
合计		40	3

7.6.2　砖砌体拆除

1. 工程量清单项目设置

砖砌体拆除工程量清单项目设置、项目特征描述的内容、计量单位及工程量计算规则，按表 7-54 执行。

R. 1 砖砌体拆除（编码：011601）　　表 7-54

项目编码	项目名称	项目特征	计量单位	工程量计算规则	工作内容
011601001	砖砌体拆除	1. 拆除方式 2. 砌体名称 3. 砌体材质 4. 拆除高度 5. 拆除砌体的截面尺寸 6. 砌体表面的附着物种类 7. 弃渣运距	m^3	按实拆的体积计算，不扣除≤0.3m^2的孔洞和构件所占的体积。附着的砂浆面层或块料面层等与砌体一起拆除时，其体积并入所拆除项目的工程量内计算	1. 拆除 2. 控制扬尘 3. 清理 4. 弃渣场内、外运输

2. 工程量清单项目应用说明

（1）砌体名称指墙、柱、水池、基础等。

（2）砌体表面的附着物种类指抹灰层、块料层。

7.6.3 混凝土及钢筋混凝土构件拆除

1. 工程量清单项目设置

混凝土及钢筋混凝土构件拆除工程量清单项目设置、项目特征描述的内容、计量单位及工程量计算规则，按表 7-55 执行。

R.2 混凝土及钢筋混凝土构件拆除（编码：011602） 表 7-55

项目编码	项目名称	项目特征	计量单位	工程量计算规则	工作内容
011602001	混凝土构件拆除	1. 拆除方式 2. 构件名称 3. 拆除构件的厚度或规格尺寸 4. 构件表面的附着物种类 5. 弃渣运距	1. m^3 2. m^2 3. m	1. 以立方米计量，按实拆的体积计算，不扣除墙、板中单个面积≤0.3m^2的孔洞所占的体积。附着的砂浆面层或块料面层等与构件一起拆除时，其体积并入所拆除项目的工程量内计算 2. 以平方米计盘，拆除部位的面积计算 3. 以米计量，按拆除部位的延长米计算	1. 拆除 2. 控制扬尘 3. 清理 4. 弃渣场内、外运输
011602002	钢筋混凝土构件拆除				

2. 工程量清单项目应用说明

(1) 以立方米作为计量单位时，可不描述构件的规格尺寸；以平方米作为计量单位时，则应描述构件的厚度；以米作为计量单位时，则必须描述构件的规格尺寸。

(2) 构件表面的附着物种类指抹灰层、块料层等。

(3) 构件名称指混凝土或钢筋混凝土墙、柱、梁、水池、基础、垫层等。

7.6.4 木构件拆除

1. 工程量清单项目设置

木构件拆除工程量清单项目设置、项目特征描述的内容、计量单位及工程量计算规则，按表 7-56 执行。

R.3 木构件拆除（编码：011603） 表 7-56

项目编码	项目名称	项目特征	计量单位	工程量计算规则	工作内容
011603001	木构件拆除	1. 构件名称 2. 拆除构件的厚度或规格尺寸 3. 砌体表面的附着物种类 4. 弃渣运距	1. m^3 2. m^2 3. m 4. 棍 5. 根	1. 以立方米计量，按拆除构件的体积计算 2. 以平方米计量，按拆除面积计算 3. 以米计量，按拆除长度计算 4. 以棍计量，按拆除构件的跨度分类数量计算 5. 以根计量，按拆除数量计算	1. 拆除 2. 控制扬尘 3. 清理 4. 弃渣场内、外运输

2. 工程量清单项目应用说明

(1) 拆除木构件应按木梁、木柱、木楼梯、木屋架、屋面木基层、承重木楼梯等分别在构件名称中描述。

(2) 以立方米作为计量单位时，可不描述构件的规格尺寸；以平方米作为计量单位时，则应描述构件的厚度；以米、棍、根作为计量单位时，则必须描述构件的规格尺寸。

(3) 构件表面的附着物种类指抹灰层、块料层、龙骨及装饰面层等。

7.6.5　抹灰层拆除

1. 工程量清单项目设置

抹灰层拆除工程量清单项目设置、项目特征描述的内容、计量单位及工程量计算规则，按表 7-57 执行。

R.4 抹灰层拆除（编码：011604）　　　　**表 7-57**

项目编码	项目名称	项目特征	计量单位	工程量计算规则	工作内容
011604001	平面抹灰层拆除	1. 拆除部位 2. 抹灰层种类 3. 弃渣运距	m^2	按拆除部位的面积计算	1. 拆除 2. 控制扬尘 3. 清理 4. 弃渣场内、外运输
011604002	立面抹灰层拆除				
011604003	天棚抹灰面拆除				

2. 工程量清单项目应用说明

(1) 单独拆除抹灰层应按表 7-57 中的项目编码列项。

(2) 抹灰层种类可描述为一般抹灰或装饰抹灰。

7.6.6　块料面层拆除

1. 工程量清单项目设置

块料面层拆除工程量清单项目设置、项目特征描述的内容、计量单位及工程量计算规则，按表 7-58 执行。

R.5 块料面层拆除（编码：011605）　　　　**表 7-58**

项目编码	项目名称	项目特征	计量单位	工程量计算规则	工作内容
011605001	平面块料拆除	1. 拆除的基层类型 2. 饰面材料种类 3. 弃渣运距	m^2	按拆除面积计算	1. 拆除 2. 控制扬尘 3. 清理 4. 弃渣场内、外运输
011605002	立面块料拆除				

2. 工程量清单项目应用说明

(1) 如仅拆除块料层，拆除的基层类型不用描述。

(2) 拆除的基层类型的描述指砂浆层、防水层、干挂或挂贴所采用的钢骨架层等。

7.6.7　龙骨及饰面拆除

1. 工程量清单项目设置

龙骨及饰面拆除工程量清单项目设置、项目特征描述的内容、计量单位及工程量计算规则，按表 7-59 执行。

R.6 龙骨及饰面拆除（编码：011606） 表 7-59

项目编码	项目名称	项目特征	计量单位	工程量计算规则	工作内容
011606001	楼地面龙骨及饰面拆除	1. 拆除的基层类型 2. 龙骨及饰面材料种类 3. 弃渣运距	m^2	按拆除面积计算	1. 拆除 2. 控制扬尘 3. 清理 4. 弃渣场内、外运输
011606002	墙柱面龙骨及饰面拆除				
011606003	天棚面龙骨及饰面拆除				

2. 工程量清单项目应用说明

（1）基层类型的描述指砂浆、防水层等。

（2）如仅拆除龙骨及饰面，拆除的基层类型不用描述。

（3）如只拆除饰面，不用描述龙骨材料种类。

7.6.8 屋面拆除

屋面拆除工程量清单项目设置、项目特征描述的内容、计量单位及工程量计算规则，按表 7-60 执行。

R.7 屋面拆除（编码：011607） 表 7-60

项目编码	项目名称	项目特征	计量单位	工程量计算规则	工作内容
011607001	刚性层拆除	1. 刚性层厚度 2. 弃渣运距	m^2	按铲除部位的面积计算	1. 铲除 2. 控制扬尘 3. 清理 4. 弃渣场内、外运输
011607002	防水层拆除	1. 防水层种类 2. 弃渣运距			

7.6.9 铲除油漆涂料裱糊面

1. 工程量清单项目设置

铲除油漆涂料裱糊面工程量清单项目设置、项目特征描述的内容、计量单位及工程量计算规则，按表 7-61 执行。

R.8 铲除油漆涂料裱糊面（编码：011608） 表 7-61

项目编码	项目名称	项目特征	计量单位	工程量计算规则	工作内容
011608001	铲除油漆面	1. 铲除部位名称 2. 铲除部位的截面尺寸 3. 弃渣运距	1. m^2 2. m	1. 以平方米计量，按铲除部位的面积计算 2. 以米计量，按铲除部位的长度计算	1. 铲除 2. 控制扬尘 3. 清理 4. 弃渣场内、外运输
011608002	铲除涂料面				
011608003	铲除裱糊面				

2. 工程量清单项目应用说明

（1）单独铲除油漆涂料裱糊面的工程按表 7-61 中的项目编码列项。

（2）铲除部位名称的描述指墙面、柱面、天棚、门窗等。

（3）按米计量，必须描述铲除部位的截面尺寸。

7.6.10　栏杆栏板、轻质隔断隔墙拆除

1. 工程量清单项目设置

栏杆栏板、轻质隔断隔墙拆除工程量清单项目设置、项目特征描述的内容、计量单位及工程量计算规则，按表 7-62 执行。

R.9 栏杆栏板、轻质隔断隔墙拆除（编码：011609）　　　　表 7-62

<table>
<tr><th>项目编码</th><th>项目名称</th><th>项目特征</th><th>计量单位</th><th>工程量计算规则</th><th>工作内容</th></tr>
<tr><td>011609001</td><td>栏杆、栏板拆除</td><td>1. 栏杆（板）的高度
2. 栏杆、栏板种类
3. 弃渣运距</td><td>1. m²
2. m</td><td>1. 以平方米计量，按拆除部位的面积计算
2. 以米计量，按拆除的延长米计算</td><td rowspan="2">1. 拆除
2. 控制扬尘
3. 清理
4. 弃渣场内、外运输</td></tr>
<tr><td>011609002</td><td>隔断墙拆除</td><td>1. 拆除隔断的骨架种类
2. 拆除隔墙的饰面种类
3. 弃渣运距</td><td>m²</td><td>按拆除部位的面积计算</td></tr>
</table>

2. 工程量清单项目应用说明

以平方米计量，不用描述栏杆（板）的高度。

7.6.11　门窗拆除

1. 工程量清单项目设置

门窗拆除工程量清单项目设置、项目特征描述的内容、计量单位及工程量计算规则，按表 7-63 执行。

R.10 门窗拆除（编码：011610）　　　　表 7-63

<table>
<tr><th>项目编码</th><th>项目名称</th><th>项目特征</th><th>计量单位</th><th>工程量计算规则</th><th>工作内容</th></tr>
<tr><td>011610001</td><td>木门窗拆除</td><td rowspan="2">1. 室内高度
2. 门窗洞口尺寸
3. 门窗扇外围尺寸
4. 弃渣运距</td><td rowspan="2">1. m²
2. 樘
3. 扇</td><td rowspan="2">1. 以平方米计算，按拆除面积计算
2. 以樘（扇）计量，按拆除樘（扇）数量计算</td><td rowspan="2">1. 拆除
2. 控制扬尘
3. 清理
4. 弃渣场内、外运输</td></tr>
<tr><td>011610002</td><td>金属门窗拆除</td></tr>
</table>

2. 工程量清单项目应用说明

以平方米计量，不用描述门窗的洞口尺寸、门窗扇外围尺寸。室内高度指室内楼地面至门窗的上边框。

7.6.12　金属构件拆除

工程量清单项目设置：金属构件拆除工程量清单项目设置、项目特征描述的内容、计量单位及工程量计算规则，按表 7-64 执行。

R.11 金属构件拆除（编码：011611） 表7-64

项目编码	项目名称	项目特征	计量单位	工程量计算规则	工作内容
011611001	钢梁拆除	1. 构件名称 2. 拆除构件的规格尺寸 3. 弃渣运距	1. t 2. m 3. m^2	1. 以吨计量，按拆除构件的质量计算 2. 以米计量，按拆除的长度计算 3. 以平方米计量，按拆除面积计算	1. 拆除 2. 控制扬尘 3. 清理 4. 弃渣场内、外运输
011611002	钢柱拆除				
011611003	钢网架拆除				
011611004	钢支撑、钢墙架拆除				
011611005	其他金属构件拆除				

7.6.13 管道及卫生洁具拆除

管道及卫生洁具拆除工程量清单项目设置、项目特征描述的内容、计量单位及工程量计算规则，按表7-65执行。

R.12 管道及卫生洁具拆除（编码：011612） 表7-65

目编码	项目名称	项目特征	计量单位	工程量计算规则	工作内容
011612001	管道拆除	1. 管道种类、材质 2. 管道上的附着物种类 3. 弃渣运距	m	按拆除管道的长度计算	1. 拆除 2. 控制扬尘 3. 清理 4. 弃渣场内、外运输
011612002	卫生洁具拆除	1. 卫生洁具种类 2. 弃渣运距	1. 套 2. 个	按拆除的数量计算	

7.6.14 灯具、玻璃拆除

1. 工程量清单项目设置

灯具、玻璃拆除工程量清单项目设置、项目特征描述的内容、计量单位及工程量计算规则，按表7-66执行。

R.13 灯具、玻璃拆除（编码：011613） 表7-66

项目编码	项目名称	项目特征	计量单位	工程量计算规则	工作内容
011613001	灯具拆除	1. 拆除灯具高度 2. 灯具种类 3. 弃渣运距	套	按拆除的数量计算	1. 拆除 2. 控制扬尘 3. 清理 4. 弃渣场内、外运输
011613002	玻璃拆除	1. 玻璃厚度 2. 弃渣运距	m^2	按拆除的面积计算	

2. 工程量清单项目应用说明

拆除部位的描述指门窗玻璃、隔断玻璃、墙玻璃、家具玻璃等。

7.6.15 其他构件拆除

1. 工程量清单项目设置

其他构件拆除工程量清单项目设置、项目特征描述的内容、计量单位及工程量计算规则，按表 7-67 执行。

R. 14 其他构件拆除（编码：011614）　　**表 7-67**

项目编码	项目名称	项目特征	计量单位	工程量计算规则	工作内容
011614001	暖气罩拆除	1. 暖气罩材质 2. 弃渣运距	1. 个 2. m	1. 以个计量，按拆除个数计算 2. 以米计量，按拆除延长米计算	1. 拆除 2. 控制扬尘 3. 清理 4. 弃渣场内、外运输
011614002	柜体拆除	1. 柜体材质 2. 柜体尺寸：长、宽、高 3. 弃渣运距			
011614003	窗台板拆除	1. 窗台板平面尺寸 2. 弃渣运距	1. 块 2. m^2	1. 以块计量，按拆除数量计算 2. 以平方米计量，按拆除面积计算	
01614004	筒子板拆除	1. 筒子板的平面尺寸 2. 弃渣运距			
011614005	窗帘盒拆除	1. 窗帘盒的平面尺寸 2. 弃渣运距	m	拆除长度计算	
011614006	窗帘轨拆除	1. 窗帘轨的材质 2. 弃渣运距			

2. 工程量清单项目应用说明

双轨窗帘轨拆除按双轨长度分别计算工程量。

7.6.16　开孔（打洞）

1. 工程量清单项目设置

开孔（打洞）工程量清单项目设置、项目特征描述的内容、计量单位及工程量计算规则，按表 7-68 执行。

R. 15 开孔（打洞）（编码：011615）　　**表 7-68**

项目编码	项目名称	项目特征	计量单位	工程量计算规则	工作内容
011615001	开孔（打洞）	1. 部位 2. 打孔方式 3. 打洞部位材质 4. 洞尺寸 5. 弃渣运距	个	按数量计算	1. 拆除 2. 控制扬尘 3. 清理 4. 弃渣场内、外运输

2. 工程量清单项目应用说明

（1）打孔方式分：人工打孔、机械打孔。

（2）部位可描述为墙面或楼板。

（3）打洞部位材质可描述为页岩砖、空心砖或钢筋混凝土等。

7.6.17　整体拆除

1. 工程量清单项目设置

整体拆除工程量清单项目设置、项目特征描述的内容、计量单位及工程量计算规则，按表7-69执行。

R.16 整体拆除（编码：011616）　　**表7-69**

项目编码	项目名称	项目特征	计量单位	工程量计算规则	工作内容
桂011616001	房屋整体人工拆除	1. 平房楼房 2. 结构类型 3. 墙体厚度 4. 弃渣运距	m^2	1. 平房全房拆除均按其建筑面积以平方米计算 2. 楼房全房拆除均按各楼层建筑面积的总和以平方米计算	1. 搭拆临时用脚手架、拆除室内地坪以上的全部建筑物 2. 拆下可用的材料运至被拆除建筑物30m以内指定地点分类码放整齐 3. 控制扬尘 4. 渣土原地清理归堆、外运输
桂011616002	独立烟囱人工拆除	1. 烟囱高度 2. 结构类型 3. 弃渣运距	座	以座计量，按拆除数量计算	1. 拆除 2. 拆下可用的材料运至被拆除建筑物30m以内指定地点分类码放整齐 3. 控制扬尘 4. 渣土原地清理归堆、外运输
桂011616003	房屋整体机械拆除	1. 平房、楼房 2. 结构类型 3. 墙体厚度 4. 弃渣运距	m^2	1. 平房全房拆除均按其建筑面积以平方米计算 2. 楼房全房拆除均按各楼层建筑面积的总和以平方米计算	1. 拆除室内地坪以上的全部建筑物 2. 控制扬尘 3. 破碎、废渣清理归堆、外运输

2. 工程量清单项目应用说明

（1）打孔方式分：人工打孔、机械打孔。

（2）部位可描述为墙面或楼板。

（3）打洞部位材质可描述为页岩砖、空心砖或钢筋混凝土等。

7.6.18　共性问题及说明

（1）弃渣运距必须描述，运距不能确定时，由招标人暂定，结算时按实调整。

（2）拆除方式分：人工拆除、机械拆除。

1. 简述块料楼地面工程量计算规则。

2. 简壁墙是指墙厚为多少的墙？

3. 简述内墙面抹灰高度的计算规定。

4. 简述现天棚抹灰工程量计算规则。

5. 请列举五个按“墙面一般抹灰”列项的工程项目内容。

6. 某工程设计木栏杆带∅60木扶手，油漆作法为聚氨酯漆二遍，该木栏杆高 1.2m，经计算得该木栏杆长度为 76.50m，弯头 22 个。

要求：编制该工程木栏杆油漆工程量清单。

单元 8　措施项目工程量清单编制

任务 8.1　单 价 措 施 项 目

8.1.1　概况

本分部设置 12 小节共 96 个清单项目，其中增补 61 个清单项目（以广西实施细则为例）。清单项目设置情况见表 8-1。

单价措施清单项目数量表　　**表 8-1**

小节编号	名　称	清单项目数	其中：广西增补项目数
S. 1	脚手架工程	13	9
S. 2	混凝土模板及支架（撑）	63	33
S. 3	垂直运输	2	2
S. 4	超高施工增加	1	1
S. 5	大型机械设备进出场及安拆	2	1
S. 6	施工排水、降水	2	2
桂 S. 8	混凝土运输及泵送工程	2	2
桂 S. 9	二次搬运费	1	1
桂 S. 10	已完工程保护费	7	7
桂 S. 11	夜间施工增加费	1	1
桂 S. 12	金属结构构件制作平台摊销	1	1
桂 S. 13	地上、地下设施、建筑物的临时保护设施	1	1
合计		96	61

8.1.2　脚手架工程

1. 工程量清单项目设置

脚手架工程量清单项目设置、项目特征描述的内容、计量单位及工程量计算规则，按表 8-2 执行。

S.1 脚手架工程（编码：011701） **表 8-2**

项目编码	项目名称	项目特征	计量单位	工程量计算规则	工作内容
桂 011701001	外脚手架	1. 单排、双排脚手架 2. 搭设高度 3. 脚手架材质 4. 脚手架适用工程 5. 其他	m^2	按 2013 年《广西壮族自治区建筑装饰装修工程消耗量定额》相应工程量计算规则及相关规定计算	1. 挖坑夯实、底座块的制作、安装及拆除 2. 超过 40m 架子钢托架的制作、安装拆除 3. 架子（包括卸、上料平台）搭设和拆除铺翻搭脚手板、护身栏杆、钢管及管件维护、防雷设施（30m 以上架子，包括 30m） 4. 场内外材料搬运及拆除后的材料整理堆放
桂 011701002	里脚手架	1. 搭设方式 2. 搭设高度 3. 脚手架材质 4. 其他			1. 架子搭设、铺板、拆除、维护 2. 场内外材料搬运及拆除后的材料整理堆放
桂 011701003	外装修脚手架				
桂 011701004	内装修脚手架				
011701004	悬空脚手架	脚手架材质		按搭设的水平投影面积计算	1. 架子搭设、铺板、拆除、维护 2. 场内外材料搬运及拆除后的材料整理堆放
011701006	满堂脚手架	1. 搭设高度 2. 脚手架材质			
011701007	整体提升架	1. 搭设高度及启动装置 2. 脚手架材质		按所服务对象的垂直投影面积计算	1. 场内外材料搬运 2. 选择附墙点与主体连接 3. 搭、拆脚手架、斜道、上料平台 4. 测试电动装置、安全锁等 5. 拆除脚手架后材料的堆放
011701008	外装饰吊篮	1. 升降方式及启动装置 2. 搭设高度及吊篮型号		按外墙装饰面尺寸以垂直投影面积计算，不扣除门窗洞口面积	1. 场内、外材料搬运 2. 吊篮的安装 3. 测试电动装置、安全锁、平衡控制器等 4. 吊篮的拆卸
桂 011701009	基础现浇混凝土运输道	1. 运输道材质 2. 基础类型 3. 基础深度 4. 其他		1. 深度＞3m（3m 以内不得计算）的带形基础按基槽底设计图示尺寸以面积计算 2. 满堂式基础、箱形基础、基础底宽度＞3m 的柱基础及宽度＞3m 的设备基础按基础底设计图示尺寸以面积计算	1. 场内外材料搬运 2. 运输道搭设 3. 施工使用期间的维修、加固、管件维护 4. 运输道拆除、拆除后的材料整理堆放
桂 011701010	框架现浇混凝土运输道	1. 运输道材质 2. 运输道高度 3. 泵送非泵送 4. 其他		按框架部分的建筑面积计算	

续表

<table>
<tr><th>项目编码</th><th>项目名称</th><th>项目特征</th><th>计量单位</th><th>工程量计算规则</th><th>工作内容</th></tr>
<tr><td>桂 011701011</td><td>楼板现浇混凝土运输道</td><td>1. 运输道材质
2. 结构类型
3. 泵送、非泵送
4. 其他</td><td>m^2</td><td>按楼板浇捣部分的建筑面积计算</td><td rowspan="2">1. 场内外材料搬运
2. 运输道搭设
3. 施工使用期间的维修、加固、管件维护
4. 运输道拆除、拆除后的材料整理堆放</td></tr>
<tr><td>桂 011701012</td><td>电梯井脚手架</td><td>1. 脚手架材质
2. 电梯井净空高度
3. 其他</td><td>座</td><td>按设计图示的电梯井数量计算</td></tr>
<tr><td>桂 011701016</td><td>安全通道</td><td>1. 安全通道材质
2. 与安全通道配合的脚手架高度
3. 安全通道的宽度尺寸</td><td>m</td><td>按经审定的施工组织设计或施工技术措施方案以中心线长度计算</td><td>1. 场内外材料搬运
2. 安全通道搭设
3. 施工使用期间的维修、加固、管件维护
4. 安全通道拆除、拆除后的材料整理堆放</td></tr>
</table>

2. 工程量清单项目应用说明

(1) 同一建筑物有不同檐高时，分别按不同檐高编列清单项目。

(2) 脚手架材质可以不描述，但应注明由投标人根据工程实际情况按照国家现行标准《建筑施工扣件式钢管脚手架安全技术规范》JGJ 130—2011、《建筑施工附着升降脚手架管理暂行规定》(建建［2000］230 号) 等规定自行确定。

(3) 不论何种砌体，凡砌筑高度超过 1.2m 以上者，均需计算脚手架。

(4) 现浇混凝土需要脚手架时，应与砌筑脚手架综合考虑。如确实不能利用砌筑脚手架者，可按施工组织设计规定或按实际搭设的脚手架计算。

(5) 编制工程量清单时，对安全通道与配合的脚手架高度、安全通道的宽度无法确定的，由招标人暂定，结算时按实调整。

(6) 脚手架适用工程指：建筑和装饰装修一体承包、仅完成建筑（主体）工程、单独完成装饰装修工程。

3. 工程量清单编制实务注意事项

(1) 脚手架项目应根据使用范围和部位的不同，分别立项目按要求进行描述。

(2) 外脚手架：适用于施工建筑装饰一体工程或主体单独完成的工程等。

(3) 里脚手架：适用于砖砌内墙、砖砌基础等。

(4) 外装修脚手架：适用于仅单独完成装饰装修工程，且重新搭设脚手架的装饰装修工程。

(5) 内装修脚手架：适用于内墙面装饰装修工程等。

(6) 悬空脚手架：适用于依附两个建筑物搭设的通道等脚手架。

(7) 满堂脚手架：适用于工业与民用建筑净高大于 3.6m 的室内装饰装修工程等。

(8) 整体提升架：适用于高层建筑外脚手架等。整体提升架分附着式整体脚手架和分片提升脚手架。

（9）外装饰吊篮：适用于外墙抹灰、保温、涂料、幕墙玻璃的安装、门窗安装、石材干挂清洗等。

（10）电梯井脚手架：适用于建筑物内、构筑物的电梯井内壁施工。

（11）现浇混凝土运输道必须描述混凝土是泵送或非泵送。

（12）安全通道：是指保证在施工建筑附近过路行人及施工人员必经之路而搭设的。

（13）外脚手架安全挡板、安全网包含在安全文明施工费内，不得再单独列项目。

8.1.3　混凝土模板及支架（撑）

1. 工程量清单项目设置

混凝土模板及支架（撑）工程量清单项目设置、项目特征描述的内容、计量单位及工程量计算规则，按表 8-3 执行。

S.2 混凝土模板及支架（撑）（编码：011702）　　**表 8-3**

<table>
<tr><th>项目编码</th><th>项目名称</th><th>项目特征</th><th>计量单位</th><th>工程量计算规则</th><th>工作内容</th></tr>
<tr><td>011702001</td><td>基础</td><td>1. 基础类型
2. 模板、支撑材质</td><td rowspan="10">m²</td><td rowspan="10">按模板与现浇混凝土构件的接触面积计算
1. 基础模板
（1）有肋式带形基础，肋高与肋宽之比在 4∶1 以内的，按有肋式带形基础计算；肋高与肋宽之比超过 4∶1 的，其底板按板式带形基础计算，以上部分按墙计算
（2）箱式满堂基础应分别按满堂基础、柱、梁墙、板有关规定计算
2. 柱模板
（1）柱高确定：有梁板的柱高，应自柱基或楼板的上表面至上层楼板底面计算；无梁板的柱高，应自柱基或楼板的上表面至柱帽下表面计算
（2）计算柱模板时，不扣除梁与柱交接处的模板面积
（3）构造柱按外露部分计算模板面积，留马牙槎的按其最宽处计算模板宽度
3. 梁模板
（1）梁长确定：梁与柱连接时，梁长算至柱侧面；主梁与次梁连接时，次梁长算至主梁侧面
（2）计算梁模板时，不扣除梁与梁交接处的模板面积</td><td rowspan="10">1. 模板制作
2. 模板安装、拆除
3. 整理堆放及场内外运输
4. 清理模板粘结物及模内杂物、刷隔离剂等</td></tr>
<tr><td>011702002</td><td>矩形柱</td><td rowspan="6">1. 模板支撑材质
2. 支模高度
3. 混凝土表面施工要求</td></tr>
<tr><td>011702003</td><td>构造柱</td></tr>
<tr><td>011702004</td><td>异形柱</td></tr>
<tr><td>011702005</td><td>基础梁</td></tr>
<tr><td>011702006</td><td>矩形梁</td></tr>
<tr><td>011702007</td><td>异形梁</td></tr>
<tr><td>011702008</td><td>圈梁</td><td rowspan="2">模板、支撑材质</td></tr>
<tr><td>011702009</td><td>过梁</td></tr>
<tr><td>0117020010</td><td>弧形、拱形梁</td><td>1. 模板、支撑材质
2. 支模高度
3. 混凝土表面施工要求</td></tr>
</table>

续表

项目编码	项目名称	项目特征	计量单位	工程量计算规则	工作内容
011702011	直形墙	1. 模板、支撑材质 2. 支模高度 3. 混凝土表面施工要求	m^2	按模板与现浇混凝土构件的接触面积计算 1. 墙、板模板 (1) 墙高应自墙基或楼板的上表面至上层楼板底面计算 (2) 计算墙模板时，不扣除梁与墙交接处的模板面积 (3) 墙、板上单孔面积≤0.3m^2的孔洞不扣除，洞侧模板也不增加，单孔面积>0.3m^2应扣除，洞侧模板并入墙、板模板工程量计算 (4) 计算板模板时，不扣除柱、墙所占的面积 2. 梁模板 (1) 梁长确定：梁与柱连接时，梁长算至柱侧面；主梁与次梁连接时，次梁长算至主梁侧面 (2) 计算梁模板时，不扣除梁与梁交接处的模板面积 3. 薄壳板由平层和拱层两部分组成，按平层水平投影面积计算 4. 栏板按垂直投影面积计算	1. 模板制作 2. 模板安装、拆除 3. 整理堆放及场内外运输 4. 清理模板粘结物及模内杂物、刷隔离剂等
011702012	弧形墙				
011702014	有梁板				
011702015	无梁板				
011702016	平板				
011702017	拱板				
011702018	薄壳板				
011702019	空心板				
011702020	其他板				
011702021	栏板	模板、支撑材质			
011702022	天沟、檐沟	1. 构件类型 2. 模板、支撑材质		按图示尺寸以水平投影面积计算，板边不另计算。以外墙边线为分界线，与梁连接时，以梁外边线为分界线	
011702023	雨篷、悬挑板、阳台板	1. 构件类型 2. 板厚度 3. 模板、支撑材质		按外挑部分的水平投影面积计算，伸出墙外的牛腿、挑梁及板边的模板不另计算	1. 模板制作 2. 模板安装、拆除、整理堆放及场内、外运输 3. 清理模板粘结物及模内杂物、刷隔离剂等
011702024	楼梯	1. 类型 2. 模板、支撑材质		楼梯包括休息平台、梁、斜梁及楼梯与楼板的连接梁，按设计图示尺寸以水平投影面积计算，不扣除宽度≤500mm的楼梯井所占面积，楼梯踏步、踏步板、平台梁等侧面模板不另计算，伸入墙内部分亦不增加	

续表

项目编码	项目名称	项目特征	计量单位	工程量计算规则	工作内容
011702025	其他现浇构件	1. 构件类型 2. 模板、支撑材质	m^2	按模板与现浇混凝土构件的接触面积计算	1. 模板制作 2. 模板安装、拆除、整理堆放及场内、外运输 3. 清理模板粘结物及模内杂物、刷隔离剂等
011702026	电缆沟、地沟	1. 沟类型 2. 模板、支撑材质		按模板与电缆沟、地沟接触的面积计算	
011702027	台阶	模板、支撑材质		台阶模板按水平投影面积计算，台阶两侧模板面积不另计算	
011702028	扶手、压顶	1. 构件类型 2. 断面尺寸 3. 模板、支撑材质	m	混凝土压顶、扶手以长度计算	
011702029	散水	1. 散水厚度 2. 模板、支撑材质	m^2	按混凝土散水水平投影面积计算	
011702031	化粪池	1. 化粪池部位 2. 化粪池规格 3. 模板、支撑材质		按模板与现浇混凝土接触面积计算	
011702032	检查井	1. 检查井部位 2. 检查井规格 3. 模板、支撑材质			
桂 011702033	建筑物滑升模板	1. 模板、支撑材质 2. 支模高度 3. 混凝土表面施工要求 4. 其他		1. 按混凝土与模板接触面计算，墙高应自墙基或楼板的上表面至上层楼板底面计算 2. 不扣除梁与墙交接处的模板面积 3. 墙板上单孔面积≤0.3m^2的孔洞不扣除，洞侧模板也不增加，单孔面积＞0.3m^2应扣除，洞侧并入墙模板工程量计算	1. 模板的制作 2. 模板安装、拆除、整理堆放及场内、外运输 3. 清理模板粘结物及模内杂物、刷隔离剂
桂 011702034	高大有梁板胶合板模板	1. 模板材质 2. 位置 3. 混凝土表面施工要求 4. 其他		按模板与混凝土接触面积计算，不扣除柱、墙所占面积	

续表

项目编码	项目名称	项目特征	计量单位	工程量计算规则	工作内容
桂 011702035	高大有梁板模板钢支撑	1. 支撑材质 2. 支模高度 3. 其他	m^3	按搭设面积乘以支模高度（楼地面至板底高度）以体积计算，不扣除梁柱所占体积	支撑的安装、拆除、整理堆放及场内、外运输
桂 011702036	高大梁胶合模板	1. 模板材质 2. 位置 3. 混凝土表面施工要求 4. 其他	m^2	按模板与混凝土接触面积计算 1. 梁长确定：梁与柱连接时，梁长算至柱侧面；主梁与次梁连接时，次梁长算至主梁侧面 2. 计算梁模板时，不扣除梁与梁交接处的模板面积	1. 模板的制作 2. 模板安装、拆除、整理堆放及场内、外运输 3. 清理，模板粘结物及模内杂物、刷隔离
桂 011702037	高大梁模板钢支撑	1. 支撑材质 2. 支模高度 3. 其他	m^3	按搭设面积乘以支模高度（楼地面至板底高度）以体积计算	支撑的安装、拆除装、拆除、整理堆放及场内、外运输
桂 011702040	混凝土明沟模板	1. 明沟断面尺寸 2. 模板、支撑材质 3. 其他	m	按设计图示尺寸以长度计算	1. 模板的制作 2. 模板安装、拆除、整理堆放及场内、外运输 3. 清理，模板粘结物及模内杂物、刷隔离剂
桂 011702041	小型池槽模板	1. 构件的规格 2. 模板、支撑材质 3. 其他	m^3	按构件外围体积计算	1. 模板的制作 2. 模板安装、拆除、整理堆放及场内、外运输 3. 清理，模板粘结物及模内杂物、刷隔离剂
桂 011702042	梁、板沉降后浇带胶板钢支撑增加费	1. 部位 2. 其他		按后浇部分混凝土体积计算	
桂 011702043	墙沉降后浇带胶合板钢支撑增加费				
桂 011702044	梁、板温度后浇带胶合板钢支撑增加费				
桂 011702045	地下室底板后浇水带木模板增加费				

续表

项目编码	项目名称	项目特征	计量单位	工程量计算规则	工作内容
桂 011702046	预制方桩	1. 桩类型 2. 模板材质 3. 其他	m^3	按设计图示混凝土实体体积计算	1. 模板的制作 2. 模板安装、拆除、整理堆放及场内、外运输 3. 清理，模板粘结物及模内杂物、刷隔离剂
桂 011702047	预制桩尖	1. 模板材质 2. 其他		按桩尖量大截面积乘以桩尖高度以体积计算	
桂 011702048	预制矩形、工形、双肢、空心、围墙柱	1. 桩类型 2. 模板材质 3. 其他		按设计图示混凝土实体体积计算	
桂 011702049	预制矩形梁	1. 梁类型 2. 模板材质 3. 其他			
桂 011702050	预制异形梁				
桂 011702051	预制过梁				
桂 011702052	预制托架梁				
桂 011702053	预制鱼腹式吊车梁				
桂 011702054	预制屋架	1. 构件类型 2. 模板材质 3. 其他			
桂 011702055	预制门式刚架				
桂 011702056	预制天窗架				
桂 011702057	预制天窗端壁板				
桂 011702058	预制空心板	1. 构件类型 2. 构件厚度 3. 模板材质 4. 其他			
桂 011702059	预制平板	1. 构件类型 2. 模板材质 3. 其他			
桂 011702060	预制槽形板				
桂 011702061	大型屋面板	1. 构件种类 2. 模板材质 3. 其他			1. 模板制作、安装 2. 清理模板、刷隔离剂 3. 拆除模板，整理堆放及场内、外运输
桂 011702062	预制带肋板				
桂 011702063	制行标 预制折线板				
桂 011702064	预制沟盖板、井盖板、井圈				
桂 011702065	预制其他板				
桂 011702066	预制 混凝土楼梯	1. 楼梯种类 2. 构件类型 3. 模板材质 4. 其他			
桂 011702067	其他预制构件	1. 构件类型 2. 模板材质 3. 其他			

2. 工程量清单项目应用说明

（1）垫层模板按表 8-3 基础项目编码列项。满槽浇灌的混凝土基础，不计算模板。

（2）混凝土表面施工要求分清水模板和普通模板，采用清水模板时，须在特征中描述。

（3）若现浇混凝土梁、板、柱支模高度超过 3.6m 时，项目特征应描述支模高度。

（4）混凝土模板及支撑（支架）材质必须描述。

（5）不带助的预制遮阳板、雨篷板、挑檐板、栏板等的模板，应按表 8-3 平板项目编码列项。

（6）预制 F 形板、双 T 形板、单肋板和带反挑檐的雨篷板、挑檐板、遮阳板等的模板，应按表 8-3 带肋板模板项目编码列项。

（7）预制窗台板、隔板、架空隔热板、天窗侧板、天窗上下挡板等的模板，按其他板模板项目编码列项。

（8）弧形半径≤10m 的混凝土墙、梁，按相应的弧形混凝土墙、梁项目编码列项。

（9）现浇架空式混凝土台阶按现浇楼梯项目编码列项。

（10）现浇混凝土板、梁、墙模板均不扣除后浇带所占的模板面积。

8.1.4　垂直运输

1. 工程量清单项目设置

垂直运输工程量清单项目设置、项目特征描述的内容、计量单位及工程量计算规则，按表 8-4 执行。

S.3 垂直运输（编码：011703）　　**表 8-4**

项目编码	项目名称	项目特征	计量单位	工程量计算规则	工作内容
01170300	建筑物垂直运输	1. 建筑物建筑类型及结构形式 2. 建筑物垂直高度	m^2	按建筑面积计算	在合理工期内完成全部工程所需的卷扬机、塔吊、外用电梯等机械台班和通信联络配备的人工
桂 011703002	局部装饰装修垂直运输	1. 建筑物装饰装修工程楼层顶板高 2. 地下层地（楼）面高度		区别不同的垂直运输高度，按各楼层装饰装修部分的建筑面积分别计算	1. 各种材料的垂直运输 2. 施工人员上下班使用的电梯

2. 工程量清单项目应用说明

（1）建筑物工程垂直运输高度划分

① 室外地坪以上高度，是指设计室外地坪至檐口滴水的高度，没有檐口的建筑物，算至屋顶板面，坡屋面算至起坡处。女儿墙不计高度，突出主体建筑物屋面的梯间、电梯机房、设备间、水箱间、塔楼、望台等，其水平投影面积小于主体顶层投影面积 30%的不计其高度。

垂直运输实景图片

② 室外地坪以下高度，是指设计室外地坪至相应地下层底板底面的高度。带地下室的建筑物，地下层垂直运输高度由设计室外地坪标高算至地下室底板底面，分别计算建筑

面积，以不同高度分别编码列项。

（2）地下层单层建筑物围墙垂直运输高度小于 3.6m 时，不得计算垂直运输费用。

（3）同一建筑物中有不同檐高时，按建筑物不同檐高做纵向分割，分别计算建筑面积，以不同檐高分别编码列项。

（4）建筑物局部装饰装修工程垂直运输高度划分

① 室外地坪以上高度：指设计室外地坪至装饰装修工程楼层顶板的高度。

② 室外地坪以下高度：指设计室外地坪至相应地下层地（楼）面的高度。带地下室的建筑物，地下层垂直运输高度由设计室外地坪标高算至地下室地（楼）面，分别计算建筑面积，以不同高度分别编码列项。

3. 工程量清单编制实务注意事项

（1）建筑物垂直运输：适用于施工建筑装饰一体工程或主体单独完成的工程。建筑物垂直运输高度项目特征必须描述。

（2）局部装饰装修垂直运输：适用于仅单独完成装饰装修工程。建筑物装饰装修工程楼层顶板项目必须描述。

8.1.5　超高施工增加

1. 工程量清单项目设置

超高施工增加工程量清单项目设置、项目特征描述的内容、计量单位及工程量计算规则，按表 8-5 执行。

S.4 超高施工增加（编码：011704）　　**表 8-5**

项目编码	项目名称	项目特征	计量单位	工程量计算规则	工作内容
桂 011704002	建筑物超高加压水泵	1. 建筑物类型及结构形式 2. 建筑物檐口高度、层数	m^2	按±0.000 以上建筑面积计算	高层施工用水加压水泵的安装、拆除及工作台班

2. 工程量清单项目应用说明

（1）建筑物超高加压水泵台班主要考虑自来水水压不足所需增压的加压水泵台班。

（2）建筑物地上超过六层或设计室外标高至檐口高度超过 20m 以上的工程，檐高或层数只需符合一项指标即可计算。

（3）建筑物檐口高度的确定及室外地坪以上的高度计算，按表 S.3 垂直运输“应用说明第（1）点”规定划分。

（4）建筑物有不同檐高时，按不同檐高的建筑面积计算加权平均降效高度，当加权平均降效高度大于 20m 时计算超高加压水泵增加费。

3. 工程量清单编制实务注意事项

建筑物超高人工降效和机械降效应计入相应综合单价中，不单独列措施清单项目。

8.1.6　大型机械设备进出场及安拆

1. 工程量清单项目设置

大型机械设备进出场及安拆工程量清单项目设置、项目特征描述的内容、计量单位及工程量计算规则，按表 8-6 执行。

大型机械场外运输实景图片

大型机械塔吊基础实景图片

大型机械桩机实景图片

S.5 大型机械设备进出场及安拆（编码：011705）　　**表 8-6**

项目编码	项目名称	项目特征	计量单位	工程量计算规则	工作内容
011705001	大型机械设备进出场及安拆	1. 机械设备名称 2. 机械设备规格型号 3. 场外运距	台次	按使用机械设备的数量计算	1. 安拆费包括施工机械、设备在现场进行安装拆卸所需人工、材料、机械和试运转费用以及机械辅助设施的折旧、搭设、拆除等费用 2. 进出场费包括施工机械、设备整体或分体自停放地点运至施工现场或由一施工地点运至另一施工地点所发生的运输、装卸、辅助材料等费用
桂 011705002	塔式起重机、施工电梯基础	混凝土强度等级	座	按使用机械设备基础的数量计算	1. 设备基础混凝土水平运输、清理、润湿模板、浇捣、养护 2. 模板安装、拆除 3. 钢筋制作、安装 4. 土方挖土

2. 工程量清单编制实务注意事项

本节工程量清单具体编制时，如有多种机械需计算大型机械设备进出场及安拆，按大型机械设备种类分别列项。

8.1.7　施工排水、降水

1. 工程量清单项目设置

施工排水、降水工程量清单项目设置、项目特征描述的内容、计量单位及工程量计算规则，按表 8-7 执行。

S.6 施工排水、降水（编码：011706）　　**表 8-7**

项目编码	项目名称	项目特征	计量单位	工程量计算规则	工作内容
桂 011706003	成井	1. 成井方式 2. 成井孔径 3. 成井深度 4. 井管深度	根	按设计图示数量以根计算	1. 准备钻孔机械、埋设护筒钻机就位；泥浆制作、固壁；成孔、出渣、清孔等 2. 对接上、下井管（滤管），焊接、安放，下滤料、洗井、连接试抽等

续表

项目编码	项目名称	项目特征	计量单位	工程量计算规则	工作内容
桂 011706004	排水、降水	井点类型 井管深度	昼夜	按排水、降水日历天数计算	1. 管道安装、拆除，场内搬运等 2. 抽水、值班、降水设备维修等

2. 工程量清单项目应用说明

相应专项设计不具备时，可按暂估量计算。

8.1.8　混凝土运输及泵送

混凝土运输及泵送工程量清单项目设置、项目特征描述的内容、计量单位及工程量计算规则，按表 8-8 执行。

桂 S.8 混凝土运输及泵送（编码：011708）　　表 8-8

项目编码	项目名称	项目特征	计量单位	工程量计算规则	工作内容
桂 011708001	搅拌站混凝土运输	1. 运距 2. 其他	m^3	按混凝土浇捣相应子目的混凝土定额分析量（如需泵送，加上泵送损耗）计算	装车运输、卸车
桂 011708002	混凝土泵送	1. 泵送机械种类 2. 檐高 3. 其他		按混凝土浇捣相应子目的混凝土定额分析量计算	1. 混凝土输送 2. 铺设、移动及拆除导管的管道支架 3. 清洗设备

8.1.9　二次搬运

二次搬运工程量清单项目设置、项目特征描述的内容、计量单位及工程量计算规则，按表 8-9 执行。

桂 S.9 二次搬运（编码：011709）　　表 8-9

项目编码	项目名称	项目特征	计量单位	工程量计算规则	工作内容
桂 011709001	二次搬运	1. 材料种类、规格、型号 2. 运距 3. 其他	1. 块 2. 张 3. m^2 4. m^3 5. t	按搬运的材料数量计算	1. 装卸 2. 运输 3. 堆放整齐

8.1.10　已完工程保护费

1. 工程量清单项目设置

已完工程保护费工程量清单项目设置、项目特征描述的内容、计量单位及工程量计算规则，按表 8-10 执行。

桂 S. 10 已完工程保护费（编码：011710）　　表 8-10

<table>
<tr><th>项目编码</th><th>项目名称</th><th>项目特征</th><th>计量单位</th><th>工程量计算规则</th><th>工作内容</th></tr>
<tr><td>桂 011710001</td><td>楼地面成品保护</td><td rowspan="7">1. 保护材料种类、规格
2. 其他</td><td rowspan="2">m²</td><td>按被保护面层以面积计算</td><td rowspan="4">1. 清扫表面
2. 铺设、拆除保护材料
3. 材料清理归堆
4. 清洁表面</td></tr>
<tr><td>桂 011710002</td><td>楼梯成品保护</td><td>按设计图示尺寸以水平投影面积计算</td></tr>
<tr><td>桂 011710003</td><td>栏杆扶手成品保护</td><td>m</td><td>按设计图示尺寸以中心线长度计算</td></tr>
<tr><td>桂 011710004</td><td>台阶成品保护</td><td rowspan="4">m²</td><td>按设计图示尺寸以水平投影面积计算</td></tr>
<tr><td>桂 011710005</td><td>柱面装饰面保护</td><td rowspan="3">按被保护面层以面积计算</td><td rowspan="3">1. 清扫表面
2. 铺设、拆除保护材料
3. 材料清理归堆
4. 清洁表面</td></tr>
<tr><td>桂 011710006</td><td>墙面装饰面</td></tr>
<tr><td>桂 011710007</td><td>电梯内装饰保护</td></tr>
</table>

2. 工程量清单编制实务注意事项

（1）栏杆、扶手成品保护工程量按栏杆、扶手设计图示尺寸以中心线长度计算，不扣除弯头所占长度。

（2）柱面装饰面保护工程量按被保护面层以面积计算。注意是面层的面积，不是按设计图示结构尺寸计算的面积。

8.1.11　夜间施工增加费

夜间施工增加费工程量清单项目设置、项目特征描述的内容、计量单位及工程量计算规则，按表 8-11 执行。

桂 S. 11 夜间施工增加费（编码：011711）　　表 8-11

项目编码	项目名称	项目特征	计量单位	工程量计算规则	工作内容
桂 011711001	夜间施工增加费	夜间施工时间	工日	按夜间施工人数乘以相应工日数计算	因夜间施工所发生的夜班补助费、夜间施工降效、夜间施工照明设备摊销及照明用电等费用

8.1.12　金属结构构件制作平台摊销

1. 工程量清单项目设置

金属结构构件制作平台摊销工程量清单项目设置、项目特征描述的内容、计量单位及工程量计算规则，按表 8-12 执行。

桂 S. 12 金属结构构件制作平台摊销（编码：011712）　　表 8-12

项目编码	项目名称	项目特征	计量单位	工程量计算规则	工作内容
桂 011712001	钢屋架、钢柜架、钢托架制作平台摊销	1. 构件类型 2. 钢材品种、规格 3. 单个构件质量	t	按相应材料制作工程量计算	1. 定位、放线、放样 2. 搬运材料 3. 制作、拼装

2. 工程量清单项目应用说明

单个构件质量指钢屋架、钢桁架、钢托架的单个质量。

8.1.13　地上、地下设施、建筑物的临时保护设施

地上、地下设施、建筑物的临时保护设施工程量清单项目设置、项目特征描述的内容、计量单位及工程量计算规则，按表 8-13 执行。

桂 S.13 地上、地下设施、建筑物的临时保护设施（编码：011713）　　表 8-13

项目编码	项目名称	项目特征
桂 011713001	地上、地下设施、建筑物的临时保护设施	在工程施工过程中，对已建成的地上、地下设施和建筑物进行的遮盖、封闭、隔离等必要保护措施

8.1.14　计算实例

【例 8-1】某工程如图 8-1 所示，其中平面图中尺寸标注为外墙外边线。根据广西常规施工方案，脚手架材质采用钢管架，外墙为双排。

要求：编制外脚手架项目的工程量清单。

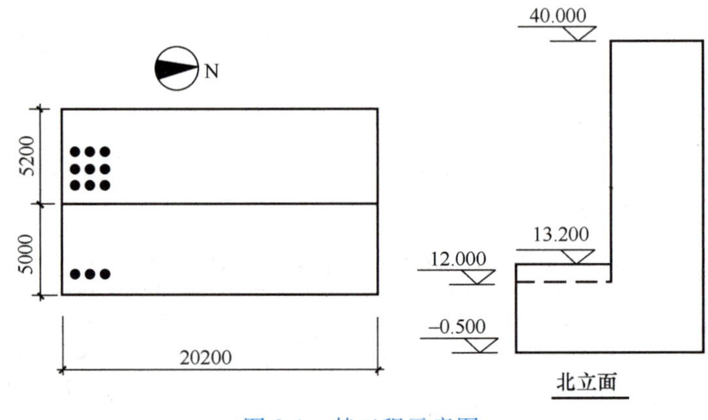

图 8-1　某工程示意图

【解】 完成填写结果见表 8-14。

第一步：查阅工程量计算规范广西实施细则，正确选择清单项目。

填写项目编码、项目名称、项目特征描述、计量单位。

根据题意，本工程外架有三个区间高度：

（1）从－0.5～13.2m，搭设高度为 13.7m。

（2）从－0.5～40m，搭设高度为 40.5m。

（3）从 12～40m 的，搭设高度为 28m。

结合计价特点，本工程外脚手架清单应区分不同高度区间分别列项。

第二步：计算清单工程量。

计算思路：根据工程量计算规则计算相应工程量。

第三步：填写工程量计算结果。

具体内容如下：

1. 外脚手架 13.7m

（1）项目编码：011701002001。

（2）项目名称：外脚手架。

（3）项目特征：

①搭设高度：20m 以内；

②脚手架材质：钢管。

（4）单位：m^2。

（5）工程量计算规则：按所服务对象的垂直投影面积计算。

（6）工程量计算：$S=(20.2+5.0\times2)\times(0.5+13.2)=139.74m^2$

（7）填写表格（见表 8-14）。

2. 外脚手架 28m

（1）项目编码：011701002003。

（2）项目名称：外脚手架。

（3）项目特征：

① 搭设高度：30m 以内；

② 脚手架材质：钢管。

（4）单位：m^2。

（5）工程量计算规则：按所服务对象的垂直投影面积计算。

（6）工程量计算：$S=20.2\times(40-12)=565.60m^2$

（7）填写表格（见表 8-14）。

3. 外脚手架 40.5m

（1）项目编码：011701002002。

（2）项目名称：外脚手架。

（3）项目特征：

①搭设高度：50m 以内；

②脚手架材质：钢管。

（4）单位：m^2。

（5）工程量计算规则：按所服务对象的垂直投影面积计算。

（6）工程量计算：$S=(5.2\times2+20.2)\times(0.5+40)=1239.30\text{m}^2$

分部分项工程和单价措施项目清单与计价表　　**表 8-14**

工程名称：××　　第　页　共　页

序号	项目编码	项目名称及项目特征描述	计量单位	工程量	金额（元）		
					综合单价	合价	其中：暂估价
	011701	脚手架工程					
1	011701002001	钢管外脚手架 ① 搭设高度：20m 以内	m^2	139.74			
2	011701002002	钢管外脚手架 ① 搭设高度：30m 以内	m^2	565.60			
3	011701002003	钢管外脚手架 ① 搭设高度：50m 以内	m^2	1239.30			

【例 8-2】 某试验室工程为框架二层，建筑面积 236.27m^2。设计现浇钢筋混凝土板式楼梯如图 6-5 所示，墙厚 190mm；施工方案明确本工程采用胶合板模板木支撑施工。

要求：编制楼梯模板项目的工程量清单。

【解】 完成填写结果见表 8-15。

第一步：查阅工程量计算规范广西实施细则，正确选择清单项目。

填写项目编码、项目名称、项目特征描述、计量单位。

第二步：计算清单工程量。

计算思路：根据工程量计算规则计算相应工程量。

第三步：填写工程量计算结果。

具体内容如下：

（1）项目编码：011702024001。

（2）项目名称：直形楼梯。

（3）项目特征：模板及支撑种类：胶合板木支撑。

（4）单位：m^2。

（5）工程量计算规则：按楼梯的水平投影面积计算，不扣除宽度≤500mm 的楼梯井，楼梯踏步、踏步板、平台梁等侧面模板不另计算，伸入墙内部分不计算。

（6）工程量计算：$S=(6-1.5-0.09+0.2)\times(3.6-0.09\times2)=15.77m^2$

分部分项工程和单价措施项目清单与计价表　　表 8-15

工程名称：××　　第　页　共　页

序号	项目编码	项目名称及项目特征描述	计量单位	工程量	金额（元）		
					综合单价	合价	其中：暂估价
	011702	模板工程					
1	011702024001	直形楼梯 ① 模板及支撑种类：胶合板木支撑	m^2	15.77			

【例 8-3】某市区内的桩基础工程，案例背景同【例 6-3】。

要求：编制该桩基础工程大型机械设备进出场及安拆费项目的工程量清单。

【解】完成填写结果见表 8-16。

第一步：查阅工程量计算规范广西实施细则，正确选择清单项目。

填写项目编码、项目名称、项目特征描述、计量单位。

第二步：计算清单工程量。

计算思路：根据工程量计算规则计算相应工程量。

第三步：填写工程量计算结果。

具体内容如下：

1. 液压静力压桩机进出场（压力 4000kN）

（1）项目编码：011705001001。
（2）项目名称：大型机械设备安拆。
（3）项目特征：
① 机械设备名称：液压静力压桩机；
② 机械设备规格型号：压力 4000kN。
（4）单位：台次。
（5）工程量计算规则：按使用机械设备的数量计算。
（6）工程量计算：1 台次。
（7）表格填写（见表 8-16）。
2. 液压静力压桩机安拆（压力 4000kN）。
（1）项目编码：011705001001。
（2）项目名称：大型机械设备进出场。
（3）项目特征：
① 机械设备名称：液压静力压桩机；
② 机械设备规格型号：压力 4000kN。
（4）单位：台次。
（5）工程量计算规则：按使用机械设备的数量计算。
（6）工程量计算：1 台次。

分部分项工程和单价措施项目清单与计价表　　**表 8-16**

工程名称：××　　第　页　共　页

序号	项目编码	项目名称及 项目特征描述	计量 单位	工程量	金额（元）		
					综合单价	合价	其中： 暂估价
	011705	大型机械设备进出场及安拆					
1	011705001001	液压静力压桩机安拆 ① 机械设备规格型号：压力 4000kN	台次	1			
2	011705001002	液压静力压桩机进出场 ① 机械设备规格型号：压力 4000kN	台次	1			

注：（1）机械设备进出场及安拆的选型，根据【例 7-3】给出的背景，对该桩基础工程套定额子目计价时，相应的定额子目消耗量体现该子目用到的桩机设备为“液压静力压桩机（压力 4000kN）”，所以对该桩基础工程的桩机设备进出场及安拆费应按“液压静力压桩机（压力 4000kN）”进行清单列项。
（2）工程量按常规施工方案确定。

任务 8.2　总价措施项目

8.2.1　总价措施项目

1. 工程量清单项目设置

总价措施项目工程量清单项目设置、工作内容及包含范围，应按表 8-17 的规定执行。

桂表 T.1 总价措施项目（编号：011801）　　　　**表 8-17**

项目编码	项目名称	工作内容及包含范围
桂 011801001	安全文明施工费	1. 环境保护费：是指施工现场为达到环保部门要求所需要的各项费用 2. 文明施工费：是指施工现场文明施工所需要的各项费用 3. 安全施工费：是指施工现场安全施工所需要的各项费用，包括安全网等有关维护费用 4. 临时设施费：是指施工企业为进行建设工程施工所必须搭设的生活和生产用的临时建筑物、构筑物和其他临时设施费用。包括临时设施的搭设、维修拆除、清理费或摊销费等 临时设施包括：临时宿舍、文化福利及共用事业房屋与构筑物，仓库、办公室、加工厂（场）以及在规定范围内的道路、水、电、管线等临时设施和小型临时设施
桂 011801002	检验试验配合费	是指施工单位按规定进行建筑材料、构配件等试样的制作、封样、送检和其他保证工程质量进行的检验试验所发生的费用
桂 011801003	雨季施工增加费	在雨季施工期间所增加的费用。包括防雨和排水措施、工效降低等费用
桂 011801004	工程定位复测费	是指工程施工过程中进行全部施工测量放线和复测工作的费用
桂 011801005	暗室施工增加费	在地下室（或暗室）内进行施工时所发生的照明费、照明设备摊销费及人工降效费
桂 011801006	交叉施工补贴	建筑装饰装修工程与设备安装工程进行交叉作业而相互影响的费用
桂 011801007	特殊保健费	在有毒有害气体和有放射性物质区域范围内的施工人员的保障费，与建设单位职工享受同等特殊保障津贴
桂 011801008	优良工程增加费	招标人要求承包人完成的单位工程质量达到合同约定为优良工程所必须增加的施工成本费
桂 011801009	提前竣工（赶工补偿）费	在工程发包时发包人要求压缩工期天数超过定额工期的 20%或在施工过程中发包人要求缩短合同工程工期。由此产生的应由发包人支付的费用

2. 工程量清单编制实务注意事项

安全文明施工费为不可竞争费用，必须列项。

8.2.2　计算实例

【例 8-4】某综合楼工程位于广西南宁市市区内，框架结构，地下 1 层，地上 31 层，建筑面积 9853m^2，合同工期 360 天。

要求：编制该工程总价措施项目的工程量清单。

【解】根据计量规范广西实施细则规定，编制总价措施项目清单与计价表见表 8-18。

总价措施项目清单与计价表　　**表 8-18**

工程名称：××　　第 1 页　共 1 页

序号	编码	项目名称	计算基数	费率（%）或标准	金额（元）	备注
1	桂 011801001	安全文明施工费				
2	桂 011801002	检验试验配合费				
3	桂 011801003	雨季施工增加费				
4	桂 011801004	工程定位复测费				
5	桂 011801005	暗室施工增加费				

注：(1) 根据《广西壮族自治区工程量清单及招标控制价编制示范文本》规定，措施项目要结合工程实际情况按常规列项目，不要将与本工程无关的项目全部罗列。

(2) 安全文明施工费：安全文明施工费为不可竞争费用，必须列出清单项目。

(3) 暗室施工增加费：背景材料说明，本工程楼层情况为地下 1 层，地上 31 层，必然有在地下室内进行施工时所发生的照明费、照明设备摊销费及人工降效费等费用产生。

【例 8-5】某化工厂位于某市郊外，该办公楼工程项目位于厂区内，框架结构，地上 5 层，建筑面积 3955m^2，合同工期 180 天。

要求：编制该工程总价措施项目的工程量清单。

【解】根据计量规范广西实施细则规定，编制总价措施项目清单与计价表见表 8-19。

总价措施项目清单与计价表　　表8-19

工程名称：××　　第1页　共1页

序号	编码	项目名称	计算基数	费率（%）或标准	金额（元）	备注
1	桂011801001	安全文明施工费				
2	桂011801002	检验试验配合费				
3	桂011801003	雨季施工增加费				
4	桂011801004	工程定位复测费				
5	桂011801007	特殊保健费				

注：(1) 根据《广西壮族自治区工程量清单及招标控制价编制示范文本》规定，措施项目要结合工程实际情况按常规列项目，不要将与本工程无关的项目全部罗列。

(2) 安全文明施工费：安全文明施工费为不可竞争费用，必须列出清单项目。

(3) 特殊保健费：背景材料说明，该工程项目建于化工厂厂区内，应属于在有毒有害气体和有放射性物质区域范围内施工的情况，施工人员应计取相应的保障费用。

学习笔记

思考题与习题

1. 简述外脚手架工程量计算规则。
2. 简述安全文明施工费的工作内容及包含范围。

3. 什么情况下可以计算超高施工增加费?

4. 同一建筑物有不同檐高时，如何对垂直运输项目列项?

5. 请列举五种需要计算大型机械设备进出场及安拆费的机械设备名称。

6. 请列举三种仅计算大型机械设备进出场，而不需计算安拆费的机械设备名称。

7. 某工程项目首层设计有 GZ1 共 15 根，均设置于砖砌体转角处。GZ1 截面为 240mm×240mm，首层层高 3.3m，层顶圈梁截面为 240mm×300mm。方式方案采用胶合板模板木支撑。

要求：对该工程首层 GZ1 的模板工程进行工程量清单列项。

单元9　税前项目工程量清单编制

9.1.1　常见税前项目

工程量清单计价过程中，常见税前项目主要有：

（1）外墙涂料。

（2）内墙、外墙油漆。

（3）其他。

作税前项目处理的分项工程项目按工程造价管理机构发布的《建设工程造价信息》规定列项计算。

9.1.2　常见税前项目工程量清单列项

常见税前项目工程量清单列项见表9-1。

常见税前项目工程量清单列项表　　**表9-1**

序号	项目内容	清单编码	清单项目名称
1	外墙徐料，油性非弹性氟碳实色漆	011407001	墙面喷刷涂料
2	外墙徐料，油性非弹性金属漆	011407001	墙面喷刷涂料
3	外墙涂料，水性哑光	011407001	墙面喷刷涂料
4	外墙涂料，水性弹性	011407001	墙面喷刷涂料
5	外墙漆，仿金属	011406001	抹灰面油漆
6	外墙真石漆，水性	011406001	抹灰面油漆
7	内墙乳胶漆，哑光	011406001	抹灰面油漆
8	内墙乳胶漆，弹性	011406001	抹灰面油漆
9	内墙乳胶漆，丝光	011406001	抹灰面油漆
10	内墙真石漆	011406001	抹灰面油漆

工程计价实务工作中，现行的常见税前项目有哪些？

单元 10　其他项目、规费、税金工程量清单编制

任务 10.1　其他项目工程量清单编制

10.1.1　项目内容

工程建设标准的高低、复杂程度、施工工期的长短等都直接影响其他项目清单的具体内容，规范仅提供 4 项内容作为列项参考，其不足部分，编制人可根据工程的具体情况进行补充。

1. 暂列金额

暂列金额在规范中被明确其定义为招标人暂定并包括在合同中的一笔款项。因为，不管采用何种合同形式，其理想的标准是，一份建设工程施工合同的价格就是其最终的竣工结算价格，或者至少两者应尽可能接近。而工程建设自身的规律决定，设计需要根据工程进展不断地进行优化和调整，发包人的需求可能会随工程建设进展出现变化，工程建设过程还存在其他诸多不确定性因素，消化这些因素必然会导致合同价格的调整，暂列金额正是为应对这类不可避免的价格调整而设立，以便合理确定工程造价的控制目标。

暂列金额列入合同价格并不等于该款项属于承包人（中标人）所有。暂列金额在实际履约过程中可能发生，也可能不发生，只有按照合同约定程序实际发生后，才能成为中标人的应得金额，纳入合同结算价款中。扣除实际发生金额后的暂列金额余额仍属于招标人所有。

设立暂列金额并不能保证合同结算价格不会再出现超过已签约合同价的情况，是否超出已签约合同价完全取决于对暂列金额预测的准确性，以及工程建设过程是否出现了其他事先未预测到的事件。

根据工程的复杂程度、设计深度、工程环境条件（包括地质、水文、气候条件等）等进行估算暂列金额，可按分部分项工程费和措施项目费合计的 5%～10%作为参考计算。

2. 暂估价

暂估价是指招标阶段直至签订合同协议时，招标人在招标文件中提供的用于支付必然要发生但暂时不能确定价格的材料以及需另行发包的专业工程金额。

为方便合同管理和计价，需要纳入工程量清单项目综合单价中的暂估价最好只是材料费，以方便投标人组价。对专业工程暂估价一般应是综合暂估价，包括除规费、税金以外的管理费、利润等。

3. 计日工

计日工是为了解决现场发生的零星工作的计价而设立的。计日工以完成零星工作所消耗的人工工时、材料数量、机械台班进行计量，并按照计日工表中填报的适用项目的单价进行计价支付。计日工适用的零星工作一般是指合同约定之外的或者因变更而产生的、工程量清单中没有相应项目的额外工作，尤其是那些时间不允许事先商定价格的额外工作。

4. 总承包服务费

总承包服务费是为了解决招标人在法律、法规允许的条件下进行专业工程发包以及自行采购供应材料、设备时，要求总承包人对发包的专业工程提供协调和配合服务（如分包人使用总包人的脚手架、水电接驳等）；对供应的材料、设备提供收、发和保管服务以及对施工现场进行统一管理；对竣工资料进行统一汇总整理等发生并向总承包人支付的费用。招标人应当预计该项费用并按投标人的投标报价向投标人支付该项费用。

10.1.2 其他项目清单编制实例

【例 10-1】 某建设工程项目为综合试验楼，框架结构，地下 1 层，地上 12 层，建筑面积 8361.50m^2。设计图纸明确，地质情况良好。

经计算，该工程分部分项工程和单价措施项目费用为 7523615.30 元，总价措施项目费为 482614.95 元。建设单位拟对某专业工程进行分包，该专业工程暂估价为 97000 元。

要求：编制该工程其他项目工程量清单。

【解】（1）计算暂列金额，由于设计图纸明确，地质情况良好，按 5%计算：

(7523615.30＋482614.95)×5%＝400311.51 元

则取 400000 元。

（2）表格填写见表 10-1～表 10-5。

其他项目清单与计价汇总表　　**表 10-1**

工程名称：××　　第 1 页　共 1 页

序号	项目名称	金额（元）	备注
1	暂列金额	400000	明细详见表 10-2
2	材料暂估价	—	
3	专业工程暂估价	97000	明细详见表 10-3
4	计日工		明细详见表 10-4
5	总承包服务费		明细详见表 10-5
合计			

注：材料暂估价进入清单项目综合单价，此处不汇总。

暂列金额明细表　　**表 10-2**

工程名称：××　　第 1 页　共 1 页

编号	项目名称	计量单位	暂定金额（元）	备注
1	工程量偏差	项	30000	
2	设计变更	项	70000	
3	政策性调整	项	50000	
4	材料价格波动	项	150000	
5	其他	项	100000	
合计			400000	

注：此表由招标人填写，投标人应将上述暂列金额计入投标总价中。

专业工程暂估价及结算价表　　**表 10-3**

工程名称：××　　第 1 页　共 1 页

编号	项目名称	工程内容	暂估金额（元）	结算金额（元）	备注
1	消防工程	合同图纸中标明的以及消防工程规范和技术说明中规定的各系统中的设备、管道、阀门、线缆等的供应安装和调试工作	97000		
合计					

注：(1) 此表“暂估金额”由招标人填写，投标人应将“暂估金额”计入投标总价中。

(2) 结算时按合同约定结算金额填写。

计日工表　　**表 10-4**

工程名称：××　　第 1 页　共 1 页

编号	项目名称	单位	暂定数量	综合单价（元）	合价（元）
一	人工				
1	建筑、装饰普工	工日	50		
2	镶贴工	工日	20		
二	材料				
1	钢筋 ϕ10 以内	t	1		
2	中砂	m^3	10		
3	多孔页岩砖 240×115×90	块	1500		
三	施工机械				
1	履带式液压单斗挖掘机（斗容量 1.0m^3）	台班	3		
2	灰浆搅拌机（拌筒容量 200L）	台班	5		
合计					

注：(1) 此表项目名称、暂定数量由招标人填写，编制招标控制价时，单价由招标人按有关规定确定。

(2) 投标时，单价由投标人自主报价，按暂定数量计算合价计入投标总价中。

(3) 计日工单价包括除税金以外的所有费用。

总承包服务费计价表 **表 10-5**

工程名称：××　　　　第 1 页　共 1 页

序号	项目名称	计算基数	服务内容	费率（%）	金额（元）
1	发包人发包专业工程	97000	1. 按专业工程承包人的要求提供施工工作面并对施工现场进行统一管理，对竣工资料进行统一整理汇总 2. 为专业工程承包人提供垂直运输机械和焊接电源接入点，并承担垂直运输费和电费		
			合计		

注：(1) 此表项目名称、服务内容由招标人填写。
(2) 编制招标控制价时，费率及金额由招标人按有关规定确定。
(3) 投标时，费率及金额由投标人自主报价，计入投标总价中。
(4) 本表项目价值在结算时，计算基数按实计取。

任务 10.2　规费、税金工程量清单编制

10.2.1　规费项目内容

规费属于不可竞争费用。根据计价规范广西实施细则，规费包括建筑安装劳动保险费、生育保险费、工伤保险费、住房公积金、工程排污费。

规费作为相关行政部门规定必须缴纳的费用，政府和相关部门可根据形势发展的需要，对规费项目进行调整。因此，对规范未包括的规费项目，在计算规费时应根据省级政府和省级相关部门的规定进行补充。

10.2.2　税金项目内容

税金属于不可竞争费用。根据计价规范广西实施细则，税金包括营业税、城市建设维护税、教育费附加、地方教育附加、水利建设基金。

当国家税法发生变化或地方政府及税务部门依据职权对税种进行调整时，应对税金项目清单进行相应调整。

10.2.3　规费、税金编制实例

根据计价规范广西实施细则完成规费、税金项目清单与计价表，见表 10-6。

规费、税金项目清单与计价表 **表 10-6**

工程名称：××　　　　第 1 页　共 1 页

序号		项目名称	计算基数	费率（%）	金额（元）
1		规费			
1.1		社会保险费			
其中	1.1.1	养老保险费			
	1.1.2	失业保险费			
	1.1.3	医疗保险费			
	1.1.4	生育保险费			
	1.1.5	工伤保险费			

续表

序号	项目名称	计算基数	费率（%）	金额（元）
1.2	住房公积金			
1.3	工程排污费			
2	增值税			
合计				

1. 简述暂列金额、暂估价的内容。
2. 简述“专业工程暂估价及结算价表”的填写要求。
3. 简述“计日工表”的填写要求。
4. 简述“总承包服务费计价表”的填写要求。
5. 简述总承包服务费的费用内容。

第 3 篇　工程量清单计价实务

学习目标

熟悉工程量清单计价进度报量、竣工结算的编制方法；掌握分部分项工程和单价措施项目、总价措施项目、其他项目、税前项目、规费和税金的工程量清单计价方法，能根据国家计量计价规范及其地方实施细则、招标文件、招标工程量清单、施工图纸、常规施工方案编制招标控制价和投标报价。

学习要求

能力目标	知识要点	相关知识
能熟练计算分部分项工程和单价措施项目工程量清单综合单价	定额套价、换算，管理费和利润的计算，定额工程量的计算	定额套价，换算规定，地方费用定额关于管理费和利润的计算规定，地方消耗量定额的工程量计算规则
能熟练确定税前项目工程量清单综合单价	地方实施细则对税前项目的计价规定	各地《建设工程造价信息》关于税前项目的计算规定
能熟练计算总价措施项目、其他项目、规费、税金项目的费用	总价措施项目、其他项目、规费和税金项目的工程量清单计价规定	地方现行费用定额关于总价措施项目、其他项目、规费和税金项目的取费标准
能熟练编制招标控制价和投标报价	招标控制价和投标报价的报表内容、填写及装订	招标文件要求、招标控制价和投标报价编制规定、编制依据

单元 11　分部分项工程和单价措施项目计价

任务 11.1　工程量清单综合单价

11.1.1　工程量清单综合单价

工程量清单综合单价包括人工费、材料费、机械费、管理费、利润以及一定范围内的风险费用。即计算清单项目综合单价，必须具备以下三个已知条件：

（1）人工、材料、机械台班消耗量。

（2）人工、材料、机械台班单价。

（3）管理费费率、利润率。

计算人工费、材料费、机械费，就得确定完成该清单项目所需消耗的人工、材料、机械设备等消耗要素及相应的要素价格，而清单计价计量规范是没有人工、材料、机械消耗体现的。清单规范规定，填报综合单价所需的消耗量，编制招标控制价可按建设主管部门颁布的计价定额确定，编制投标报价可按企业定额确定。所以计价定额是工程量清单计价的重要依据，正确计算定额工程量、定额综合单价都是必要的基础工作。

11.1.2　管理费、利润取费标准适用范围

以广西壮族自治区为例，根据广西现行的计价规定，计算综合单价的管理费、利润分建筑工程、装饰装修工程、地基基础及桩基础工程、土石方及其他工程四个费率标准。

1. 适用范围

2013 版《广西壮族自治区建筑装饰装修工程消耗量定额》共 22 个分部，管理费、利润的各分部适用费率标准见表 11-1。

建筑工程取费情况表　　**表 11-1**

章节	名称	取费	说明
A. 1	土（石）方工程	土石方及其他	
A. 2	桩与地基基础工程	桩基础工程	
A. 3	砌筑工程	建筑工程	
A. 4	混凝土及钢筋混凝土工程		
A. 5	木结构工程		
A. 6	金属结构工程		
A. 7	屋面及防水工程		
A. 8	保温、隔热、防腐工程		

续表

<table>
<tr><th>章节</th><th>名称</th><th>取费</th><th>说明</th></tr>
<tr><td>A. 9</td><td>楼地面工程</td><td rowspan="6">装饰装修工程</td><td rowspan="6"></td></tr>
<tr><td>A. 10</td><td>墙、柱面工程</td></tr>
<tr><td>A. 11</td><td>天棚工程</td></tr>
<tr><td>A. 12</td><td>门窗工程</td></tr>
<tr><td>A. 13</td><td>油漆、涂料、裱糊工程</td></tr>
<tr><td>A. 14</td><td>其他装饰工程</td></tr>
<tr><td>A. 15</td><td>脚手架工程</td><td>建筑工程</td><td></td></tr>
<tr><td>A. 16</td><td>垂直运输工程</td><td>土石方及其他</td><td></td></tr>
<tr><td>A. 17</td><td>模板工程</td><td>建筑工程</td><td></td></tr>
<tr><td>A. 18</td><td>混凝土运输及泵送工程</td><td>土石方及其他</td><td></td></tr>
<tr><td rowspan="3">A. 19</td><td rowspan="3">建筑物超高增加费</td><td>建筑工程</td><td>19. 1　建筑装饰超高</td></tr>
<tr><td>装饰装修工程</td><td>19. 2　局部装饰超高</td></tr>
<tr><td>土石方及其他</td><td>19. 3　超高加压水泵</td></tr>
<tr><td rowspan="3">A. 20</td><td rowspan="3">大型机械设备基础、安拆及进退场费</td><td>建筑工程</td><td>20. 1　塔吊电梯基础</td></tr>
<tr><td rowspan="2">土石方及其他</td><td>20. 2　大型机械安拆</td></tr>
<tr><td>20. 3　大型机械进退场</td></tr>
<tr><td>A. 21</td><td>材料二次运输</td><td>土石方及其他</td><td></td></tr>
<tr><td>A. 22</td><td>成品保护工程</td><td>装饰装修工程</td><td></td></tr>
</table>

2. 应用说明

在编制招标控制价等时，管理费、利润应按费率区间的中值至上限值间取定。一般工程按费率中值取定，特殊工程可根据投资规模、技术含量、复杂程度在费率中值至上限值间选择，并在招标文件中载明。

投标报价时，企业可自主确定。

11. 1. 3　工程量清单综合单价的计算方法

实务工作中，可通过以两种方法计算工程量清单综合单价。

1. 方法一：含单价分析

根据广西 2013 版费用定额计价程序，清单综合单价分析计算见表 11-2。

工程量清单项目综合单价计算表　　　　**表 11-2**

清单项目：××××

<table>
<tr><th>编码</th><th>名称</th><th>计算式</th><th>金额（元）</th></tr>
<tr><td>一</td><td>人工费</td><td>Σ（定额工程量×定额人工费）÷清单工程量</td><td></td></tr>
<tr><td>二</td><td>材料费</td><td>Σ（定额工程量×定额材料费）÷清单工程量</td><td></td></tr>
<tr><td>三</td><td>机械费</td><td>Σ（定额工程量×定额机械费）÷清单工程量</td><td></td></tr>
<tr><td>四</td><td>管理费</td><td>（人工费＋机械费）×管理费费率</td><td></td></tr>
<tr><td>五</td><td>利润</td><td>（人工费＋机械费）×利润率</td><td></td></tr>
<tr><td colspan="3">综合单价（四＋五＋六）</td><td></td></tr>
</table>

2. 方法二：仅计算综合单价

如仅要求计算清单项目综合单价，不需进行清单综合单价分析，则可按下式计算清单项目综合单价：

$$清单综合单价=\Sigma（定额工程量\times定额综合单价）\div清单工程量$$

11.1.4　工程量清单综合单价的计算步骤

工程量清单综合单价的计算步骤如下：

1. 确定定额子目并判断是否需要换算

（1）确定定额子目

根据清单项目的特征描述，结合清单项目工作内容正确选用定额子目是计算工程量清单综合单价的基础。一个清单项目可能套用一个或多个定额子目，套定额子目时要注意定额子目的工作内容与清单项目的工作内容、项目特征描述的吻合，做到清单计价时对其工作内容的考虑不重复、不遗漏，以便能计算出较为合理的价格。

例如清单项目“混凝土矩形柱”，如采用现场搅拌混凝土施工，则因浇捣混凝土柱的定额子目工作内容不包括混凝土的制作，而清单项目“混凝土矩形柱”的工作内容包括混凝土制作。所以，该清单项目套定额子目时应考虑套用混凝土浇捣、混凝土搅拌两个子目。

（2）换算

确定定额子目后，结合项目特征描述及定额相关说明、附注等，判断所套定额子目是否需要换算，以便合理确定人工、材料、机械台班消耗量。

2. 计算定额工程量

根据定额工程量计算规则计算所套用的定额子目工程量。计算时，要注意定额规则与清单规则的对比。大部分情况下，定额工程量计算规则与清单工程量计算规则是一致的，但也有部分工程量计算规则不统一的情况，计算时要注意区别。例如，木门油漆，清单工程量计算规则是“以平方米计算，按设计图示洞口尺寸以面积计算”，而定额工程量计算规则分单层门、双层门、单层全玻门等油漆工程量按“单面洞口尺寸乘以系数”计算。

3. 计算定额综合单价

根据广西 2013 版费用定额计价程序计算定额综合单价，注意消耗量中有配合比、机械台班时，需先按工程应采用的材料价格计算出配合比、机械台班单价，然后再按计价程序计算定额综合单价。

4. 计算清单综合单价

结合工作实际情况选择上述两种工程量清单综合单价计算方法之一，正确计算清单综合单价。

11.1.5　计算实例

【例 11-1】 编制招标控制价，采用一般计税法，工程背景参见【例 6-4】。材料价格除表 11-3 列示外，其余均按定额价格计算。

材料价格信息表　　　　**表 11-3**

序号	编码	名称	单位	市场价格除税（元）
1	040105001	普通硅酸盐水泥 P・O42.5	t	522.12
2	040201001	砂（综合）	m^3	174.76
3	040204001	中砂	m^3	179.61
4	040504005	石灰膏	m^3	320.39
5	040701001	页岩标准砖 240×115×53	千块	631.07
6	310101065	水	m^3	3.34
7	310101067	电	kW・h	0.56

要求：填写完成【例 6-4】表 6-28 分部分项工程和单价措施项目清单与计价表。

【解】 1. 确定定额子目并判断是否需换算，见表 11-4。

定额子目及换算内容表　　　　**表 11-4**

定额子目	名称	换算内容
A3-1 换	标准砖基础 M10 水泥砂浆	换算砂浆配合比为 M10 水泥砂浆
A7-176	平面防水 20mm 厚 1：2 防水砂浆	

2. 计算定额工程量，见表 11-5。

定额工程量计算表　　　　**表 11-5**

定额子目	单位	工程量	计算式
A3-1 换	$10m^3$	4.584	同清单工程量 45.84 m^3
A7-176	$100m^2$	0.064	防潮层长度同砖基础长，参见【例 7-4】 0.24×（20.4+6.12）=6.36m^2

3. 计算定额综合单价

（1）标准砖基础 M10 水泥砂浆

第一步：计算配合比单价，查换算配合比 880100022 水泥砂浆中砂 M10。

单价=0.313×522.12+1.180×179.61+0.300×3.34=376.37 元

第二步：计算机械台班单价，查机械 990317001 灰浆搅拌机(拌筒容量 200L)。

单价=71.25×1.3+2.960/1.17+0.630/1.17+2.520×0.7/1.17+2.520×0.3+5.470+8.610×0.56=108.25 元

第三步：计算定额综合单价，见表 11-6。

定额综合单价分析表　　　　**表 11-6**

定额子目：A3-1 换　标准砖基础 M10 水泥砂浆

<table>
<tr><th>编码</th><th>名称</th><th>单位</th><th>数量</th><th>单价（元）</th><th>金额（元）</th></tr>
<tr><td>一</td><td>人工费</td><td></td><td>833.91</td><td>1.30</td><td>1084.08</td></tr>
<tr><td>二</td><td>材料费</td><td></td><td></td><td></td><td>4196.02</td></tr>
<tr><td>880100022</td><td>水泥砂浆中砂 M10</td><td>m³</td><td>2.360</td><td>376.37</td><td>888.23</td></tr>
<tr><td>040701001</td><td>页岩标准砖 240×115×53</td><td>千块</td><td>5.236</td><td>631.07</td><td>3304.28</td></tr>
<tr><td>310101065</td><td>水</td><td>m³</td><td>1.050</td><td>3.34</td><td>3.51</td></tr>
<tr><td>三</td><td>机械费</td><td></td><td></td><td></td><td>42.22</td></tr>
<tr><td>990317001</td><td>灰浆搅拌机（拌筒容量 200L）</td><td>台班</td><td>0.390</td><td>108.25</td><td>42.22</td></tr>
<tr><td>四</td><td>管理费（人工机械费×费率）</td><td>33.17%</td><td rowspan="2" colspan="2">1126.30</td><td>373.59</td></tr>
<tr><td>五</td><td>利润（人工机械费×费率）</td><td>8.46%</td><td>95.29</td></tr>
<tr><td colspan="5">综合单价（一+二+三+四+五）</td><td>5791.20</td></tr>
</table>

（2）平面防水 20mm 厚 1∶2 防水砂浆

第一步：计算配合比单价，查配合比 880200052 1∶2 水泥防水砂浆（加 5%防水粉）。

单价 $=0.550\times522.12+1.121\times174.76+27.500\times3.00/1.17+0.300\times3.34=554.48$ 元

第二步：计算机械台班单价，同上得 91.44 元。

第三步：计算定额综合单价，见表 11-7。

定额综合单价分析表　　　　**表 11-7**

定额子目：A7-176　平面防水 20mm 厚 1∶2 防水砂浆

<table>
<tr><th>编码</th><th>名称</th><th>单位</th><th>数量</th><th>单价（元）</th><th>金额（元）</th></tr>
<tr><td>一</td><td>人工费</td><td></td><td>525.54</td><td>1.30</td><td>683.20</td></tr>
<tr><td>二</td><td>材料费</td><td></td><td></td><td></td><td>1143.83</td></tr>
<tr><td>880200052</td><td>水泥防水砂浆 1∶2（加 5%防水粉）</td><td>m³</td><td>2.040</td><td>554.48</td><td>1131.14</td></tr>
<tr><td>310101065</td><td>水</td><td>m³</td><td>3.800</td><td>3.34</td><td>12.69</td></tr>
<tr><td>三</td><td>机械费</td><td></td><td></td><td></td><td>36.81</td></tr>
<tr><td>990317001</td><td>灰浆搅拌机（拌筒容量 200L）</td><td>台班</td><td>0.340</td><td>108.25</td><td>36.81</td></tr>
<tr><td>四</td><td>管理费（人工机械费×费率）</td><td>33.17%</td><td rowspan="2" colspan="2">720.01</td><td>238.83</td></tr>
<tr><td>五</td><td>利润（人工机械费×费率）</td><td>8.46%</td><td>60.91</td></tr>
<tr><td colspan="5">综合单价（一+二+三+四+五）</td><td>2163.58</td></tr>
</table>

4. 计算清单综合单价

（1）计算方法一

根据广西 2013 版费用定额计价程序，清单综合单价分析计算见表 11-8。

工程量清单项目综合单价计算表　　　　**表 11-8**

清单项目：A7-176　平面防水 20mm 厚 1∶2 防水砂浆

编码	名称	计算式	金额（元）
一	人工费	（4.584×1084.08＋0.064×683.20）÷45.84	109.36
二	材料费	（4.584×4196.02＋0.064×1143.83）÷45.84	421.20
三	机械费	（4.584×42.22＋0.064×36.81）÷45.84	4.27
四	管理费	（109.36＋4.27）×33.17％	37.69
五	利润	（109.36＋4.27）×8.46％	9.61
综合单价（一＋二＋三＋四＋五）			582.13

（2）计算方法二

如仅要求计算清单项目综合单价，不需进行清单综合单价分析，则可按下式计算清单项目综合单价：

清单综合单价＝∑（定额工程量×定额综合单价）÷清单工程量

＝（4.584×5791.20＋0.064×2163.58）÷45.84

＝582.13 元/m^3

5. 填写完成分部分项工程和单价措施项目清单与计价表，见表 11-9。

分部分项工程和单价措施项目清单与计价表　　　　**表 11-9**

工程名称：××　　　　第　页　共　页

序号	项目编码	项目名称及项目特征描述	计量单位	工程量	金额（元）		
					综合单价	合价	其中：暂估价
	0104	砌筑工程					
1	010401001001	砖基础 ① 砖品种、规格、强度等级：MU7.5 标准砖 ② 砂浆强度等级：M10 水泥砂浆 ③ 防潮层材料种类：20mm 厚 1∶2 水泥砂浆加 5％防水粉	m^3	45.84	582.13	26684.84	

任务 11.2　土石方及其他工程项目清单计价

11.2.1　土石方工程

1. 对土石方工程项目进行清单计价前，应确定下列各项资料，以便正确套用定额子目并计算定额工程量。

（1）土壤及岩石类别的确定：土石方工程土壤及岩石类别的划分，依据工程勘测资料与“土壤及岩石（普氏）分类表”对照后确定。

（2）地下水位标高及降（排）水方法。

（3）土方、沟槽、基坑挖（填）起始标高、施工方法及运距。

（4）岩石开凿、爆破方法、石渣清运方法及运距。

（5）其他有关资料。

2. 合理确定施工方案

土石方开挖是采用人工开挖还是机械开挖，土石方运输时是采用 5t、8t 或 10t 自卸汽车，是由投标方的施工方案确定的，清单项目并不作描述，所以进行套定额子目时，需先确定合理可行的施工方案。

3. 注意土石方工程量挖、填、运的数据逻辑

机械开挖土方施工，需有一定比例的人工配合挖土工程量，结合工程实际情况应考虑回填土是挖方留在现场待回填，还是因场地原因、土质原因而全部挖方外运，回填土施工时再进行填方运输，甚至需购土回填等因素套用相应定额子目。

4. 换算说明

对清单项目计价，确定套用土石方工程定额子目后，应考虑的换算内容主要有：

（1）人工挖土子目如是配合机械开挖的，需进行人工费系数换算。

（2）人工挖土方的定额是按 1.5m 深度编制的，如挖深超过 1.5m，需按定额说明进行人工费系数换算。

（3）人工挖土在有挡土板支撑下挖土、桩间挖土而桩间距离小于 4 倍桩径还需按定额说明进行人工费系数换算。

（4）机械挖土时，单位工程量小于 2000m^3、挖掘机在垫板上作业、挖掘机挖沟槽或基坑时，需按定额说明进行换算。

（5）关于机械土方的定额子目是按三类土编制的，如实际工程不是三类土，套用相关定额子目时，定额中推土机、挖掘机台班需按定额说明进行换算。

（6）关于土石方运输，定额按 1km 为基本运距编制，应用时需按实际工程的运输距离套用运输距离增加的相应子目。注意运距增加的子目也是按每增加 1km 编制的。

11.2.2　垂直运输工程

（1）建筑物垂直运输区分不同建筑物的结构类型和高度，按建筑物设计室外地坪以上的建筑面积以平方米计算。定额子目按 30m 以内、40m 以内以 10m 为步距编列，高度超过 120m 时按每增加 10m 内定额子目计算，高度不足 10m 时，按比例计算。

（2）地下室按垂直运输地下层的建筑面积以平方米计算，套用相应高度的定额子目。

（3）构筑物垂直运输以座计算。超过规定高度时，超过部分按每增加 1m 定额子目计

算，高度不足 1m 时，按 1m 计算。

（4）换算说明：如采用泵送混凝土时，定额子目中的塔吊机械台班应乘以系数 0.8。

11.2.3　混凝土运输及泵送工程

（1）如采用输送泵车，定额只有 60m 以内一个定额子目。

（2）如施工采用输送泵施工，定额按 20m 以内、40m 以内以 20m 为步距编列。

（3）混凝土泵送工程量，按混凝土浇捣相应子目的混凝土定额分析量计算。

11.2.4　建筑物超高增加费（加压水泵）

（1）建筑物超高增加费中，只有加压水泵按土石方及其他工程费用标准。

（2）建筑物超高加压水泵台班的工程量，按±0.000 以上建筑面积以平方米计算。

（3）换算说明

一个承包方同时承包几个单位工程时，2 个单位工程按超高加压水泵台班子目乘以系数 0.85；2 个以上单位工程按超高加压水泵台班子目乘以系数 0.7。

11.2.5　大型机械设备安拆及进退场费

（1）大型机械设备安拆及进退场费按“台次”计算。

（2）注意不是所有的大型机械设备均同时存在安拆及进退场费用。如履带式挖掘机，就只有进退场费，而无安拆费；静力压桩机设备就同时包含安拆及进退场费用。

11.2.6　材料二次运输

（1）垂直运输材料，按照垂直距离折合 7 倍水平运输距离计算。

（2）水平运距的计算分别以取料中心点为起点，以材料堆放中心为终点。不足整数者，进位取整数。

11.2.7　计算实例

【例 11-2】 编制招标控制价，工程背景参见【例 6-1】、【例 6-2】、【例 6-3】；施工方案采用人工挖土，人工装车 5t 自卸汽车余土外运。

要求：对背景例题“分部分项工程和单价措施项目清单与计价表”中的清单项目套定额子目及判断换算，并计算定额工程量。

【解】（1）确定定额子目并判断是否需换算，见表 11-10。

分部分项工程和单价措施项目清单与计价表　　表 11-10

工程名称：××　　第　页　共　页

序号	项目编码	项目名称及项目特征描述	计量单位	工程量	金额（元）		
					综合单价	合价	其中：暂估价
	0101	土（石）方工程					
1	010101001001	平整场地	m^2	22.81			
	A1-1	人工平整场地	$100m^2$	0.228			
2	010101004001	挖基坑土方 土壤类别：三类土 挖土深度：2m 以内 弃土运距：10km	m^3	308.40			
	A1-9	人工挖基坑三类土 2m 内	$100m^3$	3.084			
	A1-119	人工装车 5t 汽车运 1km	$100m^3$	0.420			
	A-171 换	5t 汽车运土方增 9km	$1000m^3$	0.042	换算：增运 9km，定额×9		
	011705	大型机械设备进出场及安拆					
3	011705001001	液压静力压桩机安拆 ① 机械设备规格型号：压力 4000kN	台次	1			
	A20-12	液压静力压桩机安拆	台次	1			
4	011705001002	液压静力压桩机进出场 ① 机械设备规格型号：压力 4000kN	台次	1			
	A20-32	液压静力压桩机进出场	台次	1			

（2）计算定额工程量，见表 11-11。

定额工程量计算表　　表 11-11

定额子目	单位	工程量	计算式
A1-1	$100m^2$	0.228	同清单工程量 22.81 m^3
A1-9	$100m^3$	3.084	同清单工程量 308.40m^3
A1-119	$100m^3$	0.420	1. 垫层 $V=0.1\times2.8\times2.8\times10=7.84m^3$ 2. 独立基础 $V=0.3\times(2.6\times2.6+2\times2)\times10=32.28m^3$ 3. 柱入土 $V=0.4\times0.4\times(2-0.2-0.3\times2)\times10=1.92m^3$ $\Sigma V=7.84+32.28+1.92=42.04m^3$

续表

定额子目	单位	工程量	计算式
A-171 换	$1000m^3$	0.042	同 A-119 子目工程量
A20-12	台次	1	同清单工程量 1 台次
A20-32	台次	1	同清单工程量 1 台次

任务 11.3　地基基础及桩基础工程项目清单计价

11.3.1　地基基础及桩基础工程

(1) 定额子目中，现浇混凝土浇捣是按泵送商品混凝土编制的，采用非泵送混凝土施工时，每立方米混凝土增加人工费 21 元。

(2) 单位工程的打（压、灌）桩工程量未达到一定数量时，人工、机械按相应定额子目乘以系数 1.25。其中达到的数量标准按定额规定。

(3) 定额没有单独送桩的定额子目，送桩套用相应的打（压）桩子目，扣除子目中桩的用量，人工、机械乘以系数 1.25，其余不变。

11.3.2　计算实例

【例 11-3】 编制招标控制价，工程背景参见【例 6-3】，图纸设计桩间净距大于 4 倍桩径；经勘察，施工现场为平地。

要求：给背景例题“分部分项工程和单价措施项目清单与计价表”中的清单项目套定额子目及判断换算，并计算定额工程量。

【解】 1. 确定定额子目并判断是否需换算，见表 11-12。

分部分项工程和单价措施项目清单与计价表　　**表 11-12**

工程名称：××　　　　第　页　共　页

序号	项目编码	项目名称及项目特征描述	计量单位	工程量	金额（元）		
					综合单价	合价	其中：暂估价
	0103	桩与地基基础工程					
1	桂 010301009001	静力压桩机压预制钢筋混凝土管桩 ① 单桩长度：16m ② 桩截面：直径 500mm	m	1552.00			
	A2-50	静力压桩机压预制钢筋混凝土管桩　管径 500mm 桩长 18m 以内	100m	15.520			
2	桂 010301009002	静力压桩机压预制钢筋混凝土管桩（试验桩） ① 单桩长度：16m ② 桩截面：直径 500mm	m	48.00			
	A2-50 换	静力压桩机压预制钢筋混凝土管桩 管径 500mm 桩长 18m 以内	100m	0.48	换算：压试验桩，人工、机械乘以系数 2		
3	桂 010301010001	预制混凝土管桩填桩芯 ① 管桩填充材料种类：商品混凝土 ② 混凝土强度等级：C30	m^3	10.60			
	A2-57	预制混凝土管桩填桩芯 C30 混凝土	$10m^3$	1.060			
4	桂 010301011001	螺旋钻机钻取土	m	200.00			
	A2-59	螺旋钻机钻取土	10m	20.000			
5	桂 010301012001	送桩 ① 桩类型：静力压预制钢筋混凝土管桩 ② 单桩长度：16m ③ 桩截面：直径 500mm	m	504.40			
	A2-50 换	静力压桩机压预制钢筋混凝土管桩 管径 500mm 桩长 18m 以内（送桩）	100m	5.044	换算：送桩，扣除子目中桩的含量，人工、机械乘以系数 1.25		
6	桂 010301012002	送桩　试验桩 ① 桩类型：静力压预制钢筋混凝土管桩 ② 单桩长度：16m ③ 桩截面：直径 500mm	m	15.60			

续表

序号	项目编码	项目名称及项目特征描述	计量单位	工程量	金额（元）		
					综合单价	合价	其中：暂估价
	A2-50 换	静力压桩机压预制钢筋混凝土管桩 管径500mm 桩长18m以内（送试验桩）	100m	0.156	①压试验桩，人工、机械乘以系数2；②送桩，扣除子目中桩的含量，人工、机械乘以系数1.25。 换算：扣除子目中桩的含量，人工、机械乘以系数应连加，则系数为（1+1+0.25）=2.25		
	0105	混凝土及钢筋混凝土工程					
7	010515004001	钢筋笼 ①钢筋种类、规格：Φ10以内	t	0.130			
	A4-258	桩钢筋笼制安Φ10以内	t	0.130			
8	010515004002	钢筋笼 ①钢筋种类、规格：Φ10以上	t	2.556			
	A4-259	桩钢筋笼制安Φ10以上	t	2.556			

2. 计算定额工程量

定额工程量均同清单工程量（计算式略）。

任务 11.4 建筑工程项目清单计价

11.4.1 砌筑工程

（1）定额子目中关于砌砖、砌块子目仅按不同规格编制，砖、砌块的种类不同时可套用相同规格的子目，换算砖、砌块等材料，人工、机械不变。

（2）砌筑子目中主体砂浆按“水泥石灰砂浆 M5”编制，实际工程如设计与定额不同，需换算砂浆配合比。

（3）砌块子目中已包括实心配块，砌块顶部如采用其他种类配块补砌，不得换算，也不可另列子目计算。

（4）小型空心砌块墙已包括按规范规定需设置混凝土填充部分的混凝土填充，但其余空心砌块墙的混凝土填充未包括在砌筑子目中，如需混凝土填充，则另套用空心砌块墙填充混凝土子目。

例如，在“A3-52 小型空心砌块墙”定额子目表中显示有“880500031 碎石 GD20 中砂水泥 32.5 C20”的含量为 0.529m^3；表示该子目已含混凝土填充。在“A3-60 陶粒混凝土空心砌块墙”定额子目表中无混凝土消耗量显示，表示该子目示包括混凝土填充。

11.4.2 混凝土及钢筋混凝土工程

（1）现浇混凝土人工费

定额子目中，现浇混凝土浇捣是按泵送商品混凝土编制的，采用非泵送混凝土施工时，每立方米混凝土增加人工费 21 元。

（2）混凝土子目

混凝土子目中的混凝土统一按 C20 商品混凝土编制，设计不同时按实际采用的混凝土进行换算。

（3）混凝土地面套定额子目

混凝土地面进行清单编码列项时，并无单独对应的清单项目，实务工作中按现浇混凝土垫层编码列项，但套定额子目计价时，注意广西定额有单独的地面混凝土子目。

定额规定混凝土地面与垫层的划分，一般以设计确定为准，如设计不明确时，以厚度划分，120mm 以内的为垫层，120mm 以上的为地面。

（4）混凝土预制构件

对混凝土预制构件进行清单编码列项时，按构件进行列项，清单项目工作内容包括构件制作、运输、安装。混凝土预制构件的制作、运输、安装定额子目是分开的，对清单项目套定额子目时需套用预制构件制作、运输、安装三个子目，并且这三个子目的定额工程量都不同，计算时需按定额规定计算。

11.4.3 木结构工程

木结构面层油漆或装饰，应按装饰装修有关定额子目计算。

11.4.4 金属结构工程

（1）钢构件项目套定额子目

钢构件进行清单编码列项时，清单项目的工作内容包括构件制作、安装。定额子目钢构件制作、安装分开编制，进行清单项目套定额子目时，应套用制作、安装两个定额子目。

（2）钢构件制作子目换算

除机械加工件及螺栓、铁件外，设计钢材型号、规格、比例与定额不同时，可按实调整，其他不变。

11.4.5 屋面及防水工程

（1）基层处理

防水做法中，不管是卷材防水还是涂膜防水，一般在防水层之下均设计有刷基层处理剂要求，注意套用定额子目时，卷材防水子目已包括刷基层处理剂（冷底子油），而涂膜防水子目未包括基层处理剂，需另套定额子目计算。

（2）改性沥青卷材子目均按3.0mm厚编制，如实际厚度不同时，换算相应厚度，调整材料价格。

11.4.6 保温、隔热、防腐工程

（1）外墙保温定额子目

实际工程如采用的外墙内保温工作无相应子目套用时，外墙内保温套用相应外墙外保温子目，人工乘以系数0.8，其余不变。

（2）钢筋混凝土隔热板

实际工程如采用屋面铺设钢筋混凝土隔热板，定额子目中钢筋混凝土隔热板按成品编制，如采用现场制作，则套用相应定额子目后，扣除子目中钢筋混凝土隔热板消耗量，隔热板的制作、运输另套“A.4混凝土及钢筋混凝土工程”相应定额子目。

11.4.7 脚手架工程

（1）外脚手架

定额无圆形（包括弧形）外脚手架子目编制，如实际工程采用圆形（包括弧形）外脚手架，半径≤10m者，按外脚手架的相应子目，人工费乘以系数1.3计算；半径＞10m者，按外脚手架的相应子目不得换算。

（2）满堂脚手架

定额规定满堂脚手架的基本层实高按3.6m计算，增加层实高按1.2m计算，基本层操作高度按5.2m计算（基本层操作高度5.2m＝基本层高3.6m＋人的高度1.6m）。室内天棚净高超过5.2m时，计算完基本层之后，增加层的层数＝（天棚室内净高－5.2m）÷1.2m，按四舍五入取整数。

例如：建筑物天棚室内净高为9.2m，其增加层的层数为：

$$(9.2-5.2)\div 1.2 \approx 3.3$$

则按3个增加层计算。

（3）现浇混凝土运输道

1）砖混结构工程的现浇楼板按相应定额子目乘以系数0.5。

2）采用泵送混凝土施工，框架结构、框架-剪力墙结构、筒体结构的工程，定额须乘以系数0.5。

3）采用泵送混凝土施工，砖混结构工程，定额乘以系数0.25。

11.4.8 模板工程

（1）模板定额子目

应根据模板种类套用子目，实际使用支撑与定额不同时不得换算。如实际使用模板与定额不同时，按相近材质套用；如定额只有一种模板的子目，均套用该子目执行，不得换算。例如，实际工程施工方案确定本工程采用胶合板模板钢支撑施工，定额只有一个“A17-1 垫层木模板木支撑”子目，垫层支模板套定额子目就只能套用该“A17-1 垫层木模板木支撑”子目，并且不得换算。

（2）支撑超高

现浇构件梁、板、柱、墙是按支模高度（地面至板底）3.6m 编制的，超过 3.6m 时超过部分按超高子目（不足 1m 按比例）计算。有梁板的支模高度判断是按地面至板底计算，而不是按地面至梁底计算。

11.4.9 建筑物超高增加费

（1）建筑物超高增加人工、机械降效费的计算方法

人工、机械降效费按建筑物±0.000 以上全部工程项目（不包括脚手架工程、垂直运输工程、各章节中的水平运输子目、各定额子目中的水平运输机械）中的全部人工费、机械费乘以相应子目人工、机械降效率以元计算。

（2）定额子目

定额子目按 30m 以内、40m 以内以 10m 为步距编列，建筑物高度超过 120m 时，超过部分按每增加 10m 子目（高度不足 10m 按比例）计算。

11.4.10 计算实例

【例 11-4】 编制招标控制价，工程背景参见【例 6-5】、【例 6-6】、【例 6-8】。

要求：给背景例题“分部分项工程和单价措施项目清单与计价表”中的清单项目套定额子目及判断换算，并计算定额工程量。

【解】 1. 确定定额子目并判断是否需换算，见表 11-13。

分部分项工程和单价措施项目清单与计价表　　表 11-13

工程名称：××　　第　页　共　页

序号	项目编码	项目名称及项目特征描述	计量单位	工程量	金额（元）		
					综合单价	合价	其中：暂估价
	0105	混凝土及钢筋混凝土工程					
1	010506001001	C20 混凝土 直形楼梯 ① 梯板厚度：120mm	m^2	15.77			
	A4-49	C20 混凝土 直形楼梯	10 m^2	1.577			
	A4-50 换	楼梯每增减 10mm	10 m^2	1.577	换算：定额子目乘以 2		
	0106	金属结构工程					
2	010602001001	钢屋架 ① 钢材品种、规格：Q235-B ② 单榀质量：1t 以下 ③ 运输距离：1km	t	0.245			
	A6-1 换	轻钢屋架制作 1t 以内	t	0.245	换算：案例工程全部采用等边角钢，子目中不等边角钢换算成等边角钢，含量不变		
	A6-55	轻钢屋架安装 1t 以内	t	0.245			
	A6-119	3 类金属结构构件运输 1km	10t	0.025			
	0109	屋面及防水工程					
3	010902002001	屋面涂膜防水 ① 防水膜品种：2mm 厚聚氨酯防水涂料 ② 底油：刷基层处理剂一道	m^2	27.39			
	A7-80	屋面聚氨酯涂膜防水 1.5mm 厚	100 m^2	0.274			
	A7-81	每增减 0.5mm	100 m^2	0.274			
	A7-82	刷冷底子油防水一道	100 m^2	0.274			
	0111	楼地面装饰工程		取费标准：按装饰装修工程			
4	011101006001	屋面砂浆找平层 ① 找平层厚度、配合比：1∶2.5 水泥砂浆找平层 20mm 厚	m^2	22.38			
	A9-1 换	水泥砂浆找平层 20mm 厚	100m^2	0.224	换算：砂浆配合比换算成 1∶2.5 水泥砂浆		

2. 计算定额工程量

定额工程量均同清单工程量（计算式略）。

【例 11-5】 编制招标控制价，工程背景参见【例 6-9】，隔热板采用成品供应方式。

要求：给背景例题“分部分项工程和单价措施项目清单与计价表”中的清单项目套定额子目及判断换算，并计算定额工程量。

【解】1. 确定定额子目并判断是否需换算，见表11-14。

分部分项工程和单价措施项目清单与计价表 **表11-14**

工程名称：×× 第 页 共 页

序号	项目编码	项目名称及项目特征描述	计量单位	工程量	金额（元）		
					综合单价	合价	其中：暂估价
	0109	屋面及防水工程					
1	010902001001	屋面卷材防水 ① 卷材品种、规格、厚度：满铺4mm厚SBS改性沥青卷材一层 ② 底油：刷冷底子油一道	m^2	96.57			
	A7-47换	SBS改性沥青防水卷材满铺	100 m^2	0.966	换算：将3mm厚SBS卷材换算成4mm厚的卷材		
	0110	保温隔热防腐工程					
2	011001001001	保温隔热屋面 ① 保温隔热材料品种、规格、厚度：侧砌多孔砖巷，30厚C20细石混凝土隔热板500mm×500mm，1∶1水泥砂浆填缝，内配钢筋ϕ4@150	m^2	76.18			
	A8-31	屋面混凝土隔热板	100 m^2	0.762			
3	011001001002	保温隔热屋面1∶10水泥珍珠岩 ① 保温层厚度：78.2mm厚	m^2	86.25			
	A8-6换	屋面保温现浇水泥珍珠岩	100 m^2	0.863	换算：水泥珍珠岩配合比换算成1∶10的配合比		
	A8-7换	每增减10mm	100 m^2	0.863	换算：定额子目乘以系数7.82		
	0111	楼地面装饰工程		取费标准：按装饰装修工程			
4	011101006001	屋面砂浆找平层 ① 找平层厚度、配合比：1∶3水泥砂浆找平层20mm厚	m^2	86.25			
	A9-1换	水泥砂浆找平层20mm厚	100m^2	0.863	换算：砂浆配合比换算成1∶2.5水泥砂浆		

2. 计算定额工程量

定额工程量均同清单工程量，见表11-14（计算式略）。

【例11-6】 编制招标控制价，工程背景参见【例8-1】、【例8-2】。

要求：给背景例题“分部分项工程和单价措施项目清单与计价表”中的清单项目套定额子目及判断换算，并计算定额工程量。

【解】1. 确定定额子目并判断是否需换算，见表11-15。

分部分项工程和单价措施项目清单与计价表　　　　**表 11-15**

工程名称：××　　　　　　　　　　　　　　　　　第　页　共　页

序号	项目编码	项目名称及项目特征描述	计量单位	工程量	金额（元）		
					综合单价	合价	其中：暂估价
	011701	脚手架工程					
1	011701002001	钢管外脚手架 ① 搭设高度：20m 以内	m^2	139.74			
	A15-6	钢管外脚手架 20m 以内	100 m^2	1.467			
2	011701002002	钢管外脚手架 ① 搭设高度：30m 以内	m^2	565.60			
	A15-7	钢管外脚手架 30m 以内	100 m^2	5.939			
3	011701002003	钢管外脚手架 ① 搭设高度：50m 以内	m^2	1239.30			
	A15-9	钢管外脚手架 50m 以内	100 m^2	13.013			
	011702	模板工程					
4	011702024001	直形楼梯 ① 模板及支撑种类：胶合板木支撑	m^2	15.77			
	A17-115	直形楼梯 胶合板模板钢支撑	100m^2	0.158	换算：定额规定应根据模板种类套用子目，实际使用支撑与定额不同时不得换算		

2. 计算定额工程量，见表 11-16。

定额工程量计算表　　　　**表 11-16**

定额子目	单位	工程量	计算式
A15-6	100m^2	1.467	139.74×1.05=146.73m^2
A15-7	100m^2	5.939	565.60×1.05=593.88m^2
A15-9	100m^2	13.013	1239.30×1.05= 1301.27m^2
A17-115	100m^2	0.158	同清单工程量 15.77m^2

注：定额工程量计算规则规定，外脚手架工程量为外墙外围长度乘以外墙高度，再乘以 1.05 系数计算。而清单工程量计算规则为按所服务对象的垂直投影面积计算，没有要求乘系数，所以外脚手架项目的清单工程量与定额工程结果不同。

任务11.5 装饰装修工程项目清单计价

11.5.1 楼地面工程

1. 套用定额子目

(1) 同一铺贴面上有不同花色且镶拼面积小于0.015m²的大理石板和花岗岩板执行点缀定额子目。

(2) 零星子目适用于台阶侧面装饰、小便池、蹲位、池槽以及单个面积在0.5m²以内且定额未列的少量分散的楼地面工程。

(3) 弧形踢脚线子目仅适用于使用弧形块料的踢脚线。

(4) 石材底面刷养护液、正面刷保护液亦适用于其他章节石材装饰子目。

(5) 普通水泥自流平子目适用于基层的找平，不适用于面层型自流平。

2. 换算规定

(1) 砂浆和水泥石米浆的配合比及厚度、混凝土的强度等级、饰面材料的型号规格如设计与定额规定不同时，可以换算，其他不变。

(2) 弧形、螺旋形楼梯面层，按普通楼梯子目人工、块料及石料切割剧片、石料切割机械乘以系数1.2计算。

(3) 楼梯踢脚线按踢脚线子目乘以系数1.15。

11.5.2 墙、柱面工程

1. 抹灰砂浆

(1) 定额凡注明的砂浆种类、强度等级，如设计与定额不同时，可按设计规定调整，但人工、其他材料、机械消耗量不变。

(2) 抹灰厚度，同类砂浆列总厚度，不同砂浆分别列出厚度，如定额子目中15+5mm即表示两种不同砂浆的各自厚度。抹灰砂浆厚度如设计与定额不同时，定额注明有厚度的子目可按抹灰厚度每增减1mm子目进行调整，定额未注明抹灰厚度的子目不得调整。

2. 套用定额子目

(1) 砌块砌体墙面、柱面的一般抹灰、装饰抹灰、镶贴块料，按定额砖墙、砖柱相应子目执行。

(2) 圆弧形、锯齿形、不规则墙面抹灰、镶贴块料、饰面，按相应定额子目人工费乘以系数1.15，材料乘以系数1.05。装饰抹灰柱面子目已按方柱、圆柱综合考虑。

(3) 镶贴瓷板执行镶贴面砖相应定额子目。玻璃锦砖执行陶瓷锦砖相应定额子目。

3. 换算规定

(1) 有吊顶天棚的内墙面抹灰，套内墙抹灰相应子目乘以系数1.036。

(2) 抹灰子目中，如设计墙面需钉网者，钉网部分抹灰子目人工费乘以系数1.3。

(3) 饰面材料型号规格如设计与定额取定不同时，可按设计规定调整，但人工、机械消耗量不变。

(4) 镶贴面砖子目，面砖消耗量分别按缝宽5mm以内、10mm以内和20mm以内考虑，如不离缝、横竖缝宽步距不同或灰缝宽度超过20mm以上者，其块料及灰缝材料

（1∶1 水泥砂浆）用量允许调整，其他不变。

11.5.3 天棚工程

1. 抹灰砂浆

(1) 定额所注明的砂浆种类、配合比，如设计规定与定额不同时，可按设计换算，但人工、其他材料和机械用量不变。

(2) 抹灰厚度，同类砂浆列总厚度，不同砂浆分别列出厚度，如定额子目中 5＋5mm 即表示两种不同砂浆的各自厚度。如设计抹灰砂浆厚度与定额不同时，定额有注明厚度的子目可以换算砂浆消耗量；如套用的定额子目未注明砂浆厚度，则不得按实际工程的砂浆厚度进行换算。

2. 脚手架相关

装饰天棚项目已包括 3.6m 以下简易脚手架的搭设及拆除。当高度超过 3.6m 需搭设脚手架时，应按定额满堂脚手架子目另行列项计算，但 100m^2 天棚应扣除周转板枋材 0.016m^3。

3. 木材使用

木材种类除周转木材及注明者外，均以一、二类木种为准，如采用三、四类木种，其人工及木工机械乘以系数 1.3。

4. 跌级天棚

天棚面层在同一标高或面层标高高差在 200mm 以内者为平面天棚，天棚面层不在同一标高且面层标高高差在 200mm 以上者为跌级天棚。跌级天棚其面层人工乘以系数 1.1。

11.5.4 门窗工程

1. 木门窗

木门窗清单项目工作内容包括门窗制作、安装、普通五金安装，定额中门窗制作、安装为一个定额子目，门窗普通五金配件为单独列项的定额子目，进行清单项目套定额时，需完整地套用定额子目。

2. 金属卷帘门

金属卷帘门的清单工程量计算规则中以平方米计算则按设计图法洞口尺寸以面积计算，而定额工程量计算规则为按洞口高度增加 600mm 乘以门实际宽度计算（如卷帘门安装在梁底时高度不增加 600mm）。

11.5.5 油漆、涂料、裱糊工程

1. 油漆定额工程量系数表

清单项目中油漆工程量以平方米计算的按设计洞口尺寸以面积计算，以长度计算的按设计图示尺寸以长度计算。而油漆定额工程量需根据各类“油漆定额工程量系数表”计算确定。

例如，木栏杆（带扶手）油漆的清单工程量计算规则是“按设计图示尺寸以单面外围面积计算”，而定额工程量计算规定按“单面外围面积×1.82”计算，即清单工程量与定额工程量计算结果不一致。

2. 天棚面刮腻子

定额无天棚面刮腻子子目，实际工程采用天棚面刮腻子则按内墙面刮腻子定额子目套用，并按人工费乘以系数 1.18 进行换算。

11.5.6 其他装饰工程

1. 装饰线条

装饰线条以墙面上直线安装编制定额子目，如天棚安装直线型、圆弧形或其他图案，按定额规定换算人工费、材料含量。

2. 栏杆

各式栏杆进行工程量清单编码列项目时，清单项目包括栏杆、扶手、弯头内容，而栏杆、扶手、弯头的定额子目是分开编制的，实际工程中对各式栏杆的清单项目套定额子目时要注意套完整相应的定额子目。

11.5.7 建筑物超高增加费（局部装饰超高）

1. 超高增加人工、机械降效费的计算方法

区别不同的垂直运输高度，将各自装饰装修楼层（包括楼层所有装饰装修工程量）的人工费之和、机械费之和（不包括脚手架工程、垂直运输工程、各章节中的水平运输子目、各定额子目中的水平运输机械）分别乘以相应子目人工、机械降效率以元计算。

2. 定额子目

定额子目按 20～40m、40～60m 等以 20m 为步距编列，建筑物高度超过 120m 时，超过部分按每增加 20m 子目计算，高度不足 20m 按比例计算。

11.5.8 成品保护工程

定额按不同保护用料编制相应定额子目，应结合实际工程情况套用相应定额子目进行计价。

11.5.9 计算实例

【例 11-7】 编制招标控制价，工程背景参见【例 6-7】、【例 7-1】～【例 7-6】。

要求：给背景例题“分部分项工程和单价措施项目清单与计价表”中的清单项目套定额子目及判断换算，并计算定额工程量。

【解】 1. 确定定额子目并判断是否需换算，见表 11-17。

分部分项工程和单价措施项目清单与计价表　　**表 11-17**

工程名称：××　　　　第　页　共　页

序号	项目编码	项目名称及项目特征描述	计量单位	工程量	金额（元）		
					综合单价	合价	其中：暂估价
1	0105	混凝土及钢筋混凝土工程		背景内容，综合到本例后调整项目次序			
	010501001001	C15 混凝土 垫层	m^3	3.25			
	A4-3 换	C15 混凝土 垫层	$10m^3$	0.325	换算：定额子目统一按 C20 混凝土编制，换算 C15 混凝土		
2	010516002001	预埋铁件	t	0.018			
	A4-326	预埋铁件	t	0.018			
	0108	门窗工程					
3	010801001001	木质门　普通胶合板门 ① 单扇无亮，不带纱，4 樘	m^2	7.56			
	A12-10	普通胶合板门　单扇无亮	$100m^2$	0.076			
	A12-172	不带纱木门五金配件　单扇无亮	樘	4			
4	010801006001	门锁安装 ① 锁品种：L 型执手锁	个	4			
	A12-141	L 型执手锁	把	4			
5	010806001001	木质窗　普通平开窗 ① 单层玻璃双扇有亮子，10 樘	m^2	51.63			
	A12-98	普通平开窗　单层玻璃双扇有亮	$100m^2$	0.516			
	A12-184	带纱木窗五金配件　双扇有亮	樘	10			
6	010806004001	木纱窗 ① 窗纱材料品种、规格：铁纱	m^2	51.63			
	A12-108	木纱窗扇	$100m^2$	0.516			
	0111	楼地面工程					
7	011101001001	水泥砂浆地面 ① 素水泥浆遍数：一遍 ② 面层厚度、砂浆配合比：20 厚 1∶2 水泥砂浆	m^2	54.19			
	A9-10	水泥砂浆楼地面 20mm 厚	$100m^2$	0.542			
	0112	墙、柱面工程					
8	011201001001	内墙面一般抹灰 ① 墙体类型：砖墙 ② 底层厚度、砂浆配合：15mm 厚 1∶1∶6 混合砂浆 ③ 面层厚度、砂浆配合比：5mm 厚 1∶0.5∶3 混合砂浆	m^2	72.10			

续表

序号	项目编码	项目名称及项目特征描述	计量单位	工程量	金额（元）		
					综合单价	合价	其中：暂估价
	A10-7	内墙面抹混合砂浆（15+5）mm	$100m^2$	0.721			
	0113	天棚面工程					
9	011301001001	天棚抹灰 ① 基层类型：现浇混凝土天棚面 ② 底层厚度、砂浆配合比：5mm厚1∶1∶4混合砂浆 ③ 面层厚度、砂浆配合比：5mm厚1∶0.5∶3混合砂浆	m^2	59.30			
	A11-5	天棚面抹混合砂浆（5+5）mm	$100m^2$	0.593			
	0114	油漆、涂料、裱糊工程					
10	011402001001	木窗油漆 ① 窗类型：双层（一玻一纱）木窗 ② 油漆品种、刷漆遍数：底油一遍，调和漆二遍	m^2	51.63			
	A13-2	单层木窗油漆	$100m^2$	0.702			
11	011403002001	硬木窗帘盒油漆 ① 油漆品种、刷漆遍数：底油一遍，调和漆二遍	m	35.50			
	A13-3	木扶手（不带托板）油漆	100m	0.724			
12	011406003001	满刮腻子 内墙面 ① 腻子种类：刮腻子 ② 刮腻子遍数：二遍	m^2	160.24			
	A13-204	刮熟胶粉腻子 内墙面二遍	$100m^2$	1.602			
13	011406003002	满刮腻子 天棚面 ① 腻子种类：刮熟胶粉腻子 ② 刮腻子遍数：二遍	m^2	59.30			
	A13-204换	刮熟胶粉腻子 天棚面二遍	$100m^2$	0.593	换算：天棚面刮腻子按墙面刮腻子子目，人工费乘以系数1.18		
	0115	其他装饰工程					
14	011503001001	不锈钢栏杆201材质 ① 采用图集：05ZJ401 W/11 ② 扶手选用：05ZJ401 14/28	m	20.31			

续表

序号	项目编码	项目名称及项目特征描述	计量单位	工程量	金额（元）		
					综合单价	合价	其中：暂估价
	A14-108	不锈钢管栏杆　直线竖条（圆管）	10m	2.031			
	A14-119	不锈钢管扶手　直形 $\phi60$	10m	2.031			
	A14-124	不锈钢弯头 $\phi60$	10 个	0.400			

2. 计算定额工程量，见表 11-18（略：定额工程量同清单工程量的计算式）。

定额工程量计算表　　**表 11-18**

定额子目	单位	工程量	计算式
A13-2	$100m^2$	0.702	$51.63\times1.36=70.22m^2$
A13-3	100m	0.724	$35.50\times2.04=72.42m$

任务 11.6　铝合金门窗、幕墙、塑钢门窗装饰制品

11.6.1　铝合金门窗、幕墙、塑钢门窗装饰制品的计价规定

工程造价管理机构发布《建设工程造价信息》时，对铝合金门窗、幕墙、塑钢门窗装饰制品均作出相应计价规定，下面以广西南宁市某期《建设工程造价信息》为例。

1. 适应范围

（1）门窗使用的型材及配件，应由合法的生产厂家生产。产品必须符合国家和行业标准要求。

（2）生产和安装应按桂建质字［2004］8号文规定执行。

①提供门窗生产厂家营业执照和国家颁发的生产许可证。

②提供门、窗出厂合格证及近两年内该类门、窗的型式检验报告。

2. 计算规则

（1）门连窗：门与窗分开计算工程量；异形窗：按其外接矩形尺寸计算工程量。

（2）异形窗、圆弧形窗按其外接矩形尺寸计算工程量。

（3）与玻璃幕墙连为整体的无框玻璃门按门计算工程量。

11.6.2 铝合金门窗、幕墙、塑钢门窗装饰制品的材料采用

工程造价管理机构发布《建设工程造价信息》时，对铝合金门窗、幕墙、塑钢门窗装饰制品的独立费单价均作详细的组价说明，下面以广西南宁市某期《建设工程造价信息》为例。

1. 铝合金门窗、塑钢门窗

（1）所发布的成品信息价为到工地价格，包括材料供应价、运杂费、运输费、采保费。

（2）铝合金门窗、塑钢门窗成品信息价包括标准国产普通五金配件、玻璃，不包括特殊五金配件、建筑工程门窗抽样检测费。门窗安装套广西南宁建筑装饰工程相应定额子目计价。

（3）铝合金（塑钢）推拉窗、平开窗、平开门地弹门亮子高度在650mm以内按相应门窗计算高度在650mm以上按固定窗计算。挑窗中挑出部分宽度600mm以内的固定窗按相应窗型计算，挑出宽度60mm以上的固定窗按固定窗计算。

（4）门窗玻璃采用5mm平板浮法玻璃，中空玻璃采用（5+9A+5）mm平板浮法玻璃，若实际采用玻璃不同的可以调整玻璃价差。

（5）铝合金门窗型材按表面氧化处理考虑，如采用其他处理方式应增加费用为：粉末喷涂600元m，电泳7.00元/m，木纹4000元/m。

（6）所有门窗的价格为不带纱产品价格。铝合金平开窗、推拉窗加纱扇，每平方米增加42元，铝合金推拉门、平开门增加纱门，每平方米增加50元

（7）铝合金门受力构件壁厚≥20mm，铝合金窗受力构件壁厚≥1.4mm。

（8）五金件：根据窗不同的系列，采用窗轮3001200元个，自动锁38～1400元/把，不锈钢纱网12元/m，自攻螺丝0.06元/粒，推拉门不锈钢球锁22元/个。

（9）无框地弹簧门：12mm钢化白玻，不锈钢上下帮9500元/米（有上下帮），地弹簧210～2600元/个、上下门轴夹9000～13500元/个（无上下帮），锁夹15000～18000元/个，50×600不锈钢拉手15000～18000元，554锁1500元/把。如以上无框地弹簧门配件与实际不符，则按实际调整。

2. 幕墙

（1）单元式幕墙发布成品信息价；其他幕墙不发布成品价格，发布相应材料价格。单元式幕墙成品信息价不包括幕墙的三性（空气渗透性能、雨水渗透性能、风压变形性能）的检测费用。单元式幕墙安装及其他幕墙的制作、安装套相应定额子目计价。

（2）若实际采用玻璃不同的可以调整玻璃价差。

（3）幕墙主料厚度≥3mm。

11.6.3 铝合金门窗、幕墙、塑钢门窗装饰制品的独立费单价

工程造价管理机构发布《建设工程造价信息》时，对铝合金门窗、幕墙、塑钢门窗装饰制品的独立费单价按不同的型材系列、窗型、幕墙作法等列出相应价格表。下面以广西南宁市某期《建设工程造价信息》列出的市场价格除税价为例，见表 11-19。

铝合金门窗、幕墙、塑钢门窗装饰制品市场价格 **表 11-19**

序号	门窗、网、幕墙	单位	市场价格除税（元）		备注
			洞口面积 $\leqslant 2m^2$（1.4mm）	洞口面积 $>2m^2$（1.4mm）	
铝合金、塑钢门窗、玻璃幕墙制品					
1	38 系列不带纱平开窗	m^2	347	331	
2	50 系列不带纱单玻平开窗	m^2	377	351	
3	65 系列不带纱推拉窗	m^2	280	270	
4	70 系列不带纱推拉窗	m^2	254	243	
5	76 系列不带纱推拉窗	m^2	278	251	
6	80 系列不带纱推拉窗	m^2	304	261	
7	87 系列不带纱推拉窗	m^2	253	246	
8	90 系列不带纱推拉窗	m^2	290	269	
9	90 系列不带纱气密推拉窗（三轨）	m^2	340	315	
10	96 系列不带纱推拉窗	m^2	274	266	
11	45 系列中空隔音内开平开窗（不带纱）	m^2	1450	1168	（国产配件），壁厚 1.5mm
12	45 系列中空隔音外开平开窗（不带纱）	m^2	790	675	（国产配件），壁厚 1.5mm
13	50 系列不带纱中空隔音平开窗	m^2	510	475	
14	60 系列中空隔热内开窗（1.8mm）	m^2	976	968	进口配件双色
15	68 系列不带纱中空隔音推拉窗	m^2	488	460	
16	80 系列不带纱中室隔音推拉窗	m^2	426	390	
17	86 系列不带纱中空隔音推拉窗	m^2	429	415	
18	80 系列气密不带纱推拉窗	m^2	332	314	
19	82 系列单玻气密不带纱推拉窗	m^2	295	290	
20	85 系列气密不带纱推拉窗	m^2	338	320	
21	88 系列单玻气密不带纱推拉窗	m^2	382	369	
22	92 系列单玻气密不带纱推拉窗	m^2	335	321	
23	新 96 系列不带纱单玻气密推拉窗	m^2	312	298	
24	93 系列隐框推拉窗（1.4mm 厚）	m^2	574	591	
25	38 系列固定窗（1.4mm 厚）	m^2	325	314	
26	90 系列固定窗（1.4mm 厚）	m^2	278	268	
27	96 系列固定窗（1.4mm 厚）	m^2	299	289	
28	百叶窗（空调用）（1.2mm 厚）	m^2	302	315	

续表

序号	门窗、网、幕墙		单位	市场价格除税（元）		备注
				洞口面积≤2m²（1.4mm）	洞口面积>2m²（1.4mm）	
29	百叶窗（豪华装饰用）（1.4mm厚）		m²	428	442	
30	80系列断桥隔热中空推拉窗（不带纱）		m²	560	530	
31	46系列不带纱平开门（2.0mm厚）		m²	482	453	
32	70系列不带纱平开门（2.0mm厚）		m²	437	415	
33	76系列不带纱平开门（2.0mm厚）		m²	456	439	
34	96系列不带纱推拉门（2.0mm厚）		m²	370	369	
35	100系列不带纱推拉门（2.0mm厚）		m²	357	338	
36	100系列不带纱气密单玻推拉门（2.0mm厚）		m²	339	353	
37	100系列不带纱气密中空推拉门（2.0mm厚）		m²	402	418	
38	46系列有框地弹门（2.0mm厚）		m²	545	517	
39	无框地弹门（不含配件）		m²	227	215	
40	140系列	全隐框玻璃幕墙（弧形）	m²	970（1001）		
41	140系列	半隐框玻璃幕墙（弧形）	m²	948（980）		
42	140系列	明框玻璃幕墙（弧形）	m²	884（915）		
43	150系列全隐框玻璃幕墙（弧形）		m²	1002（1034）		
44	160系列明框玻璃框幕墙（弧形）		m²	916（945）		
45	160系列半隐框玻璃幕墙（弧形）		m²	985（1062）		
46	160系列全隐框玻璃幕墙（弧形）		m²	1077（1109）		
47	170系列全隐框玻璃幕墙（弧形）		m²	1109（1152）		
48	180系列全隐框玻璃幕墙（弧形）3厚14厚		m²	1130（1175）		
49	210系列全隐框玻璃幕墙（弧形）3厚14厚		m²	1173（1218）		
50	220系列全隐框玻璃幕墙（弧形）3厚14厚		m²	1151（1196）		
51	12厚钢化白玻钢管结构点式幕墙（弧形）		m²	1060（1104）		
52	12厚钢化白玻不锈拉索点式幕墙（弧形）		m²	1399（1447）		
53	12厚钢化白玻不锈拉杆点式幕墙（弧形）		m²	1292（1339）		
54	夹胶玻璃支承结构点式幕墙（弧形）		m²	1175（1220）		
55	全玻幕墙	$h\leqslant3.5$m落地玻（弧形）	m²	319（355）		12mm厚钢化白玻
56	全玻幕墙	3.5m<h<4m落地玻（弧形）	m²	362（397）		12mm厚钢化白玻
57	全玻幕墙	$h\geqslant4$m吊挂式（弧形）	m²	573（611）		12mm厚钢化白玻

续表

序号	门窗、网、幕墙	单位	市场价格除税（元）		备注
			洞口面积 $\leqslant 2m^2$（1.4mm）	洞口面积 $>2m^2$（1.4mm）	
58	铝龙骨氟碳铝复合板幕墙（弧形）	m^2	810（842）		4 厚氟碳铝复合板（单铝厚 0.5mm）
59	镀锌钢龙骨铝塑板幕墙（弧形）	m^2	482（519）		
60	防盗网（铝合金）	m^2	125		∅19铝合金管套、ϕ14 钢筋
61	隐形纱窗	m^2	125		
	塑钢门、窗				
62	80 系列 5 厚白玻推拉窗（不带纱）	m^2	229		综合
63	80 系列 5 厚白玻推拉门（不带纱）	m^2	224		综合
64	80 系列 5 厚白玻平开门（不带纱）	m^2	254		综合
65	60 系列 5 厚白玻平开窗（不带纱）	m^2	254		综合
66	60 系列 5 厚白玻推拉窗（不带纱）	m^2	224		综合
67	60 系列 5 厚白玻推拉门（不带纱）	m^2	221		综合
68	60 系列全板平开门（不带纱）	m^2	261		综合
69	60 系列 5 厚白玻平开门（不带纱）	m^2	247		综合
70	60、80 系列 5 厚白玻固定窗（不带纱）	m^2	191		综合
71	纱窗扇	m^2	100		综合

11.6.4　计算实例

【例 11-8】某建设工程项目位于广西南宁市市区内，该工程项目的铝合金推拉窗大样及数量如图 10-1 所示，铝合金采用 90 系列 1.4mm 厚白铝，玻璃为 5mm 白玻，推拉窗不带纱；该窗内设铝合金防盗窗，作法为 ϕ19 铝合金管套 ϕ14 钢筋。招标工程量清单见表 10-2。

要求：根据招标工程量清单标编制招标控制价，计算该工程铝合金推拉窗分部税前项目费用。

【解】(1) 价格参照《南宁市建设工程造价信息》中铝合金门窗的市场价格，见表 11-1，该价格已包括锚件、玻璃、安装、管理费和市内运杂费，要求按税前独立费计算。

(2) 计算定额工程量：

推拉窗定额工程量 $S=2.1\times1.2\times5=12.60\text{m}^2$

固定窗定额工程量 $S=2.1\times0.8\times5=8.40\text{m}^2$

防盗窗定额工程量 $S=2.1\times1.2\times5=21.00\text{m}^2$

(3) 填写“分部分项工程和单价措施项目清单与计价表”(见表 11-20)。

分部分项工程和单价措施项目清单与计价表　　　　**表 11-20**

工程名称：××　　　　第　页　共　页

序号	项目编码	项目名称及项目特征描述	计量单位	工程量	金额（元）		
					综合单价	合价	其中：暂估价
		税前项目工程					
1	010807001001	金属推拉窗 ① 窗代号及洞口尺寸：>2m² ② 框材质：采用 90 系列，1.4mm 厚白铝合金 ③ 玻璃品种、厚度：5mm 白玻	m²	12.60	269.00	3389.40	
2	010807001002	金属固定窗 ① 窗代号及洞口尺寸：≤2m² ② 框材质：采用 90 系列，1.4mm 厚白铝合金 ③ 玻璃品种、厚度：5mm 白玻	m²	8.40	278.00	2335.20	
3	010807001003	金属防盗窗 ① 框材质：ϕ19 铝合金管套 ϕ14 钢筋	m²	21.00	125.00	2625.00	

1. 计算工程量清单综合单价必须具备哪些已知条件?

2. 根据广西现行的计价规定，计算综合单价的管理费、利润分成哪几个费率标准?

3. 简述“土石方及其他工程”费率标准适用范围。

4. 简述“地基基础及桩基础工程”费率标准适用范围。

5. 简述“建筑工程”费率标准适用范围。

6. 简述“装饰装修工程”费率标准适用范围。

7. 简述广西南宁市对铝合金门窗的市场价格如何分类?

8. 编制招标控制价，工程背景同单元 6 思考与习题第 6、14 题，给习题“分部分项工程和单价措施项目清单与计价表”中的清单项目套定额子目及判断换算，并计算定额工程量。

9. 编制招标控制价，工程背景同单元 7 思考与习题第 6 题，给习题“分部分项工程和单价措施项目清单与计价表”中的清单项目套定额子目及判断换算，并计算定额工程量。

10. 某建设工程项目位于广西南宁市市区内，该工程项目的飘窗设计采用铝合金推拉窗，窗大样及数量如图 10-2 所示，铝合金采用 70 系列 1.4mm 厚白铝，玻璃为 5mm 白玻，推拉窗不带纱；该窗内设铝合金防盗窗，作法为∅19铝合金管套 ϕ14 钢筋。

要求：编制招标工程量清单及招标控制价，计算该工程铝合金推拉窗分部税前项目费用。

单元12 总价措施项目工程量清单计价

任务12.1 总价措施项目计价规定

12.1.1 安全文明施工费

1. 计算基数：为分部分项工程和单价措施项目费中的“人工费＋材料费＋机械费”，不包括管理费和利润。

2. 取费标准：按三类建筑面积规模结合工程所在地为“市区、城（镇）、其他”分成9个取费标准，实务工作中应注意结合工程实际情况取定计算费率。

建筑面积（S）规模分类如下：

（1）$S<10000\text{m}^2$。

（2）$10000\text{m}^2 \leqslant S \leqslant 30000\text{m}^2$。

（3）$S>30000\text{m}^2$。

12.1.2 其他总价措施项目

1. 计算基数

（1）检验试验配合费、雨季施工增加费、工程定位复测费、优良工程增加费、提前竣工增加费：为分部分项工程和单价措施项目费中的“人工费＋材料费＋机械费”，不包括管理费和利润。

（2）暗室施工增加费：暗室施工定额人工费。

（3）交叉施工增加费：交叉部分定额人工费。

（4）特殊保健费：厂区（车间）内施工项目的定额人工费。

2. 检验试验配合费：仅包括检验配合费，检验试验费应在建设单位的工程建设其他费用中单独计算，由建设单位和检验试验机构另行结算。

3. 特殊保健费：分厂区内、车间内，两种不同情况下的施工项目取费费率不一样，实务工程中应注意结合工程实际情况取定计算费率。

任务 12.2 总价措施项目计价

【例 12-1】 某综合楼工程位于广西南宁市市区内，编制招标控制价过程中，获取以下资料：

（1）工程框架结构，地下 1 层，地上 31 层，建筑面积 9853m^2，合同工期 360 天。

（2）分部分项工程和单价措施项目费用中，人工费为 2924893.05 元（其中地下室施工部分的人工费为 263240.37 元），材料费为 4946003.90 元，机械费为 517305.50 元，管理费为 1001755.05 元，利润为 280449.00 元。

（3）招标工程量清单表如“表 8-18 总价措施项目清单与计价表”。

要求：完成该工程总价措施项目的工程量清单计价。

【解】（1）计算：安全文明施工费、检验试验配合费、雨季施工增加费、工程定位复测费计算基数

$$2924893.05+4946003.90+517305.50=8388202.45 \text{ 元}$$

（2）暗室施工增加费计算基数＝263240.37 元

根据计量规范广西实施细则、广西 2016 版费用定额规定，完成总价措施项目清单与计价表见表 12-1。

总价措施项目清单与计价表 **表 12-1**

工程名称：×× 第 1 页 共 1 页

序号	编码	项目名称	计算基数	费率（%）或标准	金额（元）	备注
1	桂 011801001	安全文明施工费	8388202.45	7.36	617371.70	
2	桂 011801002	检验试验配合费	8388202.45	0.11	9227.02	
3	桂 011801003	雨季施工增加费	8388202.45	0.53	44457.47	
4	桂 011801004	工程定位复测费	8388202.45	0.05	4194.10	
5	桂 011801005	暗室施工增加费	263240.37	25	65810.09	
合计					741060.39	

注：（1）安全文明施工费：由于该工程项目建筑面积 9853m^2＜10000m^2，并且工程所在地为某市区，根据广西 2016 版费用定额，安全文明施工费取费标准为 7.36%。

（2）暗室施工增加费：注意计算基数与前 4 项费用项目不一样，背景材料说明，地下室施工部分的人工费为 263240.37 元。

【例 12-2】某化工厂位于广西某市郊外，该办公楼工程项目位于厂区内，编制招标控制价过程中，获取以下资料：

（1）工程为框架结构，地上5层，建筑面积 3955m²，合同工期 180 天。

（2）分部分项工程和单价措施项目费用中，人工费为 1169957.22 元，材料费为 1978401.56 元，机械费为 206922.20 元，管理费为 400702.02 元，利润为 112179.60 元。

（3）招标工程量清单表见“表 8-19 总价措施项目清单与计价表”。

要求：完成该工程总价措施项目的工程量清单计价。

【解】（1）计算：安全文明施工费、检验试验配合费、雨季施工增加费、工程定位复测费计算基数

$$1169957.22+1978401.56+206922.20=3355280.98\text{ 元}$$

（2）特殊保健费计算基数＝1169957.22 元

根据计量规范广西实施细则规定，完成总价措施项目清单与计价表见表 12-2。

总价措施项目清单与计价表　　**表 12-2**

工程名称：××　　第1页　共1页

序号	编码	项目名称	计算基数	费率（%）或标准	金额（元）	备注
1	桂 011801001	安全文明施工费	3355280.98	5.14	172461.44	
2	桂 011801002	检验试验配合费	3355280.98	0.11	3690.81	
3	桂 011801003	雨季施工增加费	3355280.98	0.53	17782.99	
4	桂 011801004	工程定位复测费	3355280.98	0.05	1677.64	
5	桂 011801007	特殊保健费	1169957.22	10	116995.72	
合计					312608.60	

注：（1）安全文明施工费：由于该工程项目建筑面积 3955m²＜10000m²，并且工程所在地为广西某市郊外，根据广西 2016 版费用定额，安全文明施工费取费标准为 5.14%。

（2）特殊保健费：分厂区内、车间内，两种不同情况下的施工项目取费费率不一样，本工程项目为建于化工厂厂区内的办公楼工程，而不是在车间内施工，所以特殊保健费应按人工费×10%计算。

1. 安全文明施工费的计算基数是什么?
2. 简述安全文明施工费的取费标准。
3. 列举五个总价措施项目中以“人工费＋材料费＋机械费”为计算基数的项目内容。
4. 简述检验试验配合费的费用内容。
5. 计算特殊保健费时应注意什么问题?

单元 13 税前项目工程量清单编制

任务 13.1 税前项目综合单价

13.1.1 税前项目综合单价

税前项目费指在费用计价程序的税金项目前，根据交易习惯按市场价格进行计价的项目费用。在此的“市场价格”指的是综合单价，即税前项目的综合单价与分部分项工程和单价措施项目一样，包括人工费、材料费、机械台班费、管理费、利润，但税前项目综合单价不按规定的综合单价计算程序组价，而按市场价格直接取定，其内容为包含了除税金以外的全部费用。

13.1.2 税前项目综合单价的取定

税前项目综合单价的取定主要有：

（1）工程造价管理机构发布《建设工程造价信息》。

（2）市场调查。

任务 13.2　油漆涂料工程

工程造价管理机构发布《建设工程造价信息》时，对内墙外墙油漆、涂料的市场价格按不同的做法、保质期等列出相应价格表。以广西南宁市某期《建设工程造价信息》列出的价格表为例，见表 13-1。

内墙外墙油漆、涂料市场价格　　　　表 13-1

序号	名称	规格		单位	市场价格除税（元）	备注
1	油性非弹性氟碳实色漆外墙涂料	一油光面腻子二底二涂	十五至二十年保质	m^2	121.20	国产
2	油性非弹性氟碳金属漆外墙涂料	一油光面腻子二底二涂	十五至二十年保质	m^2	137.80	国产
3	水性哑光外墙涂料	一底二涂	十至十五年保质	m^2	35.50	进口
4	水性哑光外墙涂料	一底二涂	三年保质	m^2	28.20	国产
5			五年保质	m^2	29.50	国产
6			八年保质	m^2	29.80	国产
7			十年保质	m^2	31.50	国产
8	水性弹性外墙涂料	一底二涂，平涂	十年保质	m^2	38.40	进口
9			五年保质	m^2	29.50	国产
10			八年保质	m^2	29.80	国产
11			十年保质	m^2	34.50	国产
12	水性弹性外墙涂料	一底二涂，拉毛	五年保质	m^2	40.60	国产
13			八年保质	m^2	41.60	国产
14			十年保质	m^2	43.40	国产
15		一底一中一面，拉毛	八至十年保质	m^2	43.40	国产
16			七年保质	m^2	40.50	国产
17	非弹性油性外墙漆	一底二涂	六至八年保质	m^2	49.40	国产
18			八至十二年保质	m^2	52.00	国产
19			十二至十五年保质	m^2	54.50	国产
20	仿金属外墙漆		十五年保质	m^2	101.80	国产
21	水性外墙真石漆	非弹性一底一中一面	八至十年保质	m^2	53.80	国产
22		弹性一底一中一面		m^2	74.50	国产
23	哑光内墙乳胶漆	二面	三至五年保质	m^2	12.10	国产
24			五至八年保质	m^2	13.80	国产

续表

序号	名称	规格		单位	市场价格除税（元）	备注
25	水性弹性内墙乳胶漆	二面		m^2	15.10	国产
26	水性丝光内墙乳胶漆	二面		m^2	17.10	国产
27	内墙真石漆			m^2	48.50	国产
28	清漆			m^2	12.50	

注：（1）序 1～28 项含人工、材料费，按税前独立费计。

（2）外墙涂料、外墙漆含基面处理、腻子找平、抗碱底漆、面漆等全部施工工序。

1. 简述税前项目综合单价的确定方法及其单价组成。
2. 简述广西南宁市对内墙外墙油漆、涂料的市场价格如何分类？

单元 14　其他项目、规费、税金工程量清单计价

任务 14.1　其他项目工程量清单计价

14.1.1　其他项目计价规定

1. 暂列金额

（1）招标控制价、投标报价时，暂列金额应按招标工程量清单列示金额填写。

（2）工程结算时，暂列金额已转化成合同履约过程的各项合同价款调整，结算计价文件应无暂列金额列项。

2. 暂估价

（1）招标控制价、投标报价时，专业工程暂估价应按招标工程量清单列示金额填写。

（2）工程结算时按合同约定结算金额填写。

（3）材料暂估价进入清单项目综合单价计算，结算时按双方确认的结算价与暂估价的差额及其税金，调整合同价款。

3. 计日工

（1）编制招标控制价时，单价由招标人按有关规定确定。

（2）投标时，单价由投标人自主报价，按暂定数量计算合价计入投标总价中。

（3）结算时，按双方确认的工程量、合同约定单价计算。

（4）计日工单价包括除税金以外的所有费用。

4. 总承包服务费

（1）编制招标控制价时，费率及金额由招标人按有关规定确定。

（2）投标时，费率及金额由投标人自主报价，计入投标总价中。

（3）此表项目价值在结算时，计算基数按实计取。

14.1.2　其他项目清单计价实例

【例 14-1】某建设工程项目为综合试验楼，框架结构，地下 1 层，地上 12 层，建筑面积 8361.50m^2。设计图纸明确，地质情况良好。招标工程量清单中，其他项目清单见表 10-1～表 10-5。

要求：完成该工程其他项目工程量清单计价。

【解】表格填写见表 14-1～表 14-5。

其他项目清单与计价汇总表　　**表 14-1**

工程名称：××　　第 1 页　共 1 页

序号	项目名称	金额（元）	备注
1	暂列金额	400000	明细详见表 14-2
2	材料暂估价	—	

续表

序号	项目名称	金额（元）	备注
3	专业工程暂估价	97000	明细详见表 14-3
4	计日工	24400	明细详见表 14-4
5	总承包服务费	4850	明细详见表 14-5
合计		526250	

注：材料暂估价进入清单项目综合单价，此处不汇总。

暂列金额明细表 **表 14-2**

工程名称：×× 第 1 页 共 1 页

编号	项目名称	计量单位	暂定金额（元）	备注
1	工程量偏差	项	30000	
2	设计变更	项	70000	
3	政策性调整	项	50000	
4	材料价格波动	项	150000	
5	其他	项	100000	
合计			400000	

注：本表由招标人填写，投标人应将上述暂列金额计入投标总价中。

专业工程暂估价及结算价表 **表 14-3**

工程名称：×× 第 1 页 共 1 页

编号	项目名称	工程内容	暂估金额（元）	结算金额（元）	备注
1	消防工程	合同图纸中标明的以及消防工程规范和技术说明中规定的各系统中的设备、管道、阀门、线缆等的供应安装和调试工作	97000		
合计			97000		

注：(1) 本表“暂估金额”由招标人填写，投标人应将“暂估金额”计入投标总价中。
(2) 结算时按合同约定结算金额填写。

计日工表 **表 14-4**

工程名称：×× 第 1 页 共 1 页

编号	项目名称	单位	暂定数量	综合单价（元）	合价（元）
一	人工				
1	建筑、装饰普工	工日	50	130	6500
2	镶贴工	工日	20	195	3900

续表

编号	项目名称	单位	暂定数量	综合单价（元）	合价（元）
二	材料				
1	钢筋 ϕ10 以内	t	1	4200	4200
2	中砂	m^3	10	130	1300
3	多孔页岩砖 240×115×90	块	1500	0.90	1350
三	施工机械				
1	履带式液压单斗挖掘机斗容量 1.0m^3	台班	3	2200	6600
2	灰浆搅拌机（拌筒容量 200L）	台班	5	110	550
合计					24400

注：（1）本表项目名称、暂定数量由招标人填写，编制招标控制价时，单价由招标人按有关规定确定。

（2）投标时，单价由投标人自主报价，按暂定数量计算合价计入投标总价中。

（3）计日工单价包括除税金以外的所有费用。

总承包服务费计价表　　**表 14-5**

工程名称：××　　第 1 页　共 1 页

序号	项目名称	计算基数	服务内容	费率（%）	金额（元）
1	发包人发包专业工程	97000	1. 按专业工程承包人的要求提供施工工作面并对施工现场进行统一管理，对竣工资料进行统一整理汇总 2. 为专业工程承包人提供垂直运输机械和焊接电源接入点，并承担垂直运输费和电费	5	4850
合计					4850

注：（1）本表项目名称、服务内容由招标人填写。

（2）编制招标控制价时，费率及金额由招标人按有关规定确定。

（3）投标时，费率及金额由投标人自主报价，计入投标总价中。

（4）此表项目价值在结算时，计算基数按实计取。

任务14.2　规费、税金项目工程量清单计价

14.2.1　规费项目计价规定

规费＝计算基数×规费费率。

规费的计算基数分两种情况：

（1）建安劳保费、生育保险费、工伤保险费、住房公积金的计算基数：分部分项工程和单价措施项目“人工费”。

（2）工程排污费的计算基数：分部分项工程和单价措施项目“人工费＋材料费＋机械费”。

14.2.2　税金项目计价规定

税金＝计算基数×税率。

税金的计算基数＝分部分项工程量清单计价合计＋措施项目清单计价合计＋其他项目费合计＋税前项目费＋规费。

税率的取定结合工程所在地选择“市区、城（镇）、其他”对应的税率百分比。

14.2.3　规费、税金项目清单计价实例

【例14-2】某建设工程项目为综合试验楼，框架结构，地下1层，地上12层，建筑面积8361.50m^2。设计图纸明确，地质情况良好。招标工程量清单中，规费、税金项目清单见表10-6。编制招标控制价过程获取如下资料：

（1）分部分项工程和单价措施项目费用合计为7620983.83元，其中人工费为2047425.14元，材料费为4154643.28元，机械费为393152.18元，管理费为801404.04元，利润为224359.20元。

（2）总价措施费为530915.26元。

（3）其他项目费为526250.00元。

（4）税前项目费为573410.38元。

要求：完成该工程规费、税金项目工程量清单计价。

【解】（1）社会保险费、住房公积金的计算基数

分部分项工程和单价措施项目人工费＝2047425.14元

（2）工程排污费计算基数

分部分项工程和单价措施项目“人工费＋材料费＋机械费”＝2047425.14＋4154643.28＋393152.18＝6595220.59元

（3）增值税计算基数

7620983.83＋530915.26＋526250.00＋573410.38＋667156.09＝9918715.56元

根据计价规范广西实施细则完成规费、税金项目清单与计价表，表格填写见表14-6。

规费、税金项目清单与计价表 **表14-6**

工程名称： 第1页 共1页

序号		项目名称	计算基数	费率（%）	金额（元）
1		规费			667156.09
1.1		社会保险费	2047425.14	29.35	600919.28
其中	1.1.1	养老保险费	（此部分已合并计算为“社会保险费”）		
	1.1.2	失业保险费			
	1.1.3	医疗保险费			
	1.1.4	生育保险费			
	1.1.5	工伤保险费			
1.2		住房公积金	2047425.14	1.85	37877.37
1.3		工程排污费	6595220.59	0.43	28359.45
2		增值税	9918715.56	9	892684.40
合计					

1. 简述暂列金额的计价规定。
2. 简述暂估价的计价规定。
3. 简述计日工的计价规定。
4. 简述总承包服务费的计价规定。
5. 简述规费、税金项目的计价规定。

第4篇　成　果　文　件

熟悉《招标工程量清单》《招标控制价》的编制方法；掌握《招标工程量清单》《招标控制价》的格式、报表组成，能根据国家计价计量规范及地方实施细则（本教材以广西为例）、招标文件、施工图纸、常规施工方案编制《招标工程量清单》和《招标控制价》。

Part4

能力目标	知识要点	相关知识
能熟练、合理地进行清单列项，并准确计算相应工程量	工程量计算规则及清单项目工作内容	广西实施细则（修订本）相关规定
能熟练计算工程总造价、综合单价	工程总造价计价程序、清单综合单价计价程序	广西2016费用定额相关规定
能熟练打印《招标工程量清单》和《招标控制价》的报表	《招标工程量清单》和《招标控制价》报表的内容、填写要求及装订	招标文件要求、招标工程量清单和招标控制价编制规定

单元 15　某食堂工程招标工程量清单实例

任务 15.1　招标工程量清单编制注意事项

15.1.1　格式要求

一个建设项目由一个或多个单项工程组成，一个单项工程由一个或多个单位工程组成。如一般的民用建筑工程通常包括：建筑装饰装修工程、给排水工程、电气工程、消防工程、通风空调工程及智能化工程。在编制招标工程量清单时，为了减少篇幅，建议如无特殊情况，不需按照每个单工程分别各自设置一套工程量清单，可以根据需要将某栋楼的给水排水、电气、通风空调、消防、智能单位工程合并成一个单位工程，再与建筑装饰单位工程合并成一个单项工程编制一套清单及招标控制。

15.1.2　封面签字盖章

招标工程量清单封面必须按要求签字、盖章，不得有任何遗漏。其中，工程造价咨询人需盖单位资质专用章；编制人和复核人需要同时签字和盖专用章，且两者不能为同一人，复核人必须是造价程师。一套招标工程量清单涉及多个专业的造价人员编制时，每个专业要有一名编制人在封相应处签字盖章。

15.1.3　编制说明

编制说明内容应包括：工程概况、招标和分包范围、具体的计价依据（如施工图号、13 版清单规范及广西实施细则、具体的计价定额名称及参考的信息价等）及其他有关问题说明，不能过于简化。装饰工程的材料价格品牌差异大，因此总说明中关于材料（项目少的可在清单名称描述注明）的说明需分别写明各种主要材料相当于什么品牌的哪一个档次，未注明的则按普通档次产品定价。

15.1.4　清单项目设置

（1）工程量清单项目设置在遵循原则上可适当调整

工程量清单项目设置原则上按照 13 版清单规范体系要求进行，但由于国家 13 版计量规范中有些项目设置操作时还是具有一定的弹性空间，清单编制人可根据实际情况对清单项目包含的内容适当做局部小调整，但一定要在工程量清单及招控制价总说明中或单项清单名称描述中注明清楚。但是，为了避免自行调整导致规则不统一，一般情况下不许随意做大幅度调整。

（2）清单编码不能重复和随意编造

在同一份招标工程量清单内，工程量清单编码不允许出现重复，且清单编码一定要严格按照《房屋建筑与装饰工程工程量计算规范》GB 50854—2013 相应的编码另加 3 位序号数共 12 位数计列，不能仅按 9 位数编码计列。

15.1.5　清单项目名称及项目特征描述要求

工程量清单名称描述要满足计价需要而不累赘。

工程量清单名称的描述要规范、具体。工程量清单名称原则上按《房屋建筑与装饰工程工程量计算规范》GB 50854—2013 的项目特征要求进行描述，以能满足确定综合单价的需要为前提。

有些清单项目要求描述的特征对造价几乎没有影响或影响甚微，为简化起见可不进行详细描述，而是根据定额的口径列项即可。如：门窗工程按“m^2”计量时，可不描述洞口尺寸和门窗代号。

本招标工程量清单实例中，清单项目特征描述是按照通常的较为简洁且准确的一种描述方法，但由于不同工程个性差异较大，对于特征的描述不拘泥于一种死板的表述方法，可以针对不同的情况灵活处理，但凡影响报价的因素均应表述清楚。

15.1.6　总价措施项目、其他项目不列入与本工程无关的项目

总价措施项目清单、其他项目清单要结合工程实际情况按常规列项，不要将与本工程无关的项目全部罗列。

15.1.7　主要材料价格表

招标工程量清单中的主要材料价格表要针对工程实际列出本工程的主要材料，尤其要列出在招标文件及合同条款中明确属于风险调整范围的主要材料，不必要把所有材料都列上。

任务 15.2　招标工程量清单报表

实务工作中，招标工程量清单报表具体包括：

1. 招标工程量清单封面；
2. 招标工程量清单扉页；
3. 总说明；
4. 建设项目投标报价汇总表（可选）；
5. 单项工程投标报价汇总表；
6. 单位工程投标报价汇总表；
7. 分部分项工程和单价措施项目清单与计价表；
8. 总价措施项目清单与计价表；
9. 其他项目清单与计价汇总表；
10. 暂列金额明细表（可选）；
11. 材料（工程设备）暂估单价及调整表（可选）；
12. 专业工程暂估价及结算价表（可选）；
13. 计日工表（可选）；
14. 总承包服务费计价表（可选）；
15. 税前项目清单与计价表；
16. 规费、增值税计价表；
17. 发包人提供主要材料和工程设备一览表；
18. 承包人提供主要材料和工程设备一览表（适用于造价信息差额调整法）；
19. 承包人提供主要材料和工程设备一览表（适用于价格指数差额调整法）（可选）。

如工程项目在合同中约定采用造价信息价差调整法，《承包人提供主要材料和工程设备一览表（适用于造价信息差额调整法）》载明的主要材料和设备为本工程允许调整的材料和设备，招标工程量清单必须提供该表格，且不能提供空白表。

以上所列表格中，标注“可选”的表格视工程实际需要选用，如该工程不发生该表格相关项目和费用，所编制招标工程量清单则不需列入相应表格。

任务15.3 招标工程量清单实例

某食堂工程 工程

招标工程量清单

招 标 人：____________________
（单位盖章）

造价咨询人：____________________
（单位盖章）

2020年2月20日

封-1

某食堂工程 工程

招标工程量清单

招 标 人：________（单位盖章）

造价咨询人：________（单位资质专用章）

法定代表人或其授权人：________（签字或盖章）

法定代表人或其授权人：________（签字或盖章）

编 制 人：________（造价人员签字）

复 核 人：________（造价工程师签字盖专用章）

编制时间：2020 年 2 月 20 日

复核时间：2020 年 4 月 25 日

扉-1

总　说　明

工程名称：某食堂工程

1. 工程概况：本工程为新建地上二层建筑，建筑面积为 598.79m²，框架结构。

2. 本招标控制价包括范围：本次招标的某食堂工程施工图纸（建施、结施）范围内的建筑、装饰装修工程。

3. 本招标控制价编制依据：

(1)《建设工程工程量清单计价规范》GB 50500—2013 广西实施细则；

(2)《房屋建筑与装饰工程工程量清单计算规范》GB 50854—2013 广西实施细则（修订版）；

(3) 广西建设行政主管部门颁发的 2013 年《广西建筑装饰装修工程消耗量定额》及其附件《广西建筑装饰装修工程人工材料配合比机械台班基期价》、2016 年《广西建设工程费用定额》及计价相关规定。

4. 材料基准价格采用工程所在地工程造价管理机构 2020 年第 1 期《建设工程造价信息》发布的有关价格信息，对工程信息没有发布价格信息的材料，其价格参考定额价。

5. 本招标控制价按常规施工方案施工措施：

(1) 主体部分采用泵送商品混凝土，其余部分采用商品混凝土；

(2) 脚手架采用钢管脚手架；

(3) 模板采用胶合板模板、木支撑。

6. 其他需要说明的问题

(1) 本工程暂列金额 5 万元，其中工程量偏差 1 万元，设计变更及政策性调整 2 万元，材料价格波动 2 万元。

(2) 本招标控制价凡涉及运输距离的项目均按 10km 考虑。

单项工程投标报价汇总表

工程名称：某食堂工程　　　　　　　　　　　　　　　　　　第 1 页　共 1 页

序号	单位工程名称	金额（元）	其中：（元）	
			暂估价	安全文明施工费
1.1	某食堂工程建筑主体部分			
1.2	某食堂工程装饰装修部分			
	投标报价合计			

表-03

单位工程投标报价汇总表

工程名称：某食堂工程　　　　第1页　共1页

序号	汇总内容	金额（元）	备注
某食堂工程建筑主体部分			
1	分部分项工程和单价措施项目清单计价合计		
1.1	其中：暂估价		
2	总价措施项目清单计价合计		
2.1	其中：安全文明施工费		
3	其他项目清单计价合计		
4	税前项目清单计价合计		
5	规费		
6	增值税		
7	工程总造价＝1＋2＋3＋4＋5＋6		
某食堂工程装饰装修部分			
1	分部分项工程和单价措施项目清单计价合计		
1.1	其中：暂估价		
2	总价措施项目清单计价合计		
2.1	其中：安全文明施工费		
3	其他项目清单计价合计		
4	税前项目清单计价合计		
5	规费		
6	增值税		
7	工程总造价＝1＋2＋3＋4＋5＋6		
工程项目汇总			
1	分部分项工程和单价措施项目清单计价合计		
1.1	其中：暂估价		
2	总价措施项目清单计价合计		
2.1	其中：安全文明施工费		
3	其他项目清单计价合计		
4	税前项目清单计价合计		
5	规费		
6	增值税		
7	工程总造价＝1＋2＋3＋4＋5＋6		

表-04

分部分项工程和单价措施项目清单与计价表

工程名称：某食堂工程　　　　第 1 页　共 7 页

序号	项目编码	项目名称及项目特征描述	计量单位	工程量	金额（元）		
					综合单价	合价	其中：暂估价
某食堂工程建筑主体部分							
		分部分项工程					
	0101	土石方工程					
1	010101001001	平整场地	m^2	265.56			
2	010101003001	挖沟槽土方 1. 土壤类别：三类土 2. 挖土深度：2m 以内	m^3	103.40			
3	010101004001	挖基坑土方 1. 土壤类别：三类土 2. 挖土深度：2m 以内	m^3	189.16			
4	010103001001	回填方 1. 填方材料品种：原土回填	m^2	225.90			
5	010103002001	余土弃置 1. 运距：10km	m^3	66.66			
	0104	砌筑工程					
6	010401003001	实心砖墙 240mm 1. 砖品种、规格，强度等级：烧结页岩砖 2. 墙体类型：直形混水墙 3. 砂浆强度等级，配合比：M5.0 混合砂浆	m^3	130.98			
7	010401003002	实心砖墙 115mm 1. 砖品种、规格、强度等级：烧结页岩砖 2. 墙体类型：直形混水墙 3. 砂浆强度等级、配合比：M5.0 混合砂浆	m^3	8.30			
8	010401012001	零星砌砖 1. 零星砌砖名称、部位：屋面保温层侧砌砖 2. 砂浆强度等级、配合比：M5.0 混合砂浆	m^3	0.62			
9	010401012002	零星砌砖屋面台阶 1. 采用图集：15ZJ201　2/37	m^3	0.30			
	0105	混凝土及钢筋混凝土工程					
10	010501001001	C15 混凝土基础垫层	m^3	17.46			
11	010501001002	C15 混凝土地面垫层	m^3	25.49			
12	010501002001	C25 混凝土带形基础	m^3	27.37			
13	010501003001	C25 混凝土独立基础	m^3	37.21			
14	010502001001	C25 混凝土矩形柱	m^3	25.49			

表-08

分部分项工程和单价措施项目清单与计价表

工程名称：某食堂工程　　　　第 2 页　共 7 页

序号	项目编码	项目名称及项目特征描述	计量单位	工程量	金额（元）		
					综合单价	合价	其中：暂估价
15	010502002001	C25 混凝土构造柱	m^3	5.85			
16	010503001001	C25 混凝土基础梁	m^3	10.87			
17	010503002001	C25 混凝土矩形梁	m^3	1.16			
18	010503004001	C15 混凝土圈梁（厨卫素混凝土反边）	m^3	1.74			
19	010503005001	C25 混凝土过梁	m^3	2.87			
20	010505001001	C25 混凝土有梁板	m^3	108.68			
21	010505008001	C25 混凝土雨篷	m^3	2.98			
22	010506001001	C25 混凝土直形楼梯板厚 100mm	m^2	23.73			
23	010506001002	C25 混凝土直形楼梯板厚 160mm	m^2	20.45			
24	010507001001	C15 混凝土散水	m^2	17.23			
25	010507001002	C15 混凝土坡道	m^2	86.98			
26	010507005001	C25 混凝土压顶	m^3	2.23			
27	010512008001	C20 混凝土沟盖板、井盖板、井圈	m^3	1.65			
28	010515001001	现浇构件钢筋Φ 10 以内大厂	t	8.274			
29	010515001002	现浇构件圆钢筋制安Φ 10 以上	t	0.462			
30	010515001003	现浇构件螺纹钢制安Φ 10 以上	t	12.727			
31	010515002001	预制构件圆钢制安　冷拔低碳钢丝 $\phi5$ 以下绑扎	t	0.020			
32	桂 010515011001	砖砌体加固钢筋绑扎	t	0.510			
33	010516002001	预埋铁件	t	0.007			
34	桂 010516004001	钢筋电渣压力焊接	个	312			
	0109	屋面及防水工程					
35	010902001001	屋面卷材防水 1. 采用图集：15ZJ001 屋 103 第 3 点屋 105 第 3 点 2. 1.2 厚聚乙烯橡胶共混防水卷材	m^2	359.79			
36	010902003001	屋面刚性层 1. 采用图集：15ZJ001 屋 103 第 1 点　屋 105 第 1 点 2. 刚性层厚度：50 厚 3. 砂浆配合比、混凝土强度等级：C20 细石混凝土 4. 钢筋网：内配Φ 4@100 双向钢筋网	m^2	359.79			
37	010902003002	屋面刚性层（雨篷面） 1. 砂浆、混凝土种类：15 厚 1∶3 水泥砂浆加 5%防水粉	m^2	29.82			
38	010904002001	楼（地）面涂膜防水 1. 采用图集：15ZJ　地 201F　楼 201F　第 3 点 2. 涂膜厚度、遍数或层数：1.5 厚聚氨酯防水涂料	m^2	22.22			

表-08

分部分项工程和单价措施项目清单与计价表

工程名称：某食堂工程　　　　　　　　　　　　　　　　　　　　第 3 页　共 7 页

序号	项目编码	项目名称及项目特征描述	计量单位	工程量	金额（元）		
					综合单价	合价	其中：暂估价
	0110	保温、隔热、防腐工程					
39	011001001001	保温隔热屋面（上人屋面） 1. 采用图集：15ZJ001 屋 103 第 5 点屋 105 第 5 点 2. 干铺 50 厚挤塑聚苯乙烯泡沫板	m^2	281.32			
40	011001001002	保温隔热屋面（上人屋面） 1. 采用图集：15ZJ001 屋 103 第 6 点　屋 105 第 6 点 2. 30 厚（最薄处）LC5.0 轻骨料混凝土找 2%坡，平均厚度 70mm	m^2	257.22			
		单价措施项目					
	011701	脚手架工程					
41	011701001001	外脚手架 1. 搭设高度：10m 以内双排	m^2	717.42			
42	011701001002	外脚手架 1. 搭设高度：20m 以内双排	m^2	37.70			
43	011701002001	里脚手架 1. 搭设高度：3.6m 以内	m^2	52.96			
44	011701002002	里脚手架 1. 搭设高度：3.6m 以上	m^2	201.74			
45	桂 011701011001	楼板现浇混凝土运输道	m^2	598.79			
	011702	混凝土模板及支架（撑）					
46	011702001001	基础模板制作安装 1. 基础类型：混凝土垫层	m^2	37.33			
47	011702001002	基础模板制作安装 1. 基础类型：有肋式带形基础	m^2	41.27			
48	011702001003	基础模板制作安装 1. 基础类型：独立基础	m^2	64.40			
49	011702002001	矩形柱模板制作安装 1. 柱高 3.97m	m^2	118.44			
50	011702002002	矩形柱模板制作安装 1. 柱高 4.2m	m^2	129.36			
51	011702002003	矩形柱模板制作安装 1. 柱高 3.6m 以下	m^2	15.12			
52	011702003001	构造柱模板制作安装 1. 3.6m 以下	m^2	48.03			
53	011702003002	构造柱模板制作安装 1. 柱高 3.8m	m^2	13.68			

表-08

分部分项工程和单价措施项目清单与计价表

工程名称：某食堂工程　　　　　　　　　　　　　　　　　　　　第4页　共7页

序号	项目编码	项目名称及项目特征描述	计量单位	工程量	金额（元）		
					综合单价	合价	其中：暂估价
54	011702005001	基础梁模板制作安装	m^2	90.89			
55	011702006001	矩形梁模板制作安装	m^2	12.85			
56	011702008001	圈梁模板制作安装 1. 直形素混凝土反边	m^2	15.65			
57	011702009001	过梁模板安装	m^2	36.07			
58	011702014001	有梁板模板制作安装 1. 支撑高度：3.6m以内	m^2	534.50			
59	011702014002	有梁板模板制作安装 1. 支撑高度：4.1m	m^2	457.48			
60	011702023001	雨篷模板制作安装	m^2	29.82			
61	011702024001	楼梯模板制作安装	m^2	44.18			
62	桂011702038001	压顶模板制作安装	m	98.02			
63	桂011702039001	混凝土散水模板制作安装 1. 散水厚度：70mm	m^2	17.23			
	011703	垂直运输工程					
64	011703001001	垂直运输 1. 建筑物建筑类型及结构形式：框架结构 2. 建筑物檐口高度、层数：7.35m，地上2层	m^2	598.79			
	011708	混凝土运输及泵送工程					
65	桂011708002001	混凝土泵送	m^3	262.98			
某食堂工程装饰装修部分							
		分部分项工程					
	0108	门窗工程					
66	010801001001	木质门成品 1. 不带纱单扇无亮 2. 运输距离：10km	m^2	13.02			
67	010801001002	木质门成品装饰木门 1. 不带纱双扇有亮 2. 运输距离：10km	m^2	4.68			
68	010801004001	木质防火门乙级 1. 运输距离：10km	m^2	8.40			
69	010801006001	门锁安装L型执锁	把	6			
70	010801006002	防火门配件闭门器	套	4			
71	010801006003	防火门配件防火铰链	副	4			
72	010803001001	镀锌铁皮卷匣门0.8mm 1. 门代号及洞口尺寸：2樘JM-1		37.76			

表-08

分部分项工程和单价措施项目清单与计价表

工程名称：某食堂工程　　　　第 5 页　共 7 页

序号	项目编码	项目名称及 项目特征描述	计量 单位	工程量	金额（元）		
					综合 单价	合价	其中： 暂估价
		2. 启动装置品种，规格：电动					
73	010802001001	塑钢成品平开门 60 系列 5 厚白玻不带纱	m^2	7.56			
74	010807001001	铝合金推拉窗≤$2m^2$ 1. 框、扇材质：90 系列 1.4mm 厚白铝，不带亮 2. 玻璃品种、厚度：5mm 白玻	m^2	3.24			
75	010807001002	铝合金推拉窗>$2m^2$ 1. 框、扇材质：90 系列 1.4mm 厚白铝，带亮 2. 玻璃品种、厚度：5mm 白玻	m^2	44.73			
76	010807001003	铝合金推拉窗>$2m^2$ 1. 框、扇材质：90 系列 1.4mm 厚白铝，不带亮 2. 玻璃品种、厚度：5mm 白玻	m^2	7.83			
	0111	楼地面装饰工程					
77	011101006001	平面砂浆找平层 1. 采用图集：15ZJ 地 201F　楼 201F　第 4 点、第 5 点 2. 找平层厚度、砂浆种类、配合比：20 厚 1∶3水泥砂浆找平 3. 素水泥浆一遍	m^2	10.39			
78	011102003001	块料楼地面 1. 采用图集：15ZJ001 第 201、楼 201 2. 面层材料品种、规格、颜色：600×600 抛光砖	m^2	505.87			
79	011102003002	块料楼地面 1. 采用图集：15ZJ　地 201F　楼 201F　第 1、2 点 2. 面层材料品种、规格、颜色；300×300 防滑砖	m^2	10.39			
80	011106002001	块料楼梯面层 1. 采用图集：15ZJ001 楼 201 2. 成套梯级砖，自带防滑功能	m^2	34.18			
81	011105003001	块料踢脚线 1. 采用图集：15ZJ001 踢 14	m^2	32.14			
82	011105003002	块料踢脚线楼梯 1. 采用图集：15ZJ001 踢 14	m^2	7.54			
83	011101006002	平面砂浆找平层 1. 采用图集：15ZJ001 屋 103 第 4 点　屋 105 第 4 点 2. 找平层厚度、砂浆配合比：20 厚 1∶2.5 水泥砂浆找平层	m^2	290.77			
	0112	墙、柱面装饰与隔断、幕墙工程					

表-08

分部分项工程和单价措施项目清单与计价表

工程名称：某食堂工程　　　　　　　　　　　　　　　　　　　　　　　　第 6 页　共 7 页

序号	项目编码	项目名称及项目特征描述	计量单位	工程量	金额（元）		
					综合单价	合价	其中：暂估价
84	011201001001	墙面一般抹灰 1. 墙体类型：砖墙 2. 采用图集：15ZJ001　内 4	m^2	911.91			
85	011201001002	墙面一般抹灰　水泥砂浆 1. 墙体类型：砖墙 2. 采用图集：15ZJ001 外 11	m^2	695.02			
86	011202001001	柱、梁面一般抹灰 1. 采用图集：15ZJ001 内墙 4	m^2	68.00			
87	桂 011203004001	砂浆装饰线条 1. 底层厚度、砂浆配合比：20 厚 1∶3 水泥砂浆	m	104.20			
	0113	天棚工程					
88	011301001001	天棚抹灰混合砂浆 1. 采用图集：15ZJ001　顶 2	m^2	858.82			
	0114	油漆、涂料、裱糊工程					
89	011401001001	木门油漆 1. 门类型：实木装饰门 2. 油漆品种、刷漆遍数：聚氨酯清漆二遍	m^2	17.70			
90	011401001002	木门油漆 1. 门类型：木质防火门，乙级 2. 刮腻子数：1 遍 3. 油漆品种、刷漆遍数：聚氨酯清漆二遍	m^2	8.40			
91	011406003001	满刮腻子内墙面 1. 刮腻子数：刮成品腻子粉二遍	m^2	911.91			
92	011406003002	满刮腻子天棚面、柱面 1. 刮腻子数：刮成品腻子粉二遍	m^2	926.82			
	0115	其他装饰工程					
93	011503001001	不锈钢栏杆 201 材质 1. 采用图集：11ZJ401　W/14 2. 扶手选用：11ZJ401　12/37	m	15.56			
		单价措施项目					
	0117	单价措施项目					
	011701	脚手架工程					
94	011701006001	满堂脚手架	m^2	260.01			
		合计					
		Σ人工费					

表-08

分部分项工程和单价措施项目清单与计价表

工程名称：某食堂工程　　　　　　　　　　　　　　　　　　　　　第 7 页　共 7 页

序号	项目编码	项目名称及项目特征描述	计量单位	工程量	金额（元）		
					综合单价	合价	其中：暂估价
		Σ材料费					
		Σ机械费					
		Σ管理费					
		Σ利润					

表-08

总价措施项目清单与计价表

工程名称：某食堂工程　　　　　　　　　　　　　　　　第 1 页　共 1 页

序号	项目编码	项目名称	计算基础	费率（%）或标准	金额（元）	备注
某食堂工程建筑主体部分						
1	桂 011801001001	安全文明施工费	Σ（分部分项人材机＋单价措施人材机）			
2	桂 011801002001	检验试验配合费				
3	桂 011801003001	雨季施工增加费				
4	桂 011801004001	工程定位复测费				
某食堂工程装饰装修部分						
1	桂 011801001001	安全文明施工费	Σ（分部分项人材机＋单价措施人材机）			
2	桂 011801002001	检验试验配合费				
3	桂 011801003001	雨季施工增加费				
4	桂 011801004001	工程定位复测费				
		合计				

注：以项计算的总价措施，无“计算基础”和“费率”的数值，可只填“金额”数值，但应在备注栏说明施工方案出处或计算方式。

表-11

其他项目清单与计价汇总表

工程名称：某食堂工程　　　　第 1 页　共 1 页

序号	项目名称	金额（元）	备注
	某食堂工程建筑主体部分		
1	暂列金额	50000.00	明细详见表-12-1
2	材料暂估价		明细详见表-12-2
3	专业工程暂估价		明细详见表-12-3
4	计日工		明细详见表-12-4
5	总承包服务费		明细详见表-12-5
	某食堂工程装饰装修部分		
1	暂列金额		明细详见表-12-1
2	材料暂估价		明细详见表-12-2
3	专业工程暂估价		明细详见表-12-3
4	计日工		明细详见表-12-4
5	总承包服务费		明细详见表-12-5
	合计	50000.00	

注：材料暂估单价进入清单综合单价，此处不汇总。

表-12

暂列金额明细表

工程名称：某食堂工程　　　　　　　　　　　　第 1 页　共 1 页

序号	项目名称	计量单位	暂定金额（元）	备注
	某食堂工程建筑主体部分		50000.00	
1	暂列金额		50000.00	
1.1	工程量偏差	元	10000.00	
1.2	设计变更及政策性调整	元	20000.00	
1.3	材料价格波动	元	20000.00	
	某食堂工程装饰装修部分			
1	暂列金额			
	合计		50000.00	

注：此表由招标人填写，如不能详列，也可只列暂定金额总额，投标人应将上述暂列金额计入总价中。

表-12-1

税前项目清单与计价表

工程名称：某食堂工程　　　　第 1 页　共 1 页

序号	项目编码	项目名称及项目特征描述	计量单位	工程量	金额（元）	
					单价	合价
		某食堂工程装饰装修部分				
1	010807002001	铝合金防火窗乙级	m^2	4.05		
2	011407001001	墙面喷刷涂料 1. 涂料品种、喷刷遍数：水性弹性外墙涂料，一底二涂，平涂，十年保质，国产	m^2	582.94		
		合计				

注：税前项目包含除增值税以外的所有费用。

表-14

规费、增值税计价表

工程名称：某食堂工程　　　　第 1 页　共 1 页

序号	项目名称	计算基础	计算费率（%）	金额（元）
	某食堂工程建筑主体部分			
1	规费	1.1+1.2+1.3		
1.1	社会保险费	Σ（分部分项人工费+单价措施人工费）		
1.1.1	养老保险费			
1.1.2	失业保险费			
1.1.3	医疗保险费			
1.1.4	生育保险费			
1.1.5	工伤保险费			
1.2	住房公积金			
1.3	工程排污费	Σ（分部分项人材机+单价措施人材机）		
2	增值税	Σ（分部分项工程费及单价措施项目费+总价措施项目费+其他项目费+税前项目费+规费）		
	某食堂工程装饰装修部分			
1	规费	1.1+1.2+1.3		
1.1	社会保险费	Σ（分部分项人工费+单价措施人工费）		
1.1.1	养老保险费			
1.1.2	失业保险费			
1.1.3	医疗保险费			
1.1.4	生育保险费			
1.1.5	工伤保险费			
1.2	住房公积金			
1.3	工程排污费	Σ（分部分项人材机+单价措施人材机）		
2	增值税	Σ（分部分项工程费及单价措施项目费+总价措施项目费+其他项目费+税前项目费+规费）		
	合计			

表-15

承包人提供主要材料和工程设备一览表

（适用于造价信息差额调整法）

工程名称：某食堂工程　　　　编号：

序号	名称、规格、型号	单位	数量	风险系数（%）	基准单价（元）	投标单价（元）	确认单价（元）	价差（元）	合计差价（元）
1	螺纹钢筋 HRB335 Φ10 以上（综合）	t			3735.00				
2	冷拔低碳钢丝Φ^{b}5 以下	t			4761.00				
3	圆钢 HPB300　Φ10 以内（综合）	t			3762.00				
4	圆钢 HPB300　Φ10 以上（综合）	t			3949.00				
5	对拉螺栓	kg			5.58				
6	铁钉（综合）	kg			5.31				
7	防火铰链	副			13.27				
8	闭门器（明装）	套			63.72				
9	电焊条（综合）	kg			6.37				
10	不锈钢焊丝	kg			15.93				
11	铁件（综合）	kg			5.40				
12	预埋铁件	kg			5.75				
13	普通硅酸盐水泥　42.5MPa	t			522.12				
14	白水泥（综合）	t			738.94				
15	砂（综合）	m^3			174.76				
16	细砂	m^3			179.61				
17	中砂	m^3			179.61				
18	粗砂	m^3			169.90				
19	碎石 5～20mm	m^3			121.36				
20	生石灰	kg			0.78				
21	石灰膏	m^3			320.39				
22	多孔页岩砖　240×115×90	千块			708.74				
23	周转圆木	m^3			794.34				
24	周转枋材	m^3			920.35				

注：（1）此表由招标人填写除“投标单价”栏的内容，投标人在投标时自主确定投标单价。

（2）招标人应优先采用工程造价管理机构发布的单价作为基础单价，未发布的，通过市场调查确定其基准单价。

表-22

承包人提供主要材料和工程设备一览表

（适用于造价信息差额调整法）

工程名称：某食堂工程　　　　编号：

序号	名称、规格、型号	单位	数量	风险系数（%）	基准单价（元）	投标单价（元）	确认单价（元）	价差（元）	合计差价（元）
25	周转板材	m^3			992.92				
26	陶瓷地面砖　300×300	m^2			26.50				
27	陶瓷梯级砖	m^2			28.21				
28	陶瓷踢脚砖	m^2			29.91				
29	防滑地砖　300×300×9	m^2			35.90				
30	防滑地砖　600×600×11	m^2			64.10				
31	木质防火门（成品）	m^2			340.71				
32	装饰门（成品）	m^2			324.79				
33	铝合金推拉窗带亮（成品）$>2m^2$	m^2			228.00				
34	铝合金推拉窗不带亮（成品）$>2m^2$	m^2			228.00				
35	铝合金推拉窗不带亮（成品）$\leqslant 2m^2$	m^2			237.00				
36	塑钢平开门（成品）	m^2			192.00				
37	铝合金卷帘门	m^2			196.58				
38	卷帘门电动装置	套			1495.73				
39	聚氨酯漆	kg			16.37				
40	聚氨酯甲料	kg			10.62				
41	成品腻子粉（一般型）	kg			0.88				
42	嵌缝料	kg			6.19				
43	聚氨酯乙料	kg			10.62				
44	隔离剂	kg			1.33				
45	108胶	kg			1.95				
46	水	m^3			3.34				
47	胶合板模板 1830×915×18	m^2			28.32				
48	模板支撑钢管及扣件	kg			4.87				

注：（1）此表由招标人填写除“投标单价”栏的内容，投标人在投标时自主确定投标单价。

（2）招标人应优先采用工程造价管理机构发布的单价作为基础单价，未发布的，通过市场调查确定其基准单价。

表-22

承包人提供主要材料和工程设备一览表

（适用于造价信息差额调整法）

工程名称：某食堂工程　　　　　　　　　　　　编号：

序号	名称、规格、型号	单位	数量	风险系数（%）	基准单价（元）	投标单价（元）	确认单价（元）	价差（元）	合计差价（元）
49	零星卡具	kg			4.07				
50	回转扣件	个			5.75				
51	对接扣件	个			5.31				
52	直角扣件	个			6.02				
53	脚手架焊接钢管　ϕ48.3×3.6	t			3938.05				
54	竹脚手板	m^2			18.58				
55	碎石　GD20　商品普通混凝土　C20	m^3			432.04				
56	碎石　GD20　商品普通混凝土　C25	m^3			441.75				
57	碎石　GD40　商品普通混凝土　C15	m^3			421.36				
58	碎石　GD40　商品普通混凝土　C15	m^3			421.36				
59	碎石　GD40　商品普通混凝土　C25	m^3			441.75				
60	碎石　GD40　商品普通混凝土　C25	m^3			441.75				
61	机械台班人工费	元			1.30				
62	国Ⅴ汽油 92 号	kg			8.27				
63	轻柴油 0 号	kg			6.91				
64	电	kW·h			0.56				
65	合计								

注：（1）此表由招标人填写除“投标单价”栏的内容，投标人在投标时自主确定投标单价。

（2）招标人应优先采用工程造价管理机构发布的单价作为基础单价，未发布的，通过市场调查确定其基准单价。

表-22

单元 16　某食堂工程招标控制价实例

任务 16.1　招标控制价编制注意事项

16.1.1　封面签字盖章

招标控制价封面必须按要求签字、盖章，不得有任何遗漏。其中，工程造价咨询人需盖单位资质专用章；编制人和复核人需要同时签字并盖专用章，且两者不能为同一人，复核人必须是造价程师。一套招标控制价涉及多个专业的造价人员编制时，每个专业要有一名编制人在封相应处签字盖章。

16.1.2　编制说明

编制说明内容应包括：工程概况、招标和分包范围、具体的计价依据（如施工图号、13 版清单规范及地方实施细则、具体的计价定额名称及参考的信息价等）及其他有关问题说明，不能过于简化。装饰工程的材料价格品牌差异大，因此总说明中关于材料（项目少的可在清单名称描述注明）的说明需分别写明各种主要材料相当于什么品牌的哪一个档次，未注明的则按普通档次产品定价。

16.1.3　编制招标控制价执行相关定额及人材机计算规定

（1）编制招标控制价时，现行定额中已有的项目原则上按照定额的规定套用，无定额套用的项目可暂时根据市场行情自行确定，同时向造价管理机构反映，以便补充完善。

编制控制价时，费用定额中有费率区间的项目（如管理费、利润等），一般情况下用中值计算，特殊工程业主可在区间内自行选择。无费率区间的项目一律按规定费率取值。

（2）建设工程费用计算

本教材案例建设工程费用按 2016 年《广西壮族自治区建设工程费用定额》（以下简称《2016 费用定额》）规定计算。

（3）消耗量定额及有关要素价格的基期价调整

1）各专业消耗量定额人工、材料、机械消耗量不变。

2）人工费：不含增值税进项税，现行定额人工费不作调整，仍按各专业消耗量定额及有关调价文件确定。

3）材料价格：包括材料供应价、运杂费、采购保管费等，其中材料供应价、运杂费、采购保管费均按增值税下不含进项税额的价格（即除税价格）确定。

4）施工机械台班单价：包括台班折旧费、大修理费、经常修理费、安拆费及场外运费、机上人工费、燃料动力费和其他费用等，其中台班折旧费、大修理费、经常修理费及燃料动力费等均按增值税下不含进项税额的价格（即除税价格）确定。

（4）信息价

各级建设工程造价管理机构在造价信息上发布各种人工、材料、设备除税价格和含税价格，编制招标控制价时，根据工程采用的计税方式（一般计税法、简单计税法）确定材料价格。

16.1.4　表格数据

招标控制价各项表格中的计算基数及费率一定要列上具体的数额，而且每个数据均具有可追溯性，要有数据来源，以供核对。

16.1.5　主要材料价格表

主要材料价格表一律要按照招标人要求提供的材料进行报价，不必要把所有材料都列上。

任务 16.2　招标控制价报表

招标控制价的报表需响应招标工程量清单的报表要求，详见“单元 15”的“任务 15.2”。

任务 16.3　招标控制价实例

某食堂工程　　　　工程

招 标 控 制 价

招　标　人：________________________

（单位盖章）

造价咨询人：________________________

（单位盖章）

2020 年 2 月 20 日

封-2

某食堂工程　　　　工程

招 标 控 制 价

招标控制价　（小写）：1060294.83 元

（大写）：壹佰零陆万零贰佰玖拾肆元捌角叁分

招　标　人：________（单位盖章）

工程造价咨询人：________（单位资质专用章）

法定代表人
或其授权人：________（签字或盖章）

法 定 代 表 人
或 其 授 权 人：________（签字或盖章）

编　制　人：________（造价人员签字）

复　核　人：________（造价工程师签字盖专用章）

编 制 时 间：2020 年 2 月 20 日

复 核 时 间：2020 年 4 月 25 日

扉-2

总　说　明

工程名称：某食堂工程

1. 工程概况：本工程为新建地上二层建筑，建筑面积为 598.79m^2，框架结构。

2. 本招标控制价包括范围：本次招标的某食堂工程施工图纸（建施、结施）范围内的建筑、装饰装修工程。

3. 本招标控制价编制依据：

（1）《建设工程工程量清单计价规范》GB 50500—2013 广西实施细则；

（2）《房屋建筑与装饰工程工程量清单计算规范》GB 50854—2013 广西实施细则（修订版）；

（3）广西建设行政主管部门颁发的 2013 年《广西建筑装饰装修工程消耗量定额》及其附件《广西建筑装饰装修工程人工材料配合比机械台班基期价》、2016《广西建设工程费用定额》及计价相关规定。

4. 材料基准价格采用工程所在地工程造价管理机构 2020 年第 1 期《建设工程造价信息》发布的有关价格信息，对工程信息没有发布的价格信息的材料，其价格参考定额价。

5. 本招标控制价按常规施工方案施工措施：

（1）主体部分采用泵送商品混凝土，其余部分采用商品混凝土；

（2）脚手架采用钢管脚手架；

（3）模板采用胶合板模板、木支撑。

6. 其他需要说明的问题

（1）本工程暂列金额 5 万元，其中工程量偏差 1 万元，设计变更及政策性调整 2 万元，材料价格波动 2 万元。

（2）本招标控制价凡涉及运输距离的项目均按 10km 考虑。

单项工程招标控制价汇总表

工程名称：某食堂工程　　　　第 1 页　共 1 页

序号	单位工程名称	金额（元）	其中：（元）	
			暂估价	安全文明施工费
1.1	某食堂工程建筑主体部分	742210.05		36336.57
1.2	某食堂工程装饰装修部分	318084.78		14364.97
	招标控制价合计	1060294.83		50701.54

表-03

单位工程招标控制价汇总表

工程名称：某食堂工程　　　　第 1 页　共 1 页

序号	汇总内容	金额（元）	备注
	某食堂工程建筑主体部分		
1	分部分项工程和单价措施项目清单计价合计	548038.89	
1.1	其中：暂估价		
2	总价措施项目清单计价合计	39743.12	
2.1	其中：安全文明施工费	36336.57	
3	其他项目清单计价合计	50000.00	
4	税前项目清单计价合计		
5	规费	43144.64	
6	增值税	61283.40	
7	工程总造价＝1＋2＋3＋4＋5＋6	742210.05	
	某食堂工程装饰装修部分		
1	分部分项工程和单价措施项目清单计价合计	226195.37	
1.1	其中：暂估价		
2	总价措施项目清单计价合计	15711.68	
2.1	其中：安全文明施工费	14364.97	
3	其他项目清单计价合计		
4	税前项目清单计价合计	21933.93	
5	规费	27979.92	
6	增值税	26263.88	
7	工程总造价＝1＋2＋3＋4＋5＋6	318084.78	
	工程项目汇总		
1	分部分项工程和单价措施项目清单计价合计	774234.26	
1.1	其中：暂估价		
2	总价措施项目清单计价合计	55454.80	
2.1	其中：安全文明施工费	50701.54	
3	其他项目清单计价合计	50000.00	
4	税前项目清单计价合计	21933.93	
5	规费	71124.56	
6	增值税	87547.28	
7	工程总造价＝1＋2＋3＋4＋5＋6	1060294.83	

表-04

分部分项工程和单价措施项目清单与计价表

工程名称：某食堂工程　　　　第 1 页　共 7 页

序号	项目编码	项目名称及项目特征描述	计量单位	工程量	金额（元）		
					综合单价	合价	其中：暂估价
		某食堂工程建筑主体部分				548038.89	
		分部分项工程				409108.80	
	0101	土石方工程				16563.89	
1	010101001001	平整场地	m^2	265.56	5.65	1500.41	
2	010101003001	挖沟槽土方 1. 土壤类别：三类土 2. 挖土深度：2m 以内	m^3	103.40	30.29	3131.99	
3	010101004001	挖基坑土方 1. 土壤类别：三类土 2. 挖土深度：2m 以内	m^3	189.16	30.29	5729.66	
4	010103001001	回填方 1. 填方材料品种：原土回填	m^2	225.90	20.72	4680.65	
5	010103002001	余土弃置 1. 运距：10km	m^3	66.66	22.82	1521.18	
	0104	砌筑工程				70262.20	
6	010401003001	实心砖墙 240mm 1. 砖品种、规格，强度等级：烧结页岩砖 2. 墙体类型：直形混水墙 3. 砂浆强度等级，配合比：M5.0 混合砂浆	m^3	130.98	500.38	65539.77	
7	010401003002	实心砖墙 115mm 1. 砖品种、规格、强度等级：烧结页岩砖 2. 墙体类型：直形混水墙 3. 砂浆强度等级、配合比：M5.0 混合砂浆	m^3	8.30	525.27	4359.74	
8	010401012001	零星砌砖 1. 零星砌砖名称、部位：屋面保温层侧砌砖 2. 砂浆强度等级、配合比：M5.0 混合砂浆	m^3	0.62	525.27	325.67	
9	010401012002	零星砌砖　屋面台阶 1. 采用图集：15ZJ201　2/37	m^3	0.30	123.39	37.02	
	0105	混凝土及钢筋混凝土工程				269489.30	
10	010501001001	C15 混凝土基础垫层	m^3	17.46	472.16	8243.91	
11	010501001002	C15 混凝土地面垫层	m^3	25.49	511.23	13031.25	
12	010501002001	C25 混凝土带形基础	m^3	27.37	488.23	13362.86	
13	010501003001	C25 混凝土独立基础	m^3	37.21	511.24	19023.24	
14	010502001001	C25 混凝土矩形柱	m^3	25.49	522.08	13307.82	

表-08

分部分项工程和单价措施项目清单与计价表

工程名称：某食堂工程　　　　第 2 页　共 7 页

序号	项目编码	项目名称及项目特征描述	计量单位	工程量	金额（元）		
					综合单价	合价	其中：暂估价
15	010502002001	C25 混凝土构造柱	m^3	5.85	584.85	3421.37	
16	010503001001	C25 混凝土基础梁	m^3	10.87	475.17	5165.10	
17	010503002001	C25 混凝土矩形梁	m^3	1.16	488.06	566.15	
18	010503004001	C15 混凝土圈梁（厨卫素混凝土反边）	m^3	1.74	553.31	962.76	
19	010503005001	C25 混凝土过梁	m^3	2.87	595.92	1710.29	
20	010505001001	C25 混凝土有梁板	m^3	108.68	501.57	54510.63	
21	010505008001	C25 混凝土雨篷	m^3	2.98	627.74	1870.67	
22	010506001001	C25 混凝土直形楼梯板厚 100mm	m^2	23.73	115.35	2737.26	
23	010506001002	C25 混凝土直形楼梯板厚 160mm	m^2	20.45	154.19	3153.19	
24	010507001001	C15 混凝土散水	m^2	17.23	77.31	1332.05	
25	010507001002	C15 混凝土坡道	m^2	86.98	185.98	16176.54	
26	010507005001	C25 混凝土压顶	m^3	2.23	683.44	1524.07	
27	010512008001	C20 混凝土沟盖板、井盖板、井圈	m^3	1.65	784.53	1294.47	
28	010515001001	现浇构件钢筋Φ 10 以内大厂	t	8.274	4901.91	40558.40	
29	010515001002	现浇构件圆钢筋制安Φ 10 以上	t	0.462	5158.00	2383.00	
30	010515001003	现浇构件螺纹钢制安Φ 10 以上	t	12.727	4773.70	60754.88	
31	010515002001	预制构件圆钢制安　冷拔低碳钢丝 ϕ5 以下绑扎	t	0.020	8342.39	166.85	
32	桂 010515011001	砖砌体加固钢筋绑扎	t	0.510	5654.63	2883.86	
33	010516002001	预埋铁件	t	0.007	8588.61	60.12	
34	桂 010516004001	钢筋电渣压力焊接	个	312	4.13	1288.56	
	0109	屋面及防水工程				34284.06	
35	010902001001	屋面卷材防水 1. 采用图集：15ZJ001 屋 103 第 3 点　屋 105 第 3 点 2. 1.2 厚聚乙烯橡胶共混防水卷材	m^2	359.79	35.45	12754.56	
36	010902003001	屋面刚性层 1. 采用图集：15ZJ001 屋 103 第 1 点　屋 105 第 1 点 2. 刚性层厚度：50 厚 3. 砂浆配合比、混凝土强度等级：C20 细石混凝土 4. 钢筋网：内配Φ 4@100 双向钢筋网	m^2	359.79	56.06	20169.83	
37	010902003002	屋面刚性层（雨篷面） 1. 砂浆、混凝土种类：15 厚 1∶3 水泥砂浆加 5%防水粉	m^2	29.82	23.86	711.51	
38	010904002001	楼（地）面涂膜防水 1. 采用图集：15ZJ 地 201F 楼 201F 第 3 点 2. 涂膜厚度、遍数或层数：1.5 厚聚氨酯防水涂料	m^2	22.22	29.17	648.16	

表-08

分部分项工程和单价措施项目清单与计价表

工程名称：某食堂工程　　　　第 3 页　共 7 页

序号	项目编码	项目名称及项目特征描述	计量单位	工程量	金额（元）		
					综合单价	合价	其中：暂估价
	0110	保温、隔热、防腐工程				18509.35	
39	011001001001	保温隔热屋面（上人屋面） 1. 采用图集：15ZJ001 屋 103 第 5 点　屋 105 第 5 点 2. 干铺 50 厚挤塑聚苯乙烯泡沫板	m^2	281.32	30.41	8554.94	
40	011001001002	保温隔热屋面（上人屋面） 1. 采用图集：15ZJ001 屋 103 第 6 点　屋 105 第 6 点 2. 30 厚（最薄处）LC5.0 轻骨料混凝土找 2%坡，平均厚度 70mm	m^2	257.22	38.70	9954.41	
		单价措施项目				138930.09	
	011701	脚手架工程				21642.98	
41	011701001001	外脚手架 1. 搭设高度：10m 以内双排	m^2	717.42	21.71	15575.19	
42	011701001002	外脚手架 1. 搭设高度：20m 以内双排	m^2	37.70	23.09	870.49	
43	011701002001	里脚手架 1. 搭设高度：3.6m 以内	m^2	52.96	5.50	291.28	
44	011701002002	里脚手架 1. 搭设高度：3.6m 以上	m^2	201.74	8.35	1684.53	
45	桂 011701011001	楼板现浇混凝土运输道	m^2	598.79	5.38	3221.49	
	011702	混凝土模板及支架（撑）				97224.66	
46	011702001001	基础模板制作安装 1. 基础类型：混凝土垫层	m^2	37.33	22.96	857.10	
47	011702001002	基础模板制作安装 1. 基础类型：有肋式带形基础	m^2	41.27	43.52	1796.07	
48	011702001003	基础模板制作安装 1. 基础类型：独立基础	m^2	64.40	40.73	2623.01	
49	011702002001	矩形柱模板制作安装 1. 柱高 3.97m	m^2	118.44	47.02	5569.05	
50	011702002002	矩形柱模板制作安装 1. 柱高 4.2m	m^2	129.36	48.03	6213.16	
51	011702002003	矩形柱模板制作安装 1. 柱高 3.6m 以下	m^2	15.12	45.37	685.99	
52	011702003001	构造柱模板制作安装 1. 3.6m 以下	m^2	48.03	53.22	2556.16	
53	011702003002	构造柱模板制作安装 1. 柱高 3.8m	m^2	13.68	54.11	740.22	

表-08

分部分项工程和单价措施项目清单与计价表

工程名称：某食堂工程　　　　第 4 页　共 7 页

序号	项目编码	项目名称及项目特征描述	计量单位	工程量	金额（元）		
					综合单价	合价	其中：暂估价
54	011702005001	基础梁模板制作安装	m^2	90.89	45.58	4142.77	
55	011702006001	矩形梁模板制作安装	m^2	12.85	53.17	683.23	
56	011702008001	圈梁模板制作安装 1. 直形素混凝土反边	m^2	15.65	40.50	633.83	
57	011702009001	过梁模板安装	m^2	36.07	69.84	2519.13	
58	011702014001	有梁板模板制作安装 1. 支撑高度：3.6m 以内	m^2	534.50	53.49	28590.41	
59	011702014002	有梁板模板制作安装 1. 支撑高度：4.1m	m^2	457.48	58.29	26666.51	
60	011702023001	雨篷模板制作安装	m^2	29.82	115.89	3455.84	
61	011702024001	楼梯模板制作安装	m^2	44.18	136.80	6043.82	
62	桂 011702038001	压顶模板制作安装	m	98.02	33.73	3306.21	
63	桂 011702039001	混凝土散水模板制作安装 1. 散水厚度：70mm	m^2	17.23	8.25	142.15	
	011703	垂直运输工程				14700.29	
64	011703001001	垂直运输 1. 建筑物建筑类型及结构形式：框架结构 2. 建筑物檐口高度、层数：7.35m，地上2层	m^2	598.79	24.55	14700.29	
	011708	混凝土运输及泵送工程				5362.16	
65	桂 011708002001	混凝土泵送	m^3	262.98	20.39	5362.16	
		某食堂工程装饰装修部分				226195.37	
		分部分项工程				222604.63	
	0108	门窗工程				41052.64	
66	010801001001	木质门成品 1. 不带纱单扇无亮 2. 运输距离：10km	m^2	13.02	360.46	4693.19	
67	010801001002	木质门成品装饰木门 1. 不带纱双扇有亮 2. 运输距离：10km	m^2	4.68	365.67	1711.34	
68	010801004001	木质防火门乙级 1. 运输距离：10km	m^2	8.40	401.21	3370.16	
69	010801006001	门锁安装　L 型执锁	把	6	95.68	574.08	
70	010801006002	防火门配件　闭门器	套	4	81.01	324.04	
71	010801006003	防火门配件　防火铰链	副	4	67.46	269.84	
72	010803001001	镀锌铁皮卷匣门 0.8mm 1. 门代号及洞口尺寸：2 樘 JM-1		37.76	340.83	12869.74	

表-08

分部分项工程和单价措施项目清单与计价表

工程名称：某食堂工程　　　　第 5 页　共 7 页

序号	项目编码	项目名称及项目特征描述	计量单位	工程量	金额（元）		
					综合单价	合价	其中：暂估价
		2. 启动装置品种，规格：电动					
73	010802001001	塑钢成品平开门 60 系列 5 厚白玻不带纱	m^2	7.56	243.70	1842.37	
74	010807001001	铝合金推拉窗≤$2m^2$ 1. 框、扇材质：90 系列 1.4mm 厚白铝，不带亮 2. 玻璃品种、厚度：5mm 白玻	m^2	3.24	278.86	903.51	
75	010807001002	铝合金推拉窗＞$2m^2$ 1. 框、扇材质：90 系列 1.4mm 厚白铝，带亮 2. 玻璃品种、厚度：5mm 白玻	m^2	44.73	276.72	12377.69	
76	010807001003	铝合金推拉窗＞$2m^2$ 1. 框、扇材质：90 系列 1.4mm 厚白铝，不带亮 2. 玻璃品种、厚度：5mm 白玻	m^2	7.83	270.33	2116.68	
	0111	楼地面装饰工程				72600.04	
77	011101006001	平面砂浆找平层 1. 采用图集：15ZJ　地 201F　楼 201F　第 4 点、第 5 点 2. 找平层厚度、砂浆种类、配合比：20 厚 1∶3水泥砂浆找平 3. 素水泥浆一遍	m^2	10.39	18.70	194.29	
78	011102003001	块料楼地面 1. 采用图集：15ZJ001 第 201、楼 201 2. 面层材料品种、规格、颜色：600×600 抛光砖	m^2	505.87	113.37	57350.48	
79	011102003002	块料楼地面 1. 采用图集：15ZJ　地 201F　楼 201F　第 1、2 点 2. 面层材料品种、规格、颜色；300×300 防滑砖	m^2	10.39	85.32	886.47	
80	011106002001	块料楼梯面层 1. 采用图集：15ZJ001 楼 201 2. 成套梯级砖，自带防滑功能	m^2	34.18	141.15	4824.51	
81	011105003001	块料踢脚线 1. 采用图集：15ZJ001 踢 14	m^2	32.14	98.46	3164.50	
82	011105003002	块料踢脚线楼梯 1. 采用图集：15ZJ001 踢 14	m^2	7.54	98.46	742.39	
83	011101006002	平面砂浆找平层 1. 采用图集：15ZJ001 屋 103 第 4 点　屋 105 第 4 点 2. 找平层厚度、砂浆配合比：20 厚 1∶2.5 水泥砂浆找平层	m^2	290.77	18.70	5437.40	
	0112	墙、柱面装饰与隔断、幕墙工程				62467.36	

表-08

分部分项工程和单价措施项目清单与计价表

工程名称：某食堂工程　　　　　　　　　　　　　　　　　　第 6 页　共 7 页

序号	项目编码	项目名称及 项目特征描述	计量 单位	工程量	金额（元）		
					综合 单价	合价	其中： 暂估价
84	011201001001	墙面一般抹灰 1. 墙体类型：砖墙 2. 采用图集：15ZJ001 内 4	m^2	911.91	27.53	25104.88	
85	011201001002	墙面一般抹灰　水泥砂浆 1. 墙体类型：砖墙 2. 采用图集：15ZJ001 外 11	m^2	695.02	46.57	32367.08	
86	011202001001	柱、梁面一般抹灰 1. 采用图集：15ZJ001 内墙 4	m^2	68.00	34.54	2348.72	
87	桂 011203004001	砂浆装饰线条 1. 底层厚度、砂浆配合比：20 厚 1：3 水泥砂浆	m	104.20	25.40	2646.68	
	0113	天棚工程				20388.39	
88	011301001001	天棚抹灰混合砂浆 1. 采用图集：15ZJ001 顶 2	m^2	858.82	23.74	20388.39	
	0114	油漆、涂料、裱糊工程				23282.02	
89	011401001001	木门油漆 1. 门类型：实木装饰门 2. 油漆品种、刷漆遍数：聚氨酯清漆二遍	m^2	17.70	48.61	860.40	
90	011401001002	木门油漆 1. 门类型：木质防火门，乙级 2. 刮腻子数：1 遍 3. 油漆品种、刷漆遍数：聚氨酯清漆二遍	m^2	8.40	48.61	408.32	
91	011406003001	满刮腻子内墙面 1. 刮腻子数：刮成品腻子粉二遍	m^2	911.91	11.10	10122.20	
92	011406003002	满刮腻子天棚面、柱面 1. 刮腻子数：刮成品腻子粉二遍	m^2	926.82	12.83	11891.10	
	0115	其他装饰工程				2814.18	
93	011503001001	不锈钢栏杆 201 材质 1. 采用图集：11ZJ401W/14 2. 扶手选用：11ZJ40112/37	m	15.56	180.86	2814.18	
		单价措施项目				3590.74	
	011701	脚手架工程				3590.74	
94	011701006001	满堂脚手架	m^2	260.01	13.81	3590.74	
		合计				774234.26	
		Σ人工费				218469.15	
		Σ材料费				447341.39	

表-08

分部分项工程和单价措施项目清单与计价表

工程名称：某食堂工程　　　　第 7 页　共 7 页

序号	项目编码	项目名称及项目特征描述	计量单位	工程量	金额（元）		
					综合单价	合价	其中：暂估价
		Σ机械费				23069.11	
		Σ管理费				67925.35	
		Σ利润				17429.37	

表-08

工程量清单综合单价分析表

工程名称：某食堂工程　　　　第1页　共14页

序号	项目编码	项目名称及项目特征描述	单位	工程量	综合单价（元）	综合单价					
						人工费	材料费	机械费	管理费	利润	其中：暂估价
		某食堂工程建筑主体部分									
		分部分项工程									
	0101	土石方工程									
1	010101001001	平整场地	m^2	265.56	5.65	5.05			0.48	0.12	
	A1-1	人工平整场地	$100m^2$	2.6556	565.84	505.44			48.02	12.38	
2	010101003001	挖沟槽土方 1. 土壤类别：三类土 2. 挖土深度：2m以内	m^3	103.40	30.29	27.02		0.04	2.57	0.66	
	A1-9	人工挖沟槽（基坑）三类土深2m以内	$100m^3$	1.0340	3028.95	2701.92		3.71	257.03	66.29	
3	010101004001	挖基坑土方 1. 土壤类别：三类土 2. 挖土深度：2m以内	m^3	189.16	30.29	27.02		0.04	2.57	0.66	
	A1-9	人工挖沟槽（基坑）三类土深2m以内	$100m^3$	1.8916	3028.95	2701.92		3.71	257.03	66.29	
4	010103001001	回填方 1. 填方材料品种：原土回填	m^2	225.90	20.72	16.29		2.22	1.76	0.45	
	A1-82	人工回填土夯填	$100m^3$	2.2590	2071.54	1628.64		221.77	175.79	45.34	
5	010103002001	余土弃置 1. 运距：10km	m^3	66.66	22.82	7.84		12.54	1.94	0.50	
	A1-119换	人工装、自卸汽车运土方　1km运距以内　5t自卸汽车［实际人工装，自卸汽车运土方1km运距以内5t自卸汽车（实际运距：10km）］	$100m^3$	0.6666	2281.46	783.74		1254.19	193.60	49.93	
	0104	砌筑工程									
6	010401003001	实心砖墙240mm 1. 砖品种、规格，强度等级：烧结页岩砖 2. 墙体类型：直形混水墙 3. 砂浆强度等级，配合比：M5.0混合砂浆	m^3	130.98	500.38	129.75	311.86	3.36	44.15	11.26	

表-09

工程量清单综合单价分析表

工程名称：某食堂工程　　　　第2页　共14页

序号	项目编码	项目名称及项目特征描述	单位	工程量	综合单价（元）	综合单价					
						人工费	材料费	机械费	管理费	利润	其中：暂估价
	A3-11	混水砖墙多孔砖 240×115×90 墙体厚度 24cm（水泥石灰砂浆中砂 M5）	$10m^3$	13.098	5003.76	1297.49	3118.59	33.56	441.51	112.61	
7	010401003002	实心砖墙 115mm 1. 砖品种、规格、强度等级：烧结页岩砖 2. 墙体类型：直形混水墙 3. 砂浆强度等级、配合比：M5.0 混合砂浆	m^3	8.30	525.27	149.61	309.38	2.82	50.56	12.90	
	A3-10	混水砖墙多孔砖 240×115×90 墙体厚度 11.5cm（水泥石灰砂浆中砂 M5）	$10m^3$	0.830	5252.55	1496.08	3093.78	28.15	505.59	128.95	
8	010401012001	零星砌砖 1. 零星砌砖名称、部位：屋面保温层侧砌砖 2. 砂浆强度等级、配合比：M5.0 混合砂浆	m^3	0.62	525.27	149.61	309.38	2.82	50.56	12.90	
	A3-10	混水砖墙多孔砖 240×115×90 墙体厚度 11.5cm（水泥石灰砂浆中砂 M5）	$10m^3$	0.062	5252.55	1496.08	3093.78	28.15	505.59	128.95	
9	010401012002	零星砌砖　屋面台阶 1. 采用图集：15ZJ201　2/37	m^3	0.30	123.39	38.61	67.76	0.67	13.03	3.32	
	A3-40	砖砌台阶多孔砖 240×115×90（水泥石灰砂浆中砂 M5）	$10m^2$	0.030	1233.85	386.06	677.57	6.71	130.28	33.23	
	0105	混凝土及钢筋混凝土工程									
10	010501001001	C15 混凝土基础垫层	m^3	17.46	472.16	30.97	427.24	0.75	10.52	2.68	
	A4-3 换	混凝土垫层（换：碎石　GD40　商品普通混凝土　C15）	$10m^3$	1.746	4721.71	309.74	4272.44	7.47	105.22	26.84	
11	010501001002	C15 混凝土地面垫层	m^3	25.49	511.23	58.55	427.24	0.75	19.67	5.02	
	A4-3 换	混凝土垫层（换：碎石　GD40　商品普通混凝土　C15）	$10m^3$	2.549	5112.22	585.47	4272.44	7.47	196.68	50.16	
12	010501002001	C25 混凝土带形基础	m^3	27.37	488.23	26.45	449.68	0.77	9.03	2.30	
	A4-5 换	带形基础混凝土（换：碎石　GD40　商品普通混凝土　C25）	$10m^3$	2.737	4882.43	264.54	4496.83	7.72	90.31	23.03	
13	010501003001	C25 混凝土独立基础	m^3	37.21	511.24	42.46	450.01	0.77	14.34	3.66	
	A4-7 换	独立基础混凝土（换：碎石　GD40　商品普通混凝土　C25）	$10m^3$	3.721	5112.36	424.59	4500.08	7.72	143.40	36.57	

表-09

工程量清单综合单价分析表

工程名称：某食堂工程　　　　第3页　共14页

序号	项目编码	项目名称及项目特征描述	单位	工程量	综合单价（元）	综合单价					
						人工费	材料费	机械费	管理费	利润	其中：暂估价
14	010502001001	C25 混凝土矩形柱	m^3	25.49	522.08	50.31	449.07	1.24	17.10	4.36	
	A4-18 换	混凝土柱矩形（换：碎石　GD40　商品普通混凝土　C25）	$10m^3$	2.549	5220.87	503.14	4490.65	12.44	171.02	43.62	
15	010502002001	C25 混凝土构造柱	m^3	5.85	584.85	94.70	448.97	1.24	31.82	8.12	
	A4-20 换	混凝土柱构造柱（换：碎石　GD40　商品普通混凝土　C25）	$10m^3$	0.585	5848.53	946.96	4489.73	12.44	318.23	81.17	
16	010503001001	C25 混凝土基础梁	m^3	10.87	475.17	15.56	451.36	1.25	5.58	1.42	
	A4-21 换	混凝土基础梁（换：碎石　GD40　商品普通混凝土　C25）	$10m^3$	1.087	4751.72	155.61	4513.56	12.54	55.78	14.23	
17	010503002001	C25 混凝土矩形梁	m^3	1.16	488.06	24.68	451.34	1.25	8.60	2.19	
	A4-22 换	混凝土单梁、连续梁（换：碎石　GD40　商品普通混凝土　C25）	$10m^3$	0.116	4880.62	246.75	4513.38	12.54	86.01	21.94	
18	010503004001	C15 混凝土圈梁（厨卫素混凝土反边）	m^3	1.74	553.31	85.29	431.42	0.77	28.55	7.28	
	A4-24 换	混凝土圈梁（碎石　GD40　商品普通混凝土　C25）（换：碎石　GD40　商品普通混凝土　C15）	$10m^3$	0.174	5533.00	852.85	4314.18	7.72	285.45	72.80	
19	010503005001	C25 混凝土过梁	m^3	2.87	595.92	96.70	457.19	1.25	32.49	8.29	
	A4-25 换	混凝土过梁（换：碎石　GD40　商品普通混凝土　C25）	$10m^3$	0.287	5959.20	966.97	4571.92	12.54	324.90	82.87	
20	010505001001	C25 混凝土有梁板	m^3	108.68	501.57	32.53	453.75	1.23	11.20	2.86	
	A4-31 换	混凝土有梁板（换：碎石　GD40　商品普通混凝土　C25）	$10m^3$	10.868	5015.61	325.30	4537.49	12.28	111.98	28.56	
21	010505008001	C25 混凝土雨篷	m^3	2.98	627.74	117.67	459.31	1.25	39.45	10.06	
	A4-38 换	混凝土悬挑板（换：碎石　GD40　商品普通混凝土　C25）	$10m^3$	0.298	6277.39	1176.71	4593.06	12.54	394.47	100.61	
22	010506001001	C25 混凝土直形楼梯板厚 100mm	m^2	23.73	115.35	18.53	88.56	0.39	6.27	1.60	
	A4-49 换	混凝土直形楼梯板厚 100mm（换：碎石　GD20　商品普通混凝土　C25）	$10m^2$	2.373	1153.46	185.25	885.56	3.91	62.74	16.00	
23	010506001002	C25 混凝土直形楼梯板厚 160mm	m^2	20.45	154.19	24.31	119.04	0.51	8.23	2.10	
	A4-49 换	混凝土直形楼梯板厚 100mm（换：碎石　GD20　商品普通混凝土　C25）[实际 160]	$10m^2$	2.045	1541.85	243.05	1190.36	5.12	82.32	21.00	

表-09

工程量清单综合单价分析表

工程名称：某食堂工程　　　　第 4 页　共 14 页

序号	项目编码	项目名称及项目特征描述	单位	工程量	综合单价（元）	综合单价					
						人工费	材料费	机械费	管理费	利润	其中：暂估价
24	010507001001	C15 混凝土散水	m^2	17.23	77.31	17.82	51.52	0.39	6.04	1.54	
	A4-59 换	散水混凝土 60mm 厚　水泥砂浆面 20mm（换：碎石　GD40　商品普通混凝土　C15）	$100m^2$	0.1723	7731.39	1781.99	5152.37	38.97	604.01	154.05	
25	010507001002	C15 混凝土坡道	m^2	86.98	185.98	35.64	135.25	0.97	11.24	2.88	
	A9-14	水泥砂浆整体面层防滑坡道（水泥砂浆）	$100m^2$	0.8698	2969.05	1092.98	1437.98	46.55	311.09	80.45	
	A4-3 换	混凝土垫层(换：碎石 GD40　商品普通混凝土 C15)	$10m^3$	0.870	5112.22	585.47	4272.44	7.47	196.68	50.16	
	A3-89	灰土垫层（灰土 3∶7）	$10m^3$	2.609	3468.78	600.95	2604.79	9.08	202.35	51.61	
	A1-83	人工原土打夯	$100m^2$	0.8698	110.69	82.99		15.89	9.39	2.42	
26	010507005001	C25 混凝土压顶	m^3	2.23	683.44	152.64	467.26		50.63	12.91	
	A4-53 换	混凝土压顶、扶手（换：碎石　GD40　商品普通混凝土　C25）	$10m^3$	0.223	6834.46	1526.42	4672.59		506.31	129.14	
27	010512008001	C20 混凝土沟盖板、井盖板、井圈	m^3	1.65	784.53	168.00	418.23	90.63	85.79	21.88	
	A4-148	预制混凝土　地沟盖板制作（碎石　GD20　中砂水泥 32.5　C25）	$10m^3$	0.168	5151.63	746.93	3863.77	162.38	301.62	76.93	
	A4-177	小型构件运输 1km	$10m^3$	0.168	1425.68	282.32	4.14	721.38	332.93	84.91	
	A4-215	地沟盖板　安装（水泥砂浆 1∶2）	$10m^3$	0.165	1148.44	632.07	244.04	6.50	211.81	54.02	
28	010515001001	现浇构件钢筋Φ 10 以内大厂	t	8.274	4901.91	709.14	3878.87	13.19	239.60	61.11	
	A4-236	现浇构件圆钢筋制安　Φ 10 以内	t	8.274	4901.91	709.14	3878.87	13.19	239.60	61.11	
29	010515001002	现浇构件圆钢筋制安　Φ 10 以上	t	0.462	5158.00	599.47	4186.11	86.75	227.62	58.05	
	A4-237	现浇构件圆钢筋制安　Φ 10 以上	t	0.462	5158.00	599.47	4186.11	86.75	227.62	58.05	
30	010515001003	现浇构件螺纹钢制安　Φ 10 以上	t	12.727	4773.70	472.76	3966.29	97.32	189.10	48.23	
	A4-239	现浇构件螺纹钢制安　Φ 10 以上	t	12.727	4773.70	472.76	3966.29	97.32	189.10	48.23	
31	010515002001	预制构件圆钢制安　冷拔低碳钢丝$Φ^b$5 以下绑扎	t	0.020	8342.39	2145.20	5261.89	29.83	721.46	184.01	
	A4-246	预制构件圆钢制安　冷拔低碳钢丝Φ 5 以下绑扎	t	0.020	8342.39	2145.20	5261.89	29.83	721.46	184.01	
32	桂 010515011001	砖砌体加固钢筋　绑扎	t	0.510	5654.63	1241.92	3878.82	11.92	415.90	106.07	
	A4-317	砖砌体加固钢筋　绑扎	t	0.510	5654.63	1241.92	3878.82	11.92	415.90	106.07	

表-09

工程量清单综合单价分析表

工程名称：某食堂工程　　　　第 5 页　共 14 页

序号	项目编码	项目名称及项目特征描述	单位	工程量	综合单价（元）	综合单价					
						人工费	材料费	机械费	管理费	利润	其中：暂估价
33	010516002001	预埋铁件	t	0.007	8588.61	1963.65	5807.50		651.34	166.12	
	A4-326	预埋铁件	t	0.007	8588.61	1963.65	5807.50		651.34	166.12	
34	桂 010516004001	钢筋电渣压力焊接	个	312	4.13	0.74	0.83	1.59	0.77	0.20	
	A4-319	钢筋电渣压力焊接	10 个	31.2	41.28	7.41	8.32	15.86	7.72	1.97	
	0109	屋面及防水工程									
35	010902001001	屋面卷材防水 1. 采用图集：15ZJ001 屋 103 第 3 点　屋 105 第 3 点 2. 1.2 厚聚乙烯橡胶共混防水卷材	m²	359.79	35.45	5.56	27.58		1.84	0.47	
	A7-73	氯化聚乙烯——橡胶共混卷材冷贴屋面满铺{建筑胶素水泥浆}	100m²	3.5979	3545.54	555.75	2758.43		184.34	47.02	
36	010902003001	屋面刚性层 1. 采用图集：15ZJ001 屋 103 第 1 点屋 105 第 1 点 2. 刚性层厚度：50 厚 3. 砂浆配合比、混凝土强度等级：C20 细石混凝土 4. 钢筋网：内配Φ 4@100 双向钢筋网	m²	359.79	56.06	15.37	34.01	0.20	5.16	1.32	
	A7-100 换	混凝土防水层（无筋）　40mm（素水泥浆）[实际 50]	100m²	3.5979	3891.01	947.74	2531.08	12.46	318.50	81.23	
	A4-269	钢筋网片制安间距（cm）10×10	100m²	3.5979	1715.40	589.10	870.20	7.66	197.95	50.49	
37	010902003002	屋面刚性层（雨篷面） 1. 砂浆、混凝土种类：15 厚 1：3 水泥砂浆加 5%防水粉	m²	29.82	23.86	8.00	11.99	0.38	2.78	0.71	
	A7-98	防水砂浆 20mm 厚（素水泥浆）	100m²	0.2982	2385.49	799.54	1199.43	37.89	277.78	70.85	
38	010904002001	楼（地）面涂膜防水 1. 采用图集：15ZJ 地 201F 楼 201F 第 3 点 2. 涂膜厚度、遍数或层数：1.5 厚聚氨酯防水涂料	m²	22.22	29.17	5.02	22.05		1.67	0.43	

表-09

工程量清单综合单价分析表

工程名称：某食堂工程　　　　第6页　共14页

序号	项目编码	项目名称及项目特征描述	单位	工程量	综合单价（元）	综合单价					
						人工费	材料费	机械费	管理费	利润	其中：暂估价
	A7-134换	聚氨酯防水1.2mm厚　平面［实际1.5］	100m²	0.2222	2916.81	502.40	2205.26		166.65	42.50	
	0110	保温、隔热、防腐工程									
39	011001001001	保温隔热屋面（上人屋面） 1. 采用图集：15ZJ001 屋103 第5点　屋105 第5点 2. 干铺50厚挤塑聚苯乙烯泡沫板	m²	281.32	30.41	8.15	18.83	0.03	2.71	0.69	
	A8-21	屋面保湿挤塑苯板厚度50mm（聚合物粘结砂浆）	100m²	2.8132	3042.19	815.10	1883.16	3.25	271.45	69.23	
40	011001001002	保温隔热屋面（上人屋面） 1. 采用图集：15ZJ001 屋103 第6点　屋105 第6点 2. 30厚（最薄处）LC5.0轻骨料混凝土找2%坡，平均厚度70mm	m²	257.22	38.70	6.23	29.87		2.07	0.53	
	A8-32换	屋面现浇陶粒混凝土隔热层　LC5　厚度100mm｛中砂水泥32.5　陶粒（密度等级700）LC5｝［实际70］	100m²	2.5722	3869.11	623.18	2986.50		206.71	52.72	
		单价措施项目									
	011701	脚手架工程									
41	011701001001	外脚手架 1. 搭设高度：10m以内双排	m²	717.42	21.71	11.98	4.00	0.52	4.15	1.06	
	A15-5	扣件式钢管外脚手架　双排　10m以内	100m²	7.1741	2170.61	1198.20	400.46	51.64	414.57	105.74	
42	011701001002	外脚手架 1. 搭设高度：20m以内　双排	m²	37.70	23.09	12.30	5.07	0.42	4.22	1.08	
	A15-6	扣件式钢管外脚手架　双排　20m以内	100m²	0.3770	2309.63	1230.06	507.42	42.42	422.08	107.65	
43	011701002001	里脚手架 1. 搭设高度：3.6m以内	m²	52.96	5.50	3.22	0.68	0.18	1.13	0.29	
	A15-1	扣件式钢管里脚手架　3.6m以内	100m²	0.5297	549.20	321.59	67.61	18.44	112.79	28.77	
44	011701002002	里脚手架 1. 搭设高度：3.6m以上	m²	201.74	8.35	4.68	1.38	0.24	1.63	0.42	

表-09

工程量清单综合单价分析表

工程名称：某食堂工程　　　　第 7 页　共 14 页

序号	项目编码	项目名称及项目特征描述	单位	工程量	综合单价（元）	综合单价					
						人工费	材料费	机械费	管理费	利润	其中：暂估价
	A15-2	扣件式钢管里脚手架　3.6m 以上	100m²	2.0174	835.70	468.31	138.47	23.98	163.29	41.65	
45	桂 011701011001	楼板现浇混凝土运输道	m²	598.79	5.38	2.69	1.08	0.34	1.01	0.26	
	A15-28	钢管现浇混凝土运输道楼板钢管架	100m²	5.9879	537.80	269.35	108.00	34.12	100.66	25.67	
	011702	混凝土模板及支架（撑）									
46	011702001001	基础模板制作安装 1. 基础类型：混凝土垫层	m²	37.33	22.96	8.99	9.80	0.30	3.08	0.79	
	A17-1	混凝土基础垫层　木模板木支撑	100m²	0.3733	2295.11	898.83	979.54	30.05	308.11	78.58	
47	011702001002	基础　模板制作安装 1. 基础类型：有肋式带形基础	m²	41.27	43.52	22.18	11.44	0.47	7.51	1.92	
	A17-8	有肋式带形基础　钢筋混凝土　胶合板模板木支撑	100m²	0.4127	4352.32	2217.81	1144.49	47.13	751.28	191.61	
48	011702001003	基础模板制作安装 1. 基础类型：独立基础	m²	64.40	40.73	21.44	9.82	0.38	7.24	1.85	
	A17-14	独立基础　胶合板模板　木支撑	100m²	0.6440	4072.97	2144.45	982.38	37.71	723.82	184.61	
49	011702002001	矩形柱　模板制作安装 1. 柱高 3.97m	m²	118.44	47.02	23.36	13.34	0.42	7.89	2.01	
	A17-51 换	矩形柱　胶合板模板　木支撑［实际 3.97］	100m²	1.1844	4701.05	2335.77	1333.92	41.64	788.59	201.13	
50	011702002002	矩形柱　模板制作安装 1. 柱高 4.2m	m²	129.36	48.03	23.89	13.60	0.42	8.06	2.06	
	A17-51 换	矩形柱　胶合板模板　木支撑［实际 4.2］	100m²	1.2936	4803.54	2389.28	1360.03	42.06	806.48	205.69	
51	011702002003	矩形柱　模板制作安装 1. 柱高 3.6m 以下	m²	15.12	45.37	22.50	12.92	0.41	7.60	1.94	
	A17-51	矩形柱　胶合板模板　木支撑	100m²	0.1512	4536.16	2249.68	1291.92	40.96	759.81	193.79	
52	011702003001	构造柱　模板制作安装 1. 柱高 3.6m 以下	m²	48.03	53.22	27.50	13.93	0.24	9.20	2.35	
	A17-58	构造柱　胶合板模板　木支撑	100m²	0.4803	5321.49	2749.85	1393.03	23.90	920.05	234.66	

表-09

工程量清单综合单价分析表

工程名称：某食堂工程　　　　第8页　共14页

序号	项目编码	项目名称及项目特征描述	单位	工程量	综合单价（元）	综合单价					
						人工费	材料费	机械费	管理费	利润	其中：暂估价
53	011702003002	构造柱　模板制作安装 1. 柱高 3.8m	m^2	13.68	54.11	27.96	14.16	0.24	9.36	2.39	
	A17-58 换	构造柱　胶合板模板　木支撑［实际 3.8］	$100m^2$	0.1368	5410.63	2796.39	1415.73	24.27	935.61	238.63	
54	011702005001	基础梁　模板制作安装	m^2	90.89	45.58	21.30	14.78	0.45	7.21	1.84	
	A17-63	基础梁　胶合板模板　木支撑	$100m^2$	0.9089	4558.81	2129.63	1478.26	45.44	721.47	184.01	
55	011702006001	矩形梁　模板制作安装	m^2	12.85	53.17	27.34	12.76	1.19	9.47	2.41	
	A17-66	单梁、连续梁、框架梁　胶合板模板　钢支撑	$100m^2$	0.1285	5317.82	2734.29	1276.27	119.31	946.54	241.41	
56	011702008001	圈梁模板制作安装 1. 直形　素混凝土反边	m^2	15.65	40.50	22.05	8.90	0.26	7.40	1.89	
	A17-72	圈梁　直形　胶合板模板　木支撑	$100m^2$	0.1565	4050.49	2205.22	889.84	26.40	740.23	188.80	
57	011702009001	过梁　模板安装	m^2	36.07	69.84	35.58	18.60	0.60	12.00	3.06	
	A17-76	过梁　胶合板模板　木支撑	$100m^2$	0.3607	6984.14	3558.28	1859.84	59.81	1200.12	306.09	
58	011702014001	有梁板　模板制作安装 1. 支撑高度：3.6m 以内	m^2	534.50	53.49	24.69	17.45	0.76	8.44	2.15	
	A17-92	有梁板　胶合板模板　木支撑	$100m^2$	5.3450	5350.48	2469.01	1745.30	76.48	844.34	215.35	
59	011702014002	有梁板模板制作安装 1. 支撑高度：4.1m	m^2	457.48	58.29	27.14	18.71	0.81	9.27	2.36	
	A17-92 换	有梁板　胶合板模板　木支撑［实际 4.1］	$100m^2$	4.5748	5829.58	2713.91	1871.02	81.09	927.10	236.46	
60	011702023001	雨篷模板制作安装	m^2	29.82	115.89	55.09	35.34	1.78	18.87	4.81	
	A17-109	悬挑板　直形　木模板木支撑	$10m^2$ 投影面积	2.980	1159.69	551.30	353.63	17.83	188.78	48.15	
61	011702024001	楼梯　模板制作安装	m^2	44.18	136.80	73.29	27.37	3.97	25.63	6.54	
	A17-115	楼梯　直形　胶合板模板　钢支撑	$10m^2$ 投影面积	4.418	1367.90	732.85	273.74	39.70	256.25	65.36	
62	桂 011702038001	压顶模板制作安装	m	98.02	33.73	17.70	8.11	0.39	6.00	1.53	
	A17-118	压顶、扶手　木模板木支撑	100 延长米	0.9802	3372.56	1770.25	810.70	38.59	599.99	153.03	
63	桂 011702039001	混凝土散水模板制作安装	m^2	17.23	8.25	4.07	2.49		1.35	0.34	

表-09

工程量清单综合单价分析表

工程名称：某食堂工程　　　　第9页　共14页

序号	项目编码	项目名称及项目特征描述	单位	工程量	综合单价（元）	综合单价					
						人工费	材料费	机械费	管理费	利润	其中：暂估价
		1. 散水厚度：70mm									
	A17-123 换	混凝土散水　混凝土 60mm 厚　木模板木支撑［实际高度：70m］	$100m^2$	0.1723	825.39	406.81	249.22		134.94	34.42	
	011703	垂直运输工程									
64	011703001001	垂直运输 1. 建筑物建筑类型及结构形式：框架结构 2. 建筑物檐口高度、层数：7.35m，地上2层	m^2	598.79	24.55			21.93	2.08	0.54	
	A16-2	建筑物垂直运输高度20m以内框架结构卷扬机	$100m^2$	5.9879	2454.80			2192.77	208.31	53.72	
	011708	混凝土运输及泵送工程									
65	桂 011708002001	混凝土泵送	m^3	262.98	20.39	2.50	14.21	3.02	0.52	0.14	
	A18-4	混凝土泵送　输送泵　檐高　40m以内（碎石 GD20　商品普通混凝土　C20）（泵 40m）	$100m^3$	0.1821	2026.38	249.60	1409.21	301.69	52.37	13.51	
	A18-4	混凝土泵送　输送泵　檐高　40m以内（碎石 GD20　商品普通混凝土　C25）（泵 40m）	$100m^3$	0.1016	2040.95	249.60	1423.78	301.69	52.37	13.51	
	A18-4	混凝土泵送　输送泵　檐高　40m以内（碎石 GD40　商品普通混凝土　C15）（泵 40m）	$100m^3$	0.1764	2010.36	249.60	1393.19	301.69	52.37	13.51	
	A18-4	混凝土泵送　输送泵　檐高　40m以内（碎石 GD40　商品普通混凝土　C25）（泵 40m）	$100m^3$	2.1697	2040.95	249.60	1423.78	301.69	52.37	13.51	
某食堂工程装饰装修部分											
		分部分项工程									
	0108	门窗工程									
66	010801001001	木质门成品 1. 不带纱单扇无亮 2. 运输距离：10km	m^2	13.02	360.46	13.89	335.53	4.66	5.07	1.31	
	A12-28	装饰成品门　安装	$100m^2$	0.1302	34521.69	1217.50	32885.85		332.38	85.96	
	A12-172	不带纱木门五金配件　无亮　单扇	樘	5	17.38		17.38				
	A12-168 换	门窗运输　运距　1km以内［实际10］	$100m^2$	0.1302	857.27	171.91		466.13	174.18	45.05	

表-09

工程量清单综合单价分析表

工程名称：某食堂工程 第10页 共14页

序号	项目编码	项目名称及项目特征描述	单位	工程量	综合单价（元）	综合单价					
						人工费	材料费	机械费	管理费	利润	其中：暂估价
67	010801001002	木质门成品装饰木门 1. 不带纱双扇有亮 2. 运输距离：10km	m^2	4.68	365.67	13.89	340.74	4.66	5.07	1.31	
	A12-28	装饰成品门 安装	$100m^2$	0.0468	34521.69	1217.50	32885.85		332.38	85.96	
	A12-171	不带纱木门五金配件 有亮 双扇	樘	1	55.61		55.61				
	A12-168 换	门窗运输 运距 1km以内［实际10］	$100m^2$	0.0468	857.27	171.91		466.13	174.18	45.05	
68	010801004001	木质防火门乙级 1. 运输距离：10km	m^2	8.40	401.21	47.22	331.51	4.66	14.16	3.66	
	A12-81	防火门 木质	$100m^2$	0.0840	39264.42	4549.97	33151.08		1242.14	321.23	
	A12-168 换	门窗运输 运距 1km以内［实际10］	$100m^2$	0.0840	857.27	171.91		466.13	174.18	45.05	
69	010801006001	门锁安装 L型执锁	把	6	95.68	34.32	49.57		9.37	2.42	
	A12-141	特殊五金 L型 执手插锁	把	6	95.68	34.32	49.57		9.37	2.42	
70	010801006002	防火门配件 闭门器	套	4	81.01	12.87	63.72		3.51	0.91	
	A12-149	特殊五金 闭门器（套） 明装	套	4	81.01	12.87	63.72		3.51	0.91	
71	010801006003	防火门配件 防火铰链	副	4	67.46	40.33	13.27		11.01	2.85	
	A12-151	特殊五金 防火门防火铰链	副	4	67.46	40.33	13.27		11.01	2.85	
72	010803001001	镀锌铁皮卷匣门0.8mm 1. 门代号及洞口尺寸；2樘 JM-1 2. 启动装置品种，规格：电动		37.76	340.83	43.55	279.60	2.02	12.44	3.22	
	A12-52	卷闸门 铝合金	$100m^2$	0.3776	25549.42	3900.47	20037.75	201.70	1119.89	289.61	
	A12-53	卷闸门 电动装置	每套	2	1611.01	85.80	1495.73		23.42	6.06	
73	010802001001	塑钢成品平开门60系列5厚白玻不带纱	m^2	7.56	243.70	40.19	189.18	0.39	11.08	2.86	
	A12-44	塑钢平开门	$100m^2$	0.0756	24369.68	4018.87	18918.09	38.58	1107.68	286.46	
74	010807001001	铝合金推拉窗≤$2m^2$ 1. 框、扇材质：90系列1.4mm厚白铝，不带亮	m^2	3.24	278.86	36.32	229.46	0.44	10.04	2.60	

表-09

工程量清单综合单价分析表

工程名称：某食堂工程　　　　第 11 页　共 14 页

序号	项目编码	项目名称及项目特征描述	单位	工程量	综合单价（元）	综合单价					
						人工费	材料费	机械费	管理费	利润	其中：暂估价
		2. 玻璃品种、厚度：5mm 白玻									
	A12-115 换	铝合金推拉窗　不带亮	100m^2	0.0324	27884.48	3631.91	22945.65	43.91	1003.50	259.51	
75	010807001002	铝合金推拉窗＞2m^2 1. 框、扇材质：90 系列 1.4mm 厚白铝，带亮 2. 玻璃品种、厚度：5mm 白玻	m^2	44.73	276.72	40.51	221.83	0.35	11.15	2.88	
	A12-114 换	铝合金推拉窗　带亮	100m^2	0.4473	27672.83	4050.62	22183.04	35.26	1115.45	288.46	
76	010807001003	铝合金推拉窗＞2m^2 1. 框、扇材质：90 系列 1.4mm 厚白铝，不带亮 2. 玻璃品种、厚度：5mm 白玻	m^2	7.83	270.33	36.32	220.93	0.44	10.04	2.60	
	A12-115 换	铝合金推拉窗　不带亮	100m^2	0.0783	27031.82	3631.91	22092.99	43.91	1003.50	259.51	
	0111	楼地面装饰工程									
77	011101006001	平面砂浆找平层 1. 采用图集：15ZJ　地 201F　楼 201F　第 4 点、第 5 点 2. 找平层厚度、砂浆种类、配合比：20 厚 1∶3 水泥砂浆找平 3. 素水泥浆一遍	m^2	10.39	18.70	6.50	9.48	0.37	1.87	0.48	
	A9-1	水泥砂浆找平层　混凝土或硬基层上　20mm｛素水泥浆｝	100m^2	0.1039	1870.51	649.86	947.90	36.81	187.46	48.48	
78	011102003001	块料楼地面 1. 采用图集：15ZJ001 第 201、楼 201 2. 面层材料品种、规格、颜色：600×600 抛光砖	m^2	505.87	113.37	26.34	75.07	2.17	7.78	2.01	
	A9-83 换	陶瓷地砖楼地面　每块周长（2400mm 以内）水泥砂浆缝　（水泥砂浆 1∶4）｛素水泥浆｝	100m^2	5.0587	11337.85	2634.06	7507.25	216.94	778.32	201.28	
79	011102003002	块料楼地面	m^2	10.39	85.32	26.97	46.17	2.17	7.95	2.06	

表-09

工程量清单综合单价分析表

工程名称：某食堂工程　　　　第 12 页　共 14 页

序号	项目编码	项目名称及项目特征描述	单位	工程量	综合单价（元）	综合单价					
						人工费	材料费	机械费	管理费	利润	其中：暂估价
		1. 采用图集：15ZJ　地 201F　楼 201F　第 1、2 点 2. 面层材料品种、规格、颜色：300×300 防滑砖									
	A9-80 换	陶瓷地砖楼地面　每块周长（1200mm 以内）水泥砂浆　密缝（水泥砂浆 1∶4）（素水泥浆）	$100m^2$	0.1039	8531.50	2696.69	4616.75	216.94	795.42	205.70	
80	011106002001	块料楼梯面层 1. 采用图集：15ZJ001 楼 201 2. 成套梯级砖，自带防滑功能	m^2	34.18	141.15	62.29	54.02	2.56	17.70	4.58	
	A9-96	陶瓷地砖　楼梯　水泥砂浆（素水泥浆）	$100m^2$	0.3418	14114.87	6229.08	5401.75	255.83	1770.38	457.83	
81	011105003001	块料踢脚线 1. 采用图集：15ZJ001 踢 14	m^2	32.14	98.46	40.39	41.67	1.88	11.54	2.98	
	A9-99	陶瓷地砖　踢脚线　水泥砂浆（素水泥浆）	$100m^2$	0.3214	9846.96	4039.46	4166.68	188.20	1154.15	298.47	
82	011105003002	块料踢脚线楼梯 1. 采用图集：15ZJ001 踢 14	m^2	7.54	98.46	40.39	41.67	1.88	11.54	2.98	
	A9-99	陶瓷地砖　踢脚线　水泥砂浆（素水泥浆）（水泥砂浆 1∶3）	$100m^2$	0.0754	9846.96	4039.46	4166.68	188.20	1154.15	298.47	
83	011101006002	平面砂浆找平层 1. 采用图集：15ZJ001 屋 103 第 4 点　屋 105 第 4 点 2. 找平层厚度、砂浆配合比：20 厚 1∶2.5 水泥砂浆找平层	m^2	290.77	18.70	6.50	9.48	0.37	1.87	0.48	
	A9-1	水泥砂浆找平层　混凝土或硬基层上　20mm｛素水泥浆｝	$100m^2$	2.9077	1870.51	649.86	947.90	36.81	187.46	48.48	
	0112	墙、柱面装饰与隔断、幕墙工程									
84	011201001001	墙面一般抹灰 1. 墙体类型：砖墙 2. 采用图集：15ZJ001　内 4	m^2	911.91	27.53	13.22	9.21	0.42	3.72	0.96	

表-09

工程量清单综合单价分析表

工程名称：某食堂工程　　　　第13页　共14页

序号	项目编码	项目名称及项目特征描述	单位	工程量	综合单价（元）	综合单价					
						人工费	材料费	机械费	管理费	利润	其中：暂估价
	A10-7	内墙　混合砂浆　砖墙（15＋5）mm（水泥砂浆1∶2）	100m²	9.1191	2754.31	1322.18	921.10	42.22	372.48	96.33	
85	011201001002	墙面一般抹灰　水泥砂浆 1. 墙体类型：砖墙 2. 采用图集：15ZJ001 外11	m²	695.02	46.57	26.44	10.48	0.42	7.33	1.90	
	A10-24	外墙　水泥砂浆　砖墙（12＋8）mm（水泥砂浆1∶2）	100m²	6.9502	4656.44	2643.50	1047.91	42.22	733.20	189.61	
86	011202001001	柱、梁面一般抹灰 1. 采用图集：15ZJ001 内墙4	m²	68.00	34.54	18.28	9.42	0.42	5.10	1.32	
	A10-17	独立混凝土柱、梁混合砂浆　矩形（15＋5）mm（水泥砂浆1∶1）	100m²	0.6800	3454.42	1827.54	942.21	42.22	510.44	132.01	
87	桂011203004001	砂浆装饰线条 1. 底层厚度、砂浆配合比：20厚1∶3水泥砂浆	m	104.20	25.40	17.13	2.26	0.09	4.70	1.22	
	A10-36	其他　水泥砂浆　装饰线条（水泥砂浆1∶2）	100m	1.0420	2538.76	1712.57	226.11	8.66	469.90	121.52	
	0113	天棚工程									
88	011301001001	天棚抹灰混合砂浆 1. 采用图集：15ZJ001　顶2	m²	858.82	23.74	12.71	6.31	0.26	3.54	0.92	
	A11-5	混凝土面天棚　混合砂浆　现浇（5＋5）mm（水泥砂浆1∶1）	100m²	8.5882	2373.23	1270.70	631.01	25.98	353.99	91.55	
	0114	油漆、涂料、裱糊工程									
89	011401001001	木门油漆 1. 门类型：实木装饰门 2. 油漆品种、刷漆遍数：聚氨酯清漆二遍	m²	17.70	48.61	29.10	9.51		7.95	2.05	
	A13-17	润油粉、聚氨酯漆二遍　单层木门	100m²	0.1770	4861.33	2910.34	951.00		794.52	205.47	
90	011401001002	木门油漆 1. 门类型：木质防火门，乙级 2. 刮腻子数：1遍	m²	8.40	48.61	29.10	9.51		7.95	2.05	

表-09

工程量清单综合单价分析表

工程名称：某食堂工程　　　　第 14 页　共 14 页

序号	项目编码	项目名称及项目特征描述	单位	工程量	综合单价（元）	综合单价					
						人工费	材料费	机械费	管理费	利润	其中：暂估价
		3. 油漆品种、刷漆遍数：聚氨酯清漆二遍									
	A13-17	润油粉、聚氨酯漆二遍单层木门	100m²	0.0840	4861.33	2910.34	951.00		794.52	205.47	
91	011406003001	满刮腻子　内墙面 1. 刮腻子数：刮成品腻子粉二遍	m²	911.91	11.10	7.15	1.50		1.95	0.50	
	A13-206	刮成品腻子粉　内墙面　二遍	100m²	9.1191	1110.46	714.71	150.17		195.12	50.46	
92	011406003002	满刮腻子　天棚面、柱面 1. 刮腻子数：刮成品腻子粉二遍	m²	926.82	12.83	8.43	1.50		2.30	0.60	
	A13-206 换	刮成品腻子粉　内墙面　二遍	100m²	9.2682	1283.31	843.36	150.17		230.24	59.54	
	0115	其他装饰工程									
93	011503001001	不锈钢栏杆 201 材质 1. 采用图集：11ZJ401　W/14 2. 扶手选用：11ZJ401　12/37	m	15.56	180.86	56.00	88.84	12.48	18.70	4.84	
	A14-108	不锈钢管栏杆　直线型　竖条式（圆管）	10m	1.556	1258.64	417.85	655.44	31.09	122.56	31.70	
	A14-119	不锈钢管扶手　直形　Φ60	10m	1.556	354.46	89.23	206.47	20.91	30.07	7.78	
	A14-124	不锈钢弯头　Φ60	10 个	0.5	608.27	164.74	82.48	226.59	106.83	27.63	
		单价措施项目									
	011701	脚手架工程									
94	011701006001	满堂脚手架	m²	260.01	13.81	8.20	1.62	0.41	2.85	0.73	
	A15-84	钢管满堂脚手架　基本层　高 3.6m	100m²	2.6001	1379.78	819.55	161.59	40.57	285.30	72.77	

表-09

总价措施项目清单与计价表

工程名称：某食堂工程　　　　　　　　　　　　　　　　　　第 1 页　共 1 页

<table>
<tr><th>序号</th><th>项目编码</th><th>项目名称</th><th>计算基础</th><th>费率（%）或标准</th><th>金额（元）</th><th>备注</th></tr>
<tr><td colspan="5">某食堂工程建筑主体部分</td><td>39743.12</td><td></td></tr>
<tr><td>1</td><td>桂 011801001001</td><td>安全文明施工费</td><td rowspan="4">Σ(分部分项人材机＋单价措施人材机)(381702.22＋112001.18)</td><td>7.36</td><td>36336.57</td><td></td></tr>
<tr><td>2</td><td>桂 011801002001</td><td>检验试验配合费</td><td>0.11</td><td>543.07</td><td></td></tr>
<tr><td>3</td><td>桂 011801003001</td><td>雨季施工增加费</td><td>0.53</td><td>2616.63</td><td></td></tr>
<tr><td>4</td><td>桂 011801004001</td><td>工程定位复测费</td><td>0.05</td><td>246.85</td><td></td></tr>
<tr><td colspan="5">某食堂工程装饰装修部分</td><td>15711.68</td><td></td></tr>
<tr><td>1</td><td>桂 011801001001</td><td>安全文明施工费</td><td rowspan="4">Σ（分部分项人材机＋单价措施人材机）(192516.35＋2659.9)</td><td>7.36</td><td>14364.97</td><td></td></tr>
<tr><td>2</td><td>桂 011801002001</td><td>检验试验配合费</td><td>0.11</td><td>214.69</td><td></td></tr>
<tr><td>3</td><td>桂 011801003001</td><td>雨季施工增加费</td><td>0.53</td><td>1034.43</td><td></td></tr>
<tr><td>4</td><td>桂 011801004001</td><td>工程定位复测费</td><td>0.05</td><td>97.59</td><td></td></tr>
<tr><td></td><td></td><td>合计</td><td></td><td></td><td>55454.8</td><td></td></tr>
</table>

注：以项计算的总价措施，无“计算基础”和“费率”的数值，可只填“金额”数值，但应在备注栏说明施工方案出处或计算方式。

表-11

其他项目清单与计价汇总表

工程名称：某食堂工程　　　　第 1 页　共 1 页

序号	项目名称	金额（元）	备注
	某食堂工程建筑主体部分	50000.00	
1	暂列金额	50000.00	明细详见表-12-1
2	材料暂估价		明细详见表-12-2
3	专业工程暂估价		明细详见表-12-3
4	计日工		明细详见表-12-4
5	总承包服务费		明细详见表-12-5
	某食堂工程装饰装修部分		
1	暂列金额		明细详见表-12-1
2	材料暂估价		明细详见表-12-2
3	专业工程暂估价		明细详见表-12-3
4	计日工		明细详见表-12-4
5	总承包服务费		明细详见表-12-5
	合计	50000.00	

注：材料暂估单价进入清单综合单价，此处不汇总。

表-12

暂列金额明细表

工程名称：某食堂工程　　　　　　　　　　　　　　　　　　　第1页　共1页

序号	项目名称	计量单位	暂定金额（元）	备注
	某食堂工程建筑主体部分			
1	暂列金额		50000.00	
1.1	工程量偏差	元	10000.00	
1.2	设计变更及政策性调整	元	20000.00	
1.3	材料价格波动	元	20000.00	
	某食堂工程装饰装修部分			
1	暂列金额			
	合计		50000.00	

注：此表由招标人填写，如不能详列，也可只列暂定金额总额，投标人应将上述暂列金额计入总价中。

表-12-1

税前项目清单与计价表

工程名称：某食堂工程　　　　第 1 页　共 1 页

序号	项目编码	项目名称及项目特征描述	计量单位	工程量	金额（元）	
					单价	合价
		某食堂工程装饰装修部分				21933.93
1	010807002001	铝合金防火窗乙级	m^2	4.05	450.00	1822.50
2	011407001001	墙面喷刷涂料 1. 涂料品种、喷刷遍数：水性弹性外墙涂料，一底二涂，平涂，十年保质，国产	m^2	582.94	34.50	20111.43
		合计				21933.93

注：税前项目包含除增值税以外的所有费用。

表-14

规费、增值税计价表

工程名称：某食堂工程　　　　第 1 页　共 1 页

序号	项目名称	计算基础	计算费率（%）	金额（元）
	某食堂工程建筑主体部分			104428.04
1	规费	1.1+1.2+1.3		43144.64
1.1	社会保险费	Σ（分部分项人工费＋单价措施人工费）（72291.82＋59188.03）	29.35	38589.34
1.1.1	养老保险费		17.22	22640.83
1.1.2	失业保险费		0.34	447.03
1.1.3	医疗保险费		10.25	13476.68
1.1.4	生育保险费		0.64	841.47
1.1.5	工伤保险费		0.90	1183.32
1.2	住房公积金		1.85	2432.38
1.3	工程排污费	Σ（分部分项人材机＋单价措施人材机）（381702.22＋112001.18）	0.43	2122.92
2	增值税	Σ（分部分项工程费及单价措施项目费＋总价措施项目费＋其他项目费＋税前项目费＋规费）	9.00	61283.40
	某食堂工程装饰装修部分			54243.80
1	规费	1.1+1.2+1.3		27979.92
1.1	社会保险费	Σ（分部分项人工费＋单价措施人工费）（84857.22＋2132.08）	29.35	25531.36
1.1.1	养老保险费		17.22	14979.56
1.1.2	失业保险费		0.34	295.76
1.1.3	医疗保险费		10.25	8916.40
1.1.4	生育保险费		0.64	556.73
1.1.5	工伤保险费		0.90	782.90
1.2	住房公积金		1.85	1609.30
1.3	工程排污费	Σ（分部分项人材机＋单价措施人材机）（192516.35＋2659.9）	0.43	839.26
2	增值税	Σ（分部分项工程费及单价措施项目费＋总价措施项目费＋其他项目费＋税前项目费＋规费）	9.00	26263.88
	合计			158671.84

表-15

承包人提供主要材料和工程设备一览表

（适用于造价信息差额调整法）

工程名称：某食堂工程　　　　编号：

序号	名称、规格、型号	单位	数量	风险系数（%）	基准单价（元）	投标单价（元）	确认单价（元）	价差（元）	合计差价（元）
1	螺纹钢筋 HRB335 Φ 10 以上（综合）	t	13.300		3735.00				
2	冷拔低碳钢丝Φ^{b}5 以下	t	0.022		4761.00				
3	圆钢 HPB300 Φ 10 以内（综合）	t	8.973		3762.00				
4	圆钢 HPB300 Φ 10 以上（综合）	t	0.483		3949.00				
5	对拉螺栓	kg	0.060		5.58				
6	铁钉（综合）	kg	495.447		5.31				
7	防火铰链	副	4.000		13.27				
8	闭门器（明装）	套	4.000		63.72				
9	电焊条（综合）	kg	110.258		6.37				
10	不锈钢焊丝	kg	2.176		15.93				
11	铁件（综合）	kg	30.026		5.40				
12	预埋铁件	kg	7.070		5.75				
13	普通硅酸盐水泥 32.5MPa	t	40.537		522.12				
14	白水泥（综合）	t	0.062		738.94				
15	砂（综合）	m^3	87.924		174.76				
16	细砂	m^3	0.069		179.61				
17	中砂	m^3	45.300		179.61				
18	粗砂	m^3	0.021		169.90				
19	碎石 5～20mm	m^3	1.316		121.36				
20	生石灰	kg	7747.165		0.78				
21	石灰膏	m^3	9.915		320.39				
22	多孔页岩砖 240×115×90	千块	47.662		708.74				

注：1. 此表由招标人填写除“投标单价”栏的内容，投标人在投标时自主确定投标单价。

2. 招标人应优先采用工程造价管理机构发布的单价作为基础单价，未发布的，通过市场调查确定其基准单价。

表-22

承包人提供主要材料和工程设备一览表

（适用于造价信息差额调整法）

工程名称：某食堂工程　　　　编号：

序号	名称、规格、型号	单位	数量	风险系数（%）	基准单价（元）	投标单价（元）	确认单价（元）	价差（元）	合计差价（元）
23	周转圆木	m^3	6.269		794.34				
24	周转枋材	m^3	12.167		920.35				
25	周转板材	m^3	1.012		992.92				
26	陶瓷地面砖 300×300	m^2	11.375		26.50				
27	陶瓷梯级砖	m^2	38.083		28.21				
28	陶瓷踢脚砖	m^2	40.474		29.91				
29	防滑地砖 300×300×9	m^2	10.650		35.90				
30	防滑地砖 600×600×11	m^2	518.517		64.10				
31	木质防火门（成品）	m^2	8.173		340.71				
32	装饰门（成品）	m^2	17.700		324.79				
33	铝合金推拉窗带亮（成品）$>2m^2$	m^2	42.708		228.00				
34	铝合金推拉窗不带亮（成品）$>2m^2$	m^2	7.418		228.00				
35	铝合金推拉窗不带亮（成品）$\leqslant 2m^2$	m^2	3.070		237.00				
36	塑钢平开门（成品）	m^2	7.152		192.00				
37	铝合金卷帘门	m^2	37.760		196.58				
38	卷帘门电动装置	套	2.000		1495.73				
39	聚氨酯漆	kg	11.024		16.37				
40	聚氨酯甲料	kg	58.910		10.62				
41	成品腻子粉（一般型）	kg	3125.841		0.88				
42	嵌缝料	kg	174.641		6.19				
43	聚氨酯乙料	kg	88.396		10.62				
44	隔离剂	kg	178.374		1.33				

注：1. 此表由招标人填写除“投标单价”栏的内容，投标人在投标时自主确定投标单价。

2. 招标人应优先采用工程造价管理机构发布的单价作为基础单价，未发布的，通过市场调查确定其基准单价。

表-22

承包人提供主要材料和工程设备一览表

（适用于造价信息差额调整法）

工程名称：某食堂工程　　　　编号：

序号	名称、规格、型号	单位	数量	风险系数（%）	基准单价（元）	投标单价（元）	确认单价（元）	价差（元）	合计差价（元）
45	108胶	kg	9.999		1.95				
46	水	m^3	300.231		3.34				
47	胶合板模板 1830×915×18	m^2	257.991		28.32				
48	模板支撑钢管及扣件	kg	50.370		4.87				
49	零星卡具	kg	12.547		4.07				
50	回转扣件	个	5.096		5.75				
51	对接扣件	个	8.059		5.31				
52	直角扣件	个	43.295		6.02				
53	脚手架焊接钢管 ϕ48.3×3.6	t	0.343		3938.05				
54	竹脚手板	m^2	62.619		18.58				
55	碎石 GD20 商品普通混凝土 C20	m^3	18.478		432.04				
56	碎石 GD20 商品普通混凝土 C25	m^3	10.311		441.75				
57	碎石 GD40 商品普通混凝土 C15	m^3	17.900		421.36				
58	碎石 GD40 商品普通混凝土 C15	m^3	37.485		421.36				
59	碎石 GD40 商品普通混凝土 C25	m^3	11.114		441.75				
60	碎石 GD40 商品普通混凝土 C25	m^3	220.221		441.75				
61	机械台班人工费	元	8260.716		1.30				
62	国V汽油92号	kg	181.037		8.27				
63	轻柴油0号	kg	9.747		6.91				
64	电	kW·h	5282.483		0.56				
65	合　计								

注：1. 此表由招标人填写除“投标单价”栏的内容，投标人在投标时自主确定投标单价。

2. 招标人应优先采用工程造价管理机构发布的单价作为基础单价，未发布的，通过市场调查确定其基准单价。

表-22

单元 17　某食堂工程工程量计算表

任务 17.1　某食堂工程建筑主体部分分部分项工程量计算表

分部分项工程量计算表

工程名称：某食堂工程建筑主体部分　　　　第 1 页　共 14 页

编号	工程量计算式	单位	标准工程量	定额工程量
0101	土石方工程			
010101001001	平整场地	m^2	265.56	265.56
	28.74×9.24		265.56	
A1-1	人工平整场地	$100m^2$	265.56	2.6556
同清单量	265.56		265.56	
010101003001	挖沟槽土方 1. 土壤类别：三类土 2. 挖土深度：2m 以内	m^3	103.40	103.40
TJ1=2	(2.2+0.1×2+0.3×2)×(3.7×2+0.8+0.72+0.1×2+0.3×2)×(1.5+0.1−0.15)		84.56	
①轴 KL1	(0.24+0.1×2+0.3×2)×(0.6+0.1+0.03−0.15)×(9−1.23×2−0.1×2−0.3×2)		3.46	
⑦轴、⑨轴 KL1=2	(0.24+0.1×2+0.3×2)×(0.6+0.1+0.03−0.15)×(9−1.18×2−0.1×2−0.3×2)		7.05	
KL2=2	(0.24+0.1×2+0.3×2)×(0.5+0.1+0.03−0.15)×(6.7−1.23×2−0.1×2 −0.3×2)		3.43	
Ⓐ轴 KL3	(0.24+0.1×2+0.3×2)×(0.4+0.1+0.03−0.15)×(28.5−1.23 −(1.15+2.7+0.97)−2−2.3×2−(0.8+3.7×2)−0.1×2×5−0.3×2×5)		1.44	
Ⓔ轴 KL3	(0.24+0.1×2+0.3×2)×(0.4+0.1+0.03−0.15)×(28.5−1.23 −(1.15+2.7+1.18)−2.3×3−(0.8+3.7×2)−0.1×2×5−0.3×2×5)		1.24	
KL4	(0.24+0.1×2+0.3×2)×(0.4+0.1+0.03−0.15)×(3.3−1.18×2−0.1×2 −0.3×2)		0.06	
L1	(0.2+0.1×2+0.3×2)×(0.35+0.1+0.03−0.15)×(3.3−0.12×2−0.1×2 −0.3×2)		0.75	
室外楼梯基础	(0.9+0.3×2)×(0.8−0.15)×1.45		1.41	
A1-9	人工挖沟槽（基坑）三类土深 2m 以内	$100m^3$	103.40	1.0340

分部分项工程量计算表

工程名称：某食堂工程建筑主体部分　　　　第 2 页　共 14 页

编号	工程量计算式	单位	标准工程量	定额工程量
同清单量	103.40		103.40	
010101004001	挖基坑土方 1. 土壤类别：三类土 2. 挖土深度：2m 以内	m^3	189.16	189.16
	挖深 h=1.5+0.1−0.15=1.45m			
J1=10	(2.3+0.1×2+0.3×2)×(2.3+0.1×2+0.3×2)×1.45		139.35	
J2=2	(2+0.1×2+0.3×2)×(2+0.1×2+0.3×2)×1.45		22.74	
J3=2	(2.6+0.1×2+0.3×2)×(2.6+0.1×2+0.3×2)×1.45		33.52	
	扣除重叠部分			
Ⓔ轴 J1	(2.3+0.1×2+0.3×2)×(2.7−1.55−1.52)×1.45		−1.66	
Ⓐ轴 J1J2	(2+0.1×2+0.3×2)×(2.7−1.55−1.43)×1.45		−1.14	
③轴 J1J2	(2+0.1×2+0.3×2)×(2.7−1.47−1.48)×1.45		−1.01	
④轴 J1J2	(2.0+0.1×2+0.3×2)×(2.3−1.47−1.48)×1.45		−2.64	
A1-9	人工挖沟槽（基坑）三类土深 2m 以内	$100m^3$	189.16	1.8916
同清单量	189.16		189.16	
010103001001	回填方 1. 填方材料品种：原土回填	m^2	225.90	225.90
总挖方量	103.40+189.16		292.56	
余土外运量	−66.66		−66.66	
A1-82	人工回填土夯填	$100m^3$	225.90	2.2590
同清单量	225.90		225.90	
010103002001	余土弃置 1. 运距：10km	m^3	66.66	66.66
	基础入土工程量			
垫层	17.47		17.47	
独基，柱入土	37.21+(0.4×0.4×14+0.3×0.4×6)×(1.5−0.5−0.15)		39.73	
	基梁入柱			
KL1=3	0.24×(0.6+0.03−0.15)×(9−0.28×2)		2.92	
KL2=2	0.24×(0.5+0.03−0.15)×(6.7−0.28×2)		1.12	
=2	0.24×(0.4+0.03−0.15)×(2.3−0.12−0.28)		0.26	
KL3=2	0.24×(0.4+0.03−0.15)×(28.5−0.28×2−0.3×2−0.4×5)		3.41	
KL4	0.24×(0.4+0.03−0.15)×(3.3−0.18×2)		0.20	
L1	0.2×(0.35+0.03−0.15)×(3.3−0.12×2)		0.14	
室外楼梯基础	(0.9+0.3×2)×(0.8−0.15)×1.45		1.41	
A1-119 换	人工装、自卸汽车运土方 1km 运距以内 5t 自卸汽车[实际人工装，自卸汽车运土方 1km 运距以内 5t 自卸汽车（实际运距：10km)]	$100m^3$	66.66	0.6666

分部分项工程量计算表

工程名称：某食堂工程建筑主体部分　　　　第 3 页　共 14 页

编号	工程量计算式	单位	标准工程量	定额工程量
同清单量	66.66		66.66	
0104	砌筑工程			
010401003001	实心砖墙 240mm 1. 砖品种、规格，强度等级：烧结页岩砖 2. 墙体类型：直形混水墙 3. 砂浆强度等级，配合比：M5.0 混合砂浆	m^3	130.98	130.98
	建 2 首层层高 3.0m			
①轴、⑨轴 =2	0.24×(3－0.75)×(9－0.28×2)		9.12	
③轴、④轴 =2	0.24×(3－0.6)×(6.7－0.28×2)		7.07	
=2	0.24×(3－0.4)×(2.3－0.12－0.28)		2.37	
Ⓐ轴	0.24×(3－0.4)×(4+2.7+3.3－0.28－0.4－0.3－0.18)		5.52	
Ⓑ轴	0.24×(3－0.4)×(3.3－0.18×2)		1.84	
Ⓔ轴	0.24×(3－0.4)×(3.3－0.18×2)		1.84	
	建 3 层层高 4.2m			
①轴、⑨轴 =2	0.24×(4.2－0.75)×(9－0.28×2)		13.98	
=2	0.24×(4.2－0.4)×(1.62－0.12)		2.74	
③轴、④轴 =2	0.24×(4.2－0.6)×(6.7－0.28×2)		10.61	
=2	0.24×(4.2－0.4)×(2.3+1.62－0.12－0.4)		6.20	
扣平层处 L6.7=2	－0.24×0.35×(2.74－0.28+1.8－0.28)		－0.67	
①/⑤轴	0.24×(4.2－0.1)×(10.5－2.4)		7.97	
①/ 0A 轴	0.24×(4.2－0.4)×(28.5+0.12×2)		26.21	
Ⓑ轴	0.24×(4.2－0.4)×(3.3－0.18×2)		2.68	
Ⓓ轴	0.24×(4.2－0.3)×(3.7+1.85－0.12×2)		4.97	
Ⓔ轴	0.24×(4.2－0.4)×(28.5－0.28×2－0.4×5－0.3×2)		23.11	
	结 4 屋面平面图层高 2.7m			
③轴、④轴 =2	0.24×(2.7－0.6)×(6.7－0.28×2)		6.19	
BE 轴 =2	0.24×(2.7－0.4)×(3.3－0.18×2)		3.25	
屋面女儿墙	0.24×(1.4－0.1)×[(28.5+10.5)×2－3.54]		23.23	
屋面女儿墙	0.24×(0.6－0.1)×(3.3+6.7)×2		2.40	
	扣减 MC			
FM 乙 －1=4	－0.24×1.0×2.1		－2.02	
M3	－0.24×1.8×2.6		－1.12	
M4=2	－0.24×1.5×2.1		－1.51	
M5	－0.24×1.2×2.1		－0.60	
C1	－0.24×1.5×2.1		－0.76	
C2=4	－0.24×0.9×0.9		－0.78	

分部分项工程量计算表

工程名称：某食堂工程建筑主体部分　　　　第 4 页　共 14 页

编号	工程量计算式	单位	标准工程量	定额工程量
C3=11	−0.24×1.8×2.1		−9.98	
C4	−0.24×2.7×0.9		−0.58	
C5=2	−0.24×1.8×1.5		−1.30	
FC乙	−0.24×4.5×0.9		−0.97	
	扣减 GZ、GL、素混凝土			
构造柱	−(5.833−0.14980)		−5.68	
过梁	−[2.893−(0.069+0.0644)]		−2.76	
素混凝土反边	−[1.727−(0.0474+0.034+0.0405+0.0166)]		−1.59	
A3-11	混水砖墙多孔砖 240×115×90 墙体厚度 24cm{水泥石灰砂浆中砂 M5}	10m³	130.98	13.098
同清单量	130.98		130.98	
010401003002	实心砖墙 115mm 1. 砖品种、规格、强度等级：烧结页岩砖 2. 墙体类型：直形混水墙 3. 砂浆强度等级、配合比：M5.0 混合砂浆	m³	8.30	8.30
	建 2 首层层高 3.0m			
卫隔墙	0.115×(3.0−0.1)×(2.3−0.12×2)		0.69	
	3 二层层高 4.2m			
包厢 ②轴	0.115×(4.2−0.75)×(9−0.28×2)		3.35	
	0.115×(4.2−0.4)×(1.5−0.12×2)		0.55	
Ⓒ轴	0.115×(4.2−0.3)×(4−0.12−0.06)		1.71	
卫隔墙水平	0.115×(4.2−0.1)×(2.7−0.06−0.12)		1.19	
纵向	0.115×(4.2−0.1)×(2.0−0.06−0.12)		0.86	
	建 3 室外楼梯栏板高 1.1m			
TB6	0.115×(1.1−0.1)×(1.32+1.5×2+5.48)		1.13	
	扣减 MC			
M1=2	−0.115×1.0×2.1		−0.48	
M2=2	−0.115×0.9×2.1		−0.43	
	扣减 CL、素混凝土反边			
过梁	−(0.069+0.0644)		−0.13	
素混凝土反边	−(0.0474+0.034+0.0405+0.0166)		−0.14	
A3-10	混水砖墙 多孔砖 240×115×90 墙体厚度 11.5cm{水泥石灰砂浆中砂 M5}	10m³	8.30	0.830
同清单量	8.30		8.30	
010401012001	零星砌砖 1. 零星砌砖名称、部位 ：屋面保温层侧砌砖 2. 砂浆强度等级、配合比：M5.0 混合砂浆	m³	0.62	0.62

分部分项工程量计算表

工程名称：某食堂工程建筑主体部分　　　　第 5 页　共 14 页

编号	工程量计算式	单位	标准工程量	定额工程量
上人屋顶	0.115×(0.05+0.02×2)×(28.26×2−3.54)		0.55	
不上人屋顶	0.115×(0.15+0.02×2)×3.06		0.07	
A3−10	混水砖墙 多孔砖 240×115×90 墙体厚度 11.5cm{水泥石灰砂浆中砂 M5}	10m³	0.62	0.062
同清单量	0.62		0.62	
010401012002	零星砌砖 屋面台阶 1. 采用图集：15ZJ201 2/37	m³	0.30	0.30
屋面台阶	0.3×1.0		0.30	
A3-40	砖砌台阶 多孔砖 240×115×90{水泥石灰砂浆中砂 M5}	10m²	0.30	0.030
同清单量	0.3		0.30	
0105	混凝土及钢筋混凝土工程			
010501001001	C15 混凝土基础垫层	m³	17.46	17.46
结 2.3J1=10	(2.3+0.1×2)×(2.3+0.1×2)×0.1		6.25	
J2=2	(2.0+0.1×2)×(2.0+0.1×2)×0.1		0.97	
J3=2	(2.6+0.1×2)×(2.6+0.1×2)×0.1		1.57	
TJ1=2	(2.2+0.1×2)×(0.8+3.7×2+0.72+0.1×2)×0.1		4.38	
扣③轴、④轴 J1.2	−(2.0+0.1×2)×0.05×0.1		−0.01	
结 2.6KL1=3	(0.24+0.1×2)×(9−0.28×2 柱)×0.1		1.11	
KL2=2	(0.24+0.1×2)×(9−0.28×2 柱 −0.4)×0.1		0.71	
KL3=2	(0.24+0.1×2)×(28.5−0.28×2−0.3×2−0.4×5)×0.1		2.23	
KL4	(0.24+0.1×2)×(3.3−0.18×2)×0.1		0.13	
L1	(0.2+0.1×2)×(3.3−0.12×2)×0.1		0.12	
A4-3 换	混凝土垫层(换：碎石 GD40 商品普通混凝土 C15)	10m³	17.46	1.746
同清单量	17.46		17.46	
010501001002	C15 混凝土地面垫层	m³	25.49	25.49
15ZJ001 地 201	0.1×(58.14+19.768+168.722)		24.66	
地 201F	0.08×10.42		0.83	
A4-3 换	混凝土垫层{换：碎石 GD40 商品普通混凝土 C15}	10m³	25.49	2.549
同清单量	25.49		25.49	
010501002001	C25 混凝土带形基础	m³	27.37	27.37
结 2.3TJ1=2	(2.2×0.6+0.6×0.3)×(0.8+3.7×2+0.72)		26.76	
结 13 室外楼梯基础	(0.9×0.3+0.3×0.5)×1.45		0.61	
A4-5 换	带形基础 混凝土 {换 ：碎石 GD40 商品普通混凝土 C25}	10m³	27.37	2.737
同清单量	27.37		27.37	

分部分项工程量计算表

工程名称：某食堂工程建筑主体部分　　　　第 6 页　共 14 页

编号	工程量计算式	单位	标准工程量	定额工程量
010501003001	C25 混凝土独立基础	m^3	37.21	37.21
结 2.3J1=10	2.3×2.3×0.5		26.45	
J2=2	2×2×0.5		4.00	
J3=2	2.6×2.6×0.5		6.76	
A4-7 换	独立基础 混凝土｛换：碎石 GD40 商品普通混凝土 C25｝	$10m^3$	37.21	3.721
同清单量	37.21		37.21	
010502001001	C25 混凝土矩形柱	m^3	25.49	25.49
结 4.5KL1=4	0.4×0.4×(1+7.17)		5.23	
KL2=5	0.4×0.4×(1+7.17)		6.54	
KL3=5	0.4×0.4×(1+7.17)		6.54	
KL4=2	0.3×0.4×(1+7.17)		1.96	
KL5=4	0.3×0.4×(1+9.87)		5.22	
A4-18 换	混凝土柱 矩形｛换 ：碎石 GD40 商品普通混凝土 C25｝	$10m^3$	25.49	2.549
同清单量	25.49		25.49	
010502002001	C25 混凝土构造柱	m^3	5.85	5.85
	楼梯 GZ			
TZ=2	0.24×0.24×(4.2−1.275)		0.34	
TZ=2	0.24×0.24×(4.2−2.738)		0.17	
	//结构总说明，墙长>5m 设 GZ			
首层①轴、⑨轴 GZ=2	0.24×0.24×(3−0.75)+0.24×0.06×(3−0.75)/2×2 侧		0.32	
③轴、④轴 GZ=2	0.24×0.24×(3−0.6)+0.24×0.06×(3−0.6)/2×2 侧		0.35	
2 层①轴、⑨轴 GZ=2	0.24×0.24×(4.2−0.75)+0.24×0.06×(4.2−0.75)/2×2 侧		0.50	
③轴、④轴 GZ=2	0.24×0.24×(4.2−0.6)+0.24×0.06×(4.2−0.6)/2×2 侧		0.52	
Ⓐ轴 GZ=5	0.24×0.24×(4.2−0.4)+0.24×0.06×(4.2−0.4)/2×2 侧		1.37	
	女儿墙			
GZ=20	0.24×0.24×1.4+0.24×0.06×1.4/2×2 侧		2.02	
GZ=6	0.24×0.24×0.6+0.24×0.06×0.6/2×2 侧		0.26	
A4-20 换	混凝土柱 构造柱｛换 ：碎石 GD40 商品普通混凝土 C25｝	$10m^3$	5.85	0.585
同清单量	5.85		5.85	
010503001001	C25 混凝土基础梁	m^3	10.87	10.87
结 6KL1=3	0.24×0.6×(9−0.28×2)		3.65	

分部分项工程量计算表

工程名称：某食堂工程建筑主体部分　　　　第 7 页　共 14 页

编号	工程量计算式	单位	标准工程量	定额工程量
KL2=2	0.24×0.5×(6.7−0.28×2)+0.24×0.4×(2.3−0.12−0.18)		1.86	
KL3=2	0.24×0.4×(28.5−0.28×2−0.3×2−0.4×5)		4.87	
KL4	0.24×0.4×(3.3−0.18×2)		0.28	
L1	0.2×0.35×(3.3−0.12×2)		0.21	
A4-21 换	混凝土基础梁{换：碎石 GD40 商品普通混凝土 C25}	$10m^3$	10.87	1.087
同清单量	10.87		10.87	
010503002001	C25 混凝土矩形梁	m^3	1.16	1.16
	屋面结构布置图楼梯间			
KL5	0.24×0.4×(3.3−0.18×2)		0.28	
①轴、⑥轴=2	0.24×0.35×(1.8−0.2−0.28)		0.22	
①轴、⑦轴=2	0.24×0.35×(2.74−0.28−0.2)		0.38	
KLA	0.24×0.4×(3.3−0.18×2)		0.28	
A4-22 换	混凝土 单梁、连续梁{换：碎石 GD40 商品普通混凝土 C25}	$10m^3$	1.16	0.116
同清单量	1.16		1.16	
010503004001	C15 混凝土圈梁(厨卫素混凝土反边)	m^3	1.74	1.74
	一层反边 240mm 墙			
③轴、④轴 =2	0.24×0.2×(2.3−0.12−0.28)		0.18	
Ⓐ轴	0.24×0.2×(3.3−0.12−0.28)		0.14	
Ⓑ轴	0.24×0.2×(3.3−0.18×2−0.9×2 门)		0.06	
	二层反边 240mm 墙			
③轴	0.24×0.2×(2.3−0.12−0.28)		0.09	
④轴	0.24×0.2×(9+1.62−2.4+0.12−0.4×2−1 门)		0.31	
(1/5) 轴	0.24×0.2×(9+1.62−2.4+0.12−1 门)		0.35	
(1/0A) 轴	0.24×0.2×(3.7+1.85−0.12×2)		0.26	
Ⓓ轴	0.24×0.2×(3.7+1.85−0.12×2−1)		0.21	
	反边 120mm 墙			
一层卫	0.115×0.2×(2.3−0.12×2)		0.05	
二层卫 ②轴	0.115×0.2×(0.5+1.5−0.12−0.4)		0.03	
(1/2) 轴	0.115×0.2×(0.5+1.5−0.12×2)		0.04	
(1/A) 轴	0.115×0.2×(2.7−0.06−0.12−0.9×2)		0.02	
A4-24 换	混凝土 圈梁(碎石 GD40 商品普通混凝土 C25)(换：碎石 GD40 商品普通混凝土 C15)	$10m^3$	1.74	0.174
同清单量	1.74		1.74	

分部分项工程量计算表

工程名称：某食堂工程建筑主体部分　　　　　　　　　　　第 8 页　共 14 页

编号	工程量计算式	单位	标准工程量	定额工程量
010503005001	C25 混凝土过梁	m^3	2.87	2.87
	一层 240mm 墙			
M2=2	0.24×0.2×(0.9+0.5)		0.13	
M3	0.24×0.2×(1.8+0.5)		0.11	
C2=2	0.24×0.2×(0.9+0.5)		0.13	
	二层 240mm 墙			
FM 乙 1=3	0.24×0.2×(1+0.5)		0.22	
M4=2	0.24×0.2×(1.5+0.5)		0.19	
M5	0.24×0.2×(1.2+0.5)		0.08	
C1	0.24×0.2×(1.5+0.5)		0.10	
C2=2	0.24×0.2×(0.9+0.5)		0.13	
C3=11	0.24×0.2×(1.8+0.5)		1.21	
C4	0.24×0.2×(2.7+0.5)		0.15	
C5	0.24×0.2×(1.8+0.5)		0.11	
	屋面层梯间 240mm 墙			
FM 乙 1	0.24×0.2×(1+0.5)		0.07	
C5	0.24×0.2×(1.8+0.5)		0.11	
	二层 120mm 墙			
M1=2	0.115×0.2×(1.0+0.5)		0.07	
M2=2	0.115×0.2×(0.9+0.5)		0.06	
A4-25 换	混凝土 过梁(换：碎石 GD40 商品普通混凝土 C25)	$10m^3$	2.87	0.287
同清单量	2.87		2.87	
010505001001	C25 混凝土有梁板	m^3	108.68	108.68
	结 7 二层梁计量方法；梁高扣除板厚 ＋板体积			
KL1 纵向梁	0.24×(0.75−0.1)×(9−0.28×2)+0.24×(0.4−0.1)×(1.62−0.12)		1.43	
KL2	0.3×(0.75−0.1)×(9−0.28×2)+0.3×(0.5×−0.1)×(1.62−0.12)		1.62	
KL3=2	0.24×(0.6−0.1)×(6.7−0.28×2)+0.24×(0.4−0.1)×(2.3−0.12 −0.28)+0.24×(0.5−0.1)×(1.62−0.12)		2.04	
L1	0.2×(0.55−0.1)×(6.6−0.12×2)		0.57	
KLA=2	0.3×(0.75−0.1)×(9−0.28×2)+0.3×(0.4−0.1)×(1.62−0.12)		3.56	
L2	0.24×(0.3−0.1)×(6.6+1.62−0.12×2−0.24×2)		0.36	

分部分项工程量计算表

工程名称：某食堂工程建筑主体部分　　　　第 9 页　共 14 页

编号	工程量计算式	单位	标准工程量	定额工程量
KL5=2	0.3×(0.75−0.1)×(9−0.28×2)+0.3×(0.4−0.1)×(1.62−0.12)		3.56	
KL6	0.24×(0.75−0.1)×(9−0.28×2)+0.24×(0.4−0.1)×(1.62−0.12)		1.43	
L3	0.2×(0.4−0.1)×(1.5+1.62−0.24×2)		0.16	
L4 横向梁	0.24×0.4×(28.5+1.44−0.12−0.24×7)		2.70	
KL7	0.24×(0.4−0.1)×(28.5+1.44−3.7−0.28−0.4×5−0.3−0.18−0.2)		1.68	
	0.24×(0.6−0.1)×(3.7−0.12−0.2)		0.41	
L11	计入室外楼梯			
KL8	0.24×(0.4−0.1)×(3.3−0.18×2)		0.21	
L5	0.2×(0.3−0.1)×(6.7−0.12×2−0.3)		0.25	
L6	0.2×(0.3−0.1)×(3.7−0.3−0.12−0.2)		0.12	
L7	0.24×(0.3−0.1)×(3.7×4−0.15−0.3×3−0.12)		0.65	
L8	0.2×(0.3−0.1)×(6.7−0.12×2−0.3)		0.25	
L9	0.24×(0.3−0.1)×(3.7×4−0.12−0.3×3−0.15)		0.65	
	0.24×(0.6−0.1)×(3.7−0.12−0.15)		0.41	
L10	计入梯梁			
KL9	0.24×(0.4−0.1)×(28.5−0.28×2−0.3×2−0.4×5)		1.82	
	结 10 二层楼板板厚均 100mm			
=0.1	(28.5+0.12×2)×(9+1.62+0.12)+(1.44−0.12)×(1.62+1.5−0.2)		31.25	
扣楼梯间 =0.1	−(3.3−0.12×2)×(6.7−2.2+0.2−0.12)		−1.40	
扣柱 =0.1	−[0.3×0.4×2+0.4×0.4×14+(0.3×0.4−0.06×0.16)×4]		−0.29	
	结 8 屋面梁计量方法：梁高扣梁板厚 +板体积			
WKL1=2 纵向梁	0.24×(0.75−0.1)×(9−0.28×2)+0.24×(0.4−0.1)×(1.62−0.12)		2.85	
WKL2	0.3×(0.75−0.1)×(9−0.28×2)+0.3×(0.4−0.1)×(1.62−0.12)		1.78	
KL1=2	0.24×(0.6−0.1)×(6.7−0.28×2)+0.24×(0.4−0.1)×(2.3+1.62−0.12 −0.4)		1.96	
WKL3=4	0.3×(0.75−0.1)×(9−0.28×2)+0.3×(0.4−0.1)×(1.62−0.12)		7.12	
L1 横向梁	0.24×(0.4−0.1)×(28.5−0.12×2−0.3×5−0.24×2)		1.89	
WKL4	0.24×(0.4−0.1)×(28.5−0.28×2−0.3×2−0.4×5)		1.82	

分部分项工程量计算表

工程名称：某食堂工程建筑主体部分　　　　　　　　第 10 页　共 14 页

编号	工程量计算式	单位	标准工程量	定额工程量
KL2	0.24×(0.4−0.1)×(3.3−0.18×2)		0.21	
L2=2	0.2×(0.3−0.1)×(6.7−0.12×2−0.3)		0.49	
L3=2	0.2×(0.3−0.1)×(3.7×5−0.12×2−0.3×4)		1.37	
WKL5	0.24×(0.4−0.1)×(6.7−0.28−0.4−0.12)		0.43	
WKL6	0.24×(0.4−0.1)×(3.7×5−0.12−0.4×4−0.28)		1.19	
	结 11 屋面楼板板厚均 100mm			
=0.1	(28.5+0.12×2)×(9+1.62+0.12)+(1.44−0.12)×(1.62+1.5−0.2)		31.25	
扣楼梯间 =0.1	−(3.3−0.12×2)×(6.7−2.74+0.2−0.12)		−1.24	
扣柱 =0.1	−[0.3×0.4×2+0.4×0.4×14+(0.3×0.4−0.06×0.16)×4]		−0.29	
	结 9 楼梯间屋面梁、板			
WKL1=2	0.24×(0.6−0.1)×(6.7−0.28×2)		1.47	
WKL2=2	0.24×(0.4−0.1)×(3.3−0.18×2)		0.42	
L1	0.2×(0.3−0.1)×(3.3−0.12×2)		0.12	
板 =0.1	(3.3+0.12×2)×(6.7+0.12×2)		2.46	
扣柱 =0.1	−0.4×0.4×4		−0.06	
A4-31 换	混凝土 有梁板 {换：碎石 GD40 商品普通混凝土 C25}	10m³	108.68	10.868
同清单量	108.68		108.68	
010505008001	C25 混凝土雨篷	m³	2.98	2.98
结 10 二层 Ⓔ轴	0.1×(28.5+0.12×2)×1.0		2.87	
结 9 顶层梯间入口	0.1×1.8×0.6		0.11	
A4-38 换	混凝土 悬挑板 {换：碎石 GD40 商品普通混凝土 C25}	10m³	2.98	0.298
同清单量	2.98		2.98	
010506001001	C25 混凝土直形楼梯板厚 100mm	m²	23.73	23.73
结 12.13TB3	(3.3−0.12×2)/2×(2.16+1.8−0.12+0.3)		6.33	
TB3 平台板	(3.3−0.12×2)/2×(1.8−0.12)		2.57	
TB4	(3.3−0.12×2)/2×(2.74+2.16+0.2−0.12)		7.62	
TB5	(3.3−0.12×2)/2×(2.74+1.89+0.2−0.12)		7.21	
A4-49 换	混凝土直形楼梯 板厚 100mm{换：碎石 GD20 商品普通混凝土 C25 }	10m²	23.73	2.373
同清单量	23.73		23.73	
010506001002	C25 混凝土直形楼梯板厚 160mm	m²	20.45	20.45
结 12.13TB1	(3.3−0.12×2)/2×(2.97+1.8−0.12)		7.12	
TB2	(3.3−0.12×2)/2×(6.7−2.1+0.1−0.12)		7.01	
结 10.13 室外梯 TB1	1.32×(4.59+0.2)		6.32	

分部分项工程量计算表

工程名称：某食堂工程建筑主体部分　　　　第 11 页　共 14 页

编号	工程量计算式	单位	标准工程量	定额工程量
A4-49 换	混凝土直形楼梯 板厚 100mm{换：碎石 GD20 商品普通混凝土 C25 }[实际 160]	$10m^2$	20.45	2.045
同清单量	20.45		20.45	
010507001001	C15 混凝土散水	m^2	17.23	17.23
建 2 宽=0.8	4+2.7+3.3+9.24+1.5+0.8		17.23	
A4-59 换	散水 混凝土 60mm 厚 水泥砂浆面 20mm{换：碎石 GD40 商品普通混凝土 C15}	$100m^2$	17.23	0.1723
	17.23		17.23	
010507001002	C15 混凝土坡道	m^2	86.98	86.98
建 2 宽 =1.5	28.74+3.7×5+0.12×2+1.32		73.20	
宽 =1.32	9.24+1.2		13.78	
A9-14	水泥砂浆整体面层 防滑坡道（水泥砂浆 ）	$100m^2$	86.98	0.8698
同清单量	86.98		86.98	
A4-3 换	混凝土垫层 {换：碎石 GD40 商品普通混凝土 C15}	$10m^3$	8.70	0.870
坡道厚 =0.1	86.98		8.70	
A3-89	灰土 垫层 {灰土 3∶7}	$10m^3$	26.09	2.609
垫层厚 =0.3	86.98		26.09	
A1-83	人工原土打夯	$100m^2$	86.98	0.8698
	86.98		86.98	
010507005001	C25 混凝土压顶	m^3	2.23	2.23
屋面女儿墙	0.24×0.1×[(28.5+10.5)×2−3.54]		1.79	
梯顶女儿墙	0.24×0.1×(3.3+6.7)×2		0.48	
-GZ	−0.24×0.24×0.1×(20+6)		−0.15	
户外梯 TB6	0.115×0.1×(1.32+1.5×2+5.48)斜长		0.11	
A4-53 换	混凝土 压顶、扶手 {换：碎石 GD40 商品普通混凝土 C25}	$10m^3$	2.23	0.223
同清单量	2.23		2.23	
010512008001	C20 混凝土沟盖板、井盖板、井圈	m^3	1.65	1.65
砖砌地沟混凝土盖板	0.32×0.06×86.08		1.65	
A4-148	预制混凝土 地沟盖板 制作（碎石 GD20 中砂水泥 32.5 C25）	$10m^3$	1.68	0.168
	1.65×1.02		1.68	
A4-177	小型构件运输 1km	$10m^3$	1.68	0.168
	1.65×1.018		1.68	
A4-215	地沟盖板 安装 {水泥砂浆 1∶2}	$10m^3$	1.65	0.165
	1.65		1.65	

分部分项工程量计算表

工程名称：某食堂工程建筑主体部分 第 12 页 共 14 页

编号	工程量计算式	单位	标准工程量	定额工程量
010515001001	现浇构件钢筋 Φ 10 以内大厂	t	8.274	8.274
	8.274		8.274	
A4-236	现浇构件圆钢筋制安 Φ 10 以内	t	8.274	8.274
	8.274		8.274	
010515001002	现浇构件圆钢筋制安 Φ 10 以上	t	0.462	0.462
	0.462		0.462	
A4-237	现浇构件圆钢筋制安 Φ 10 以上	t	0.462	0.462
	0.462		0.462	
010515001003	现浇构件螺纹钢制安 Φ 10 以上	t	12.727	12.727
	12.727		12.727	
A4-239	现浇构件螺纹钢制安 Φ 10 以上	t	12.727	12.727
	12.727		12.727	
010515002001	预制构件圆钢制安 冷拔低碳钢丝 Φ^b 5 以下绑扎	t	0.020	0.020
	0.02		0.020	
A4-246	预制构件圆钢制安 冷拔低碳钢丝 Φ 5 以下绑扎	t	0.020	0.020
	0.02		0.020	
桂 010515011001	砖砌体加固钢筋 绑扎	t	0.510	0.510
	0.51		0.510	
A4-317	砖砌体加固钢筋 绑扎	t	0.510	0.510
	0.51		0.510	
010516002001	预埋铁件	t	0.007	0.007
梯栏杆埋件 =50	[(0.06×0.06×7.85)+(0.06+0.025×2+0.08×2)×0.395]/1000		0.007	
A4-326	预埋铁件	t	0.007	0.007
同清单量	0.007		0.007	
桂 010516004001	钢筋电渣压力焊接	个	312	312
KL123=14 根	8×2 层		224	
KZ4=2	4×2 层		16	
KZ5=4	6×3 层		72	
A4-319	钢筋电渣压力焊接	10 个	312	31.2
	312		312	
0109	屋面及防水工程			
010902001001	屋面卷材防水 1. 采用图集：15ZJ001 屋 103 第 3 点屋 105 第 3 点 2. 1.2 厚聚乙烯橡胶共混防水卷材	m^2	359.79	359.79

分部分项工程量计算表

工程名称：某食堂工程建筑主体部分　　　　第 13 页　共 14 页

编号	工程量计算式	单位	标准工程量	定额工程量
	上人屋面			
建 4 屋面平面	(28.5－0.12×2)×(10.5－0.12×2)		289.95	
扣楼梯间	－(3.3＋0.12×2)×6.7		－23.72	
天沟侧	(0.05＋0.02×2)×[(28.5－0.12×2)×2－3.54]		4.77	
上卷泛水	(0.36＋0.06)×(28.26＋10.26＋6.7)×2		37.99	
上卷扣门	－(0.36＋0.06)×1.0		－0.42	
	不上人屋面			
建 7 梯间顶平面	(3.3－0.12×2)×(6.7－0.12×2)		42.64	
上卷	(0.36＋0.06)×(3.06＋6.46)×2		8.00	
天沟侧	(0.15＋0.02×2)×3.06		0.58	
A7-73	氯化聚乙烯——橡胶共混卷材冷贴屋面 满铺{建筑胶素水泥浆}	100m²	359.79	3.5979
同清单量	359.79		359.79	
010902003001	屋面刚性层 1. 采用图集：15ZJ001 屋 103 第 1 点屋 105 第 1 点 2. 刚性层厚度：50 厚 3. 砂浆配合比、混凝土强度等级：C20 细石混凝土 4. 钢筋网：内配 Φ 4@100 双向钢筋网	m²	359.79	359.79
	359.79		359.79	
A7-100 换	混凝土防水层（无筋 ）40mm{素水泥浆 }[实际 50]	100m²	359.79	3.5979
	359.79		359.79	
A4-269	钢筋网片制安间距 (cm) 10×10	100m²	359.79	3.5979
	359.79		359.79	
010902003002	屋面刚性层（雨篷面 ） 1. 砂浆、混凝土种类：15 厚 1∶3 水泥砂浆加 5%防水粉	m²	29.82	29.82
二层	(28.5＋0.12×2)×1.0		28.74	
屋面梯间	1.8×0.6		1.08	
A7-98	防水砂浆 20mm 厚 {素水泥浆 }	100m²	29.82	0.2982
同清单量	29.82		29.82	
010904002001	楼（地)面涂膜防水 1. 采用图集：15ZJ 地 201F 楼 201F 第 3 点 2. 涂膜厚度、遍数或层数：1.5 厚聚氨酯防水涂料	m²	22.22	22.22
	22.22		22.22	
A7-134 换	聚氨酯防水 1.2mm 厚平面 [实际 1.5]	100m²	22.22	0.2222
水平面	6.0564＋4.368		10.42	
上卷 =0.15	(3.3－0.12×3)×2＋(2.3－0.12×2)×4		2.12	

分部分项工程量计算表

工程名称：某食堂工程建筑主体部分　　　　第 14 页　共 14 页

编号	工程量计算式	单位	标准工程量	定额工程量
0.15	(2.7−0.06−0.12×2)+(2.0−0.12−0.06)×4		9.68	
0110	保温、隔热、防腐工程			
011001001001	保温隔热屋面（上人屋面） 1. 采用图集：15ZJ001 屋 103 第 5 点屋 105 第 5 点 2. 干铺 50 厚挤塑聚苯乙烯泡沫板	m^2	281.32	281.32
建 4 上人屋面平面	289.95−23.72		266.23	
扣天沟，侧砖	−(0.4+0.12)×(6.7−0.12×2−0.4−0.12)天沟及侧砖		−3.09	
建 7 层梯间顶层面	(3.3−0.12×2)×(6.7−0.12×2−0.4−0.12)天沟及侧砖		18.18	
A8-21	屋面保湿挤塑苯板厚度 50mm(聚合物粘结砂浆）	$100m^2$	281.32	2.8132
同清单量	281.32		281.32	
011001001002	保温隔热屋面（上人屋面） 1. 采用图集：15ZJ001 屋 103 第 6 点屋 105 第 6 点 2. 30 厚（最薄处）LC5.0 轻骨料混凝土找 2%坡，平均厚度 70mm	m^2	257.22	257.22
建 4 上人屋面平面	289.95−23.72		266.23	
扣天沟，侧砖	−(0.4+0.12)×[(28.5−0.12×2)×2−3.54]		−27.55	
建 7 梯间顶平面	(3.3−0.12×2)×(6.7−0.12×2−0.4)减天沟		18.54	
A8-32 换	屋面现浇陶粒混凝土隔热层 LC5 厚度 100mm(中砂水泥 32.5 陶粒（密度等级 700）LC5)[实际 70]	$100m^2$	257.22	2.5722
	找坡平均厚度（10.26/2−0.4−0.12)×0.02/2+0.02		0.07	
同清单量	257.22		257.22	

任务 17.2 某食堂工程建筑主体部分单价措施工程量计算表

单价措施工程量计算表

工程名称：某食堂工程建筑主体部分　　　　第 1 页　共 7 页

编号	工程量计算式	单位	标准工程量	定额工程量
011701	脚手架工程			
011701001001	外脚手架 1. 搭设高度：10m 以内双排	m^2	717.42	717.42
室外地坪 ～ 女儿墙顶	[(28.74+10.74)×2−3.54]×(0.15+8.6)		659.93	
屋面 ～梯间顶	(6.94×2+3.54)×(10.5−7.2)		57.49	
A15-5	扣件式钢管外脚手架双排 10m 以内	$100m^2$	717.41	7.1741
1.05	717.41		717.41	
011701001002	外脚手架 1. 搭设高度：20m 以内双排	m^2	37.70	37.70
室外地坪～梯间顶	3.54×(0.15+10.5)		37.70	
A15-6	扣件式钢管外脚手架双排 20m 以内	$100m^2$	37.70	0.3770
1.05	37.7		37.70	
011701002001	里脚手架 1. 搭设高度：3.6m 以内	m^2	52.96	52.96
	首层			
③轴、④轴 =2	(3−0.6)×(6.7−0.28×2)		29.47	
=2	(3−0.4)×(2.3−0.12−0.28)		9.88	
Ⓑ轴	(3−0.4)×(3.3−0.18×2)		7.64	
卫隔墙	(3.0−0.1)×(2.3−0.12×2)		5.97	
A15-1	扣件式钢管里脚手架 3.6m 以内	$100m^2$	52.97	0.5297
同清单量	52.97		52.97	
011701002002	里脚手架 1. 搭设高度：3.6m 以上	m^2	201.74	201.74
	首层			
③轴、④轴 =2	(4.2−0.6)×(6.7−0.28×2)		44.21	
=2	(4.2−0.4)×(2.3+1.62−0.12−0.4)		25.84	
(1/5) 轴	(4.2−0.1)×(10.5−2.4)		33.21	
Ⓑ轴	(4.2−0.4)×(3.3−0.18×2)		11.17	
Ⓓ轴	(4.2−0.3)×(3.7+1.85−0.12×2)		20.71	
包厢 ②轴	(4.2−0.75)×(9−0.28×2)		29.12	
	(4.2−0.4)×(1.5−0.12×2)		4.79	
Ⓒ轴	(4.2−0.3)×(4−0.12−0.06)		14.90	
卫隔墙水平	(4.2−0.1)×(2.7−0.06−0.12)		10.33	
纵向	(4.2−0.1)×(2.0−0.06−0.12)		7.46	
A15-2	扣件式钢管里脚手架 3.6m 以上	$100m^2$	201.74	2.0174
同清单量	201.74		201.74	
桂 011701011001	楼板现浇混凝土运输道	m^2	598.79	598.79
建筑面积	28.74×(9.24+10.74)+3.54×6.94		598.79	

单价措施工程量计算表

工程名称：某食堂工程建筑主体部分　　　　第 2 页　共 7 页

编号	工程量计算式	单位	标准工程量	定额工程量
A15-28	钢管现浇混凝土运输道楼板钢管架	100m²	598.79	5.9879
	598.79		598.79	
011702	混凝土模板及支架（撑）			
011702001001	基础 模板制作安装 1. 基础类型：混凝土垫层	m²	37.33	37.33
结②轴、③轴 JI=8	[(2.3+0.1×2)+(2.3+0.1×2)]×2×0.1		8.00	
J1.2 合 =2	[(2.3+0.1×2)+(0.92+2.3+1.23+0.1×2)]×2×0.1		2.86	
J3=2	[(2.6+0.1×2)+(2.6+0.1×2)]×2×0.1		2.24	
TJ1=2	[(2.2+0.1×2)+(0.8+3.7×2+0.72+0.1×2)]×2×0.1		4.61	
结②轴、⑥轴 KL1=3	2×(9−0.28×2 柱)×0.1		5.06	
KL2=2	2×(9−0.28×2 柱 −0.4)×0.1		3.22	
KL3=2	2×(28.5−0.28×2−0.3×2−0.4×5)×0.1		10.14	
KL4	2×(3.3−0.18×2)×0.1		0.59	
L1	2×(3.3−0.12×2)×0.1		0.61	
A17-1	混凝土基础垫层 木模板木支撑	100m²	37.33	0.3733
	37.33		37.33	
011702001002	基础模板制作安装 1. 基础类型：有肋式带形基础	m²	41.27	41.27
结②轴、③轴 J1=2	(0.6+0.3)×2×(0.8+3.7×2+0.72)+(2.2×0.6+0.6×0.3)×2		38.11	
结 13 室外楼梯基础	0.8×2×1.45+(0.9×0.3+0.3×0.5)×2		3.16	
A17-8	有肋式带形基础 钢筋混凝土 胶合板模板 木支撑	100m²	41.27	0.4127
	41.27		41.27	
011702001003	基础模板制作安装 1. 基础类型：独立基础	m²	64.40	64.40
结②轴、③轴 J1=10	2.3×4×0.5		46.00	
J2=2	2×4×0.5		8.00	
J3=2	2.6×4×0.5		10.40	
A17-14	独立基础 胶合板模板 木支撑	100m²	64.40	0.6440
	64.4		64.40	
011702002001	矩形柱模板制作安装 1. 柱高 3.97m	m²	118.44	118.44
结 ④轴、⑤轴 KZ1.2.3 独基上	0.4×4×(1.5−0.5+2.97)×8		50.82	
KZ1.2.3TJ 上	0.4×4×(1.5−0.9+2.97)×6		34.27	
KZ4.5=6	(0.3+0.4)×2×(1.5−0.5+2.97)		33.35	
A17-51 换	矩形柱 胶合板模板 木支撑[实际 3.97]	100m²	118.44	1.1844
	118.44		118.44	
011702002002	矩形柱模板制作安装 1. 柱高 4.2m	m²	129.36	129.36

单价措施工程量计算表

工程名称：某食堂工程建筑主体部分　　　　　　　　　　第 3 页　共 7 页

编号	工程量计算式	单位	标准工程量	定额工程量
KZ1～5	0.4×4×4.2×14+(0.3+0.4)×2×4.2×6		129.36	
A17-51 换	矩形柱胶合板模板木支撑[实际 4.2]	100m²	129.36	1.2936
	129.36		129.36	
011702002003	矩形柱模板制作安装 1. 柱高 3.6m 以下	m²	15.12	15.12
KZ5=4	(0.3+0.4)×2×2.7		15.12	
A17-51	矩形柱 胶合板模板 木支撑	100m²	15.12	0.1512
	15.12		15.12	
011702003001	构造柱模板制作安装 1.3.6m 以下	m²	48.03	48.03
	楼梯 GZ			
TZ=2	0.24×4×(4.2−1.275)		5.62	
TZ=2	0.24×4×(4.2−2.738)		2.81	
	女儿墙屋面 20 根梯顶 6 根			
马牙墙中 =16	(0.24+0.06×2)×1.4×2 侧		16.13	
转角 =4	(0.24×2+0.06×4)×1.4		4.03	
马牙墙中 =2	(0.24+0.06×2)×0.6×2 侧		0.86	
转角 =4	(0.24×2+0.06×4)×0.6		1.73	
	结构总说明，墙长>5m 设 GZ			
首层 ①轴、⑨轴 GZ=2	(0.24+0.06×2)×2 侧 ×(3−0.75)		3.24	
③轴、④轴 GZ=2	(0.24+0.06×2)×2 侧 ×(3−0.6)		3.46	
2 层 ①轴、⑨轴 GZ=2	(0.24+0.06×2)×2 侧 ×(4.2−0.75)		4.97	
③轴、④轴 GZ=2	(0.24+0.06×2)×2 侧 ×(4.2−0.6)		5.18	
A17-58	构造柱 胶合板模板 木支撑	100m²	48.03	0.4803
	48.03		48.03	
011702003002	构造柱 模板制作安装 1. 柱高 3.8m	m²	13.68	13.68
	结构总说明，墙长>5m 设 GZ			
热层 Ⓐ轴 GZ=5	(0.24+0.06×2)×2 侧 ×(4.2−0.4)		13.68	
A17-58 换	构造柱 胶合板模板 木支撑[实际 3.8]	100m²	13.68	0.1368
同清单量	13.68		13.68	
011702005001	基础梁 模板制作安装	m²	90.89	90.89
结 6KL1=3	2×0.6×(9−0.28×2)		30.38	
KL2=2	2×0.5×(6.7−0.28×2)+2×0.4×(2.3−0.12−0.18)		15.48	
KL3=2	2×0.4×(28.5−0.28×2−0.3×2−0.4×5)		40.54	
KL4	2×0.4×(3.3−0.18×2)		2.35	
L1	2×0.35×(3.3−0.12×2)		2.14	
A17-63	基础梁 胶合板模板 木支撑	100m²	90.89	0.9089

单价措施工程量计算表

工程名称：某食堂工程建筑主体部分　　　　第4页　共7页

编号	工程量计算式	单位	标准工程量	定额工程量
同清单量	90.89		90.89	
011702006001	矩形梁 模板制作安装	m^2	12.85	12.85
	屋面结构布置图楼梯间 −2.783m、−1.275m			
KL5	(0.24+0.4×2)×(3.3−0.18×2)		3.06	
L6=2	(0.24+0.35×2)×(1.8−0.2−0.28)		2.48	
L7=2	(0.24+0.35×2)×(2.74−0.28−0.2)		4.25	
KL4	(0.24+0.4×2)×(3.3−0.18×2)		3.06	
A17-66	单梁 连续梁 框架梁 胶合板模板 钢支撑	$100m^2$	12.85	0.1285
同清单量	12.85		12.85	
011702008001	圈梁模板制作安装 1. 直形 素混凝土反边	m^2	15.65	15.65
	一层反边 240mm 墙			
③轴、④轴 =2	2×0.2×(2.3−0.12−0.28)		1.52	
Ⓐ轴	2×0.2×(3.3−0.18×2)		1.18	
Ⓑ轴	2×0.2×(3.3−0.18×2−0.9×2门)		0.46	
	二层反边 240mm 墙			
③轴	2×0.2×(0.5+1.62−0.4)		0.69	
④轴	2×0.2×(9+1.62−2.4+0.12−0.4×2−1.0门)		2.62	
(1/5)轴	2×0.2×(9+1.62−2.4+0.12−1.0门)		2.94	
(1/0A)轴	2×0.2×(3.7+1.85−0.12×2)		2.12	
Ⓓ轴	2×0.2×(3.7+1.85−0.12×2−1.0)		1.72	
	反边 120mm 墙			
一层卫	2×0.2×(2.3−0.12×2)		0.82	
二层卫 ②轴	2×0.2×(0.5+1.5−0.12−0.4)		0.59	
(1/2)轴	2×0.2×(0.5+1.5−0.12×2)		0.70	
(1/A)轴	2×0.2×(2.7−0.06−0.12−0.9×2)		0.29	
A17-72	圈梁 直形 胶合板模板 木支撑	$100m^2$	15.65	0.1565
	15.65		15.65	
011702009001	过梁 模板安装	m^2	36.07	36.07
	一层 240mm 墙			
M2=2	0.24×0.9+0.2×2×(0.9+0.5)		1.55	
M3	0.24×1.8+0.2×2×(1.8+0.5)		1.35	
C2=2	0.24×0.9+0.2×2×(0.9+0.5)		1.55	
	二层 240mm 墙			
FM乙 1=3	0.24×1+0.2×2×(1+0.5)		2.52	
M4=2	0.24×1.5+0.2×2×(1.5+0.5)		2.32	
M5	0.24×1.2+0.2×2×(1.2+0.5)		0.97	
C1	0.24×1.5+0.2×2×(1.5+0.5)		1.16	

单价措施工程量计算表

工程名称：某食堂工程建筑主体部分　　　　第 5 页　共 7 页

编号	工程量计算式	单位	标准工程量	定额工程量
C2=2	0.24×0.9+0.2×2×(0.9+0.5)		1.55	
C3=11	0.24×1.8+0.2×2×(1.8+0.5)		14.87	
C4	0.24×2.7+0.2×2×(2.7+0.5)		1.93	
C5	0.24×1.8+0.2×2×(1.8+0.5)		1.35	
	屋面层楼梯间 240mm 墙			
FM 乙 1	0.24×1+0.2×2×(1+0.5)		0.84	
C5	0.24×1.8+0.2×2×(1.8+0.5)		1.35	
	二层 120mm 墙			
M1=2	0.115×1.0+0.2×2×(1.0+0.5)		1.43	
M2=2	0.115×0.9+0.2×2×(0.9+0.5)		1.33	
A17-76	过梁 胶合板模板 木支撑	$100m^2$	36.07	0.3607
同清单量	36.07		36.07	
011702014001	有梁板 模板制作安装 1. 支撑高度：3.6m 以内	m^2	534.50	534.50
	结 7 二层梁计量方法：梁高扣板厚 +板体积			
KL1 纵向梁	2×(0.75−0.1)×(9−0.28×2)+2×(0.4−0.1)×(1.62−0.12)		11.87	
KL2	2×(0.75−0.1)×(9−0.28×2)+2×(0.5−0.1)×(1.62−0.12)		12.17	
KL3=2	2×(0.6−0.1)×(6.7−0.28×2)+2×(0.4−0.1)×(2.3−0.12−0.28)+2×(0.5 −0.1)×(1.62−0.12)		16.96	
L1	2×(0.55−0.1)×(6.6−0.12×2)		5.72	
KL4=2	2×(0.75−0.1)×(9−0.28×2)+2×(0.4−0.1)×(1.62−0.12)		23.74	
L2	2×(0.3−0.1)×(6.6+1.62−0.12×2−0.24×2)		3.00	
KL5=2	2×(0.75−0.1)×(9−0.28×2)+2×(0.4−0.1)×(1.62−0.12)		23.74	
KL6	2×(0.75−0.1)×(9−0.28×2)+2×(0.4−0.1)×(1.62−0.12)		11.87	
L3	2×(0.4−0.1)×(1.5+1.62−0.24×2)		1.58	
L4 横向梁	2×0.4×(28.5+1.44−0.12−0.24×7)		22.51	
KL7	2×(0.4−0.1)×(28.5+1.44−3.7−0.28−0.4×5−0.3−0.18−0.2)		13.97	
	2×(0.6−0.1)×(3.7−0.12−0.2)		3.38	
L11	计入室外楼梯		0.000	
KL8	2×(0.4−0.1)×(3.3−0.18×2)		1.76	
L5	2×(0.3−0.1)×(6.7−0.12×2−0.3)		2.46	
L6	2×(0.3−0.1)×(3.7−0.3−0.12−0.2)		1.23	
L7	2×(0.3−0.1)×(3.7×4−0.15−0.3×3−0.12)		5.45	
L8	2×(0.3−0.1)×(6.7−0.12×2−0.3)		2.46	
L9	2×(0.3−0.1)×(3.7×4−0.12−0.3×3−0.15)		5.45	
	2×(0.6−0.1)×(3.7−0.12−0.15)		3.43	
L10	计入梯梁		0.000	
KL9	2×(0.4−0.1)×(28.5−0.28×2−0.3×2−0.4×5)		15.20	
	结 10 二层楼板板厚均 100mm			

单价措施工程量计算表

工程名称：某食堂工程建筑主体部分　　　　第 6 页　共 7 页

编号	工程量计算式	单位	标准工程量	定额工程量
板底面	(28.5＋0.12×2)×(9＋1.62＋0.12)＋(1.44－0.12)×(1.62＋1.5－0.2)		312.52	
扣楼梯间	－(3.3－0.12×2)×(6.7－2.2＋0.2－0.12)		－14.01	
扣柱	－[0.3×0.4×2＋0.4×0.4×14＋(0.3×0.4－0.06×0.16)×4]		－2.92	
板厚外侧 ＝0.1	(28.74＋10.74)×2		7.90	
	结 9 楼梯间屋面梁、板			
WKL1＝2	2×(0.6－0.1)×(6.7－0.28×2)		12.28	
WKL2＝2	2×(0.4－0.1)×(3.3－0.18×2)		3.53	
L1	2×(0.3－0.1)×(3.3－0.12×2)		1.22	
板底面	(3.3＋0.12×2)×(6.7＋0.12×2)		24.57	
扣柱	－0.4×0.4×4		－0.64	
板厚外侧面 ＝0.1	(3.54＋6.94)×2		2.10	
A17-92	有梁板 胶合板模板 木支撑	$100m^2$	534.50	5.3450
同清单量	534.50		534.50	
011702014002	有梁板模板制作安装 1. 支撑高度：4.1m	m^2	457.48	457.48
	结 8 屋面梁计量方法：梁高扣板厚 ＋板体积			
WKL1 纵向梁	2×(0.75－0.1)×(9－0.28×2)＋2×(0.4－0.1)×(1.62－0.12)		11.87	
WKL2	2×(0.75－0.1)×(9－0.28×2)＋2×(0.4－0.1)×(1.62－0.12)		11.87	
KL1＝2	2×(0.6－0.1)×(6.7－0.28×2)＋2×(0.4－0.1)×(2.3＋1.62－0.12－0.4)		16.36	
WKL3＝4	2×(0.75－0.1)×(9－0.28×2)＋2×(0.4－0.1)×(1.62－0.12)		47.49	
L1 横向梁	2×(0.4－0.1)×(28.5－0.12×2－0.3×5－0.24×2)		15.77	
WKL4	2×(0.4－0.1)×(28.5－0.28×2－0.3×2－0.4×5)		15.20	
KL2	2×(0.4－0.1)×(3.3－0.18×2)		1.76	
L2＝2	2×(0.3－0.1)×(6.7－0.12×2－0.3)		4.93	
L3＝2	2×(0.3－0.1)×(3.7×5－0.12×2－0.3×4)		13.65	
WKL5	2×(0.4－0.1)×(6.7－0.28－0.4－0.12)		3.54	
WKL6	2×(0.4－0.1)×(3.7×5－0.12－0.4×4－0.28)		9.90	
	结 11 屋面楼板板厚均 100mm			
板底	(28.5＋0.12×2)×(9＋1.62＋0.12)＋(1.44－0.12)×(1.62＋1.5－0.2)		312.52	
扣楼梯间	－(3.3－0.12×2)×(6.7－2.74＋0.2－0.12)		－12.36	
扣柱	－[0.3×0.4×2＋0.4×0.4×14＋(0.3×0.4－0.06×0.16)×4]		－2.92	
板厚外侧面 ＝0.1	(28.74＋10.74)×2		7.90	
A17-92 换	有梁板 胶合板模板 木支撑 [实际 4.1]	$100m^2$	457.48	4.5748
同清单量	457.478		457.48	
011702023001	雨篷模板制作安装	m^2	29.82	29.82
结 10 二层 Ⓔ轴	(28.5＋0.12×2)×1.0		28.74	
结 9 顶层 楼梯间入口	1.8×0.6		1.08	
A17-109	悬挑板 直形 木模板木支撑	$10m^2$ 投影面积	29.80	2.980

单价措施工程量计算表

工程名称：某食堂工程建筑主体部分　　　　第 7 页　共 7 页

编号	工程量计算式	单位	标准工程量	定额工程量
同清单量	29.80		29.80	
011702024001	楼梯 模板制作安装	m^2	44.18	44.18
同结构量	23.73+20.445		44.18	
A17-115	楼梯 直形 胶合板模板 钢支撑	$10m^2$ 投影面积	44.18	4.418
同清单量	44.18		44.18	
桂 011702038001	压顶模板制作安装	m	98.02	98.02
屋面女儿墙	(28.5+10.5)×2−3.54		74.46	
梯顶女儿墙	(3.3+6.7)×2		20.00	
−GZ	−0.24×(20+6)		−6.24	
户外梯 TB6	1.32+1.5×2+5.48		9.80	
A17-118	压顶、扶手 木模板木支撑	100 延长米	98.02	0.9802
同清单量	98.02		98.02	
桂 011702039001	混凝土散水模板制作安装 1. 散水厚度：70mm	m^2	17.23	17.23
同结构量	17.23			17.23
A17-123 换	混凝土散水 混凝土 60mm 厚 木模板木支撑[实际高度：70m]	$100m^2$	17.23	0.1723
	17.23		17.23	
011703	垂直运输工程			
011703001001	垂直运输 1. 建筑物建筑类型及结构形式：框架结构 2. 建筑物檐口高度、层数：7.35m，地上 2 层	m^2	598.79	598.79
	598.79		598.79	
A16-2	建筑物垂直运输高度 20m 以内 框架结构 卷扬机	$100m^2$	598.79	5.9879
同清单量	598.79		598.79	
011708	混凝土运输及泵送工程			
桂 011708002001	混凝土泵送	m^3	262.98	262.98
A18-4	混凝土泵送 输送泵 檐高 40m 以内(碎石 GD20 商品普通混凝土 C20)(泵 40m)	$100m^3$	18.21	0.1821
A18-4	混凝土泵送 输送泵 檐高 40m 以内(碎石 GD20 商品普通混凝土 C25)(泵 40m)	$100m^3$	10.16	0.1016
A18-4	混凝土泵送 输送泵 檐高 40m 以内(碎石 GD40 商品普通混凝土 C15)(泵 40m)	$100m^3$	17.64	0.1764
A18-4	混凝土泵送 输送泵 檐高 40m 以内(碎石 GD40 商品普通混凝土 C25)(泵 40m)	$100m^3$	216.97	2.1697

任务 17.3　某食堂工程装饰装修部分分部分项工程量计算表

分部分项工程量计算表

工程名称：某食堂工程装饰装修部分　　　　第 1 页　共 9 页

编号	工程量计算式	单位	标准工程量	定额工程量
0108	门窗工程			
010801001001	木质门成品 1. 不带纱单扇无亮 2. 运输距离：10km	m^2	13.02	13.02
M1.4.5	1.0×2.1×2+1.5×2.1×2+1.2×2.1×1		13.02	
A12-28	装饰成品门 安装	$100m^2$	13.02	0.1302
	13.02		13.02	
A12-172	不带纱木门五金配件 无亮 单扇	樘	5	5
	2+2+1		5	
A12-168 换	门窗运输 运距 1km 以内[实际 10]	$100m^2$	13.02	0.1302
	13.02		13.02	
010801001002	木质门成品装饰木门 1. 不带纱双扇有亮 2. 运输距离：10km	m^2	4.68	4.68
M3	1.8×2.6×1		4.68	
A12-28	装饰成品门 安装	$100m^2$	4.68	0.0468
同清单量	4.68		4.68	
A12-171	不带纱木门五金配件 有亮 双扇	樘	1	1
	1		1	
A12-168 换	门窗运输 运距 1km 以内[实际 10]	$100m^2$	4.68	0.0468
	4.68		4.68	
010801004001	木质防火门乙级 1. 运输距离：10km	m^2	8.40	8.40
FM 乙 1=4	1×2.1		8.40	
A12-81	防火门 木质	$100m^2$	8.40	0.0840
	8.4		8.40	
A12-168 换	门窗运输 运距 1km 以内[实际 10]	$100m^2$	8.40	0.0840
	8.4		8.40	
010801006001	门锁安装 L 型执锁	把	6	6
	2+1+2+1		6	
A12-141	特殊五金 L 型 执手插锁	把	6	6
同清单量	6		6	
010801006002	防火门配件 闭门器	套	4	4
	4		4	
A12-149	特殊五金 闭门器（套）明装	套	4	4
	4		4	
010801006003	防火门配件 防火铰链	副	4	4
	4		4	

分部分项工程量计算表

工程名称：某食堂工程装饰装修部分　　　　第 2 页　共 9 页

编号	工程量计算式	单位	标准工程量	定额工程量
A12-151	特殊五金 防火门防火铰链	副	4	4
	4		4	
010803001001	镀锌铁皮卷匣门 0.8mm 1. 门代号及洞口尺寸：2 樘 JM-1 2. 启动装置品种，规格：电动		37.76	37.76
	37.76		37.76	
A12-52	卷闸门 铝合金	$100m^2$	37.76	0.3776
JM-1＝2	(4＋2.7－0.28－0.4－0.12)×(3－0.4＋0.6 定额规定加高)		37.76	
A12-53	卷闸门 电动装置	每套	2	2
	2		2	
010802001001	塑钢成品平开门 60 系列 5 厚白玻不带纱	m^2	7.56	7.56
M2＝4	0.9×2.1		7.56	
A12-44	塑钢平开门	$100m^2$	7.56	0.0756
同清单量	7.56		7.56	
010807001001	铝合金推拉窗 ≤$2m^2$ 1. 框、扇材质：90 系列 1.4mm 厚白铝，不带亮 2. 玻璃品种、厚度：5mm 白玻	m^2	3.24	3.24
C2＝4	0.9×0.9		3.24	
A12-115 换	铝合金推拉窗 不带亮	$100m^2$	3.24	0.0324
同清单量	3.24		3.24	
010807001002	铝合金推拉窗＞ $2m^2$ 1. 框、扇材质：90 系列 1.4mm 厚白铝，带亮 2. 玻璃品种、厚度：5mm 白玻	m^2	44.73	44.73
C1.3	1.5×2.1×1＋1.8×2.1×11		44.73	
A12-114 换	铝合金推拉窗 带亮	$100m^2$	44.73	0.4473
	44.73		44.73	
010807001003	铝合金推拉窗＞ $2m^2$ 1. 框、扇材质：90 系列 1.4mm 厚白铝，不带亮 2. 玻璃品种、厚度：5mm 白玻	m^2	7.83	7.83
C4.5	2.7×0.9×1＋1.8×1.5×2		7.83	
A12-115 换	铝合金推拉窗 不带亮	$100m^2$	7.83	0.0783
同清单量	7.83		7.83	
0111	楼地面装饰工程			
011101006001	平面砂浆找平层 1. 采用图集：15ZJ 地 201F 楼 201F 第 4 点、第 5 点 2. 找平层厚度、砂浆种类、配合比：20 厚 1∶3 水泥砂浆找平 3. 素水泥浆一遍	m^2	10.39	10.39
一层卫	(3.3－0.12×3)×(2.3－0.12×2)		6.06	

分部分项工程量计算表

工程名称：某食堂工程装饰装修部分　　　　第 3 页　共 9 页

编号	工程量计算式	单位	标准工程量	定额工程量
二层卫	(2.7−0.08−0.12×2)×(2.0−0.12−0.06)		4.33	
A9-1	水泥砂浆找平层 混凝土或硬基层上 20mm(素水泥浆)	100m²	10.39	0.1039
	10.39		10.39	
011102003001	块料楼地面 1. 采用图集：15ZJ001 第 201、楼 201 2. 面层材料品种、规格、颜色：600×600 抛光砖	m²	505.87	505.87
	建 3 首层平面图			
仓库	(6.7−0.12×2)×(9−0.12×2)		56.59	
楼梯间	(3.3−0.12×2)×(6.7−0.12×2)		19.77	
杂物间	(3.7×5−0.12×2)×(9+0.12×2)		168.72	
一层 M3	0.24×1.8		0.43	
M2	0.24×0.9×2		0.43	
JM1=2	0.24×(3.52+2.35)		2.82	
	建 3 二层平面			
包厢	(4−0.12−0.06)×(10.5−0.12×3)		38.74	
走道	(2.7−0.06−0.12)×(9−0.06−0.12)		22.23	
更衣室	(3.3−0.12×2)×(3.8−0.12×2)		10.89	
厨房	(3.7+1.75−0.12×2)×(1.6+2.7+2.3+1.5−0.12×2)		40.95	
职工餐厅	(3.7+1.85)×(2.4−0.12×2)		11.99	
	(1.85+3.7×3−0.12×2)×(10.5−0.12×2)		130.41	
M	0.24×(1.0×3+1.5×2)+0.12×(1+0.9)×2		1.90	
A9-83 换	陶瓷地砖楼地面 每块周长 (2400mm 以内)水泥砂浆缝(水泥砂浆 1∶4){素水泥浆 }	100m²	505.87	5.0587
同清单量	505.87		505.87	
011102003002	块料楼地面 1. 采用图集：15ZJ 地 201F 楼 201F 第 1、2 点 2. 面层材料品种、规格、颜色；300×300 防滑砖	m²	10.39	10.39
	10.39		10.39	
A9-80 换	陶瓷地砖楼地面 每块周长 (1200mm 以内)水泥砂浆 密缝(水泥砂浆 1∶4){素水泥浆 }	100m²	10.39	0.1039
同清单量	10.39		10.39	
011106002001	块料楼梯面层 1. 采用图集：15ZJ001 楼 201 2. 成套梯级砖，自带防滑功能	m²	34.18	34.18
同楼梯混凝土量	23.73+10.45		34.18	
A9-96	陶瓷地砖 楼梯 水泥砂浆 {素水泥浆}	100m²	34.18	0.3418
	34.18		34.18	
011105003001	块料踢脚线 1. 采用图集：15ZJ001 踢 14	m²	32.14	32.14
	建 2 一层平面图			

分部分项工程量计算表

工程名称：某食堂工程装饰装修部分　　　　第 4 页　共 9 页

编号	工程量计算式	单位	标准工程量	定额工程量
仓库 =0.15	(6.7−0.12×2)+9.0×2+0.16×3+0.06+0.4×3		3.93	
楼梯间 =0.15	[(3.3−0.12×2)+(6.7−0.12×2)]×2+0.075×2×4		2.95	
杂物间 =0.15	(9+0.12×2)+0.16×2+0.06×2+0.4×3+8		2.83	
	建 3 二层平面图			
包厢 =0.15	[(4−0.12−0.06)×4+(10.5−0.12×3)×2]+0.015×2		5.34	
走道 =0.15	[(2.7−0.06−0.12)+(9−0.06−0.12)]×2+0.075×2+0.015×2×4		3.44	
更衣室 =0.15	[(3.3−0.12×2)+(3.8−0.12×2)]×2+0.075×2		2.01	
厨房 =0.15	[(3.7+1.75−0.12×2)+(1.6+2.7+2.3+1.5−0.12×2)]+0.075×2×3		2.03	
职工餐厅 =0.15	[(3.7×5+10.5−0.12×4)×2+0.16×2×5]+0.075×2×4+0.4×4×3		9.61	
A9-99	陶瓷地砖 踢脚线 水泥砂浆｛素水泥浆｝	100m²	32.14	0.3214
同清单量	32.14		32.14	
011105003002	块料踢脚线楼梯 1. 采用图集：15ZJ001 踢 14	m²	7.54	7.54
楼梯 TB1-5 斜长 =0.15	3.595+1.665+2.605×2+2.28		1.91	
平台 =0.15	(3.06+1.8×2)×3 层 +(2.49−1.8)		3.10	
=0.15	(3.06+2.74×2)+[3.06+(2.1+0.54)×2]		2.53	
A9-99	陶瓷地砖 踢脚线 水泥砂浆｛素水泥浆｝(水泥砂浆 1： 3)	100m²	7.54	0.0754
同清单量	7.54		7.54	
011101006002	平面砂浆找平层 1. 采用图集：15ZJ001 屋 103 第 4 点屋 105 第 4 点 2. 找平层厚度、砂浆配合比：20 厚 1：2.5 水泥砂浆找平层	m²	290.77	290.77
建 4 屋面平面	(28.5−0.12×2)×(10.5−0.12×2)		289.95	
扣楼梯间	−(3.3+0.12×2)×6.7		−23.72	
天沟侧	(0.05+0.02×2)×[(28.5−0.12×2)×2−3.54]		4.77	
建 7 梯间顶屋面	(3.3−0.12×2)×(6.7−0.12×2)		19.77	
A9-1	水泥砂浆找平层 混凝土或硬基层上 20mm{素水泥浆 }	100m²	290.77	2.9077
同清单量	290.77		290.77	
0112	墙、柱面装饰与隔断、幕墙工程			
011201001001	墙面一般抹灰 1. 墙体类型：砖墙 2. 采用图集：15ZJ001 内 4	m²	911.91	911.91
	首层层高 3.0mm			
仓库	(9×2+6.46+0.16×2+0.16+0.06)×(3−0.1)		72.50	
杂物间	(9.24+0.06+0.16)×2×(3−0.1)		54.87	
卫生间	[(3.3−0.12×3)×2+(2.3−0.12×2)×2]×(3−0.1)		29.00	
−MC	−(0.9×2.1+0.9×0.9)×2		−5.40	
	二层层高 4.2m			
包厢小	(4−0.12−0.06)×4×(4.2−0.1)		62.65	

分部分项工程量计算表

工程名称：某食堂工程装饰装修部分　　　　第 5 页　共 9 页

编号	工程量计算式	单位	标准工程量	定额工程量
－MC	－(1.0×2.1＋1.8×2.1)		－5.88	
包厢大	[(4－0.12－0.06)＋(6.5－0.06－0.12)＋0.16＋0.14]×2×(4.2－0.1)		85.61	
－NC	－(1.0×2.1＋1.8×2.1)		－5.88	
走道	[(2.7－0.06－0.12)＋(8.5－0.12－0.06)]×2×(4.2－0.1)		88.89	
－MC	－(1.0×2.1×2＋0.9×2.1×2＋1.5×2.1×2)		－14.28	
卫生间	[(2.7－0.12×2)×2＋(2.0－0.06－0.12)×4＋0.14×2]×(4.2－0.1)		51.17	
－MC	－(0.9×2.1×2＋0.9×0.9×2)		－5.40	
更衣室	(3.06＋3.56)×2×(4.2－0.1)		54.28	
－MC	－(1.0×2.1＋1.8×2.1)		－5.88	
厨房	(3.7＋1.85＋8.1－0.12×4)×2×(4.2－0.1)		107.99	
－MC	－(1.0×2.1×3＋2.7×0.9＋4.5×0.9)		－12.78	
餐厅	[(3.7×5＋10.5－0.12×4)×2＋0.16×2×5]×(4.2－0.1)		240.42	
－MC	－(1.0×2.1×2＋1.5×2.1＋1.2×2.1＋1.8×2.1×8)		－40.11	
	楼梯间			
梯间	(3.04＋6.46)×2×(9.9－0.1×3)		182.40	
－MC	－(1.0×2.1＋0.9×2.1×2＋1.8×2.6＋1.5×2.1×2＋1.8×1.5×2)		－22.26	
A10-7	内墙 混合砂浆 砖墙 (15＋5)mm{水泥砂浆 1：2}	100m²	911.91	9.1191
同清单量	911.91		911.91	
011201001002	墙面一般抹灰 水泥砂浆 1. 墙体类型：砖墙 2. 采用图集：15ZJ001 外 11	m²	695.02	695.02
	①轴～⑨轴立面			
首层	(4.0＋2.7＋3.3＋0.12×2)×(0.15＋3.0－0.1)		31.23	
二层至女儿墙	28.74×(0.4＋4.2＋1.4)		172.44	
－C2.3.4	－(0.9×0.9×4＋1.8×2.1×5＋2.7×0.9)		－24.57	
	⑨轴～①轴立面			
⑨轴～①轴	28.74×(0.4＋4.2＋1.4－0.1)长雨篷		169.57	
梯间增高	3.54×(2.7－1.4＋0.6)		6.73	
－C1.3.5	－(1.5×2.1＋1.8×2.1×6＋1.8×1.5×2)		－31.23	
	侧立面			
Ⓐ轴～Ⓔ轴 ＝2	9.24×(0.15＋8.6)		161.70	
挑 ＝2	1.5×(0.4＋4.2＋1.4)		18.00	
户外梯栏板外侧	(1.32＋3.0＋0.12＋5.48)×1.1 斜长		10.91	
	屋面梯间			
梯间	(3.56＋6.94×2)×(2.7＋0.6)		57.55	
－M. 雨篷	－(1×2.1＋0.1×1.8)		－2.28	
	室外			
屋面 ＝1.4	(28.5＋10.5－0.12×4)×2－3.54		102.90	

分部分项工程量计算表

工程名称：某食堂工程装饰装修部分　　　　第 6 页　共 9 页

编号	工程量计算式	单位	标准工程量	定额工程量
梯间 =0.6	(3.3+6.7−0.12×4)×2		11.42	
户外梯间栏板内侧	1.1×(1.32−0.12+1.5×2+5.48)斜长		10.65	
A10-24	外墙 水泥砂浆 砖墙 (12+8)mm{水泥砂浆 1∶2}	100m²	695.02	6.9502
	695.02		695.02	
011202001001	柱、梁面一般抹灰 1. 采用图集：15ZJ001 内墙 4	m²	68.00	68.00
首层 =9	0.4×4×(3.0−0.1)		41.76	
二层 =4	0.4×4×(4.2−0.1)		26.24	
A10-17	独立混凝土柱、梁 混合砂浆 矩形 (15+5)mm{水泥砂浆 1∶1}	100m²	68.00	0.6800
同清单量	68.00		68.00	
柱 011203004001	砂浆装饰线条 1. 底层厚度、砂浆配合比：20 厚 1∶3 水泥砂浆	m	104.20	104.20
屋面女儿墙压顶面	(28.5+10.5)×2−3.54		74.46	
梯顶女儿墙压顶面	(3.3+6.7)×2		20.00	
户外梯砖栏板顶	1.32−0.06+3.0+5.48 斜长		9.74	
A10-36	其他 水泥砂浆 装饰线条 {水泥砂浆 1∶2}	100m	104.20	1.0420
同清单量	104.2		104.20	
0113	天棚工程			
011301001001	天棚抹灰混合砂浆 1. 采用图集：15ZJ001 顶 2	m²	858.82	858.82
	建 2 首层			
仓库	(6.7−0.12×2)×9		58.14	
杂物间	(3.7×5−0.12×2)×(9+0.12×2)		168.72	
卫生间	(3.3−0.24−0.12)×(2.3−0.12−0.06)		6.23	
Ⓔ轴雨篷底	28.74×1		28.74	
Ⓐ轴挑板底	28.74×1.5		43.11	
	结 7 首层梁侧			
仓库 KL2	2×(0.75−0.1)×(9−0.28×2)		10.97	
L⑤轴、⑧轴=2	2×(0.3−0.1)×(6.7−0.12×2−0.3)		4.93	
KL9	2×(0.4−0.1)×(6.7−0.28−0.4−0.12)		3.54	
杂物间 L1	2×(0.35−0.1)×(6.6−0.12×2)		3.18	
KL4.5=4	2×(0.75−0.1)×(9−0.28×2)		43.89	
L2	2×(0.3−0.1)×(6.6−0.12×2−0.24)		2.45	
KL7.9=2	2×(0.4−0.1)×(3.7×5−0.12−0.4×4−0.28)		19.80	
L6	2×(0.3−0.1)×(3.7−0.3−0.12−0.2)		1.23	
L7	2×(0.3−0.1)×(3.7×3−0.15−0.3×2−0.12)		4.09	
	2×(0.4−0.1)×(3.7−0.15×2)		2.04	
L9	2×(0.3−0.1)×(3.7×4−0.15−0.3×3−0.12)		5.45	

分部分项工程量计算表

工程名称：某食堂工程装饰装修部分　　　　第7页　共9页

编号	工程量计算式	单位	标准工程量	定额工程量
	2×(0.6－0.1)×(3.7－0.12－0.15)		3.43	
Ⓐ轴挑梁廊底 L8	2×(0.4－0.1)×(28＋1.44－0.12－0.3×5－0.24×4－0.2)		16.00	
400 纵	2×(0.4－0.1)×(1.62－0.12－0.24)×4 侧		3.02	
500 纵	2×(0.5－0.1)×(1.62－0.12－0.24)×2 侧 ×2		4.03	
750 纵	2×(0.75－0.1)×(1.62－0.12－0.24)×2 侧 ×4		13.10	
300 纵	2×(0.3－0.1)×(1.62－0.12－0.24)×2 侧		1.01	
	建 3 二层			
包厢	(4－0.12－0.06)×(10.5－0.12)		39.65	
过道	(2.7－0.06－0.12)×(10.5－2－0.12－0.06)		20.97	
卫生间	(2.7－0.06－0.12×2)×(2－0.06－0.12)		4.37	
更衣间	(3.3－0.12×2)×(3.8－0.12×2)		10.89	
厨房	(3.7＋1.85－0.12×2)×(10.5－2.4－0.12×2)		41.74	
餐厅	(3.7＋1.85)×(2.4－0.12×2)＋(1.85＋3.7×3－0.12×2)×(10.5－0.12×2)		142.39	
	结 3 屋面梁结构			
包厢 L2	2×(0.3－0.1)×(4.0－0.12－0.15)		1.49	
WKL4	2×(0.4－0.1)×(4.0－0.12－0.15)		2.24	
过道 L=2	2×(0.3－0.1)×(2.7－0.12－0.15)		1.94	
卫 WKL	2×(0.4－0.1)×(2.7－0.2－0.12)		1.43	
更衣 WKL4	2×(0.4－0.1)×(3.3－0.12×2)		1.84	
厨房 L3	2×(0.3－0.1)×(3.7＋1.85－0.12×2－0.3)		2.00	
WKL4	2×(0.4－0.1)×(3.7＋1.85－0.12－0.4－0.12)		2.95	
WKL3	2×(0.75－0.1)×(9－2.4－0.12－0.28)		8.06	
	2×(0.4－0.1)×(1.5－0.12×2)		0.76	
餐厅 L3=2	2×(0.3－0.1)×(1.85＋3.7×3－0.12×2－0.3×3)		9.45	
WKL4	2×(0.3－0.1)×(1.85＋3.7×3－0.12－0.4×3－0.28)		4.54	
WKL3 交 5	2×(0.75－0.1)×(2.4－0.12－0.28)		2.60	
WKL=3	2×(0.75－0.1)×(9.0－0.12－0.2×2－0.28)		31.98	
=3	2×(0.4－0.1)×(1.5－0.12×2)		2.27	
	建 8 楼梯间			
顶棚	(3.3－0.12×2)×(6.7－0.12×2)		19.77	
L1	2×(0.3－0.1)×(3.3－0.12×2)		1.22	
TB1～5 斜长	(3.595＋1.665＋2.609×2＋2.28)×1.45		18.50	
平台 1800=2	(3.3－0.12×2)×1.8		11.02	
平台 2100	(3.3－0.12×2)×2.1		6.43	
平台 2740	(3.3－0.12×2)×(2.74－0.12)		8.02	
平台 2070	(3.3－0.12×2)×(2.07－0.12)		5.97	
TB6 斜长	5.48×1.32		7.23	
A11-5	混凝土面天棚 混合砂浆 现浇 (5+5)mm{水泥砂浆 1∶1}	$100m^2$	858.82	8.5882

分部分项工程量计算表

工程名称：某食堂工程装饰装修部分　　　　第 8 页　共 9 页

编号	工程量计算式	单位	标准工程量	定额工程量
同清单量	858.82		858.82	
0114	油漆、涂料、裱糊工程			
011401001001	木门油漆 1. 门类型：实木装饰门 2. 油漆品种、刷漆遍数：聚氨酯清漆二遍	m^2	17.70	17.70
M1.3.4.5	1.0×2.1×2+1.8×2.6×1+1.5×2.1×2+1.2×2.1×1		17.70	
A13-17	润油粉、聚氨酯漆二遍 单层木门	$100m^2$	17.70	0.1770
	17.7		17.70	
011401001002	木门油漆 1. 门类型：木质防火门，乙级 2. 刮腻子数：1 遍 3. 油漆品种、刷漆遍数：聚氨酯清漆二遍	m^2	8.40	8.40
FM 乙 1=4	1×2.1		8.40	
A13-17	润油粉、聚氨酯漆二遍 单层木门	$100m^2$	8.40	0.0840
	8.4		8.40	
011406003001	满刮腻子 内墙面 1. 刮腻子数：刮成品腻子粉二遍	m^2	911.91	911.91
	911.91		911.91	
A13-206	刮成品腻子粉 内墙面 两遍	$100m^2$	911.91	9.1191
同清单量	911.91		911.91	
011406003002	满刮腻子 天棚面、柱面 1. 刮腻子数：刮成品腻子粉二遍	m^2	926.82	926.82
	858.82+68.00		926.82	
A13-206 换	刮成品腻子粉 内墙面 两遍	$100m^2$	926.82	9.2682
同清单量	926.82		926.82	
0115	其他装饰工程			
011503001001	不锈钢栏杆 201 材质 1. 采用图集：11ZJ401 W/14 2. 扶手选用：11ZJ401 12/37	m	15.56	15.56
TB1～5 斜长	3.595+1.665+2.609×2+2.28		12.76	
水平长	1.45+0.16		1.61	
弯头	0.1×5		0.50	
结 7TB2 水平长	2.49−1.8		0.69	
A14-108	不锈钢管栏杆 直线型 竖条式（圆管）	10m	15.56	1.556
	15.56		15.56	
A14-119	不锈钢管扶手 直形 ϕ60	10m	15.56	1.556
	15.56		15.56	
A14-124	不锈钢弯头 ϕ60	10 个	5	0.5

分部分项工程量计算表

工程名称：某食堂工程装饰装修部分　　　　第 9 页　共 9 页

编号	工程量计算式	单位	标准工程量	定额工程量
	5		5	
税前项目工程				
010807002001	铝合金防火窗乙级	m²	4.05	4.05
FC 乙-1	4.5×0.9		4.05	
B-	金属防火窗 乙级	m²	4.05	4.05
同清单量	4.05		4.05	
011407001001	墙面喷刷涂料 1. 涂料品种、喷刷遍数：水性弹性外墙涂料，一底二涂，平涂，十年保质，国产	m²	582.94	582.94
同外墙抹灰	569.982		569.98	
二层雨篷外侧边	0.1×(28.74+1×2)		3.07	
梯间屋面 雨篷外侧边	0.1×(1.8+0.6×2)		0.30	
	//MC 侧壁			
①轴～⑨轴立面 C2.3.4	(0.9×4×4+(1.8+2.1)×2×5+(2.7+0.9)×2)×0.075		4.55	
⑨轴～①轴立面 C1.3.5	[(1.5+2.1)×2+(1.8+2.1)×2×6+(1.8+1.5)×2×2]×0.075		5.04	
B-	外墙涂料	m²	582.94	582.94
同清单量	582.941		582.94	

任务 17.4　某食堂工程装饰装修部分单价措施工程量计算表

单价措施工程量计算表

工程名称：某食堂工程装饰装饰部分　　　　第 1 页　第 1 页

编号	工程量计算式	单位	标准工程量	定额工程量
0117	单价措施项目			
011701	脚手架工程			
011701006001	满堂脚手架	m^2	260.01	260.01
	二层			
包厢	(4－0.12－0.06)×(10.5－0.12)		39.65	
过道	(2.7－0.06－0.12)×(10.5－2－0.12－0.06)		20.97	
卫生间	(2.7－0.06－0.12×2)×(2－0.06－0.12)		4.37	
更衣间	(3.3－0.12×2)×(3.8－0.12×2)		10.89	
厨房	(3.7＋1.85－0.12×2)×(10.5－2.4－0.12×2)		41.74	
餐厅	(3.7＋1.85)×(2.4－0.12×2)＋(1.85＋3.7×3－0.12×2)×(10.5－0.12×2)		142.39	
A15-84	钢管满堂脚手架 基本层高 3.6m	$100m^2$	260.01	2.6001
同清单量	260.01		260.01	

单元 18　某食堂工程施工图纸

任务 18.1　建 筑 施 工 图 纸

图　纸　目　录

××××建筑设计有限责任公司	建设单位	××××有限责任公司	设计号	
	项目名称	食堂	2019 年 12 月	

序号	图别	图号	图纸名称	采用标准或重复使用图纸		备注
				图集编号或设计号	页码图号	
1			图纸目录			
2	建施	01	施工图设计总说明			
3	建施	02	建筑装修做法表 门窗表			
4	建施	03	一层平面图			
5	建施	04	二层平面图			
6	建施	05	屋顶平面图			
7	建施	06	1—1 剖面图 女儿墙大样图			
8	建施	07	①轴～⑨轴立面图⑨轴～①轴立面图			
9	建施	08	(E-1)/ (0A)立面图　①/ (0A-E) 立面图			

项目负责人：　　　　　　　　　　校核：　　　　　　　　　　制表人：

施工图设计总说明

一、建施设计依据

1. 广西省××市建设、规划、消防等主管单位对方案设计的批复。

2. 经批准的本工程设计任务书，设计合同书，方案设计文件，建设方的意见。

3. 建设单位所提供广西省××市有关部门划定的用地红线、建筑红线和地质勘测报告等设计基础资料。

4. 现行的国家、广西壮族自治区、来宾市有关政策、规范、规定和标准。以及国家有关工程施工及验收规范。

5. 本建施需经图纸审查部门审查批准后方可用于施工。

二、工程概况

1. 建设地点：广西省××市。

2. 建筑面积：食堂 598.8m^2，建筑基底面积：食堂 360.35m^2。

3. 建筑层数：食堂　地上二层，建筑高度：食堂 7.350m。

4. 建筑耐久年限：三级（50 年）。

5. 其耐火等级为：食堂Ⅱ级，油机房Ⅰ级。

6. 屋面防水等级：Ⅱ级。

7. 本工程选用国家建筑标准设计图集、中南地区通用建筑标准设计图集和湖南省推荐建筑标准设计图集。

8. 本工程建筑性质为公共建筑。

三、建筑单体图纸一般说明

1. 根据建设方意见，本设计不含二次装修、仅提供部分部位基本装修做法，详室内装修表。二次装修设计方案与设计方协商确定后，方可进行实施。施工中共同做好配合与协调工作。

2. 厨房部分：图中仅提供基本装修设计，二次装修和用于除油烟设备、灶具、工作台等由建设方自理。

3. 图中所注尺寸均以毫米（mm）为单位，所注标高均以米（m）为单位。

四、建筑构造说明

（一）墙体工程

1. 材料：烧结页岩砖，其他详结施图。

墙厚：外墙厚 240；内墙厚 240；楼梯间墙厚 240；卫生间墙厚 120。

2. 建筑内的隔墙应砌至梁板底部，并不留有缝隙。所有填充墙与梁、板、柱相接处的内墙粉刷及两种不同材料交接处的粉刷，应根据饰面材质在做饰面前加射钉固定绷紧钢丝网。

3. 预埋在柱，梁，墙内的管件，预埋件和孔洞均应在浇捣混凝土前和砌筑时就位，建施图中未标注的，施工时应见结施和设备图，并且配合留洞，切勿遗漏。待管道设备安装完毕后，用非燃烧材料将缝隙紧密填塞。

（二）墙体防水工程

1. 有防水、防潮要求的墙面应使用水泥砂浆或水泥混合砂浆底灰。水泥砂浆层不得做在石灰砂浆层上。

2. 墙身防潮层：砖砌墙水平防潮层应设置在室外地面以上，室内地面以下 60mm 处，室内相邻地面有高差时，应在高差处墙身的侧面加设防潮层，做法为 20 厚 1：2 水泥砂浆内加 5%防水剂。

3. 卫生间、厨房、阳台墙根部应做 C15 现浇混凝土，高度为 120mm 的条带。直接被淋水的墙面，应做墙面防水砂浆隔离层，详国标 11J930-1。

4. 外墙面分隔缝内嵌密封材料，凸窗顶板面水泥砂浆均采用聚合物水泥砂浆。

（三）楼地面防水工程

1. 凡设有地漏房间建筑地面就应做防水隔离层，地楼面应低于相邻房间大于 20mm，均在地漏周围 1m 范围内做 1%坡度坡向地漏；有大量排水要求建筑地面的应设排水沟和集水坑；本地多雨潮湿其无地下室的底层地面应做防潮处理。结构板面设计标高应按照地楼面选用材料构造厚度作相应调整。

2. 楼地面沟槽，管道穿楼板及楼板接墙面处应严密防水，防渗漏。

（四）屋面防水工程

1. 屋面为钢筋混凝土平屋面，采用Ⅱ级防水。

2. 砖砌女儿墙构造柱、压顶板详见结施图，女儿墙与框架梁柱相接处，应增设钢丝网抹灰，防止表面开裂。

（五）门窗工程

1. 建施图中所注门窗尺寸均为洞口尺寸，要求先在施工现场复核实际洞口尺寸，并按饰面材料缝隙尺寸不同，调整窗构造尺寸，放样无误后才可制作安装。门窗图门中只表示门窗分樘开启方式及尺寸，框料系列，玻璃厚度和颜色。

2. 根据《建筑安全玻璃管理规定》，下列部位必须使用安全玻璃：

（1）7 层及 7 层以上建筑物外开窗；

（2）面积大于 1.5m^2 的窗玻璃或窗玻璃底边离最终装修面小于 500mm 的落地窗；

（3）倾斜装配窗、各类天棚（含天窗、采光顶）、吊顶；

（4）室内隔断、浴室围护和屏风；

（5）护栏玻璃应使用公称厚度不小于 12mm 的钢化玻璃或钢化夹层玻璃。当护栏临空高度大于 5m 时，应使用钢化夹层玻璃；

（6）易遭受撞击、冲击而造成人体伤害的其他部位。

（六）楼梯间栏杆 窗台栏杆 窗台板工程

1. 楼梯间栏杆选用 11ZJ401 $\frac{W}{14}$，扶手选用 $\frac{12}{37}$，起步选用 $\frac{7}{39}$。

2. 当楼面窗台低于 0.9m 时，不论窗扇开启如何，均应增设防护栏杆或在窗下部设置相当于栏杆高度，其厚度不小于 6.38mm 夹层玻璃的固定窗作防护措施。做法详 11ZJ401 $\frac{B}{34}$，低窗台高度低于 0.5m 时，护栏或固定扇的高度均自窗台面算起。

设计证书编号:	建设单位	广西壮族自治区××有限公司××分公司	设 计		设计号	20180114
广西××建筑设计有限责任公司			校 核		图 别	建 施
	项目名称	食堂	专业负责人		单 位	mm,m
			项目负责人		日 期	2018.01
	图 名	施工图设计总说明	审 核		属 图	土 建
			审 定		图 号	01

(七) 室外装修工程

1. 外墙装修详见立面图，所选用的各种石材、面砖、铝材、涂料等材料，除有出厂合格证和检测报告外，实际材料到货后，须抽样送检，检测合格后才能使用。装饰面均由施工单位提供样板，由设计和建设单位确认后进行封样，并据此验收。

2. 内外墙和墙裙饰面对基层抹灰施工要点详《建筑装饰装修工程质量验收规范》GB 50210—2001 和选用标准图有关说明。

3. 凡窗顶线、外窗台、窗套、雨篷、飘板、屋檐口、空调器安装搁板等均应做泛水坡度、滴水线或滴水槽，做法详 11ZJ901 (A/25)。

4. 室外台阶、踏步、散水、坡道、花池、雨篷泛水、墙身节点和变形缝等做法详图中标注。

(八) 其他工程

1. 配电箱：所有配电箱均暗装，位置及尺寸详见电气图，施工时与电气专业配合留洞。

2. 铁制构配件和木件：铁件外露部分先除锈，红丹打底，在刷二遍防锈漆。而所有露明木件均需做防火处理。

3. 本说明未尽事宜，须严格按照国家《建筑工程施工质量验收统一标准》GB 50300—2013 执行，本建施未经本设计单位和设计人员的同意不得擅自修改。

油机房建筑装修做法表

分类	图集	编号	名称	使用部位	备注
地面	15ZJ001	地 101	水泥砂浆地面	所有地面	
楼面	15ZJ001	楼 101	水泥砂浆楼面	所有楼面	
外墙装修	15ZJ001	外墙 17	面砖外墙	详见立面	
内墙装修	15ZJ001	内墙 4	混合砂浆墙面	其余所有房间	
顶棚	15ZJ001	顶 2	混合砂浆顶棚	其余所有房间	
屋面	15ZJ001	屋 105	不上人屋面	屋顶平台	防水、保温

油机房门窗表

类型	设计编号	洞口尺寸 (mm)	数量	材料及类型	备注
门	FM 甲 1	1000×2100	4	甲级防火门	厂家定做
	FM 甲 2	1800×2400	2	甲级防火门	厂家定做
	FM 甲 3	1500×2400	1	甲级防火门	厂家定做
窗	FC 甲 1	1800×1500	2	甲级防火窗	厂家定做
墙洞	D1	2000×2100	4	排烟口	
	D2	900×300	4	排气口	
	MD1	8000×3300	1	门洞	

食堂门窗表

类型	设计编号	洞口尺寸 (mm)	数量	材料及类型	备注
门	FM 乙-1	1000×2100	4	乙级防火窗	厂家定做
	M-1	1000×2100	2	成品木门	
	M-2	900×2100	4	成品塑钢门	
	M-3	1800×2600	1	成品木门	
	M-4	1500×2100	2	成品木门	
	M-5	1200×2100	1	成品木门	
窗	C-1	1500×2100	1	推拉窗	
	C-2	900×900	4	推拉窗	
	C-3	1800×2100	11	推拉窗	
	C-4	2700×900	1	推拉窗	
	C-5	1800×1500	2	推拉窗	
	FC 乙-1	4500×900	1	乙级防火窗	厂家定做
	JM-1	平柱边×平梁底	2	卷闸门	

食堂建筑装修做法表

分类	图集	编号	名称	使用部位	备注
地面	05ZJ001	地 201	陶瓷地砖地面	所有房间及楼梯间	
		地 201F	陶瓷地砖卫生间地面	所有卫生间	
楼面	05ZJ001	楼 201	陶瓷地砖地面	所有房间及楼梯间	
		楼 201F	陶瓷地砖卫生间地面	所有卫生间	
外墙装修	15ZJ001	外墙 11	涂料外墙	详见立面	
内墙装修	15ZJ001	内墙 4	混合砂浆墙面（面层仿瓷 3 遍）	楼梯间	
		内墙 4	混合砂浆墙面	其余所有房间	
顶棚	15ZJ001	顶 2	混合砂浆顶棚（面层仿瓷 3 遍）	楼梯间	
		顶 2	混合砂浆顶棚	其余所有房间	
屋面	15ZJ001	屋 103	上人屋面	屋顶平台	防水、保温
		屋 105	不上人屋面	楼梯间顶	

设计证书编号:	建设单位	广西壮族自治区××有限公司××分公司	设 计			设计号	20180114
广西××建筑设计有限责任公司			校 核			图 别	建 施
	项目名称	食堂	专业负责人			单 位	mm,m
			项目负责人			日 期	2018.01
	图 名	建筑装修做法表 门窗表	审 核			属 图	土建
			审 定			图 号	02

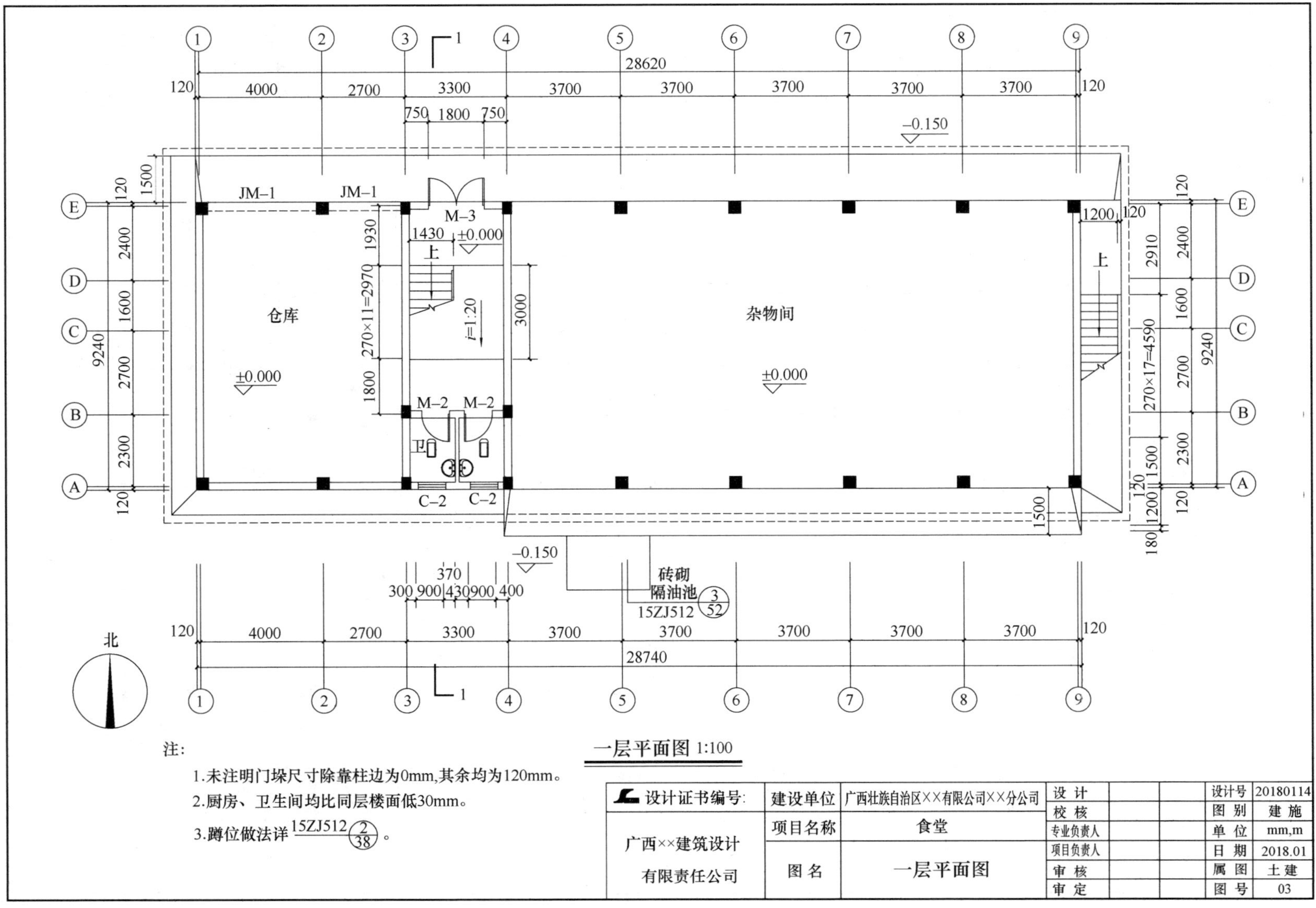

28620
120
4000
2700
3300
3700
3700
3700
3700
3700
120
750 1800 750
-0.150
JM-1
JM-1
M-3
1430
±0.000
上
仓库
±0.000
270×11=2970
1930
1800
3000
i=1:20
M-2
M-2
C-2
C-2
杂物间
±0.000
270×17=4590
2910
1200
120
1500
9240
2400
1600
2700
2300
-0.150
370
300 900 430 900 400
砖砌
隔油池
15ZJ512 3/52
28740
北
注：
1.未注明门垛尺寸除靠柱边为0mm,其余均为120mm。
2.厨房、卫生间均比同层楼面低30mm。
3.蹲位做法详 15ZJ512 2/38 。
一层平面图 1:100
设计证书编号:
广西××建筑设计
有限责任公司
建设单位
广西壮族自治区××有限公司××分公司
项目名称
食堂
图名
一层平面图
设计
校核
专业负责人
项目负责人
审核
审定
设计号
20180114
图别
建施
单位
mm,m
日期
2018.01
属图
土建
图号
03

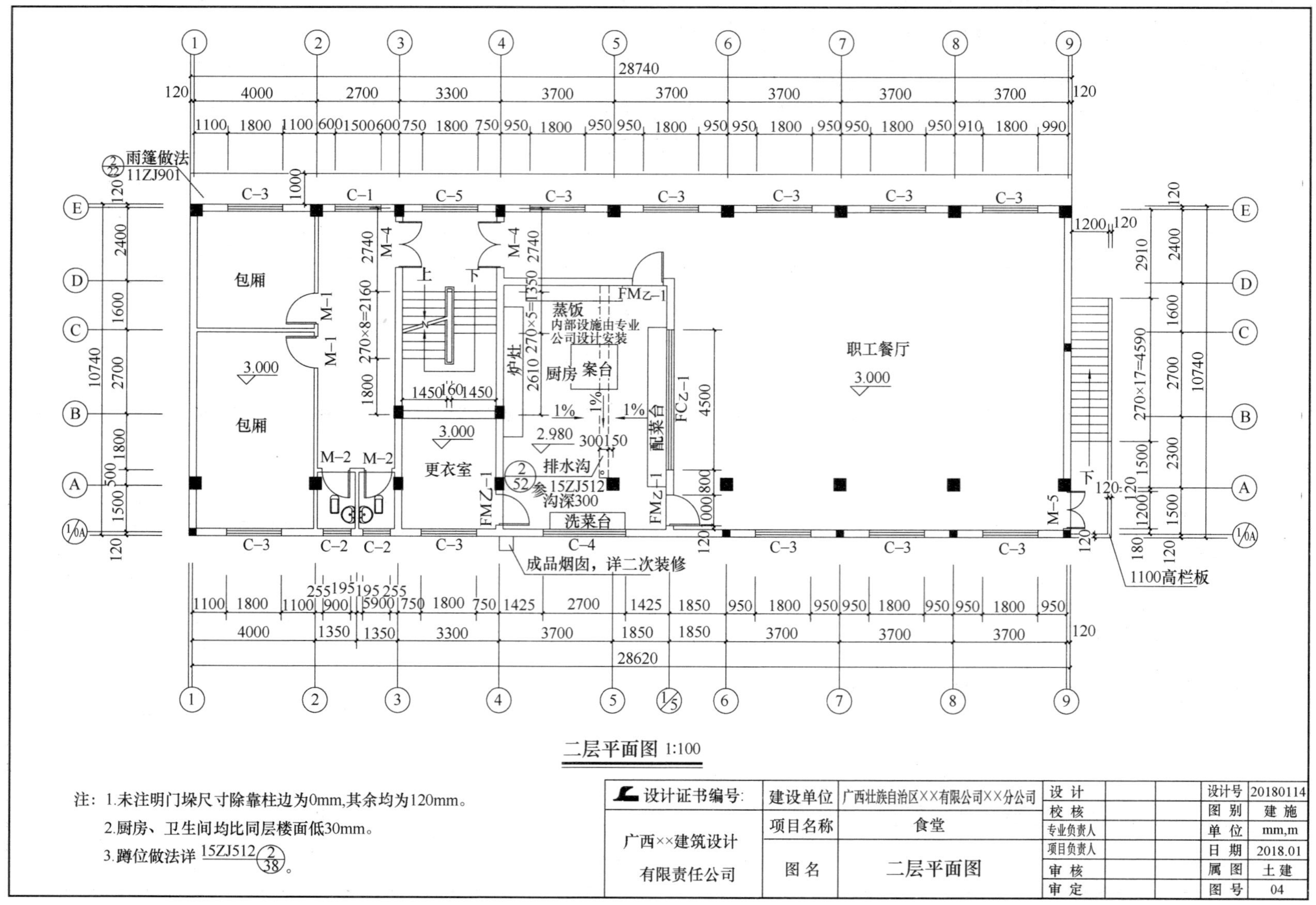
雨篷做法 11ZJ901
包厢
包厢
3.000
更衣室
3.000
蒸饭
内部设施由专业公司设计安装
厨房
案台
炉灶
配菜台
排水沟
参15ZJ512
沟深300
洗菜台
2.980
职工餐厅
3.000
成品烟囱，详二次装修
1100高栏板
二层平面图 1:100
注：1.未注明门垛尺寸除靠柱边为0mm,其余均为120mm。
2.厨房、卫生间均比同层楼面低30mm。
3.蹲位做法详15ZJ512 2/38。
设计证书编号:
广西××建筑设计有限责任公司
建设单位
广西壮族自治区××有限公司××分公司
项目名称
食堂
图名
二层平面图
设计
校核
专业负责人
项目负责人
审核
审定
设计号 20180114
图别 建施
单位 mm,m
日期 2018.01
属图 土建
图号 04

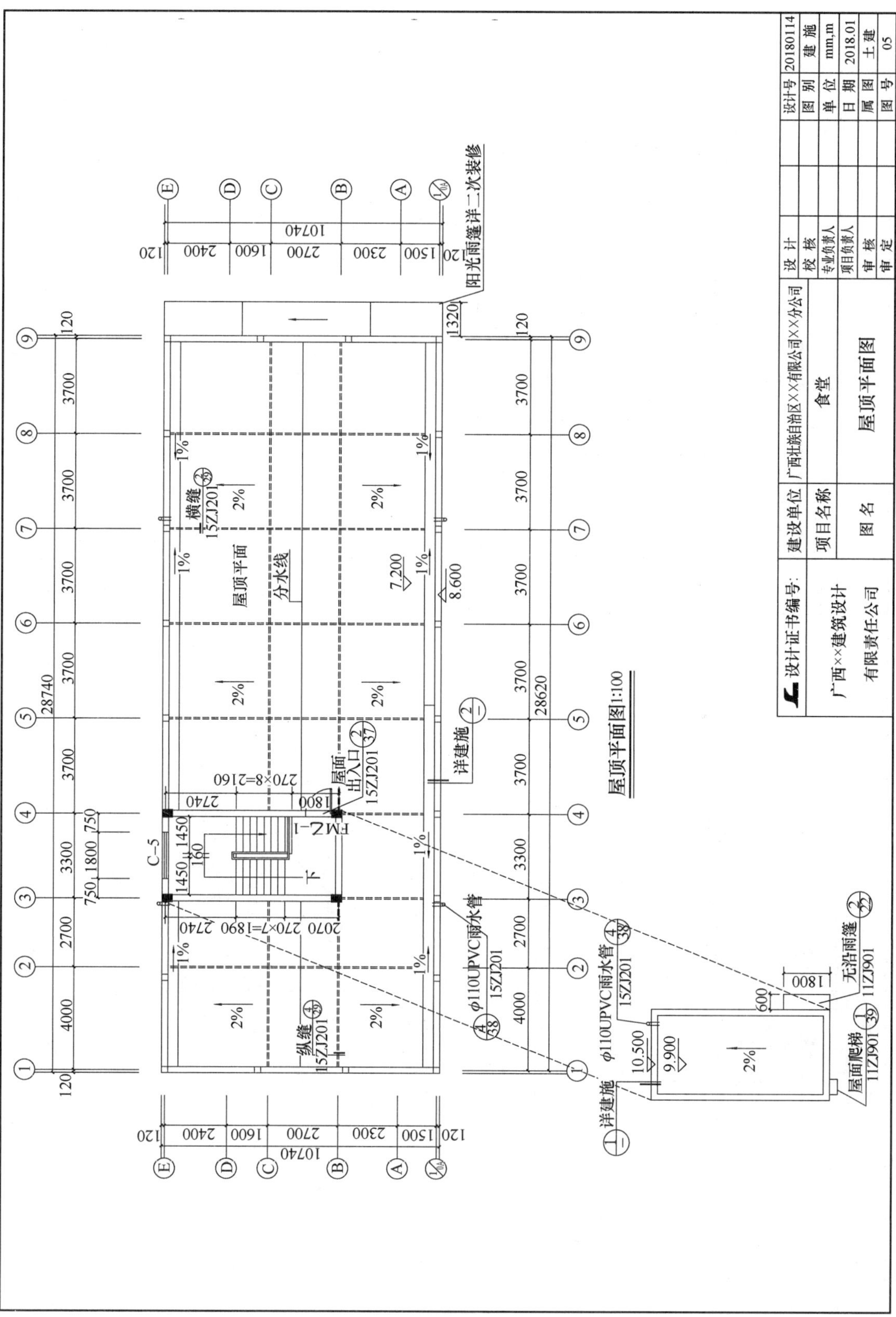

屋顶平面图1:100
阳光雨篷详二次装修
屋顶平面
分水线
横缝 15ZJ201
纵缝 15ZJ201
屋面出入口 15ZJ201
φ110UPVC雨水管 15ZJ201
无沿雨篷 11ZJ901
屋面爬梯 11ZJ901
详建施
FM乙-1
C-5
7.200
8.600
9.900
10.500
28740
28620
10740
设计证书编号:
广西××建筑设计有限责任公司
建设单位
广西壮族自治区××有限公司××分公司
项目名称
食堂
图名
屋顶平面图
设计
校核
专业负责人
项目负责人
审核
审定
设计号 20180114
图别 建施
单位 mm,m
日期 2018.01
属图 土建
图号 05

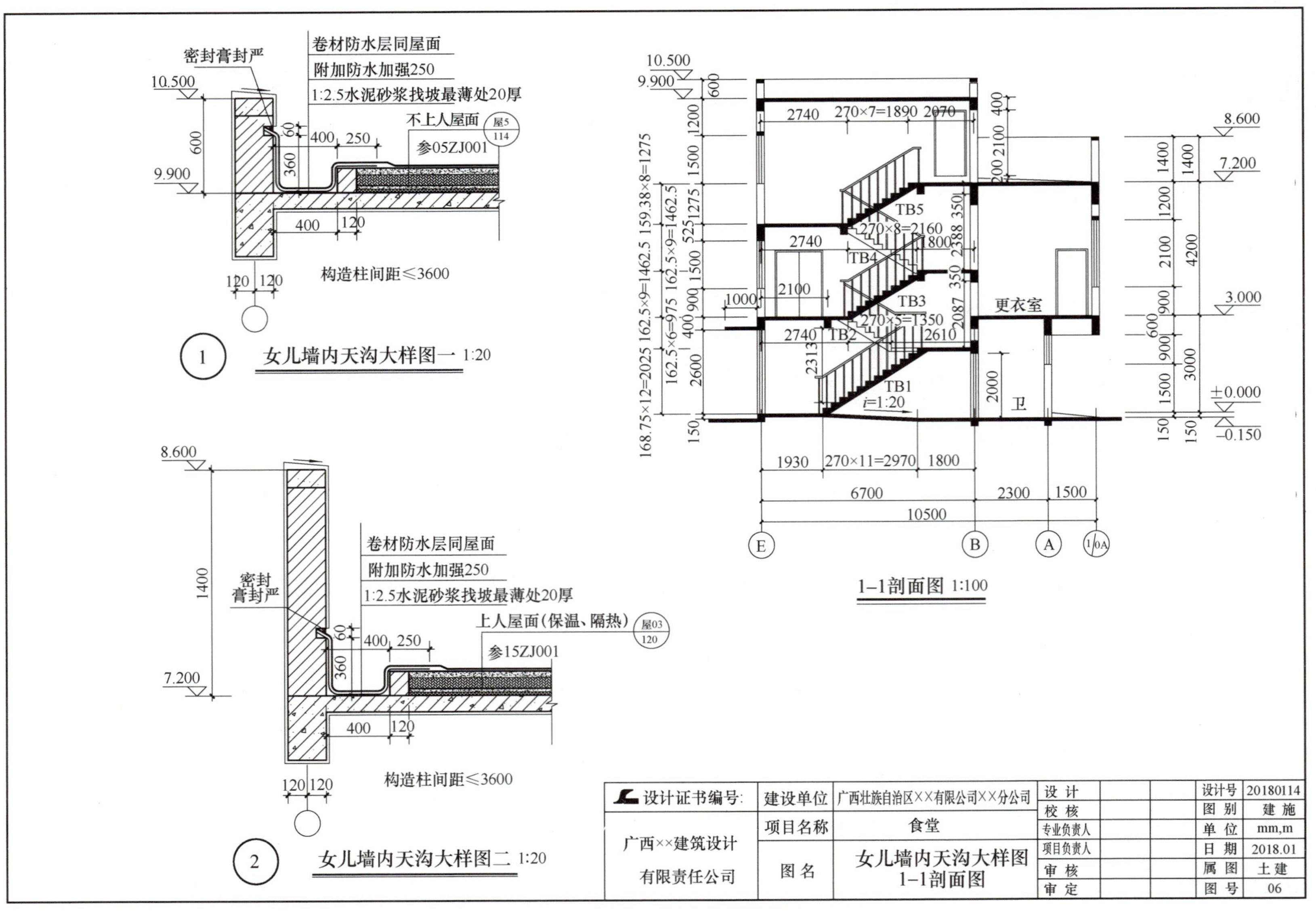

密封膏封严
卷材防水层同屋面
附加防水加强250
1:2.5水泥砂浆找坡最薄处20厚
不上人屋面
参05ZJ001
构造柱间距≤3600
女儿墙内天沟大样图一 1:20
卷材防水层同屋面
附加防水加强250
1:2.5水泥砂浆找坡最薄处20厚
上人屋面(保温、隔热)
参15ZJ001
构造柱间距≤3600
女儿墙内天沟大样图二 1:20
更衣室
卫
TB1
TB2
TB3
TB4
TB5
i=1:20
1-1剖面图 1:100
设计证书编号:
广西××建筑设计
有限责任公司
建设单位
广西壮族自治区××有限公司××分公司
项目名称
食堂
图名
女儿墙内天沟大样图
1-1剖面图
设计
校核
专业负责人
项目负责人
审核
审定
设计号 20180114
图别 建施
单位 mm,m
日期 2018.01
属图 土建
图号 06

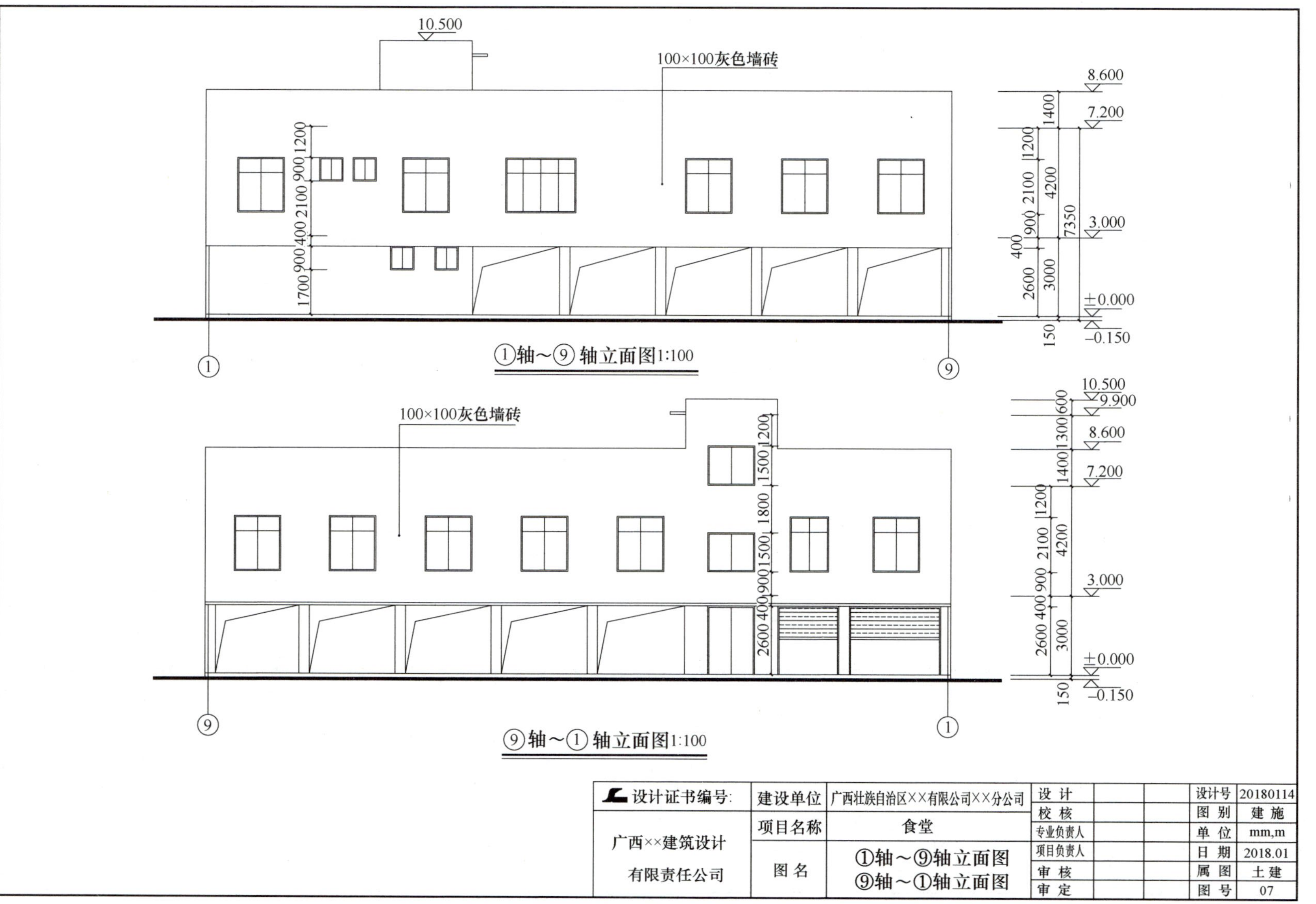

10.500
100×100灰色墙砖
8.600
7.200
3.000
±0.000
−0.150
①轴～⑨轴立面图1:100
10.500
9.900
100×100灰色墙砖
8.600
7.200
3.000
±0.000
−0.150
⑨轴～①轴立面图1:100
设计证书编号:
广西××建筑设计
有限责任公司
建设单位
广西壮族自治区××有限公司××分公司
项目名称
食堂
图名
①轴～⑨轴立面图
⑨轴～①轴立面图
设计
校核
专业负责人
项目负责人
审核
审定
设计号 20180114
图别 建施
单位 mm,m
日期 2018.01
属图 土建
图号 07

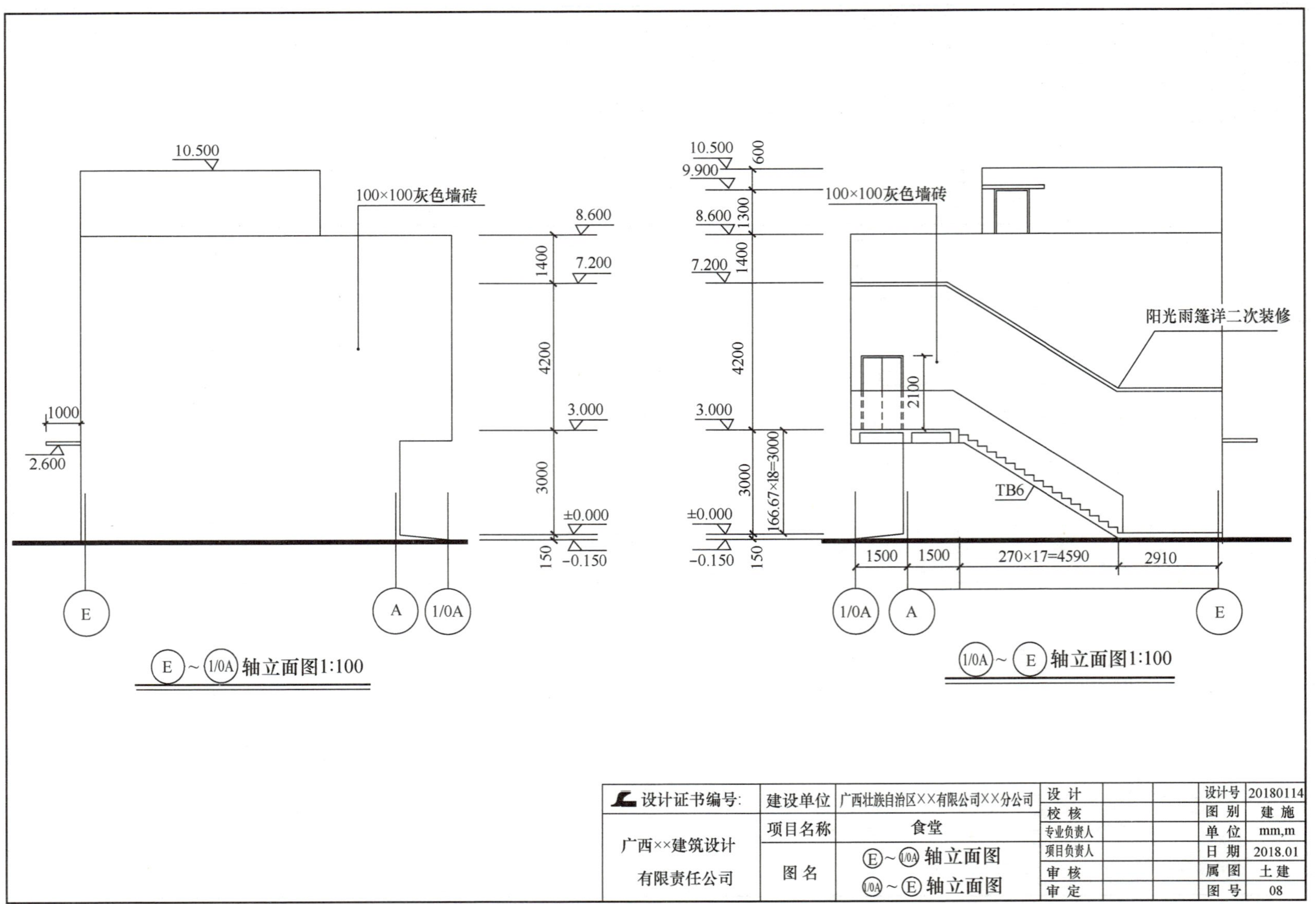

设计证书编号:	建设单位	广西壮族自治区××有限公司××分公司	设 计			设计号	20180114
广西××建筑设计有限责任公司			校 核			图 别	建 施
	项目名称	食堂	专业负责人			单 位	mm,m
	图 名	E～1/0A轴立面图 1/0A～E轴立面图	项目负责人			日 期	2018.01
			审 核			属 图	土建
			审 定			图 号	08

任务 18.2 结构施工图纸

图 纸 目 录

广西××建筑设计有限责任公司			建设单位	广西壮族自治区××有限公司××分公司		设计号	20180114
			项目名称	食堂		2018 年 1 月 10 日	
序号	图别	图号	图纸名称	采用标准图或重复使用图纸			备注
				图集编号或设计号	图别	图号	
1			图纸目录				图幅 A4
2	结施	01	结构设计总说明(一)				图幅 A2
3	结施	02	结构设计总说明(二)				图幅 A2
4	结施	03	结构设计总说明(三)				图幅 A2
5	结施	04	基础平面布置图(一)				图幅 A2
6	结施	05	基础平面布置图(二)				图幅 A2
7	结施	06	柱平法施工图(一)				图幅 A2
8	结施	07	柱平法施工图(二)				图幅 A2
9	结施	08	基础梁平法施工图				图幅 A2
10	结施	09	二层结构布置及梁平法施工图				
11	结施	10	楼梯间屋面结构布置及梁平法施工图				
12	结施	11	楼梯间屋面板配筋图				
13	结施	12	二层板配筋图				
12	结施	13	屋面板配筋图				
13	结施	14	楼梯大样				
14	结施	15	楼梯大样				

采用标准图集目录				
序号	编 号	建筑标准图集——中南标	册	备 注

项目负责人： 校核： 制表人：

结构设计总说明（一）

1. 工程概况

1.1 本工程位于××市，食堂地面以上 2 层；房屋高度为 7.35m；结构类型为框架结构。

1.2 本工程室内±0.000 的绝对标高详建筑施工图。

2. 本工程设计遵循的主要标准、规范、规程、标准图

《建筑结构可靠性设计统一标准》GB 50068—2018

《建筑工程抗震设防分类标准》GB 50223—2008

《建筑结构荷载规范》GB 50009—2012

《建筑地基基础设计规范》GB 50007—2011

《建筑抗震设计规范》GB 50011—2010

《混凝土结构设计规范》GB 50010—2010

《砌体结构设计规范》GB 50003—2011

《地下工程防水技术规范》GB 50108—2008

混凝土结构施工图平面整体表示方法制图规则和构造详图（16G101-1）。

3. 自然条件

3.1 基本风压：W_0=0.30kN/m^2（重现期 50 年）：
地面粗糙度类别为 B 类：体形系数取 1.3。

3.2 场地地震基本烈度：6 度抗震设防烈度：6 度（0.05g），设计地震分组为第一组。

3.3 建筑场地类别Ⅱ类。

3.4 场地的工程地质及地下水条件：

（1）根据广西水文地质工程勘察院 2007 年 10 月的工程勘察报告进行基础设计。

（2）地下水对混凝土结构及混凝土结构中的钢筋无腐蚀性。

（3）场地土对混凝土无腐蚀性。

3.5 环境类别为：混凝土结构

混凝土结构环境类别	构件部位
一	一层以上楼面梁板柱
二（a）	与土壤接触的±0.000 以下部分

4. 设计使用年限及相关设计等级

4.1 结构的设计使用年限为 50 年；

4.2 建筑结构的安全等级为二级；

4.3 抗震设防类别为丙类；

4.4 抗震等级四级；

4.5 地基基础设计等级为丙级。

5. 设计计算程序

5.1 结构整体分析：多层建筑结构空间有限元分析与计算软件 SAT-8。

5.2 基础计算：PKPM 系列的 JCCAD。

6. 设计采用活荷载标准值

6.1 楼、屋面活荷载标准值

项次	类别	（kN/m^2）
1	餐厅	2.5
2	厨房	4.0
3	卫生间	2.5
4	楼梯	2.5
5	上人屋面	2.0
6	不上人屋面	0.5

6.2 楼面二次装修荷载限值：0.7kN/m^2。

6.3 以上荷载值是本工程各使用部位设计采用的荷载标准值。为保证结构的安全，在实际施工和使用过程中须严格遵守和控制。

7. 主要结构材料

7.1 混凝土强度等级详各施工图。

7.2 钢筋：采用 HPB300 钢筋（Φ）：f_y=270N/mm^2；HPB400 钢筋（⏀）：f_y=360N/mm^2。

7.3 焊条：E43（HPB300 钢筋，Q235 焊接）及 E50（HRB335，HRB400 焊接）。

7.4 框架填充墙：烧结页岩砖，砌体施工质量控制等级为 B 级。

烧结页岩砖 MU10，砂浆强度等级 Mb5（≤3.5kN/m^2）。

8. 基础及说明详基础图

9. 混凝土构件的统一构造要求

9.1 结构混凝土耐久性的基本要求（设计使用年限为 50 年）

环境类别	最大水灰比	最小水泥用量（kg/m^3）	最低混凝土强度等级	最大氯离子含量（%）	最大碱含量（kg/m^3）
一	0.65	225	C20	1.0	不限制
二（a）	0.60	250	C25	0.3	3.0
三	0.5	300	C30	0.1	3.0

9.2 受力钢筋的混凝土保护层厚度：本工程上部结构梁，板，柱按图集 16G101-1 的采用，其中板取值同墙。

9.3 本工程图纸未有说明时，受拉钢筋的最小锚固长度 l_a，抗震锚固长度 l_{aE}。

9.4 箍筋、拉筋及预埋件等不应与框架梁，柱的纵向受力钢筋焊接。

9.5 受力钢筋的连接接头应设置在构件受力较小部位，在同一根钢筋上宜少设接头．抗震设计时，宜避开梁端，柱端箍筋加密区范围，当接头位置无法避开梁端，柱端箍筋加密区时，宜采用机械连接接头，且钢筋接头面积百分率不应超过 50%。

9.6 上部结构的梁，板通长钢筋连接；除特别注明外，底筋在支座处连接，面筋在跨中 $l_0/3$ 范围内连接。相邻通长钢筋的接头应相互错开，当采用焊接接头时，在任一焊接接头中心至长度为钢筋直径的 35 倍且不少于 500mm 的区段范围内，或当采用绑扎搭接接头时（只在受拉钢筋直径 $d<25$mm 用），从任一接头中心至 1.3 倍搭接长度的区段范围内，有接头的受拉钢筋截面面积占受力钢筋总截截面积的百分率不宜大于 25%，不应大于 50%。

9.7 本工程柱、梁构造做法，未另加说明时均须按现行图集 16G101-1 进行施工。

10. 柱的构造要求

10.1 柱纵筋设有拉筋时，拉筋应同时拉住纵筋和箍筋。

10.2 柱与门，窗过梁及填充墙的混凝土水平系梁相连处均应按相关图纸要求留出相应钢筋，钢筋埋入柱内 l_{aE}，伸出柱外长度＞l_{aE}，受拉钢筋绑扎搭接长度 l_{lE} 应按图集 16G101-1采用。

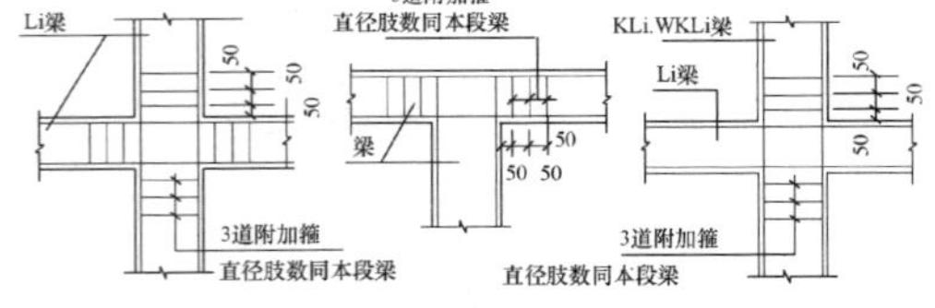

图 1 梁附加箍筋

设计证书编号:	建设单位	广西壮族自治区××有限公司××分公司	设 计			设计号	20180114
广西××建筑设计有限责任公司			校 核			图 别	结 施
	项目名称	食堂	专业负责人			单 位	mm,m
			项目负责人			日 期	2018.01
	图 名	结构设计总说明（一）	审 核			属 图	土 建
			审 定			图 号	01

结构设计总说明（二）

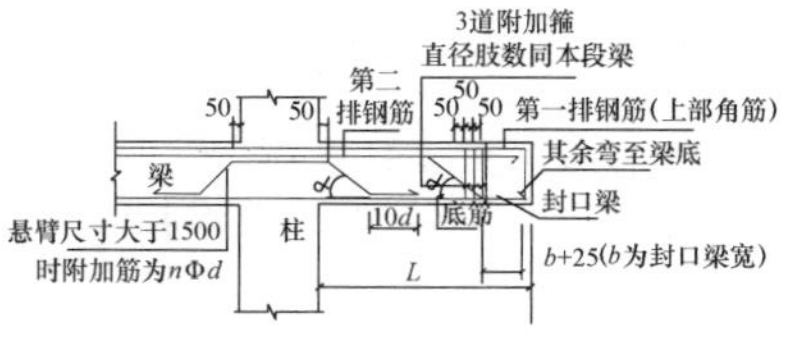

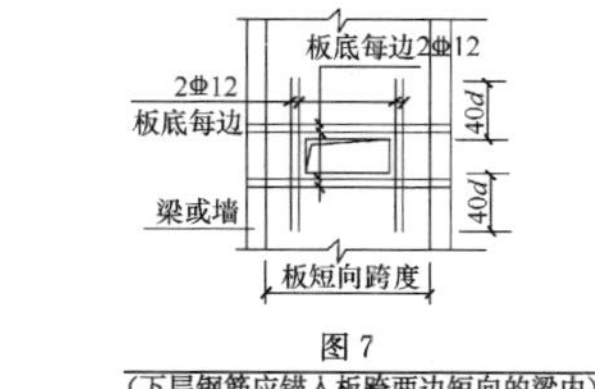

图 2

1. 当梁高<800 时 α 为 45°，当梁高≥800 时 α 为 60°。
2. 当悬臂梁尺寸为 1500≤L≤2500 时，d 为 16。
3. 当悬臂梁尺寸为 2500≤L≤3500 时，d 为 18。
4. 当梁宽 b≤350 时，n=2，梁宽 350<b<600 时 n=4。

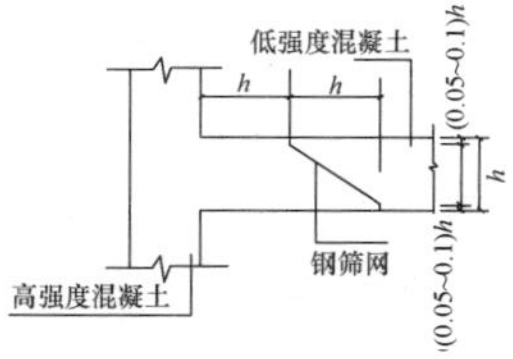

图 3

11. 梁的构造要求

11.1　梁上部纵向钢筋水平方向的净间距不应小于 30mm 和 1.5d（d 为纵筋的最大直径），下部纵向钢筋水平方向的净间距不应小于 25mm 和 d 梁下部纵向钢筋配置多于两层时，两层以上钢筋水平方向的中距应比下面两层的中距增大一倍各层钢筋之间的净间距不应小于 25mm 和 d。

11.2　在各层梁施工图中，凡两梁相交处及梁上 LZ 处，无论是否设有附加吊筋应按图 1 要求设置附加箍筋。

11.3　挑梁纵钢筋形式详图 2，挑梁箍筋间距未注明时均为 100mm，当挑梁净挑尺寸大于 1500mm 时应按大样图 2 设置鸭筋。

11.4　当梁，柱混凝土强度等级不一样时应按图 3 施工，可沿预定的接缝位置设置固定的钢丝网（孔径 5mm×5mm）。浇灌高强度混凝土后随即浇灌低强度混凝土，不能留施工缝。

11.5　除注明外，本工程所有梁腹高≥450mm 时侧向构造纵筋均为⌀ 12，布置及要求详图集 16G101-1。

11.6　当框架的梁贴柱边设置时，梁主筋应置于柱的主筋内侧。

12. 楼板、屋面板的构造要求

12.1　双向板底筋之短向筋置于下排，长向筋在上排。

12.2　板底筋应伸过墙，梁中心线且不少于 50mm，板中间支座面筋两端做直钩，直钩长度等于板厚减保护层厚。板边支座钢筋长度按图 4 施工，面筋另一端做直钩同中间支座。

12.3　当板底与梁底平时，板底筋应锚入梁底层纵筋之上，长度不小于 10d 且至少伸过梁中线以外。

12.4　现浇板内需埋设暗管时，管外径不得大于板厚 1/3，交叉管线应妥善处理，并使管壁至板上下边缘混凝土厚度应不小于 25mm；若预埋暗管上方无钢筋网时应沿管长方向加设⌀ 6@150 钢筋网，详图 5。

12.5　单向或双向端板跨的阳角处，在 1/4 短向板跨长度范围内，应另配置双向板面钢筋，其间距<200，直径与端角板负筋同。对于跨度>4.2m 的内跨板在板角处也增加双向板面钢筋，配置要求与端板相同。板角附加板筋详图 6。

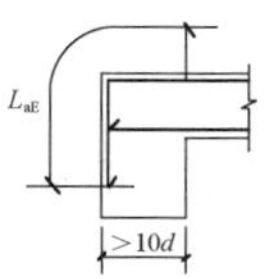

图 4 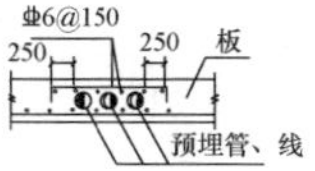　　图 5 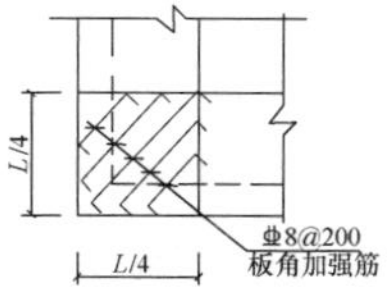　　图 6

12.6　除注明外，楼板的分布钢筋；当受力筋直径<12 时为Φ 6@200；当受力筋直径>12 时为Φ 8@200。

12.7　楼板开洞构造要求；当预留孔洞直径 D 或宽度 b（b 为矩形孔洞的垂直于板短跨方向的孔洞宽度）不大于 300mm 时，钢筋不切断，绕过洞口施工；当预留孔洞直径 D 或宽度 b 大于 300mm，但小于 1000mm，且孔洞周边无集中荷载时，除特别注明外均按图 7 大样施工，其每侧钢筋面积应不小于孔洞宽度内被切断的受力钢筋总面积的一半。

图 7
（下层钢筋应锚入板跨两边短向的梁内）

12.8　建筑平面图所示的水管，电缆管井一般应封堵；烟道，风道不封堵，除特别注明外需要封堵的先留出⌀ 10@200 双层双向钢筋网，待管道安装后浇灌管井楼板混凝土，板厚 100mm。

12.9　离地面 30m 以上且悬挑长度大于 1200 的悬臂板，以及位于抗震设防区悬挑长大于 1500mm 的悬挑板，均需设≥⌀ 8@200 的底筋。

12.10　挑檐转角处（阴角、阳角）应配置附加加强钢筋详图 15。

13. 砌体填充墙与混凝土墙、柱连接及构造柱、过梁的构造要求

13.1　当填充墙长>5m 时，应在填充墙中间设置构造柱。间距≤4m，构造柱大样详图 8 当墙高大于 4m 小于 7m 时，墙体半高处设置一道与柱连接且沿全长贯通的钢筋混凝土水平系梁，梁宽同墙宽，梁高 200。梁内纵筋 4 ⌀ 12 通长纵筋端头锚固长度 l_{aE}，箍筋⌀ 6@200。砌体转角，砌体的尽头无柱或墙体拉结时，也均应设构造柱。

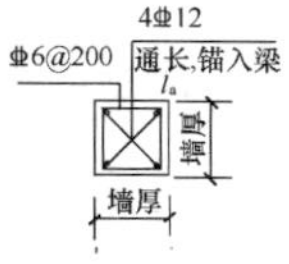

图 8　构造柱

13.2　填充墙应沿框柱全高每隔 400mm 设 2Φ 6 拉筋，拉筋伸入墙内不应小于墙长的 1/5 且不小于 700mm，入框柱（剪力墙）200mm。

13.3　不得使用断裂或壁肋有裂纹的小砌块砌筑墙体，不得与其他不同材料在墙体中混砌。

13.4　小砌块墙砌筑完后应让其充分干燥，收缩后再作抹面。

13.5　构造柱应在施工楼层梁时按图 9 设预埋筋，构造柱施工应先砌墙后浇柱，构造柱设置位置详各层结构图，并按照

设计证书编号:	建设单位	广西壮族自治区××有限公司××分公司	设 计			设计号	20180114
广西××建筑设计有限责任公司	项目名称	食堂	校 核			图 别	结 施
			专业负责人			单 位	mm,m
	图 名	结构设计总说明（二）	项目负责人			日 期	2018.01
			审 核			属 图	土 建
			审 定			图 号	02

结构设计总说明（三）

第13.1条原则布置。在120墙上的构造柱未标注，凡120墙的门垛及120墙的尽头无柱或墙体拉结时，也均应设构造柱，柱宽同墙宽，柱高240。柱内纵筋4⌀12通长，箍筋⌀6@200。构造柱混凝土强度等级C25。

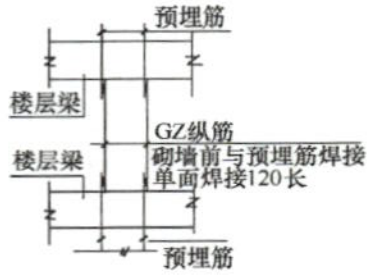

图9

13.6 当门，窗洞顶无结构梁时，应另设钢筋混凝土过梁（过梁长度为洞宽+500mm）详图13，未另加说明时其做法如下：

门洞宽	梁高	①号筋	②号筋	③号筋
<1200	200	2⌀8	2⌀10	⌀6@150
1300～1500	200	2⌀8	2⌀12	⌀6@150
1600～2000	200	2⌀8	2⌀14	⌀6@150
1800～3000	300	2⌀8	2⌀14	⌀6@150

注：过梁宽同墙厚。

13.7 当门，窗洞顶与结构梁底距离小于过梁高度时，过梁与结构梁浇成整体，详图10。

13.8 卫生间周边梁上方需做素混凝土反边200高，反边宽同墙厚，反边与梁同时浇筑，遇门洞处取消混凝土反边；当周边梁底高于坑板底时，卫生间周边梁处吊板做法详图11。各层卫生间周边梁板构造示意详图15。

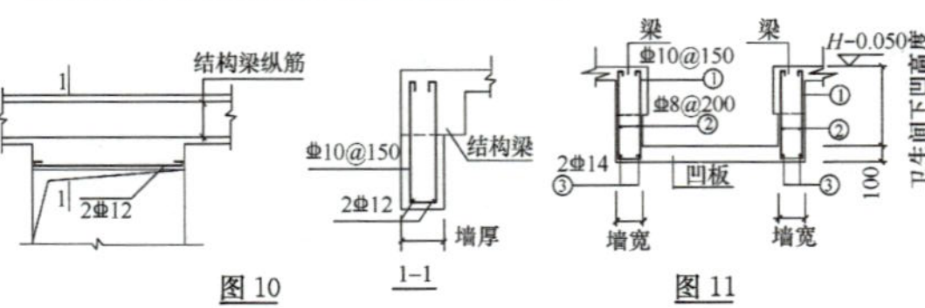

图10　1-1　图11

14. 其他

14.1 图中标高以米（m）为单位，尺寸以毫米（mm）为单位。

14.2 大体积混凝土施工时，应特别注意混凝土的浇筑及养护，以防干缩及水化热等有害影响。

14.3 悬挑梁，悬挑板必须待混凝土强度达到100%设计强度后，方可拆除底模支撑。楼、屋面板混凝土浇筑完毕后，应按施工技术方案及时采取有效的养护措施，混凝土强度达到1.2N/mm² 前，不得在其上踩踏，上砖或安装模板及支架。

14.4 本结构施工图应与建筑，电气，给水排水，通风，空调等专业的施工图密切配合，及时铺设各类管线及套管，所有的预埋件，插筋及预留孔洞应按各专业的图纸预埋、预留，不得遗漏。

14.5 避雷引下线利用剪力墙或柱内纵向钢筋时，该钢筋上，下应贯通，接头应焊接，焊接长度应满足电气专业要求。

14.6 未经设计许可不得改变结构的用途和使用环境。

14.7 图纸未经施工图审查、会审不得用于施工；施工图经审查批准后，需涉及结构安全等主要内容的修改时须由原施工图审查单位再审查通过后方可施工。

14.8 本工程设计图纸中存在相互不一致时，请及时通知设计人员处理。

14.9 施工时除应遵守设计说明与设计图纸要求外，尚应严格执行国家现行及工程所在地区的有关规范或规程规定。

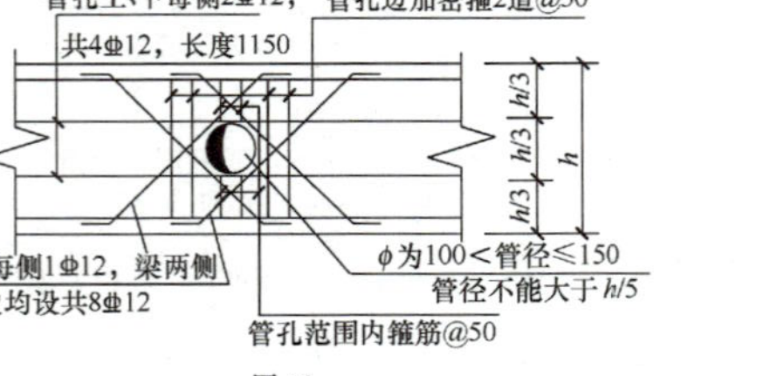

图12

注：上图管孔边加密箍筋的直径、形式与梁箍筋相同。

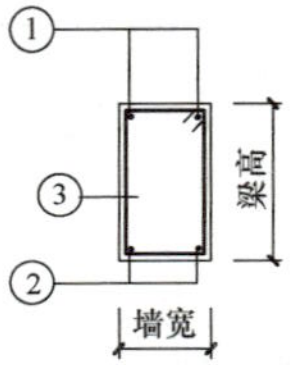

图13

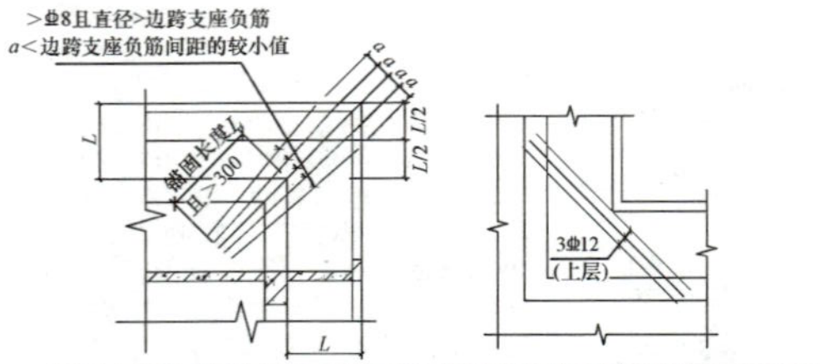

挑檐转角位于阳角时的加强配筋　挑檐转角位于阴角时的加强配筋

图14

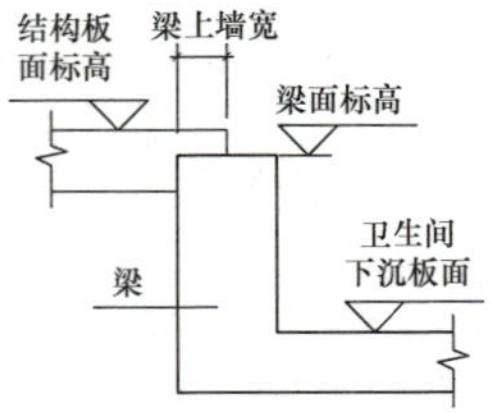

图15

设计证书编号:	建设单位	广西壮族自治区××有限公司××分公司	设计			设计号	20180114
广西××建筑设计有限责任公司			校核			图别	结施
	项目名称	食堂	专业负责人			单位	mm,m
			项目负责人			日期	2018.01
	图名	结构设计总说明（三）	审核			属图	土建
			审定			图号	03

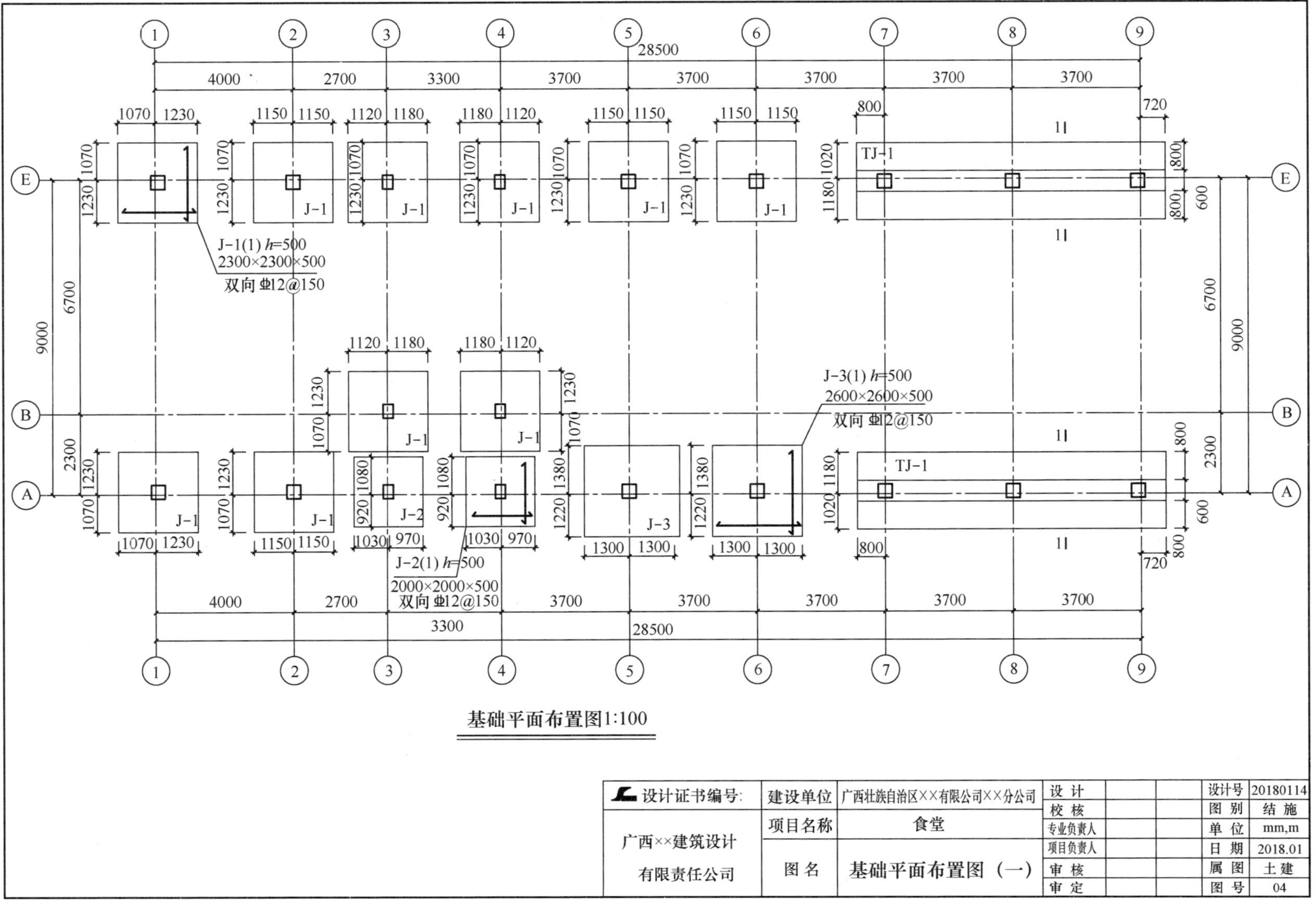
28500
4000
2700
3300
3700
J-1(1) h=500
2300×2300×500
双向 ⌀12@150
J-1
J-2
J-3
TJ-1
J-3(1) h=500
2600×2600×500
双向 ⌀12@150
J-2(1) h=500
2000×2000×500
双向 ⌀12@150
9000
6700
2300
基础平面布置图1:100
设计证书编号:
广西××建筑设计
有限责任公司
建设单位
广西壮族自治区××有限公司××分公司
项目名称
食堂
图名
基础平面布置图（一）
设计
校核
专业负责人
项目负责人
审核
审定
设计号
20180114
图别
结施
单位
mm,m
日期
2018.01
属图
土建
图号
04

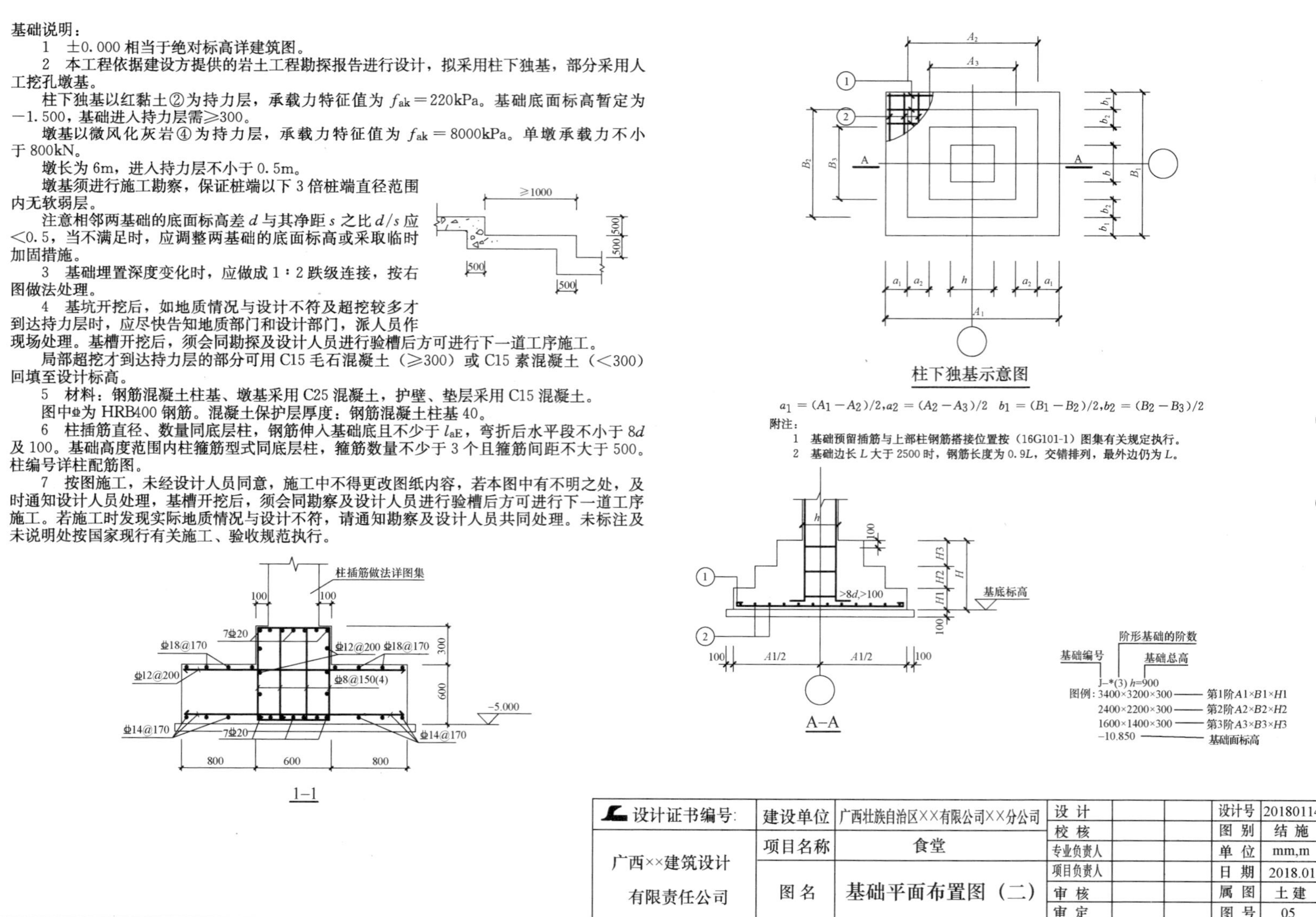
基础说明：
1 ±0.000 相当于绝对标高详建筑图。
2 本工程依据建设方提供的岩土工程勘探报告进行设计，拟采用柱下独基，部分采用人工挖孔墩基。
柱下独基以红黏土②为持力层，承载力特征值为 $f_{ak}=220$kPa。基础底面标高暂定为 −1.500，基础进入持力层需≥300。
墩基以微风化灰岩④为持力层，承载力特征值为 $f_{ak}=8000$kPa。单墩承载力不小于 800kN。
墩长为 6m，进入持力层不小于 0.5m。
墩基须进行施工勘察，保证桩端以下 3 倍桩端直径范围内无软弱层。
注意相邻两基础的底面标高差 d 与其净距 s 之比 d/s 应 <0.5，当不满足时，应调整两基础的底面标高或采取临时加固措施。
3 基础埋置深度变化时，应做成 1∶2 跌级连接，按右图做法处理。
4 基坑开挖后，如地质情况与设计不符及超挖较多才到达持力层时，应尽快告知地质部门和设计部门，派人员作现场处理。基槽开挖后，须会同勘探及设计人员进行验槽后方可进行下一道工序施工。
局部超挖才到达持力层的部分可用 C15 毛石混凝土（≥300）或 C15 素混凝土（<300）回填至设计标高。
5 材料：钢筋混凝土柱基、墩基采用 C25 混凝土，护壁、垫层采用 C15 混凝土。
图中⌀为 HRB400 钢筋。混凝土保护层厚度：钢筋混凝土柱基 40。
6 柱插筋直径、数量同底层柱，钢筋伸入基础底且不少于 l_{aE}，弯折后水平段不小于 8d 及 100。基础高度范围内柱箍筋型式同底层柱，箍筋数量不少于 3 个且箍筋间距不大于 500。柱编号详柱配筋图。
7 按图施工，未经设计人员同意，施工中不得更改图纸内容，若本图中有不明之处，及时通知设计人员处理，基槽开挖后，须会同勘察及设计人员进行验槽后方可进行下一道工序施工。若施工时发现实际地质情况与设计不符，请通知勘察及设计人员共同处理。未标注及未说明处按国家现行有关施工、验收规范执行。
≥1000
500
柱插筋做法详图集
7⌀20
⌀18@170
⌀12@200
⌀12@200 ⌀18@170
⌀8@150(4)
⌀14@170
−5.000
800 600 800
1–1
柱下独基示意图
$a_1=(A_1-A_2)/2, a_2=(A_2-A_3)/2$ $b_1=(B_1-B_2)/2, b_2=(B_2-B_3)/2$
附注：
1 基础预留插筋与上部柱钢筋搭接位置按（16G101-1）图集有关规定执行。
2 基础边长 L 大于 2500 时，钢筋长度为 0.9L，交错排列，最外边仍为 L。
>8d,>100
基底标高
A1/2
A–A
基础编号
阶形基础的阶数
基础总高
J−*(3) h=900
图例：3400×3200×300 第1阶 A1×B1×H1
2400×2200×300 第2阶 A2×B2×H2
1600×1400×300 第3阶 A3×B3×H3
−10.850 基础面标高
设计证书编号：
广西××建筑设计有限责任公司
建设单位 广西壮族自治区××有限公司××分公司
项目名称 食堂
图名 基础平面布置图（二）
设计 校核 专业负责人 项目负责人 审核 审定
设计号 20180114
图别 结施
单位 mm,m
日期 2018.01
属图 土建
图号 05

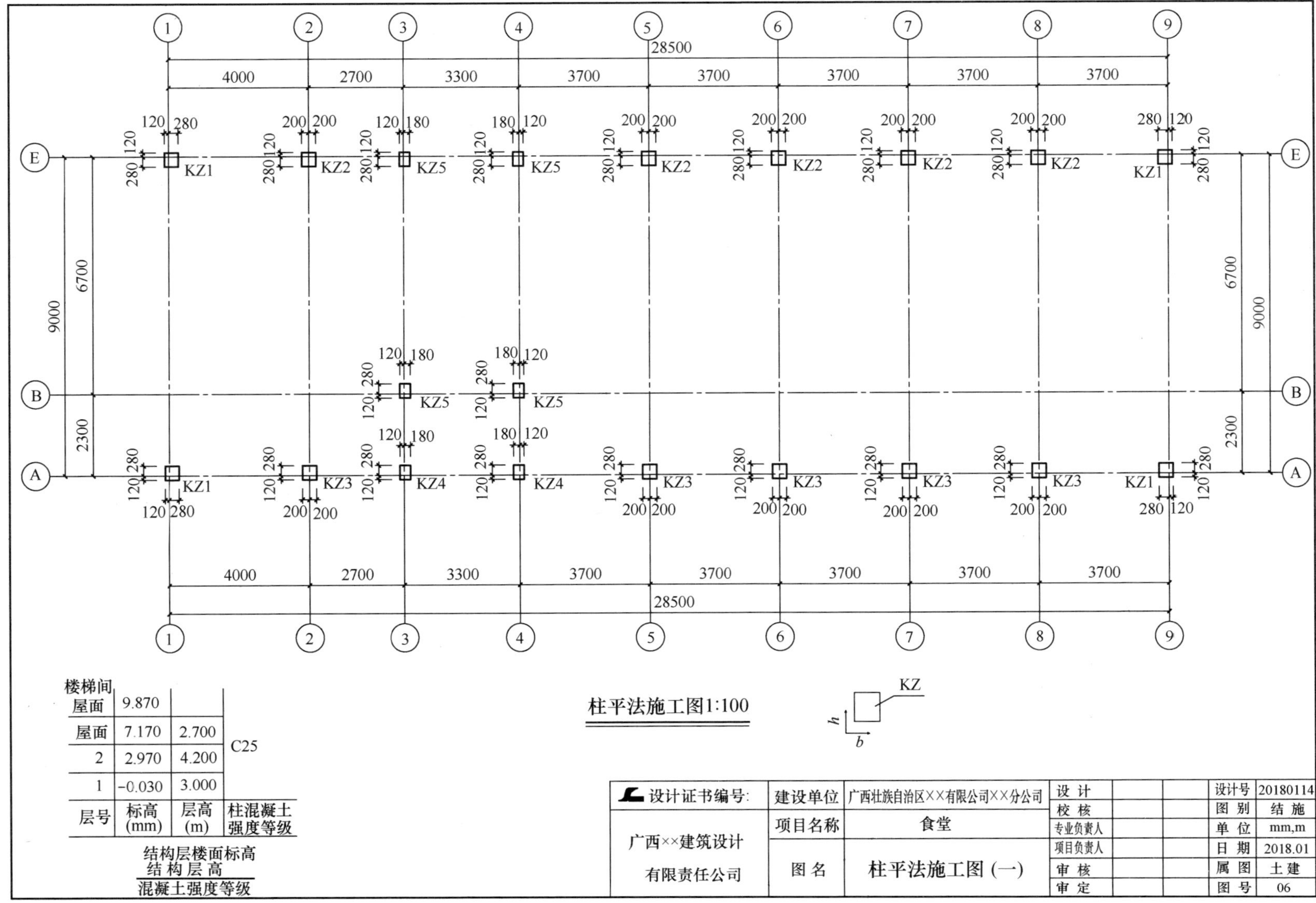

层号	标高(mm)	层高(m)	柱混凝土强度等级
楼梯间屋面	9.870		C25
屋面	7.170	2.700	
2	2.970	4.200	
1	-0.030	3.000	

结构层楼面标高
结构层高
混凝土强度等级

柱平法施工图说明：

1. 本工程柱平面整体配筋标准图集号为16G101-1。
2. 本工程抗震设防烈度为六度，框架计算抗震等级为四级，框架结构抗震措施按四级。
3. 请按照所采用标准图集相应的抗震等级标准构造详图进行施工。
4. 混凝土强度等级详各层楼面标高表。钢筋 HRB400（⊈）。
5. 柱基础插筋同底层柱筋，插筋应伸至基础底且锚入基础内 l_{aE}，插筋底部弯成直钩，直钩长≥100，基础内柱箍筋直径同底层柱，数量不少于3个，且箍筋间距不大于500。
6. 未详之处请按该图集有关规则和构造大样施工。

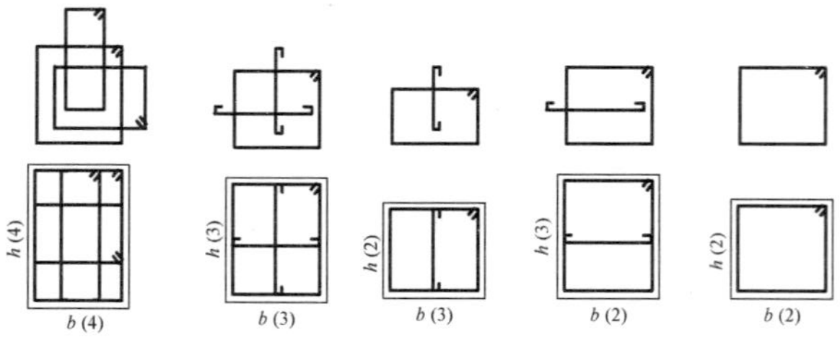

箍筋类型1 ($m\times n$)

柱　表

柱号	标高	$b\times h$	b_1	b_2	h_1	h_2	角筋	b边一侧中部筋	h边一侧中部筋	箍筋类型号 ($m\times n$)	箍筋	备注
KZ1	基础面—2.970	400×400					4⊈20	1⊈20	1⊈20	1(3×3)	⊈8@100/200	
	2.970—7.170	400×400					4⊈18	1⊈18	1⊈18	1(3×3)	⊈6@100/200	
KZ2	基础面—2.970	400×400					4⊈22	1⊈22	1⊈18	1(3×3)	⊈8@100/200	
	2.970—7.170	400×400					4⊈22	1⊈22	1⊈18	1(3×3)	⊈6@100/200	
KZ3	基础面—2.970	400×400					4⊈20	1⊈20	1⊈16	1(3×3)	⊈8@100/200	
	2.970—7.170	400×400					4⊈20	1⊈20	1⊈16	1(3×3)	⊈6@100/200	
KZ4	基础面—2.970	300×400					4⊈16			1(2×2)	⊈8@100/200	
	2.970—7.170	300×400					4⊈16			1(2×2)	⊈8@100/200	
KZ5	基础面—2.970	300×400					4⊈18	1⊈18		1(2×2)	⊈8@100	
	2.970—9.870	300×400					4⊈18	1⊈18		1(2×2)	⊈8@100	

设计证书编号:	建设单位	广西壮族自治区××有限公司××分公司	设计			设计号	20180114
广西××建筑设计有限责任公司			校核			图别	结施
	项目名称	食堂	专业负责人			单位	mm,m
			项目负责人			日期	2018.01
	图名	柱平法施工图	审核			属图	土建
			审定			图号	07

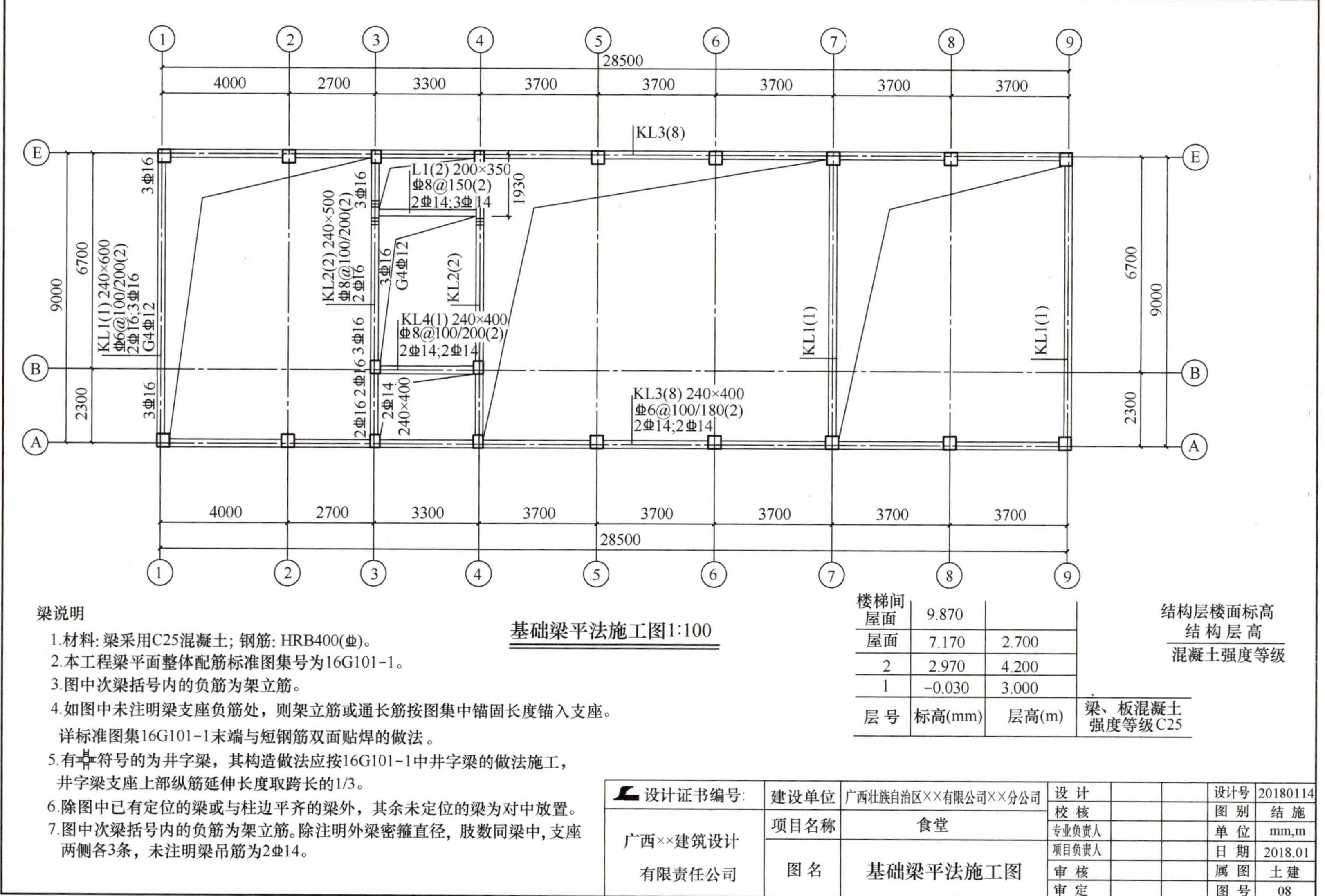

基础梁平法施工图1:100

梁说明

1.材料: 梁采用C25混凝土; 钢筋: HRB400(Φ)。

2.本工程梁平面整体配筋标准图集号为16G101-1。

3.图中次梁括号内的负筋为架立筋。

4.如图中未注明梁支座负筋处，则架立筋或通长筋按图集中锚固长度锚入支座。详标准图集16G101-1末端与短钢筋双面贴焊的做法。

5.有╬符号的为井字梁，其构造做法应按16G101-1中井字梁的做法施工，井字梁支座上部纵筋延伸长度取跨长的1/3。

6.除图中已有定位的梁或与柱边平齐的梁外，其余未定位的梁为对中放置。

7.图中次梁括号内的负筋为架立筋。除注明外梁密箍直径，肢数同梁中，支座两侧各3条，未注明梁吊筋为2Φ14。

层号	标高(mm)	层高(m)	
楼梯间屋面	9.870		
屋面	7.170	2.700	
2	2.970	4.200	
1	-0.030	3.000	梁、板混凝土强度等级C25

结构层楼面标高
结构层高
混凝土强度等级

设计证书编号:	建设单位	广西壮族自治区××有限公司××分公司	设计			设计号	20180114
广西××建筑设计有限责任公司	项目名称	食堂	校核			图别	结施
			专业负责人			单位	mm,m
	图名	基础梁平法施工图	项目负责人			日期	2018.01
			审核			属图	土建
			审定			图号	08

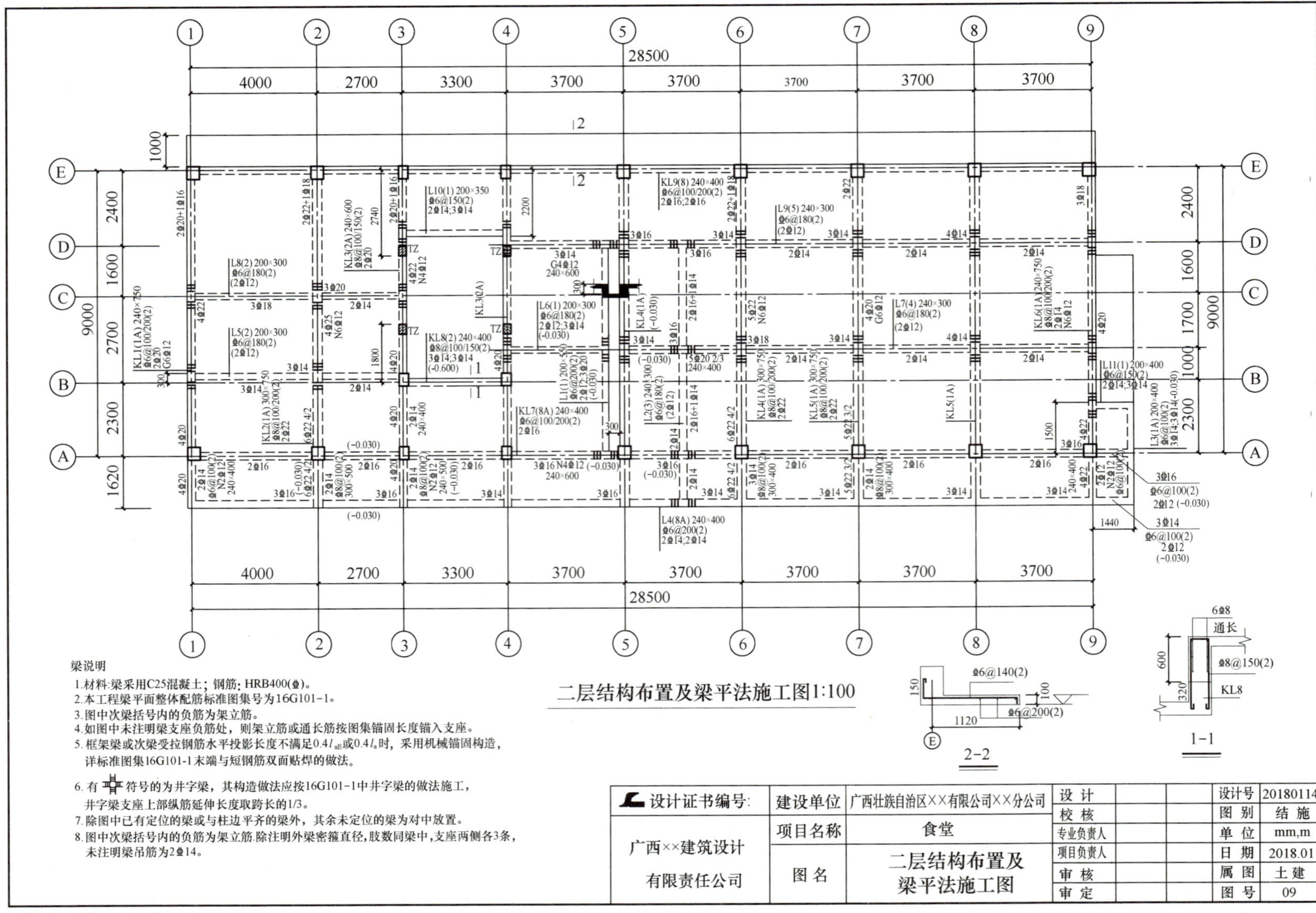
二层结构布置及梁平法施工图1:100
梁说明
1.材料:梁采用C25混凝土；钢筋：HRB400(⌀)。
2.本工程梁平面整体配筋标准图集号为16G101-1。
3.图中次梁括号内的负筋为架立筋。
4.如图中未注明梁支座负筋处，则架立筋或通长筋按图集锚固长度锚入支座。
5.框架梁或次梁受拉钢筋水平投影长度不满足0.4l_{aE}或0.4l_a时，采用机械锚固构造，详标准图集16G101-1末端与短钢筋双面贴焊的做法。
6.有 符号的为井字梁，其构造做法应按16G101-1中井字梁的做法施工，井字梁支座上部纵筋延伸长度取跨长的1/3。
7.除图中已有定位的梁或与柱边平齐的梁外，其余未定位的梁为对中放置。
8.图中次梁括号内的负筋为架立筋.除注明外梁密箍直径,肢数同梁中,支座两侧各3条，未注明梁吊筋为2⌀14。
2-2
1-1
设计证书编号:
广西××建筑设计有限责任公司
建设单位　广西壮族自治区××有限公司××分公司
项目名称　食堂
图名　二层结构布置及梁平法施工图
设计
校核
专业负责人
项目负责人
审核
审定
设计号　20180114
图别　结施
单位　mm,m
日期　2018.01
属图　土建
图号　09

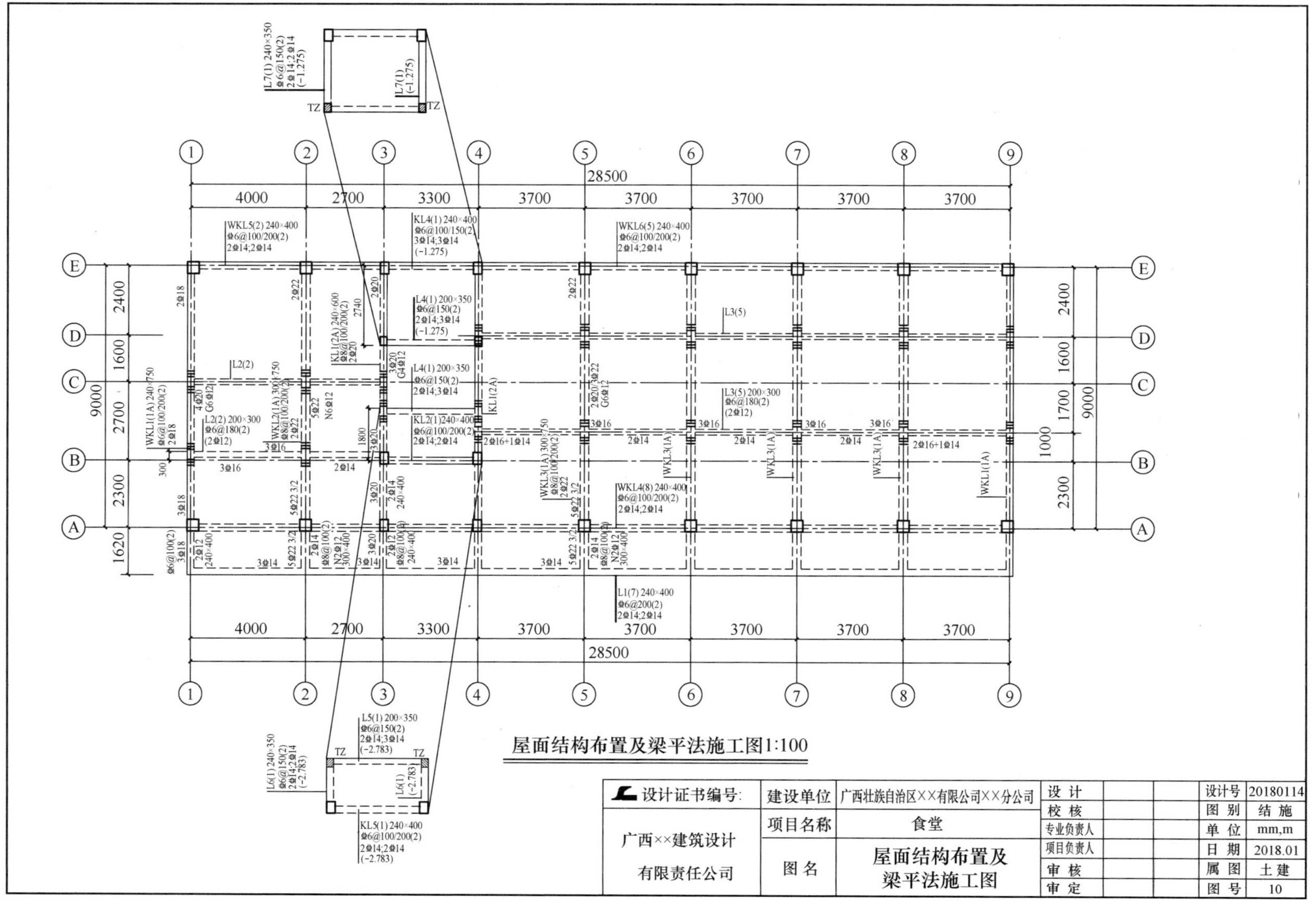
屋面结构布置及梁平法施工图1:100
设计证书编号:
广西××建筑设计有限责任公司
建设单位 广西壮族自治区××有限公司××分公司
项目名称 食堂
图名 屋面结构布置及梁平法施工图
设计
校核
专业负责人
项目负责人
审核
审定
设计号 20180114
图别 结施
单位 mm,m
日期 2018.01
属图 土建
图号 10

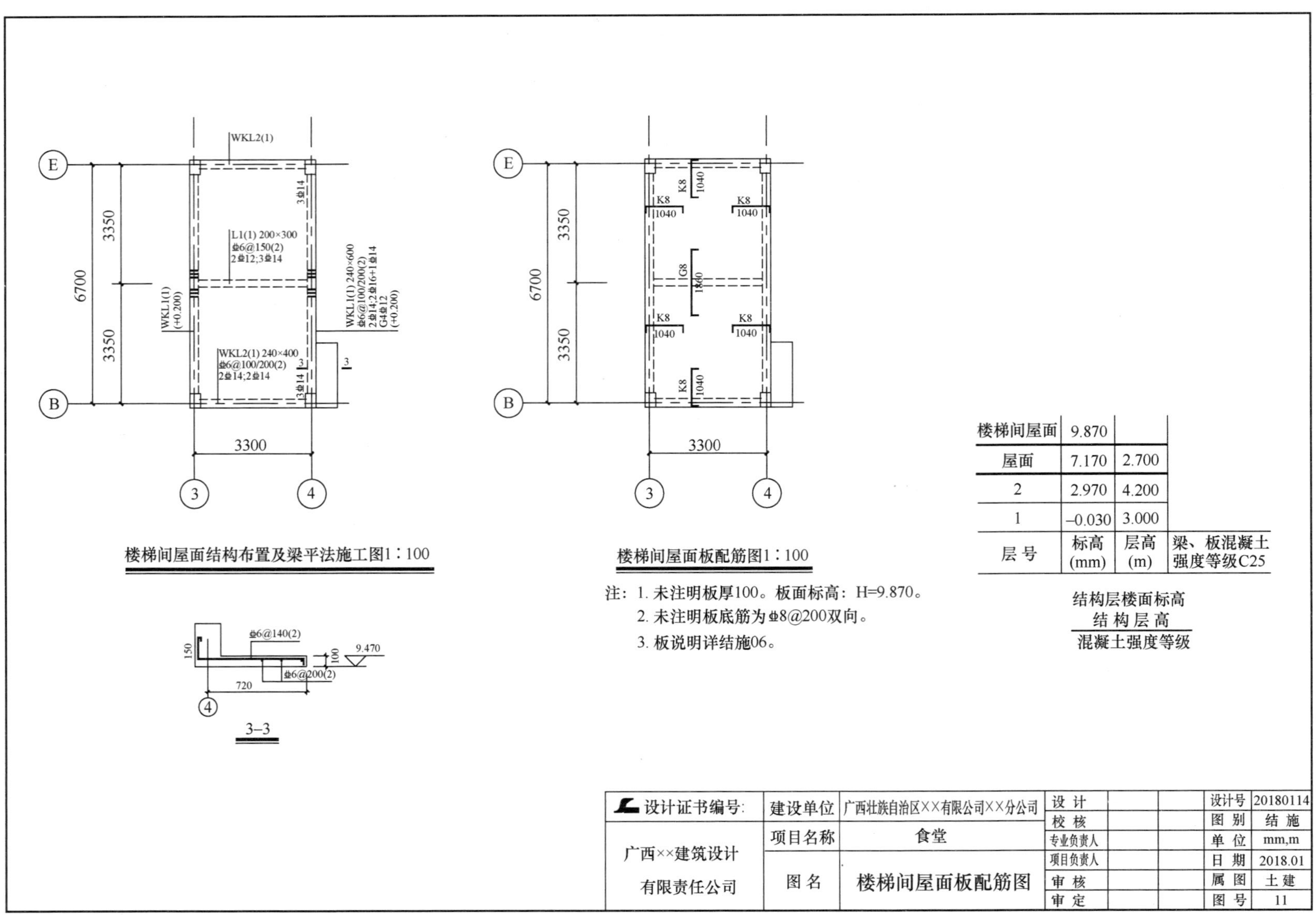

WKL2(1)
L1(1) 200×300
⌀6@150(2)
2⌀12;3⌀14
3⌀14
WKL1(1)
(+0.200)
WKL1(1) 240×600
⌀6@100/200(2)
2⌀14;2⌀16+1⌀14
G4⌀12
(+0.200)
WKL2(1) 240×400
⌀6@100/200(2)
2⌀14;2⌀14
3⌀14
3
3350
3350
6700
3300
E
B
3
4
楼梯间屋面结构布置及梁平法施工图1：100
⌀6@140(2)
150
100
9.470
⌀6@200(2)
720
3–3
K8
1040
G8
1360
楼梯间屋面板配筋图1：100
注：1. 未注明板厚100。板面标高：H=9.870。
2. 未注明板底筋为⌀8@200双向。
3. 板说明详结施06。
楼梯间屋面 9.870
屋面 7.170 2.700
2 2.970 4.200
1 -0.030 3.000
层号 标高(mm) 层高(m) 梁、板混凝土强度等级C25
结构层楼面标高
结构层高
混凝土强度等级
设计证书编号:
广西××建筑设计有限责任公司
建设单位 广西壮族自治区××有限公司××分公司
项目名称 食堂
图名 楼梯间屋面板配筋图
设计
校核
专业负责人
项目负责人
审核
审定
设计号 20180114
图别 结施
单位 mm,m
日期 2018.01
属图 土建
图号 11

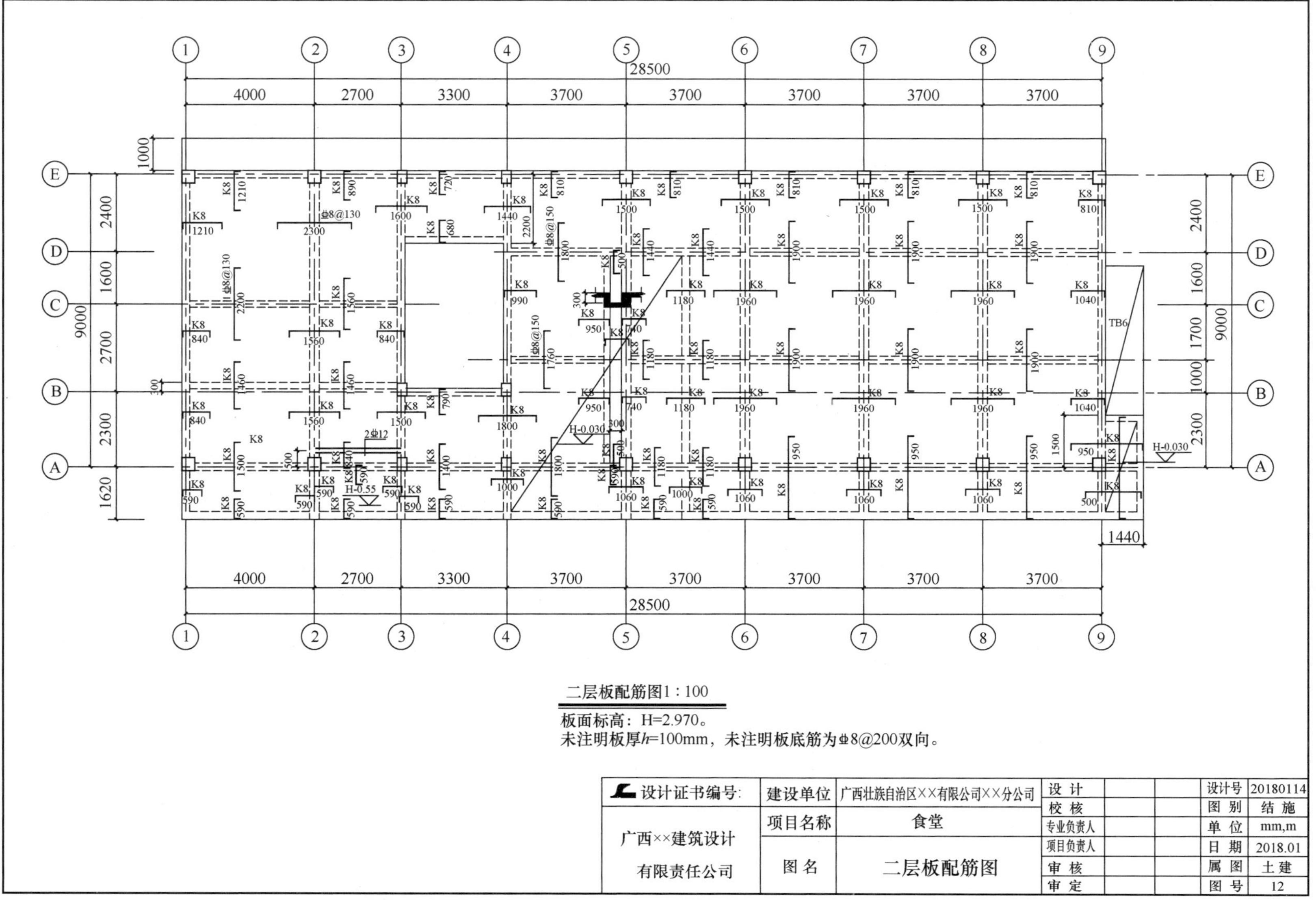

二层板配筋图1：100
板面标高：H=2.970。
未注明板厚h=100mm，未注明板底筋为⌀8@200双向。
设计证书编号：
广西××建筑设计有限责任公司
建设单位　广西壮族自治区××有限公司××分公司
项目名称　食堂
图名　二层板配筋图
设计号　20180114
图别　结施
单位　mm,m
日期　2018.01
属图　土建
图号　12
设计
校核
专业负责人
项目负责人
审核
审定

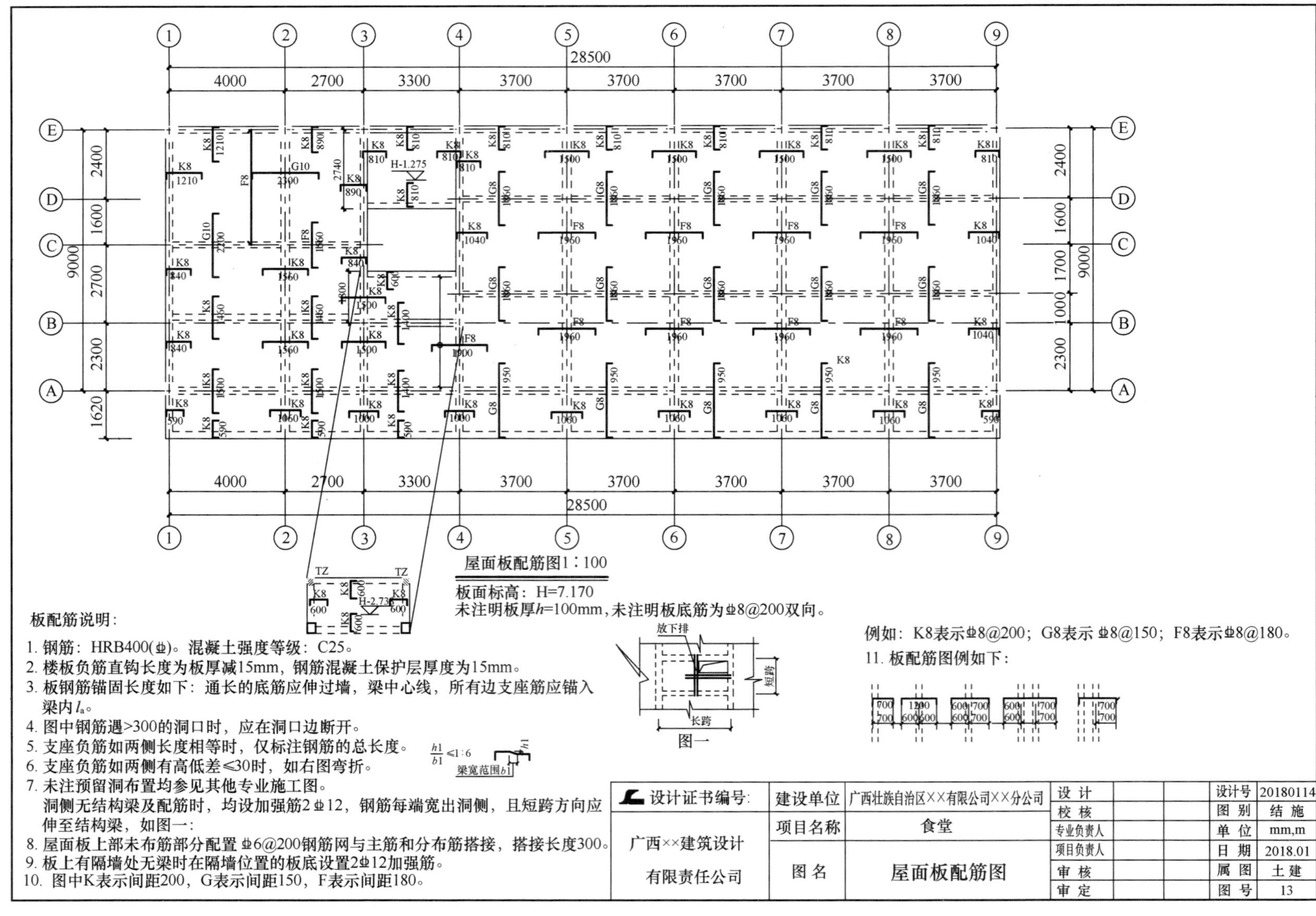

屋面板配筋图1∶100
板面标高：H=7.170
未注明板厚h=100mm，未注明板底筋为⊈8@200双向。
板配筋说明：
1. 钢筋：HRB400(⊈)。混凝土强度等级：C25。
2. 楼板负筋直钩长度为板厚减15mm，钢筋混凝土保护层厚度为15mm。
3. 板钢筋锚固长度如下：通长的底筋应伸过墙，梁中心线，所有边支座筋应锚入梁内l_a。
4. 图中钢筋遇>300的洞口时，应在洞口边断开。
5. 支座负筋如两侧长度相等时，仅标注钢筋的总长度。
6. 支座负筋如两侧有高低差≤30时，如右图弯折。
7. 未注预留洞布置均参见其他专业施工图。洞侧无结构梁及配筋时，均设加强筋2⊈12，钢筋每端宽出洞侧，且短跨方向应伸至结构梁，如图一：
8. 屋面板上部未布筋部分配置⊈6@200钢筋网与主筋和分布筋搭接，搭接长度300。
9. 板上有隔墙处无梁时在隔墙位置的板底设置2⊈12加强筋。
10. 图中K表示间距200，G表示间距150，F表示间距180。
图一
例如：K8表示⊈8@200；G8表示⊈8@150；F8表示⊈8@180。
11. 板配筋图例如下：
设计证书编号：
广西××建筑设计有限责任公司
建设单位　广西壮族自治区××有限公司××分公司
项目名称　食堂
图名　屋面板配筋图
设计
校核
专业负责人
项目负责人
审核
审定
设计号　20180114
图别　结施
单位　mm,m
日期　2018.01
属图　土建
图号　13

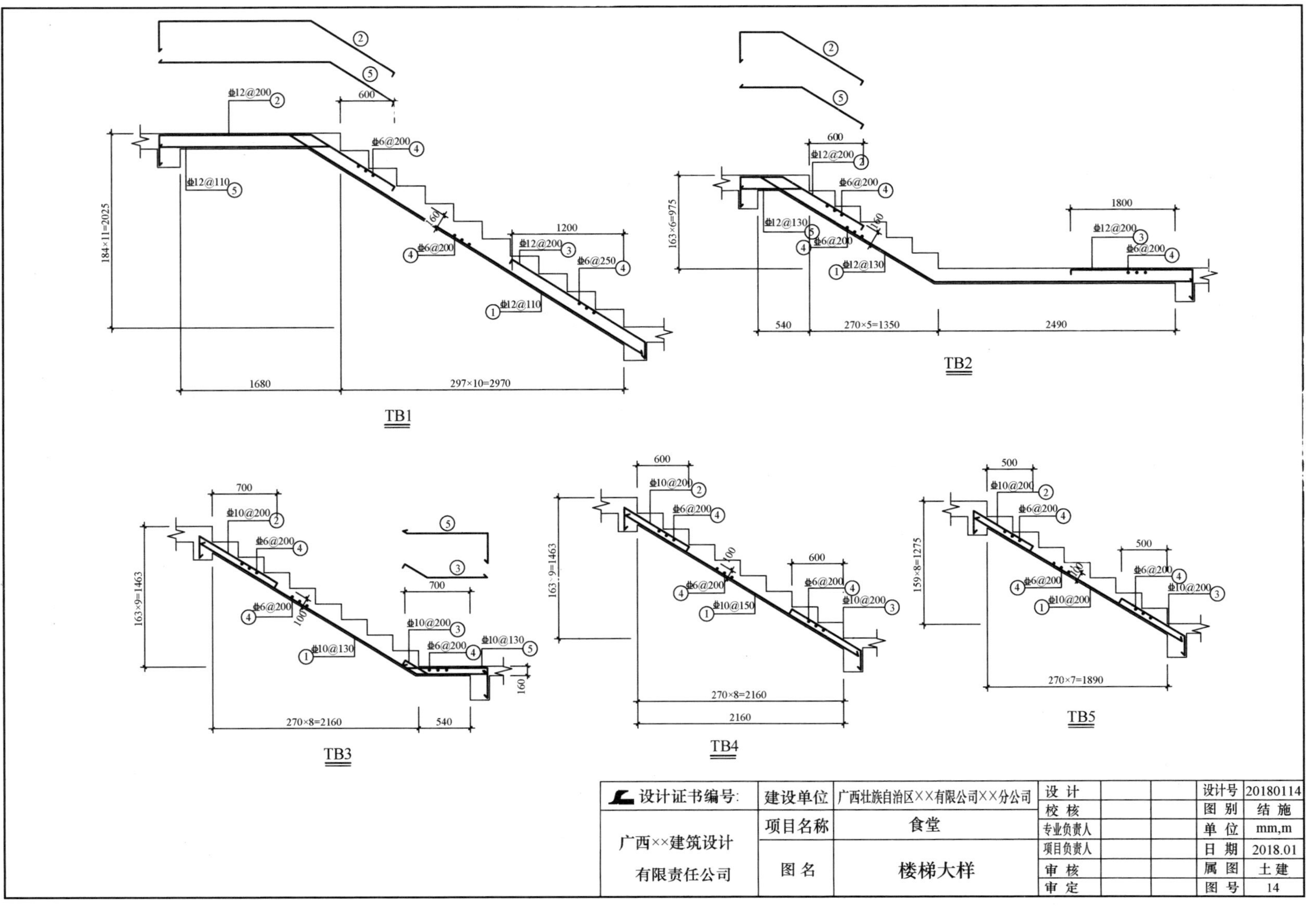
TB1
TB2
TB3
TB4
TB5
184×11=2025
1680
297×10=2970
1200
600
163×6=975
540
270×5=1350
2490
1800
163×9=1463
270×8=2160
700
159×8=1275
270×7=1890
500
2160
设计证书编号:
广西××建筑设计
有限责任公司
建设单位
广西壮族自治区××有限公司××分公司
项目名称
食堂
图名
楼梯大样
设计
校核
专业负责人
项目负责人
审核
审定
设计号
20180114
图别
结施
单位
mm,m
日期
2018.01
属图
土建
图号
14

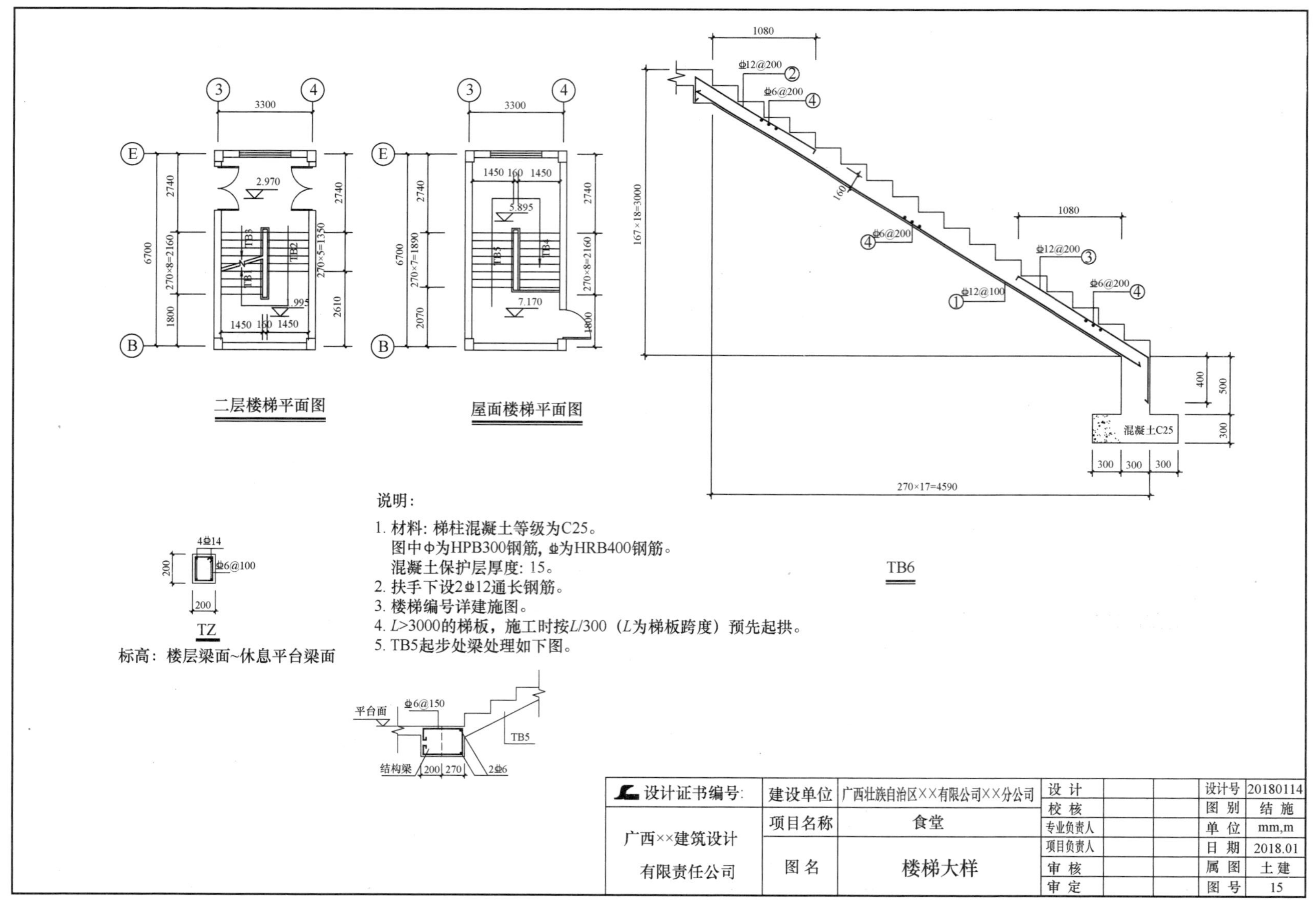

二层楼梯平面图
屋面楼梯平面图
TB6
270×17=4590
167×18=3000
混凝土C25
TZ
标高：楼层梁面~休息平台梁面
说明：
1. 材料：梯柱混凝土等级为C25。
图中Φ为HPB300钢筋，Φ为HRB400钢筋。
混凝土保护层厚度：15。
2. 扶手下设2Φ12通长钢筋。
3. 楼梯编号详建施图。
4. L>3000的梯板，施工时按L/300（L为梯板跨度）预先起拱。
5. TB5起步处梁处理如下图。
平台面
结构梁
设计证书编号：
广西××建筑设计有限责任公司
建设单位
广西壮族自治区××有限公司××分公司
项目名称
食堂
图名
楼梯大样
设计
校核
专业负责人
项目负责人
审核
审定
设计号 20180114
图别 结施
单位 mm,m
日期 2018.01
属图 土建
图号 15

附　　录

现将本教材教学中可能用到的部分行政文件以二维码的形式列明，供教师、读者扫码阅读，作为本教材的支撑性内容。

附录 1　广西壮族自治区住房城乡建设厅关于颁布 2016 年《广西壮族自治区建设工程费用定额》的通知(桂建标[2016]16 号)

桂建标 [2016]
16号

附录 2　广西壮族自治区住房城乡建设厅关于建筑业实施营业税改增值税后广西壮族自治区建设工程计价依据调整的通知(桂建标[2016]17 号)

桂建标 [2016]
17号

附录 3　广西壮族自治区住房城乡建设厅关于调整建设工程定额人工费及有关费率的通知(桂建标[2018]19 号)

桂建标 [2018]
19号

附录 4　广西壮族自治区住房城乡建设厅关于调整除税价计算适用增值税税率的通知(桂造价[2018]10 号)

桂造价 [2018]
10号

功能性插页(1)

功能性插页(2)

功能性插页(3)

功能性插页(4)

功能性插页(5)

功能性插页(6)

功能性插页(7)

功能性插页(8)

参 考 文 献

[1] 中华人民共和国国家标准．建设工程工程量清单计价规范 GB 50500—2013[S]. 北京：中国计划出版社，2013.

[2] 中华人民共和国国家标准．房屋建筑与装饰工程工程量计算规范 GB 50854—2013[S]. 北京：中国计划出版社，2013.

[3] 规范编制组．2013 建设工程计价计量规范辅导[M]. 北京：中国计划出版社，2013.

[4] 广西壮族自治区建设工程造价管理总站．建设工程工程量清单计价规范广西壮族自治区实施细则. 2013.

[5] 广西壮族自治区建设工程造价管理总站．建设工程工程量计算规范广西壮族自治区实施细则(修订本). 2015.

[6] 广西壮族自治区建设工程造价管理总站．2016 广西壮族自治区建设工程费用定额．北京：中国建材工业出版社，2016.

[7] 广西壮族自治区建设工程造价管理总站．2013 广西壮族自治区建筑装饰装修工程消耗量定额．北京：中国建材工业出版社，2013.

[8] 广西壮族自治区建设工程造价管理总站．2013 广西壮族自治区建筑装饰装修工程人工材料配合比机械台班基期价．北京：中国建材工业出版社，2013.

[9] 莫良善，陆丽娟．广西壮族自治区实施细则(修订本)宣贯资料．广西建设工程造价管理总站，2016.

[10] 广西壮族自治区建设工程造价管理总站．广西壮族自治区工程量清单及招标控制价编制示范文本. 2011.

[11] 袁建新．工程量清单计价(第四版)[M]. 北京：中国建筑工业出版社，2015.

[12] 全国一级造价工程师职业资格考试教材．建设工程计价[M]. 北京：中国计划出版社，2019.

[13] 全国二级造价工程师职业资格考试广西培训教材．建设工程计量与计价实务[M]. 北京：中国建材工业出版社，2019.